제11판

전자회로 실험

Laboratory Manual to accompany

electronic devices
and circuit theory

ROBERT L. BOYLESTAD | LOUIS NASHELSKY

eleventh edition

Robert L. Boylestad · Louis Nashelsky · Franz J. Monssen 공저
이적식 · 예윤해 · 변진규 공역

Pearson

홍릉과학출판사

전자회로 실험 제11판

Laboratory Manual to accompany
Electronic Devices and Circuit Theory 11th Edition

초판 인쇄 • 2018년 7월 20일
초판 발행 • 2018년 7월 31일

저　자 • Robert L. Boylestad · Louis Nashelsky
역　자 • 이적식 · 예윤해 · 변진규
발행자 • 송준
주　소 • 01093 서울시 강북구 인수봉로 50길 10
등　록 • 1976년 10월 21일 제5-66호
전　화 • (02) 999-2274~5, 903-7037
팩　스 • (02) 905-6729
e-mail • hongpub@hongpub.co.kr
http://www.hongpub.co.kr
ISBN : 979-11-5600-590-2(93560)

정가 : 25,000원

낙장 및 파본은 구입처나 본사에서 교환하여 드립니다.

차례

머리말

이 개정판에서는 실험지침은 명확하게, 실험에서 구한 데이터는 의미가 있는 것으로 만들고자 노력하였다. 모든 실험을 3년 동안 실제로 수행하면서 테스트했기 때문에 실험 내용이 잘 짜여 있다. 검토자가 제안한 내용을 몇 개의 실험에 반영하였지만 제목을 변경하지는 않았다.

이 실험 교재의 앞부분 반은 전자회로의 직류 해석을 주로 취급하고, 나머지 반은 교류 동작을 다루었다.

AND 게이트처럼 논리의 기본 요소를 포함하는 논리회로와 플립플롭을 포함하는 집적회로에 대한 3가지 실험을 개정판에 추가하였다. 그러한 회로는 공학도와 실무 전문가들에게 중요하여 전자 기술 개발에 있어서 차지하는 역할의 비중이 증가한다. 이 실험들은 컴퓨터 모의실험(시뮬레이션) 그리고 회로의 설계와 실험적인 해석을 매우 밀접한 관계로 만든다. 그러한 밀접함을 가능하게 한 것은 계속 증가하는 컴퓨터 기술의 정교함과 확산 때문이다.

실험실에서 수행될 모든 실험에는 해당 실험에 직접적으로 연관된 PSpice 소프트웨어 모의실험이 포함되어 있다. 실험실에서 실제 실험을 하기 전에 모의실험을 해보도록 강력히 추천한다. 모의실험 데이터는 실제 실험 결과와 비교해 볼 수 있는 템플릿 역할을 한다. 모의실험 데이터와 실제 실험 결과의 차이를 즉각적으로 알 수 있으므로, 실험 도중에 모의실험 데이터, 실험 순서, 데이터 수집에 대해 수정을 가할 수 있다.

10판과 대조적으로, 실험 35에서 37은 모두 DigClock 입력 발생기로 실험 회로에 전력을 공급한다. 이것은 모의실험을 상당히 간단하게 만들어, 이제 PSpice 프로그램의 Property Editor에 접속할 필요가 없다. DigClock의 동작 변수들을 도식 화면에 배치하듯이 직접 설정한다.

모든 실험에 그래프를 제공하여 데이터를 그리거나 파형을 기록할 수 있게 하였다. 부가적으로 계산과 답 작성을 위한 여백도 따로 마련하였다. 채점을 위해서 실험을 마쳤을 때 해당 페이지를 찢어서 제출하도록 할 수 있으므로, 실험 보고서 작성을 위해서 별도의 페이지가 거의 필요 없을 것이다.

실제 실험을 수행할 때 필요한 장비가 사용 가능한지를 점검하도록 실험 장비 목록을 제공하였다. 부품 목록을 제한하여 가능한 저전력을 유지하도록 많은 노력을 기울였다.

Robert Boylestad
Louis Nashelsky
Franz Monsse

장비 목록

실험 1-15

계측기

오실로스코프
디지털 멀티미터(DMM)
직류전원
신호 발생기
주파수 계수기

저항*

(1) 100 Ω
(1) 220 Ω
(1) 300 Ω
(1) 330 Ω
(1) 470 Ω
(1) 680 Ω
(2) 1 kΩ
(1) 1.2 kΩ
(1) 1.5 kΩ
(1) 1.8 kΩ
(1) 2 kΩ
(1) 2.2 kΩ
(1) 2.4 kΩ
(1) 2.7 kΩ
(1) 3.0 kΩ
(1) 3.3 kΩ
(1) 3.9 kΩ
(1) 4.7 kΩ
(1) 6.8 kΩ
(1) 10 kΩ
(2) 15 kΩ
(1) 33 kΩ
(1) 100 kΩ
(1) 330 kΩ
(1) 390 kΩ
(1) 1 MΩ
(1) 10 MΩ

(1) 1 kΩ 전위차계
(1) 5 kΩ 전위차계
(1) 1 MΩ 전위차계

* 별도 언급 없으면 모든 저항은 1/2 W

커패시터

(1) 0.1 μF
(1) 1 μF

다이오드

(4) Si(실리콘)
(1) Ge(게르마늄)
(1) LED
(1) 제너 (10 V)

트랜지스터

(2) BJT 2N3904 (또는 등가)
(1) BJT 2N4401 (또는 등가)
(1) JFET 2N4416 (또는 등가)
(1) BJT (단자 표시 없는 것)

기타

(1) 12.6 V 중심-탭 변압기
(2) 가열기 (가능하면)
(1) 커브 트레이서 (가능하면)

실험 16-37

계측기

오실로스코프
디지털 멀티미터 (DMM)
직류전원
신호 발생기
주파수 계수기
Cadet 논리 연습기 (또는 등가)
OrCAD PSpice 9.1 이후 버전을 실행할 수 있는 컴퓨터

저항*

(1) 20 Ω
(1) 51 Ω, 1 W
(1) 82 Ω
(2) 100 Ω
(1) 120 Ω
(1) 150 Ω
(1) 180 Ω
(2) 390 Ω
(1) 510 Ω
(1) 1 kΩ

(2) 1 kΩ
(2) 1.2 kΩ
(1) 1.8 kΩ
(1) 2.0 kΩ
(2) 2.2 kΩ
(2) 2.4 kΩ
(2) 3.0 kΩ
(1) 3.3 kΩ
(1) 3.9 kΩ
(1) 4.3 kΩ
(1) 4.7 kΩ

(1) 5.1 kΩ
(1) 5.6 kΩ
(1) 6.8 kΩ
(1) 7.5 kΩ
(5) 10 kΩ
(2) 20 kΩ
(1) 27 kΩ
(1) 33 kΩ
(1) 39 kΩ
(1) 51 kΩ
(3) 100 kΩ

(1) 220 kΩ
(2) 1 MΩ

(1) 5 kΩ 전위차계
(1) 50 kΩ 전위차계
(1) 500 kΩ 전위차계

커패시터

(3) 0.001 μF
(3) 0.01 μF
(3) 0.1 μF
(1) 1 μF
(4) 10 μF
(3) 15 μF
(2) 20 μF
(2) 100 μF

다이오드

(2) Si
(1) LED (20 mA)

* 별도 언급 없으면 모든 저항은 1/2 W

트랜지스터

(3) BJT 2N3904 (또는 등가)
(3) JFET 2N3823 (또는 등가)
(1) TIP 120
(1) 2N4300 npn 중전력
(1) 2N5333 pnp 중전력

IC

(1) 74HC02 또는 14002 CMOS 게이트
(1) 74HC04 또는 14004 CMOS 인버터
(1) 7414 슈미트 트리거 인버터
(1) 301 연산 증폭기
(1) 339 비교기
(1) 741 연산 증폭기
(1) 7400
(1) 7402
(1) 7404
(2) 7408
(1) 7432
(1) 7474
(1) 7486
(1) 7493A
(2) 74107

모든 실험

계측기

오실로스코프
디지털 멀티미터 (DMM)
직류전원
신호 발생기
주파수 계수기

저항*

(1) 20 Ω	(4) 1 kΩ	(1) 6.8 kΩ
(1) 51 Ω, 1 W	(2) 1.2 kΩ	(1) 7.5 kΩ
(1) 82 Ω	(1) 1.8 kΩ	(5) 10 kΩ
(2) 100 Ω	(1) 2.0 kΩ	(2) 15 kΩ
(1) 120 Ω	(2) 2.2 kΩ	(2) 20 kΩ

* 별도 언급 없으면 모든 저항은 1/2 W

(1) 150 Ω
(1) 180 Ω
(1) 220 Ω
(1) 300 Ω
(1) 330 Ω
(1) 390 Ω
(1) 470 Ω
(2) 510 Ω
(1) 680 Ω

(2) 2.4 kΩ
(1) 2.7 kΩ
(2) 3.0 kΩ
(1) 3.3 kΩ
(1) 3.9 kΩ
(1) 4.3 kΩ
(1) 4.7 kΩ
(5) 5.1 kΩ
(1) 5.6 kΩ

(1) 27 kΩ
(1) 33 kΩ
(1) 39 kΩ
(1) 51 kΩ
(3) 100 kΩ
(1) 220 kΩ
(1) 330 kΩ
(1) 390 kΩ
(2) 1 MΩ
(1) 1 MΩ

(1) 1 kΩ 전위차계
(1) 5 kΩ 전위차계
(1) 50 kΩ 전위차계
(1) 500 kΩ 전위차계
(1) 1 MΩ 전위차계

커패시터

(3) 0.001 μF
(3) 0.01 μF
(3) 0.1 μF
(1) 1 μF
(4) 10 μF
(3) 15 μF
(2) 20 μF
(2) 100 μF

다이오드

(4) Si
(1) Ge
(1) LED (20 mA)
(1) 제너 (10 V)

트랜지스터

(3) BJT 2N3904 (또는 등가)
(3) JFET 2N3823 (또는 등가)
(1) BJT 2N4401 (또는 등가)
(1) JFET 2N4416 (또는 등가)
(1) TIP 120
(1) 2N4300 npn 중전력
(1) 2N5333 pnp 중전력
(1) BJT (단자 표시 없는 것)

IC

(1) 74HC02 또는 14002 CMOS 게이트
(1) 74HC04 또는 14004 CMOS 인버터
(1) 7414 슈미트 트리거 인버터
(1) 301 연산 증폭기
(1) 339 비교기
(1) 741 연산 증폭기

기타

(1) 12.6 V 중심-탭 변압기
(2) 가열기 (가능하면)
(1) 커브 트레이서 (가능하면)

실험

1

오실로스코프 및 함수발생기 동작

목적

1. 오실로스코프와 함수발생기를 사용하여 여러 전압 신호의 크기와 지속시간(주기)을 계산하고 측정한다.
2. PSpice를 이용하여 저항 회로의 시간 영역(과도) 해석을 수행한다.

실험소요장비

계측기

오실로스코프
디지털 멀티미터

전원

(1) 1.5 V 건전지와 홀더
함수발생기

사용 장비

항목	실험실 관리번호
오실로스코프	
DMM	
함수발생기	

이론 개요

오실로스코프

오실로스코프는 기술자나 공학도가 사용하는 가장 중요한 장비이다. 이 장비는 회로 또는 시스템의 동작 특성 정보를 전압 신호로 나타내어 눈으로 볼 수 있게 하지만, 보통 멀티미터는 이러한 기능이 없다. 첫눈에는 장비가 복잡하고 익히기 힘들게 보일 수도 있다. 일단 오실로스코프 각 부분의 기능을 이해하고 여러 실험을 통하여 사용해보면 이 중요한 장비와 관련되는 여러분의 전문지식은 급격히 발전할 것이라고 확신한다.

신호를 화면에 표시할 뿐만 아니라 정현파 또는 비정현파 신호의 평균값, 실효값, 주파수, 주기를 측정하기 위해서도 사용할 수 있다. 화면은 수직과 수평 방향으로 센티미터 눈금으로 나누어진다(1 cm/div). 수직 감도는 volt/div, 수평 눈금은 시간 t(s/div)로 되어 있다. 만약 어떤 신호가 5 mV/div의 수직 감도에서 6 칸(div)의 수직 눈금을 차지한다면 신호의 전압 크기는 다음과 같이 계산할 수 있다.

$$\begin{aligned} &\text{신호 전압의 크기} = \text{전압 감도(V/div)} \times \text{수직 칸수(div)} \\ &V_s = (5\,\mathrm{mV/div})(6\,\mathrm{div}) = 30\,\mathrm{mV} \end{aligned} \tag{1.1}$$

동일한 신호의 한 주기가 수평 감도 5 μs/div에서 수평 눈금이 8 칸을 차지한다면, 신호의 주기와 주파수는 다음과 같다.

$$\begin{aligned} &\text{전압 신호의 주기} = \text{수평 감도(s/div)} \times \text{수평 칸수(div)} \\ &T = (5\,\mu\mathrm{s/div})(8\,\mathrm{div}) = 40\,\mu\mathrm{s} \\ &f = \frac{1}{T} = \frac{1}{40\,\mu s} = 25\,\mathrm{kHz} \end{aligned} \tag{1.2}$$

함수발생기

함수발생기는 넓은 범위의 주파수와 크기를 갖는 정현파, 구형파, 삼각파를 제공하는 전형적인 전압 파형 공급 장비이다. 적절한 다이얼의 위치 조정과 연관된 배율기로 전압 파형의 주파수와 크기를 설정할 수 있으며, 오실로스코프를 이용하면 보다 정확한 변수를 설정할 수 있다.

오실로스코프와 함수발생기는 약간 무리한 조작에도 견디도록 설계되어 있으므로 실험과정에서 여러분의 능력을 마음껏 발휘하기 위해서 다양하게 다이얼을 설정하는 것을 두려워하지 말아야 한다. 여러 명이 같이 실험을 할 때는 모든 학생이 실험에 참여해야 한다. 오실로스코프와 함수발생기 같은 실험 장비의 사용 방법을 익히는 것은 중요하며, 그렇게 얻어진 기술은 전자공학도와 기술자의 직업에 필수적이다.

실험순서

1 오실로스코프

오실로스코프와 함수발생기의 여러 부분에 대해서 공부한 후에, 다음 오실로스코프의 조절 단자 또는 부분에 대한 기능과 용도를 설명하라.

a. 초점

b. 세기

c. 수직, 수평 위치 조절 단자

d. 수직 감도

e. 수평 감도

f. 수직 모드 선택

g. AC-GND-DC 스위치

h. 빔 파인더

i. 교정 스위치

j. 내부 싱크

k. 트리거 부분

l. 외부 트리거 입력

m. 입력 저항과 입력 커패시턴스

n. 프로브

2 함수발생기

장비 조정

a. 오실로스코프를 켜고, 화면의 중앙에 선명하고 밝은 수평선이 보이도록 필요한 단자를 조절하라. 여러 단자들을 조절하여 화면 표시에 미치는 영향을 파악하라.

b. 오실로스코프의 한 수직 채널에 함수발생기를 연결하고, 발생기의 출력이 1 kHz 정현파가 되도록 설정하라.

c. 스코프의 수직 감도를 1 V/div로 놓고, 화면에 4 V(p-p) 정현파가 되도록 함수발생기의 크기 단자를 조절하라.

수평 감도

d. 수식 $T = 1/f$을 이용하여 1 kHz 정현파형의 주기를 ms 단위로 자세한 계산 과정을 보이면서 계산하라.

T(계산값) = ____________

e. 스코프의 수평 감도를 0.2 ms/div로 설정하라. 순서 2(d)의 결과를 이용하여 1 kHz 신호의 완전한 한 주기를 적절히 표시할 수평 칸수를 계산하라.

칸수(계산값) = ____________

오실로스코프를 사용하여 완전한 한 주기의 칸수를 측정하고 아래에 기입하라. 이 결과를 계산한 칸수와 비교하라.

칸수(측정값) = ____________

f. 함수발생기의 조절단자에 손대지 말고, 오실로스코프의 수평 감도를 0.5 ms/div로 변경하라. 순서 2(d)의 결과를 이용하여 1 kHz 신호의 완전한 한 주기를 표시하기 위해서 필요한 수평 칸수를 계산하라.

칸수(계산값) = ____________

오실로스코프를 사용하여 완전한 한 주기의 칸수를 측정하고 아래에 기입하라. 이 결과를 계산한 칸수와 비교하라.

칸수(측정값) = ____________

g. 함수발생기의 조절단자에 손대지 말고, 오실로스코프의 수평 감도를 1 ms/div로 변경하라. 순서 2(d)의 결과를 이용하여 1 kHz 신호의 완전한 한 주기를 표시하기 위해서 필요한 수평 칸수를 계산하라.

칸수(계산값) = ____________

오실로스코프를 사용하여 완전한 한 주기의 칸수를 측정하고 아래에 기입하라. 이 결과를 계산한 칸수와 비교하라.

칸수(측정값) = ____________

h. 수평 감도를 0.2 ms/div, 0.5 ms/div, 그리고 최종적으로 1 ms/div로 변경할 때, 정현파의 모양에 어떠한 영향을 미치는가?

각각의 수평 감도에 대해서 화면에 나타난 신호의 주파수가 변했는가? 선택한 수평 감도가 함수발생기의 출력 신호에 미치는 영향을 고려한 결과로부터 어떤 결론을 이끌어낼 수 있는가?

i. 오실로스코프의 화면에 어떤 정현파가 주어질 때, 그 주파수를 결정하는 순서를 복습하고, 계산 순서 단계를 설명하라.

수직 감도

j. 함수발생기의 단자에는 손대지 말고, 스코프의 수평 감도는 0.2 ms/div, 수직감도는 2 V/div로 설정하라. 이 감도에서 피크-피크 사이의 수직 칸수를 먼저 계산한 후, 수직 감도를 곱하여 화면에 나타난 정현파의 V(p-p)를 계산하라.

피크-피크값(계산값) = ____________

k. 오실로스코프의 수직 감도를 0.5 V/div로 변경하고 순서 2(j)를 반복하라.

피크-피크값(계산값) = ____________

l. 수직 감도를 2 V/div에서 0.5 V/div로 변경할 때, 정현파 모양에 어떠한 영향을 미치는가?

각각의 수직 감도에 대해서 정현파 신호의 피크-피크 전압이 변했는가? 수직 감도의 변화가 함수발생기의 출력 신호에 미치는 영향을 고려한 결과로부터 어떤 결론을 이끌어낼 수 있는가?

m. 오실로스코프나 DMM과 같은 부가적인 계기의 도움없이 함수발생기의 피크 또는 피크-피크 출력 전압을 설정할 수 있는가? 설명하라.

3 실습

a. 오실로스코프에 5 kHz, 6 V_{p-p} 정현파 신호가 선명하게 표시되도록 모든 필요한 조절을 수행하라. 화면 중앙 수평선이 0 V가 되도록 하라. 선택한 감도를 기록하라.

수직 감도 = ____________

수평 감도 = ____________

수평과 수직 눈금의 칸수를 주의 깊게 살피면서 그림 1.1에 파형을 그려라. 위에 적힌 감도를 사용하여 수직과 수평 눈금의 값들을 파형에 추가적으로 기록하라.

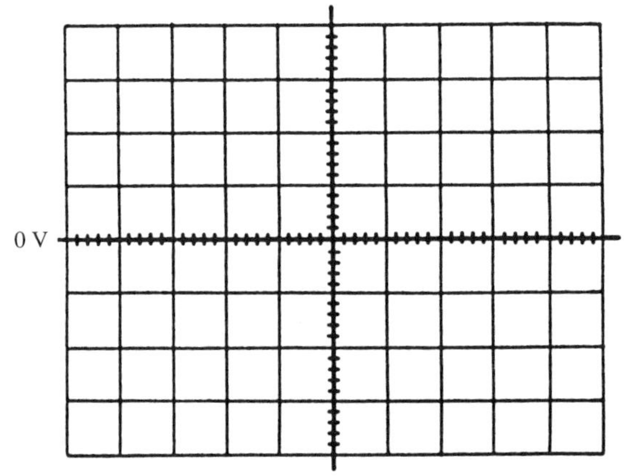

그림 1.1

완전한 한 주기의 수평 눈금 칸수를 이용하여 화면상 파형의 주기를 계산하라.

T(계산값) = ____________

b. 그림 1.2에 200 Hz, 0.8 V_{p-p} 정현파 신호에 대해서 순서 3(a)를 반복하라.

수직 감도 = ____________
수평 감도 = ____________

T(계산값) = ____________

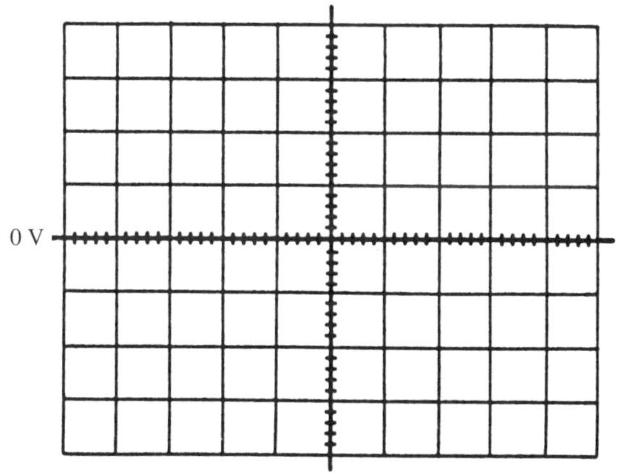

그림 1.2

c. 그림 1.3에 100 kHz, 4 V_{p-p} 구형파 신호에 대해서 순서 3(a)를 반복하라.

수직 감도 = ____________
수평 감도 = ____________

T(계산값) = ____________

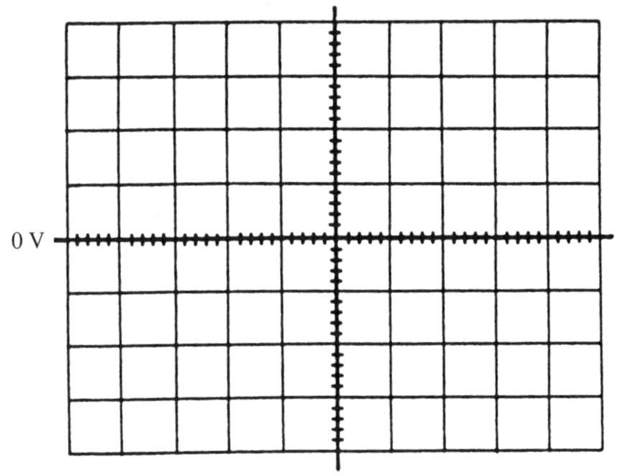

그림 1.3

4 직류 레벨의 영향

a. 화면에 1 kHz, 4 V_{p-p} 정현파 신호가 보이도록 재조정하라. 정현파의 실효값을 계산하라.

V_{rms}(계산값) = ____________

b. 오실로스코프로부터 함수발생기를 떼어 놓고, 디지털 미터를 사용하여 함수발생기의 출력전압을 실효값으로 측정하라.

V_{rms}(측정값) = ____________

c. 다음 식을 이용하여 계산값과 측정값 사이 % 편차의 크기를 계산하라.

$$\%\ 편차 = \left|\frac{V_{(계산값)} - V_{(측정값)}}{V_{(계산값)}}\right| \times 100\%$$

% 편차 = ____________

d. 함수발생기의 1 kHz, 4 V_{p-p} 정현파 신호를 오실로스코프에 다시 연결하고, 수직 채널의 AC-GND-DC 결합 스위치를 GND로 전환하라. 어떤 영향이 나타나는가? 그 이유는?

이러한 오실로스코프 기능을 어떻게 활용할 수 있는가?

e. 이제 AC-GND-DC 결합 스위치를 AC 위치로 이동하면 화면에는 어떤 영향이 있는가? 그 이유는?

f. 마지막으로, AC-GND-DC 결합 스위치를 DC 위치로 이동하면 화면에는 어떤 영향이 있는가(만약 있다면)? 그 이유는?

g. 함수발생기의 출력과 직렬로 건전지를 연결하여 그림 1.4의 입력 v_i를 구성하여라. 오실로스코프의 접지가 함수발생기의 접지에 직접 연결된 것을 확인하라. DMM의 DC 모드를 사용하여 실제 건전지의 전압을 측정하고 기록하라.

직류 레벨(측정값) = ____________

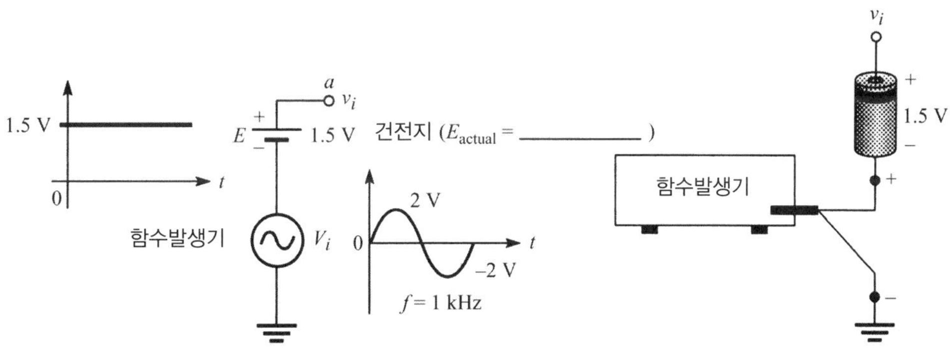

그림 1.4

h. 그림 1.4의 입력 전압 v_i를 오실로스코프의 한 채널에 인가하고, 수직 채널의 AC-GND-DC 결합 스위치를 GND 위치로 놓고, 결과적인 수평선(0 기준 레벨)이 화면의 중앙에 오도록 조절하라. 그 다음 AC-GND-DC 결합 스위치를 AC 위치로 이동하고, 0 기준선과 수직, 수평 눈금 칸수를 확실히 볼 수 있도록 그림 1.5에 개략적인 파형을 그려라. 선택한 감도를 사용하여 여러 수평, 수직 격자선들의 크기를 표시하라.

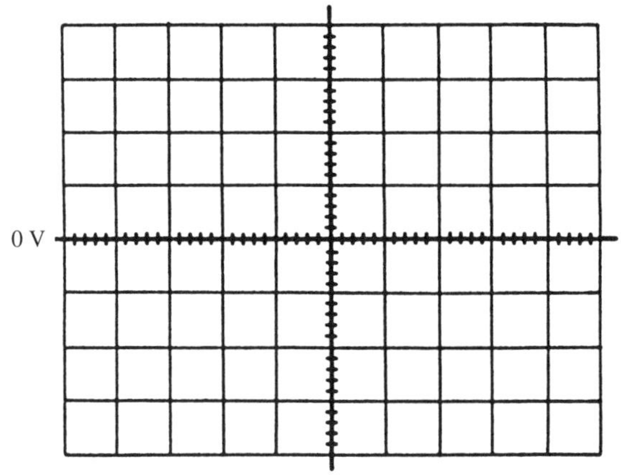

그림 1.5

i. AC-GND-DC 결합 스위치의 위치를 DC로 놓고, 순서 4(h) 과정의 자세한 요구사항을 포함하도록 그림 1.6에 결과적인 파형을 개략적으로 그려라.

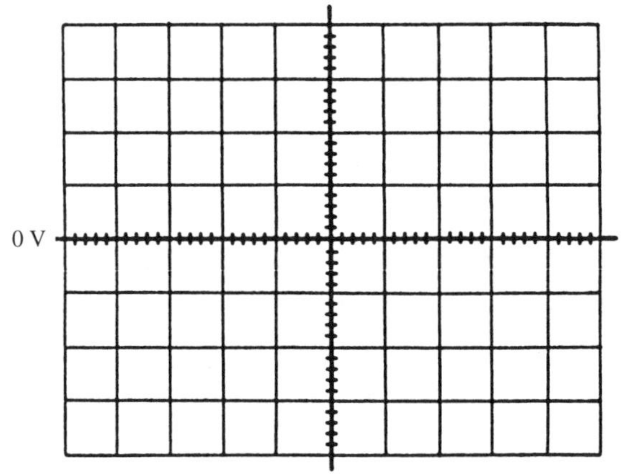

그림 1.6

정현파의 수직 이동이 건전지의 직류 전압과 동일한가?

AC-GND-DC 결합 스위치를 다양한 위치로 이동하면 정현파의 모양이 변화하는가?

j. 그림 1.4에서 건전지의 극성을 반대로 하여 순서 4(h)와 (i) 과정을 반복하라. AC와 DC 위치에서 파형의 변화를 관찰하고, 의견을 말하라.

5 연습문제

1. $v = 20\sin 2000t$가 주어질 때, 다음을 결정하라.
   a. w

   b. f

   c. T

   d. 피크값

   e. 피크-피크값

   f. 실효값(RMS)

   g. 직류값

2. $v = 8\times 10^{-3}\sin(2\pi \cdot 4000t)$가 주어질 때, 다음을 결정하라.
   a. f

   b. w

   c. T

   d. 피크값

   e. 피크-피크값

   f. 실효값

   g. 직류값

3. $V_{rms} = 1.2\ V$, $f = 400\ Hz$일 때, 정현파 전압에 대한 수식을 시간함수로 나타내어라.

6 컴퓨터 실습

PSpice 모의실험 1-1

아래 PSpice 회로를 구성하라. 정현파형의 전압원 V1에 대한 VAMPL과 FREQ는 연습문제 3에 주어진 값을 입력하고, VOFF = 0 V로 설정하라. 5 ms 동안 시간 영역(과도) 해석을 수행하라. 연습문제 3의 정현파 전압을 Probe를 이용하여 그려라.

VAMPL은 정현파 전압의 피크값으로 **VAMPL** = $\sqrt{2} \times V_{(rms)}$로 계산된다.

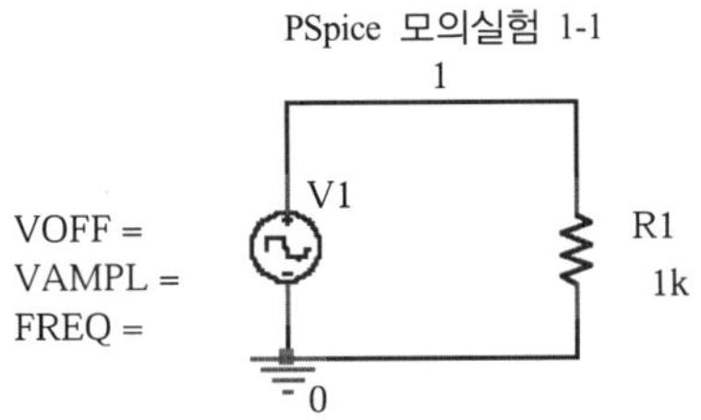

실험

2

다이오드 특성

목적

1. 실리콘과 게르마늄 다이오드의 특성곡선을 계산하고, 비교하고, 그리고, 측정한다.
2. 다이오드를 포함하는 회로의 직류 응답을 얻기 위해서 PSpice를 이용하여 DC Sweep를 수행한다. 그리고 온도 해석(Temperature analysis)의 Spice 모의실험을 수행한다.

실험소요장비

계측기

DMM

부품

저항

(1) 1 kΩ

(1) 1 MΩ

다이오드

(1) Si

(1) Ge

전원

직류전원

기타

데모용: (1) 가열기

사용 장비

항목	실험실 관리번호
DMM	
직류전원	

이론 개요

다이오드의 동작 상태를 파악하기 위해서 대부분의 디지털 멀티미터를 사용할 수 있다. 순방향과 역방향 바이어스 영역에서 다이오드의 상태를 파악할 수 있는 단자(scale)가 멀티미터에 다이오드 기호로 표시되어 있다. 순방향 바이어스 상태로 연결되어 있다면, 멀티미터는 약 2 mA 전류에서 다이오드 양단의 순방향 전압을 나타낼 것이다. 역방향 바이어스 상태로 연결되어 있다면, 이 영역에서는 보통 개방회로로 고려되며 그것을 입증하는 "OL" 표시가 화면에 나타날 것이다. 만약 미터가 다이오드 검사 기능을 갖추고 있지 않다면, 순방향과 역방향 영역에서 저항값을 측정함으로써 다이오드 상태를 점검할 수 있다. 다이오드를 검사하는 이러한 두 방법을 실험 앞부분에서 다룰 것이다.

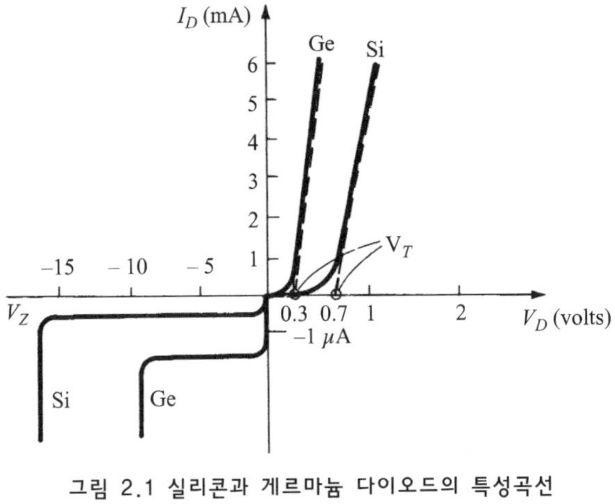

그림 2.1 실리콘과 게르마늄 다이오드의 특성곡선

실리콘 또는 게르마늄 다이오드의 일반적인 전류-전압 특성곡선이 그림 2.1에 나타나 있다. 수직축과 수평축 모두 눈금 단위의 변화에 주의하라. 역방향 바이어스 영역에서 역방향 포화전류는 0 V에서 제너 전위(V_Z)까지 거의 일정하다. 순방향 바이어스 영역에서 전압이 증가하면 전류는 매우 급격히 증가한다. 1 V 이하의 순방향 바이어스 전압에서 곡선이 거의 수직으로 상승하는 것에 주목하라. 순방향 바이어스된 다이오드의 전류는 오로지 다이오드가 연결된 외부 회로나, 다이오드의 최대 전류 또는 전력 정격에 의해서 제한된다.
곡선에 접하는 직선(그림 2.1에서 점선)을 수평축과 만날 때까지 연장하여 점화 전위(firing potential) 또는 문턱 전압(threshold voltage)을 결정한다. 수평축 V_D와 만나는 점이 문턱 전압 V_T를 나타내며, 그 점에서 전류가 급격히 증가하기 시작한다.
특성곡선의 어떤 점에서 다이오드의 DC 또는 정저항(static resistance)은 식 (2.1)과 같이 그 점에서 다이오드 전압과 다이오드 전류의 비로써 계산된다.

$$R_{\mathrm{DC}} = \frac{V_D}{I_D} \quad \text{ohms} \tag{2.1}$$

특정한 다이오드 전류 또는 전압에서 AC 저항은 그림 2.2에 보여주듯이 접선을 이용하여 구할 수 있다. 결과적인 전압(ΔV)과 전류(ΔI) 변화량을 측정하고 다음 식을 적용한다.

$$r_d = \frac{\Delta V}{\Delta I} \quad \text{ohms} \tag{2.2}$$

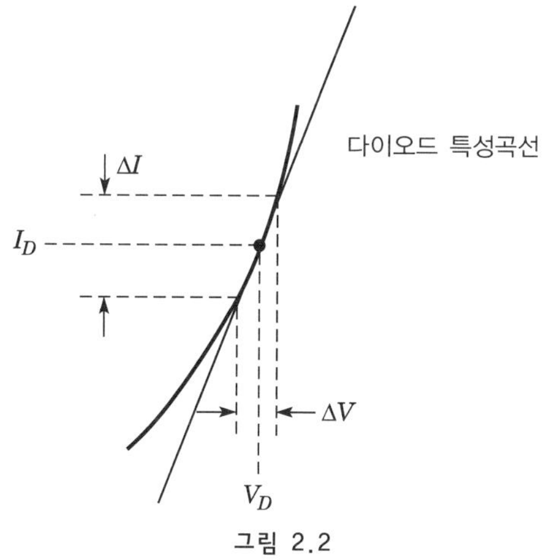

그림 2.2

특성곡선의 수직 상승영역에서 미분을 적용하면 다이오드의 AC 저항이 다음과 같이 주어짐을 볼 수 있다.

$$r_d = \frac{26\ \mathrm{mV}}{I_D} \quad \text{ohms} \tag{2.3}$$

곡선의 무릎부분(knee) 이하의 전류 레벨에서 다이오드의 AC 저항은 다음 식으로 보다 더 정확히 근사화 된다.

$$r_d = 2\left(\frac{26\ \mathrm{mV}}{I_D}\right) \text{ ohms} \tag{2.4}$$

실험순서

1 다이오드 검사

다이오드 검사 단자

DMM의 다이오드 검사 기능을 사용하여 다이오드의 동작 상태를 파악할 수 있다. DMM을 다이오드에 제대로 연결하면 DMM은 다이오드에 점화 전위를 제공하는 반면에, 반대로 연결하면 개방회로를 나타내는 “OL” 응답을 보여준다.

그림 2.3처럼 연결하면 DMM 내부의 약 2 mA 정전류원이 접합부를 순방향 바이어스 시키고 실리콘에서는 약 0.7 V, 게르마늄에서는 약 0.3 V 전압 강하를 발생시킨다. 선들의 극성을 반대로 연결하면 OL 표시가 나타날 것이다.

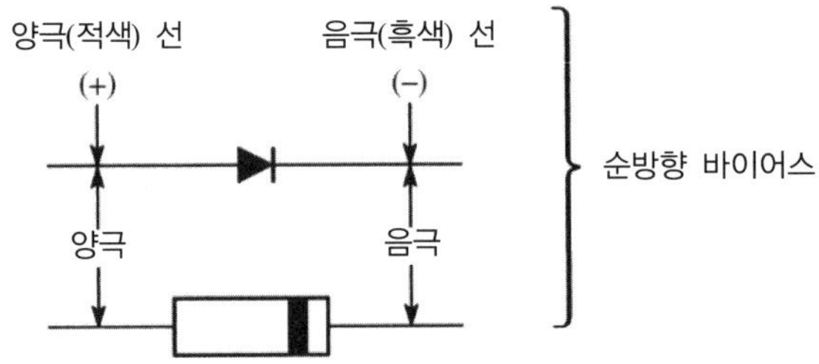

그림 2.3 다이오드 검사

두 방향에서 모두 값이 낮게(1 V 이하) 나오면 접합부는 내부적으로 단락된 상태이고, 두 방향에서 모두 OL이 표시되면 접합부는 개방된 것이다.

Si와 Ge 다이오드에 대해서 표 2.1의 검사를 수행하라.

표 2.1

검사	*Si*	*Ge*
순방향		
역방향		

표 2.1의 결과로부터 두 다이오드는 양호한 상태인가?

저항 단자

이 실험의 이론 개요 부분에서 언급했듯이 VOM(Volt-Ohm-Meter) 또는 디지털 미터의 저항 측정 단자를 이용하여 다이오드의 상태를 검사할 수 있다. VOM이나 DMM의 적절한 스케일을 사용하여 Si과 Ge 다이오드의 순방향과 역방향 바이어스 영역의 저항값을 결정하고, 그 결과를 표 2.2에 기입하여라.

표 2.2

검사	*Si*	*Ge*	미터
순방향			VOM
역방향			DMM

저항을 측정하면 비록 점화 전위를 얻을 수 없지만, 양호한 다이오드는 순방향 바이어스 상태에서 낮은 저항값을 나타내고, 역방향 바이어스 상태에서 매우 높은 저항값을 나타낸다.

표 2.2의 결과로부터 두 다이오드는 양호한 상태인가?

2 순방향 바이어스의 다이오드 특성곡선

그림 2.5에 Si과 Ge 다이오드의 순방향 특성곡선을 그리기 위해서 충분한 데이터를 이 실험에서 얻고자 한다.

a. 전원 E를 0으로 놓고 그림 2.4의 회로를 결선하라. 저항값을 측정하고 기록하라.

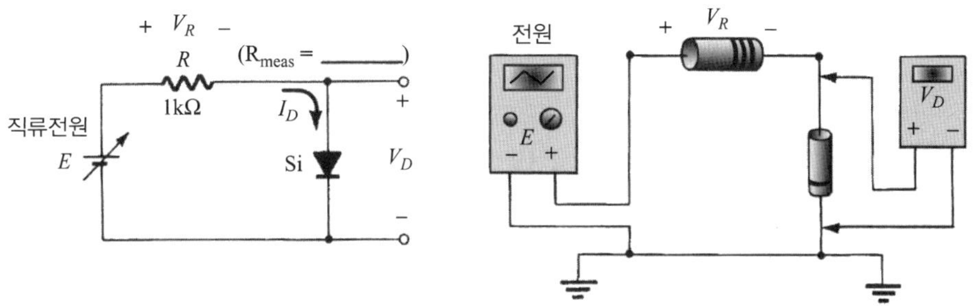

그림 2.4

b. V_R(E가 아님)이 0.1 V가 되도록 전원 전압 E를 증가시켜라. V_D를 측정하고 그 값을 표 2.3에 기입하여라. 표 2.3에 보여준 식으로 대응하는 전류 I_D 값을 계산하라.

표 2.3

Si 다이오드에 대한 V_D 대 I_D

V_R (V)	0.1	0.2	0.3	0.4	0.5	0.6	0.7	0.8
V_D (V)								
$I_D = \frac{V_R}{R_{meas}}$ (mA)								

V_R (V)	0.9	1	2	3	4	5	6	7	8	9	10
V_D (V)											
$I_D = \frac{V_R}{R_{meas}}$ (mA)											

c. 나머지 V_R 값들에 대해서도 단계 b를 반복하여라.

d. Si 다이오드를 Ge 다이오드로 대치하고 표 2.4를 완성하라.

표 2.4

Ge 다이오드에 대한 V_D 대 I_D

V_R (V)	0.1	0.2	0.3	0.4	0.5	0.6	0.7	0.8
V_D (V)								
$I_D = \frac{V_R}{R_{meas}}$ (mA)								

V_R (V)	0.9	1	2	3	4	5	6	7	8	9	10
V_D (V)											
$I_D = \frac{V_R}{R_{meas}}$ (mA)											

e. 그림 2.5에 Si과 Ge 다이오드에 대한 V_D 대 I_D 특성곡선을 그려라. 각 곡선의 아래 부분을 확장하여 ($I_D = 0\text{ mA}$, $V_D = 0\text{ V}$)에서 만나도록 곡선을 완성하라. 두 곡선을 구별하고 데이터 점들을 명확히 표시하라.

f. 두 곡선은 어떻게 다른가? 유사한 점은 무엇인가?

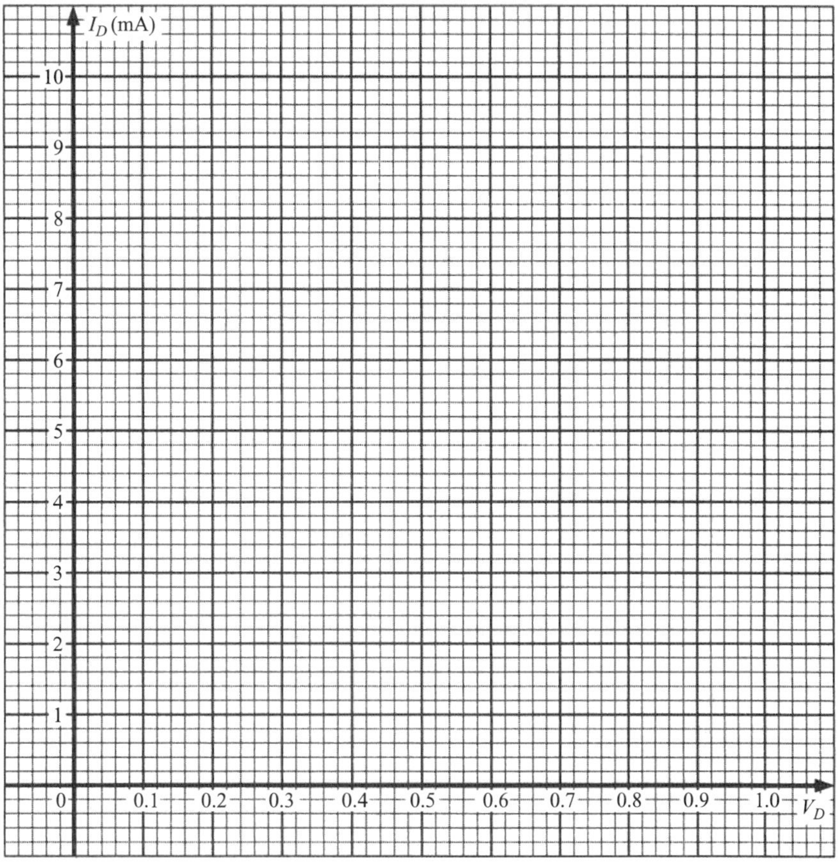

그림 2.5

3 역방향 바이어스

a. 그림 2.6에 역방향 바이어스 상태를 설정하였다. 역방향 포화전류가 매우 작기 때문에 저항 R 양단의 전압을 측정하려면 큰 저항인 1 MΩ이 요구된다. 저항 R 값을 측정하여 기록하고, 그림 2.6의 회로를 결선하라.

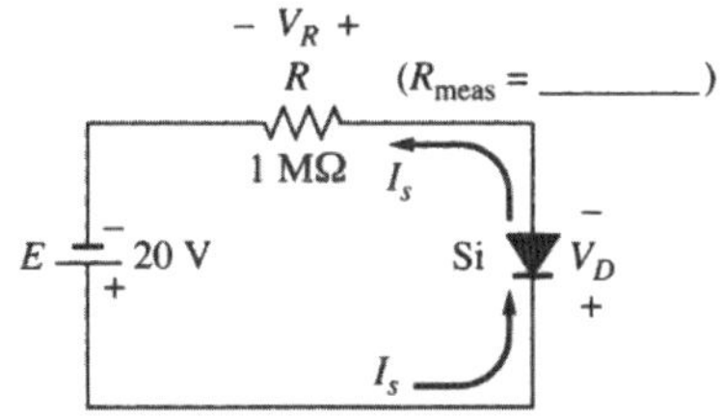

그림 2.6

b. 전압 V_R을 측정하라. $I_s = V_R / (R_{\text{meas}} \| R_m)$로부터 역방향 포화전류를 계산하라. 저항 R이 큰 값이므로 DMM의 내부 저항 R_m을 포함하였다. 계산하기 위하여 실험 조교가 DMM의 내부저항을 알려 줄 것이나, 그렇지 않으면 전형적인 10 MΩ을 사용하라.

R_m = ______________

V_R(측정값) = ______________

I_s(계산값) = ______________

c. Ge 다이오드에 대해서 순서 3(b)를 반복하라.

V_R(측정값) = ______________

I_s(계산값) = ______________

d. Si과 Ge 다이오드의 결과값 I_s를 비교하면 어떤가?

e. Si과 Ge 다이오드의 DC 저항을 다음 식으로 계산하라.

$$R_{DC} = \frac{V_D}{I_D} = \frac{V_D}{I_s} = \frac{E - V_R}{I_s}$$

R_{DC}(계산값)(Si) = ______________

R_{DC}(계산값)(Ge) = ______________

kΩ 범위의 저항과 직렬로 연결될 때, 계산된 저항값이 충분히 커서 등가적으로 개방 회로로 고려할 수 있는가?

4 DC 저항

a. 그림 2.5의 Si 곡선을 이용하여 표 2.5에 나타난 다이오드 전류에서 다이오드 전압을 결정하고, 과정을 보이면서 DC 저항을 계산하라.

표 2.5

I_D(mA)	V_D	R_{DC}
0.2		
1		
5		
10		

b. Ge에 대하여 4(a)를 반복하여 표 2.6을 완성하라(표 2.6은 표 2.5와 동일함).

표 2.6

I_D(mA)	V_D	R_{DC}
0.2		
1		
5		
10		

c. 다이오드 전류가 증가하여 특성곡선의 수직 상승영역으로 올라감에 따라서 (Si과 Ge에 대한) 저항은 어떻게 변화하는가?

5 AC 저항

a. Si 다이오드에 대해서 식 (2.2) $r_d = \Delta V / \Delta I$와 그림 2.5 곡선을 이용하여 $I_D = 9\text{ mA}$에서 AC 저항을 과정을 보이면서 계산하라.

r_d(계산값) = ____________

b. Si 다이오드에 대해서 식 $r_d = 26\text{ mV} / \text{I}_\text{D}(\text{mA})$을 이용하여 $I_D = 9\text{ mA}$에서 과정을 보이면서 AC 저항을 계산하라.

r_d(계산값) = ____________

5(a)와 5(b)의 결과를 비교하라.

c. Si 다이오드에 대해서 $I_D = 2\ \text{mA}$에서 5(a)를 반복하라.

r_d(계산값) = ____________

d. Si 다이오드에 대해서 식 (2.4)를 이용하여 $I_D = 2\ \text{mA}$에서 과정을 보이면서 AC 저항을 계산하라.

r_d(계산값) = ____________

5(c)와 5(d)의 결과를 비교하라.

6 문턱 전압

이론 개요에서 정의한 것처럼 각 다이오드의 점화 전위(문턱 전압)를 특성곡선 그림으로부터 결정하라. 그림 2.5에 근사화한 직선을 보여라.

V_T(Si) = ____________

V_T(Ge) = ____________

7 온도 영향(데모용)

Si 다이오드로 그림 2.4를 다시 구성하라. V_R이 1 V가 되도록 전원 전압 E를 조절하여라. 이 때 전류는 약 1 mA가 될 것이다.

a. 다이오드 양단에 DMM을 위치하고, 적절한 전압 측정 범위를 선택하라. 실습 조교가 가열기로 다이오드를 가열할 때 지시값을 잘 살펴보고 V_D에 미치는 영향을 기록하라.

b. 다이오드가 열을 발산하도록 내버려 두면서 저항 R 양단의 전압을 측정하라. 다이오드를 가열할 때 V_R에 미치는 영향에 주목하라. 다이오드를 가열할 때 $I_D = V_R/R$로부터 계산되는 다이오드 전류에는 어떤 영향을 미치는가?

c. $R_{\text{diode}} = V_D/I_D$이다. 온도가 증가하면 다이오드 저항에는 어떤 영향을 미치는가?

d. 반도체 다이오드의 온도 계수는 양(+)인가 음(−)인가? 설명하라.

8 연습문제

1. 순방향과 역방향 바이어스 영역에서 Si과 Ge의 특성곡선을 비교하라. 특별히 어느 다이오드가 순방향 바이어스 영역에서 단락회로에 더 근접하며, 어느 다이오드가 역방향 바이어스 영역에서 개방회로에 더 근접하는가? 두 다이오드는 어떤 점에서 유사하며, 그리고 가장 큰 차이점은 무엇인가?

2. 반도체 재료의 단자 저항에 미치는 열의 영향을 조사해보고, 온도가 증가함에 따라서 단자 저항이 감소하는 원인을 간단히 살펴보아라.

9 컴퓨터 실습

PSpice 모의실험 2-1

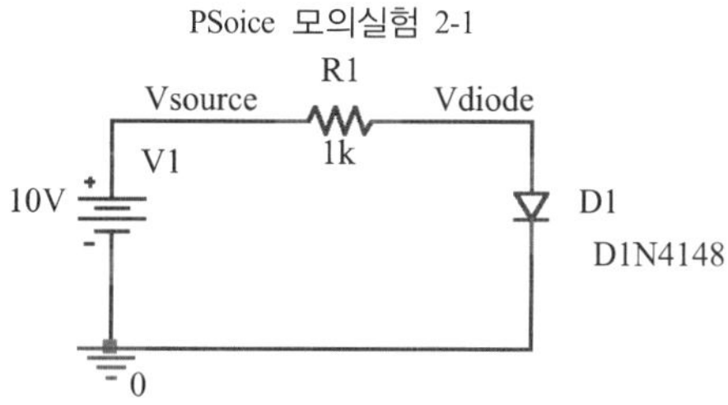

주어진 회로에서 전압원 V1은 1 V에서 10 V까지 0.2 V의 증가분으로 변화한다. 이 동작 조건에서 다음 단계를 수행하고 모든 질문에 답하라.

1. 다이오드 전압 Vdiode에 대한 다이오드 전류의 그림을 그려라.
   다이오드 전압 대 다이오드 전류의 그림을 얻기 위해서 다음 순서를 행하라.
   - PSpice를 클릭한 후, New Simulation Profile을 선택하라(또는 Profile이 존재하면 Edit를 선택하라).
   - Simulation Settings에서 Analysis type으로 가서 DC Sweep을 선택하라.
   - Sweep variable에서 Voltage source를 선택하고 Name에 V1을 입력하라.
   - Sweep type은 Linear를 선택하고, Start value는 0 V, End value는 10 V, Increment는 0.2 V를 입력하라.
   - OK를 클릭하라.
   - PSpice를 클릭한 후, 드롭다운 메뉴에서 해석을 실행하기 위해서 Run을 클릭하라.
   - Plot에서 Axis Settings을 선택하고, Axis Variable을 클릭하라.
   - X-axis 변수에서 V(VDIODE)를 선택하고, OK를 두 번 클릭하라.

- Trace에서 Add Trace를 클릭하라.
- I(D1)과 OK를 순차적으로 클릭하라. 그러면 I(D1)의 파형이 그림 화면에 나타난다.

2. 600 mV와 700 mV의 다이오드 전압에서 아래 절차로 직류 저항을 결정하라.
   두 개의 PSpice 커서를 V(D) = 600 mV와 700 mV에 각각 위치하고, 이 두 위치의 전압에서 I(D) 값을 기록하라. 이제 문제 2의 직류 저항을 계산하라.

3. 이 두 전압에서 두 DC 저항값을 비교하라.

4. 600 mV의 다이오드 전압에서 AC 저항을 결정하라.

5. 도식적으로 점화 전위의 값을 결정하라.

6. AC 저항을 두 DC 저항과 비교하라.

7. 이 문제에서 얻어진 데이터로부터 D1N4148은 Si과 Ge 중에서 어느 다이오드인가?

8. 27℃, 100℃, 200℃에서 온도 해석을 수행하라. 이들 온도의 함수로 다이오드 전압과 다이오드 전류를 그려라. 힌트: x-축을 자동범위로 선택하여 과도(시간) 해석을 수행하라.
   온도 해석(Temperature analysis)을 수행하기 위해서 다음 일련의 순서를 따르라.
   - PSpice를 클릭하라.
   - Edit Simulation Profile을 선택하라.
   - Simulation Settings의 Analysis type에서 DC Sweep을, Options에서 Temperature (Sweep)을 선택하라.
   - “Run the simulation at 27℃”를 선택하라.
   - “Repeat the simulation at 27℃, 100℃, 200℃”를 선택하라. 온도 사이에 빈칸을 두어야 한다.
   - OK를 클릭하라.

- PSpice를 클릭하고, Run을 클릭하라.
- Available Sections에서 All을 클릭하고, OK를 클릭하라.
- Trace를 선택하고, Add Trace를 클릭하라.
- V(DIODE)를 클릭한 후, OK를 클릭하라. 그러면 V(DIODE)의 파형이 나타난다.
- Plot을 클릭하라.
- Add Y Axis를 클릭하고, Trace를 클릭하라.
- Add Trace를 클릭하라.
- I(D1)을 클릭하라.
- OK를 클릭하라. 그러면 I(D1)의 파형이 나타난다.

9. 온도가 증가하면 다이오드 전압과 다이오드 전류에 미치는 영향은 각각 어떠한가?

10. 이들 온도에서 다이오드 전압과 전류 값들은 얼마인가?

실험

3

직렬 및 병렬 다이오드 구조

목적

1. 직렬 또는 병렬 다이오드 구조의 회로를 해석하고, 다양한 다이오드 회로의 회로 전압을 계산하고 측정한다.
2. PSpice를 이용하여 다이오드를 포함하는 회로의 바이어스 점(Bias Point) 해석을 수행한다.

실험소요장비

계측기

DMM

부품

저항

(1) 1 kΩ

(1) 2.2 kΩ

다이오드

(2) Si

(1) Ge

전원

직류전원

사용 장비

항목	실험실 관리번호
직류전원	
DMM	

이론 개요

다이오드와 직류 입력으로 구성된 회로의 해석은 다이오드 상태를 먼저 파악해야 한다. Si 다이오드(천이 전압 즉 점화 전위가 0.7 V)에 대해서 다이오드가 on 상태가 되려면 다이오드 양단 전압은 그림 3.1a에 표시된 극성으로 적어도 0.7 V가 되어야 한다. 다이오드 양단 전압이 일단 0.7 V에 도달하면, 다이오드는 on이 되고 그림 3.1b와 같은 전기적인 등가회로를 갖는다. $V_D < 0.7\text{ V}$ 또는 그림 3.1a와 극성이 반대이면 다이오드를 개방회로로 고려할 수 있다. Ge 다이오드 경우, 천이 전압은 0.3 V이다.

인가되는 직류 전압이 다이오드의 천이 전압을 초과하는 대부분의 회로에서 마음속으로 다이오드를 저항으로 대체하고 저항을 통하여 흐르는 전류 방향에 의해서 다이오드의 상태를 보통 파악할 수 있다. 전류 방향이 다이오드 기호의 화살표와 일치한다면 다이오드는 on 상태이고, 반대이면 다이오드는 off 상태에 있다. 일단 상태가 결정되면, 다이오드를 단순히 천이 전압 또는 개방 회로로 대치하여 나머지 회로를 해석하면 된다.

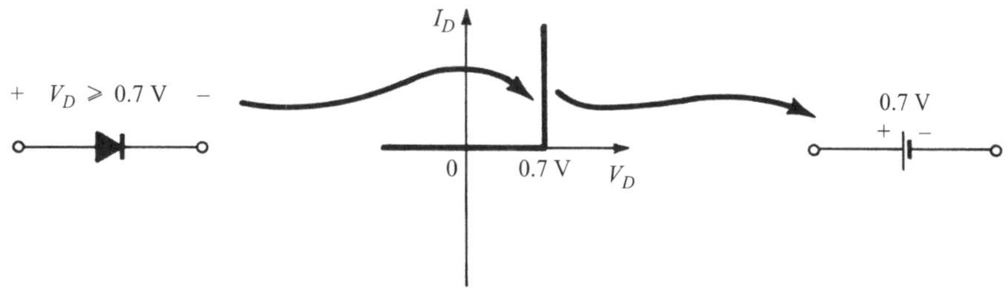

그림 3.1 순방향 바이어스의 Si 다이오드

그림 3.3에서 저항 양단으로부터 출력을 얻을 때 출력 전압은 $V_o = V_R = I_R R$임에 주의하라. 특히 이것은 다이오드가 개방 회로 상태가 되어 전류가 0일 때 도움이 된다. $I_R = 0$이면, $V_o = V_R = I_R R = 0R = 0\text{ V}$이다. 덧붙여서 개방회로에서 전류는 0이지만 전압은 걸릴 수 있다. 더욱이 단락회로는 전압 강하는 0이지만 전류는 오직 외부 회로에 의해서 또는 다이오드의 정격에 의해서 제한된다.

논리 게이트 해석은 다이오드 상태를 가정하고, 여러 전압 레벨을 결정하고, 그 다음 결정된 전압이, 회로의 어떤 점(V_o와 같은)에서 전압 레벨은 오직 한 값만을 갖는 것과 같은 기본 법칙에 위반되는 지를 판단한다. 다이오드를 on시키기 위해서 천이 전압과 동일한 순방향 바이어스 전압이 있어야 함을 명심하는 것이 보통 도움이 된다. 우선 V_o를 결정하고 가정된 상태에서 다이오드에 관련된 어떠한 법칙에도 위반되지 않으면, 가정된 상태가 회로에 대한 해가 될 수 있다.

실험순서

1 문턱 전압 V_T

Si과 Ge 두 다이오드에 대해서 DMM의 다이오드 검사 기능 또는 커브 트레이서(curve tracer)를 사용하여 문턱 전압을 측정하라. 이 실험에서 얻어진 점화 전위는 그림 3.2에서 보여준 각 다이오드의 등가적 특성을 나타낸다. 두 다이오드에서 얻어진 V_T 값을 그림 3.2에 각각 기록하라. 만약 다이오드 검사 기능 또는 커브 트레이서를 이용할 수 없다면 Si에 대해서 $V_T = 0.7\ \text{V}$, Ge에 대해서 $V_T = 0.3\ \text{V}$로 가정하라.

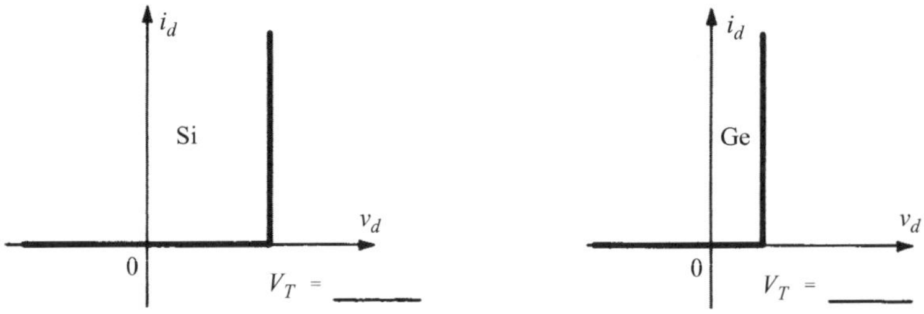

그림 3.2 Si와 Ge 다이오드의 문턱전압

2 직렬 구조

a. 그림 3.3의 회로를 구성하라. 저항 R 값을 측정하고 기록하라.

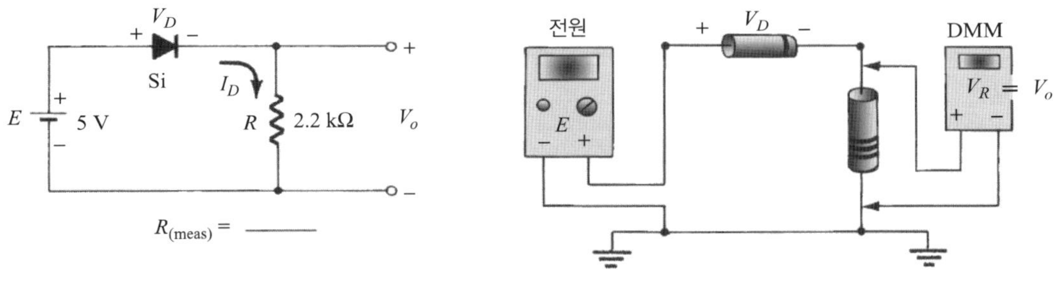

그림 3.3

b. 순서 1에서 측정한 Si과 Ge 다이오드의 문턱전압과 R의 측정값을 이용하여 V_o와 I_D의 이론적인 값을 계산하라. V_D에 대해서는 V_T 값을 기입하라.

V_D = ____________

V_o(계산값) = ____________

I_D(계산값) = ____________

c. DMM으로 전압 V_D와 V_o를 측정하고, 측정값으로부터 전류 I_D를 계산하라. 순서 2(b)의 결과와 비교하라.

V_D(측정값) = ____________

V_o(측정값) = ____________

I_D(측정값으로부터) $= \dfrac{V_o}{R}$ = ____________

d. 그림 3.4의 회로를 구성하라. 저항값들을 측정하고 기록하라.

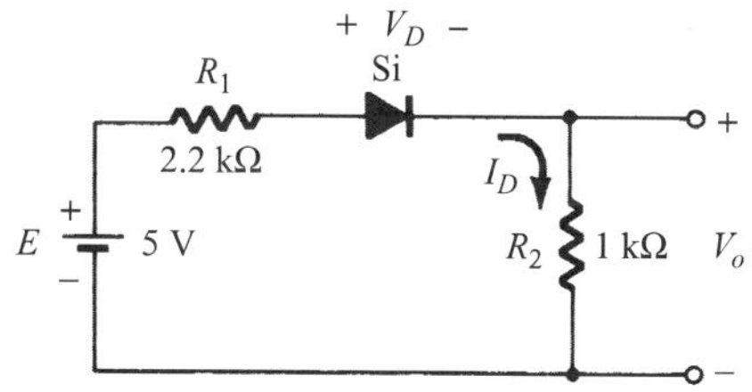

$R_{1(meas)}$ = ____________

$R_{2(meas)}$ = ____________

그림 3.4

e. 순서 1에서 측정한 V_D와 V_o 그리고 측정값 R_1, R_2를 이용하여 V_o와 I_D의 이론적인 값을 계산하라. V_D에 대해서는 V_T 값을 기입하라.

V_D = ____________

V_o(계산값) = ____________

I_D(계산값) = ____________

f. DMM으로 전압 V_D와 V_o를 측정하고, 측정값으로부터 전류 I_D를 계산하라. 순서 2(e)의 결과와 비교하라.

V_D(측정값) = ________

V_o(측정값) = ________

I_D(측정값으로부터) = $\frac{V_o}{R_2}$ = ________

g. 그림 3.4에서 Si 다이오드를 반대로 연결하고 $V_{D,}$ V_o, I_D의 이론적인 값을 계산하라.

V_D = ________

V_o(계산값) = ________

I_D(계산값) = ________

h. 순서 2(g)의 상태에서 $V_{D,}$ V_o를 측정하고, 측정값으로부터 전류 I_D를 계산하라. 2(g)의 결과와 비교하라.

V_D(측정값) = ________

V_o(측정값) = ________

I_D(측정값으로부터) = $\frac{V_o}{R_2}$ = ________

i. 그림 3.5 회로를 구성하라. 저항 R 값을 측정하고 기록하라.

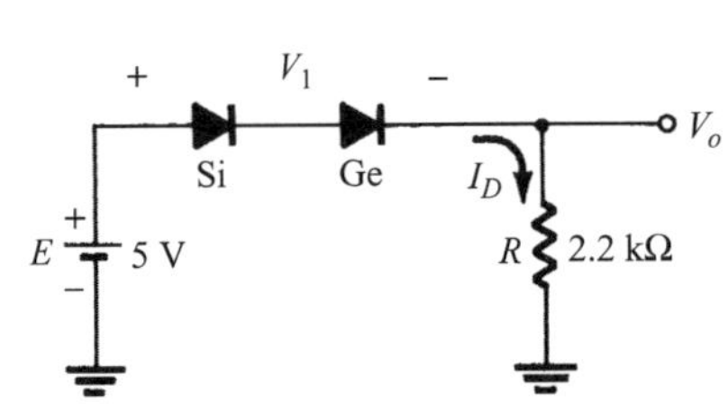

$R_{(meas)}$ = ________

그림 3.5

j. 순서 1에서 측정한 Si과 Ge 다이오드의 문턱전압을 이용하여 V_1(두 다이오드 양단), V_o, I_D의 이론적인 값을 계산하라.

V_1(계산값) = ____________

V_o(계산값) = ____________

I_D(계산값) = ____________

k. V_1과 V_o를 측정하고 순서 2(j)의 결과와 비교하라. 측정값으로부터 전류 I_D를 계산하고 2(j)의 값과 비교하라.

V_1(측정값) = ____________

V_o(측정값) = ____________

I_D(측정값으로부터) $= \dfrac{V_o}{R}$ = ____________

3 병렬 구조

a. 그림 3.6의 회로를 구성하라. 저항 R 값을 측정하고 기록하라.

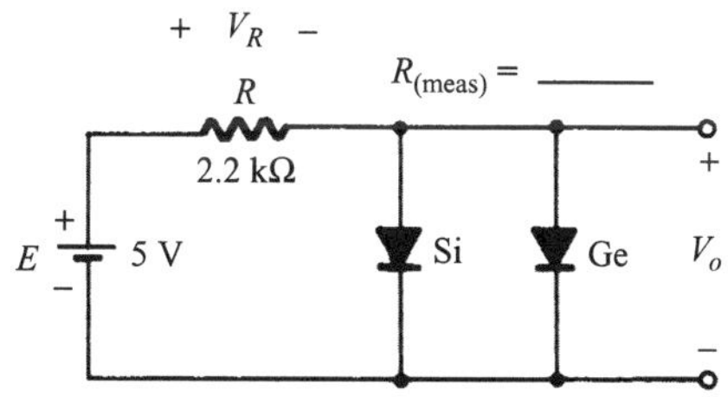

그림 3.6

b. 순서 1에서 측정한 Si과 Ge 다이오드의 문턱전압을 이용하여 V_o와 V_R의 이론적인 값을 계산하라.

V_o(계산값) = ____________

V_R(계산값) = ____________

c. 전압 V_o와 V_R을 측정하고 순서 3(b)의 결과와 비교하라.

V_o(측정값) = ____________

V_R(측정값) = ____________

d. 그림 3.7의 회로를 구성하라. 저항값들을 측정하고 기록하라.

$R_{1(meas)}$ = ______

$R_{2(meas)}$ = ______

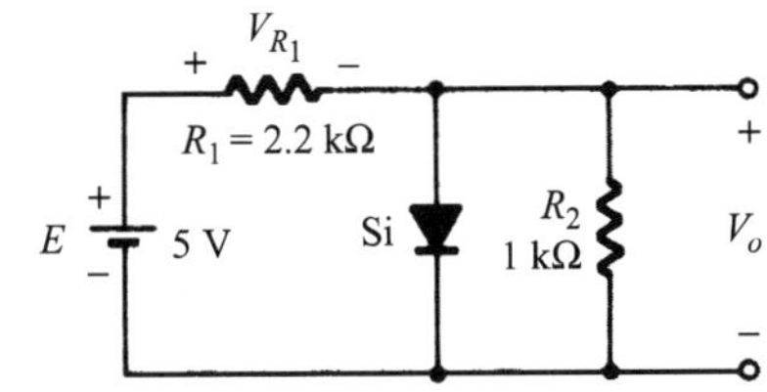

그림 3.7

e. 순서 1에서 측정한 Si 다이오드의 문턱전압를 이용하여 V_o, V_{R_1}, I_D의 이론적인 값을 계산하라.

V_o(계산값) = ______

V_{R_1}(계산값) = ______

I_D(계산값) = ______

f. 전압 V_o와 V_{R_1}을 측정하고, 이 측정값으로부터 I_{R_2}, I_{R_1}을 계산하고 I_D를 결정하라. 순서 3(e)의 결과와 비교하라.

V_o(측정값) = ______

V_{R_1}(측정값) = ______

I_D(측정값으로부터) = ______

g. 그림 3.8의 회로를 구성하라. 저항값을 측정하고 기록하라.

$R_{(meas)}$ = ______

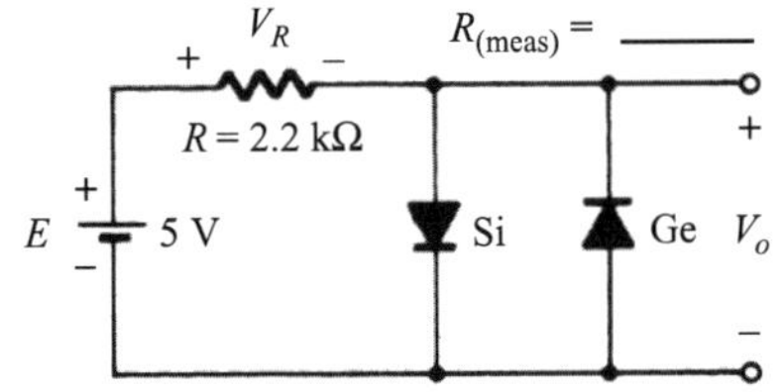

그림 3.8

h. 순서 1에서 측정한 Si과 Ge 다이오드의 문턱전압을 이용하여 V_o와 V_R의 이론적인 값을 계산하라.

V_o(계산값) = ____________

V_R(계산값) = ____________

i. V_o과 V_R를 측정하고 순서 3(h)의 결과와 비교하라.

V_o(측정값) = ____________

V_R(측정값) = ____________

4 양논리 AND 게이트

a. 그림 3.9의 회로를 구성하라. 저항 R 값을 측정하고 기록하라.

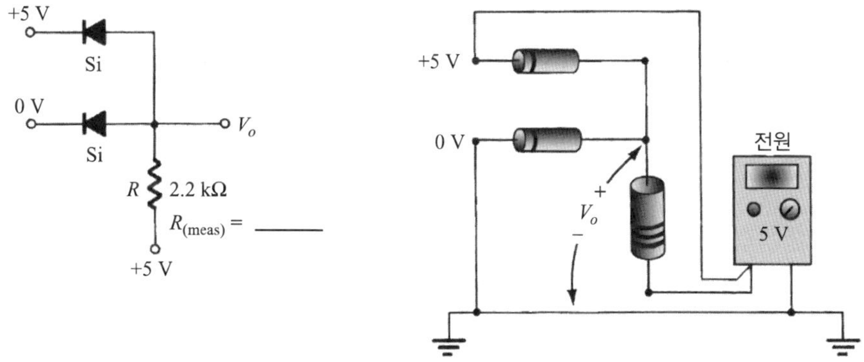

그림 3.9

b. 순서 1에서 측정한 두 다이오드의 V_T를 이용하여 V_o의 이론적인 값을 계산하라.

V_o(계산값) = ____________

c. V_o를 측정하고 순서 4(b)의 결과와 비교하라.

V_o(측정값) = ____________

d. 그림 3.9의 각각 입력 단자에 5 V를 인가하고 V_o의 이론적인 값을 계산하라.

V_o(계산값) = ____________

e. V_o를 측정하고 순서 4(d)의 결과와 비교하라.

V_o(측정값) = ____________

f. 그림 3.9에서 두 입력을 0 V로 놓고(두 입력을 회로 접지에 연결) V_o의 이론적인 값을 계산하라.

V_o(계산값) = ____________

g. V_o를 측정하고 순서 4(f)의 결과와 비교하라.

V_o(측정값) = ____________

5 브리지 구조

a. 그림 3.10의 회로를 구성하라. 저항값들을 측정하고 기록하라.

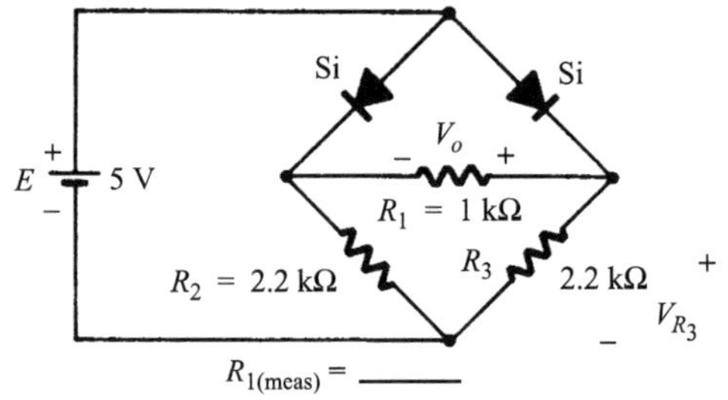

$R_{1(meas)}$ = ______
$R_{2(meas)}$ = ______
$R_{3(meas)}$ = ______

그림 3.10

b. 순서 1에서 측정한 두 다이오드의 V_T를 이용하여 V_o와 V_{R_3}의 이론적인 값을 계산하라.

V_o(계산값) = ____________
V_{R_3}(계산값) = ____________

c. V_o와 V_{R_3}를 측정하고 순서 5(b)의 결과와 비교하라. V_o를 측정할 때 낮은 전압 범위를 사용하라.

V_o(측정값) = ____________

V_{R_3}(측정값) = ____________

6 연습문제

a. 그림 3.10에서 우측 상단 다이오드가 손상되어 내부가 개방회로로 동작할 때, V_o와 V_{R_3}의 값을 계산하라.

V_o(계산값) = ____________

V_{R_3}(계산값) = ____________

b. 그림 3.10에서 우측 상단 다이오드를 제거하고, V_o와 V_{R_3}의 값을 측정하라. 이 결과를 연습문제 6(a)의 계산값과 비교하라.

V_o(측정값) = ____________

V_{R_3}(측정값) = ____________

7 컴퓨터 실습

PSpice 모의실험 3-1

PSpice를 사용하여 그림 3.4의 회로를 해석하라. 이 결과를 순서 2(f)에서 측정한 값과 비교하라.

컴퓨터 V_o = ____________ V_o[순서 2(f)] = ____________

컴퓨터 I_D = ____________ I_D[순서 2(f)] = ____________

PSpice 모의실험 3-2

그림 3.11에 보여준 회로는 그림 3.9에 대한 PSpice 모의실험을 위한 것이다.

바이어스 점(Bias Point) 해석을 실행하라. 바이어스 해석은 이 회로의 직류 전압을 배선도 페이지(schematic page)에 출력할 것이다.

1. 이 해석을 통하여 얻은 Vout을 순서 4(b)의 계산값 V_o와 순서 4(c)의 측정값 V_o와 비교하라.

2. 이 해석에서 얻은 Vout을 PSpice 모의실험 2-1의 5에서 그래프로 얻은 문턱전압과 비교하라.

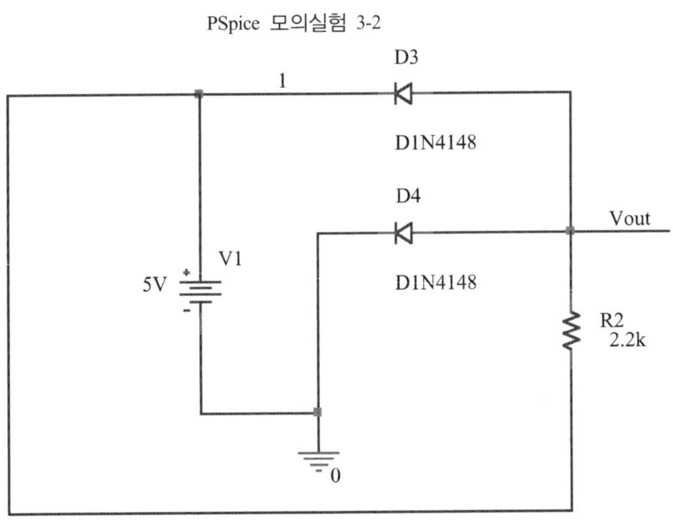

그림 3.11

실험 4

반파 및 전파 정류

목적

1. 반파 및 전파 정류 회로의 출력 직류 전압을 계산하고, 그리고, 측정한다.
2. PSpice를 이용하여 정류 회로의 시간 영역(과도) 해석을 수행한다.

실험소요장비

계측기

오실로스코프

DMM

부품

저항

(2) 2.2 kΩ

(1) 3.3 kΩ

다이오드

(4) Si

전원

함수발생기

기타

12.6 V 중심-탭 변압기

사용 장비

항목	실험실 관리번호
오실로스코프	
DMM	
함수발생기	

이론 개요

반파와 전파 정류 시스템의 주된 기능은 평균이 0인 정현파 입력 신호로부터 직류 값을 얻는 것이다.

하나의 다이오드를 사용한 회로에서 얻어진 그림 4.1의 반파 전압 신호는 피크 전압 V_m의 31.8%인 평균값 즉 등가 직류 전압값을 갖는다.

즉,

$$V_{\rm DC} = 0.318\,\mathrm{V}_{\rm peak} \ (\text{반파}) \tag{4.1}$$

그림 4.2에서 전파 정류 신호의 직류값은 반파 정류 신호의 직류값보다 2배, 즉 피크값 V_m의 63.6%가 된다.

즉,

$$V_{\rm DC} = 0.636\,\mathrm{V}_{\rm peak} \ (\text{전파}) \tag{4.2}$$

입력 정현파 신호가 큰 경우($V_m \gg V_T$), 다이오드의 순방향 바이어스 천이전압 V_T를 무시할 수 있다. 그러나 정현파 신호의 피크값이 V_T보다 그렇게 크지 않으면 V_T는 직류값에 현저한 영향을 미친다.

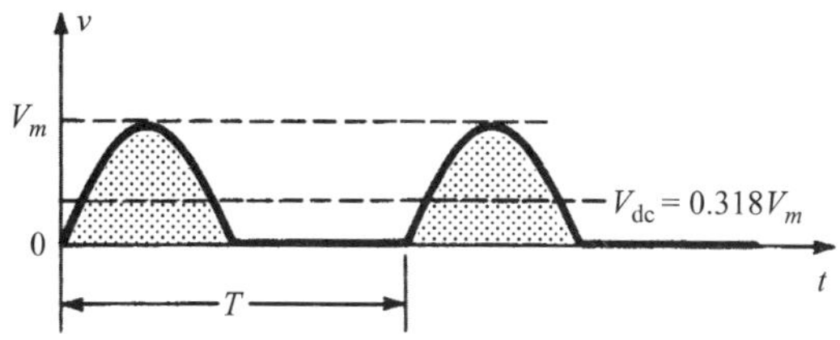

그림 4.1 반파 정류 신호

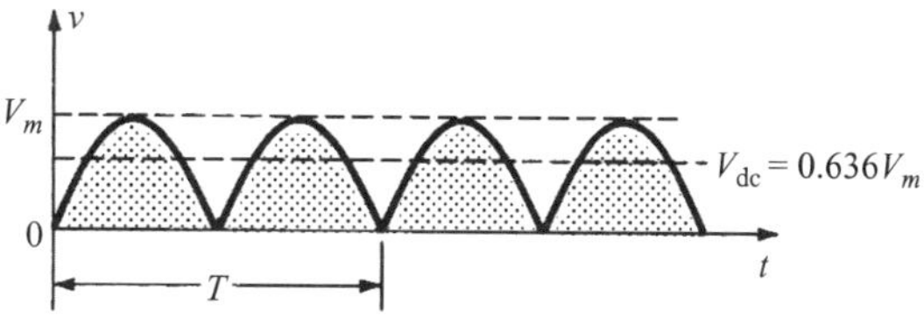

그림 4.2 전파 정류 신호

정류 시스템에서 PIV(Peak Inverse Voltage: 최대 역방향 전압)을 신중하게 고려해야 한다. PIV는 다이오드가 제너 항복 영역에 들어가기 전에 견딜 수 있는 최대 역방향 바이어스 전압이다. 전형적으로 하나의 다이오드를 사용하는 반파 정류 회로에서 다이오드 양단에 걸리는 최대 역방향 전압은 인가된 정현파 신호의 피크값과 동일하다. 4개의 다이오드를 사용하는 전파 브리지 정류 회로 역시 최대 역방향 전압은 인가된 정현파 신호의 피크값과 동일하지만 두 개의 다이오드를 사용한 중심-탭 변압기 구조에서는 인가된 신호의 피크값의 두 배이다.

실험순서

1 문턱 전압

실험에 필요한 4개의 Si 다이오드 중에서 하나를 선택하여 DMM의 다이오드 검사 기능 또는 커브 트레이서를 사용하여 문턱 전압 V_T를 측정하라.

$V_T =$ ____________

2 반파 정류

a. 순서 1에서 사용한 다이오드로 그림 4.3 회로를 구성하라. 저항 R을 측정하고 기록하라. 오실로스코프를 사용하여 함수발생기의 정현파 전압을 1 kHz, 8 V_{p-p}가 되도록 설정하라.

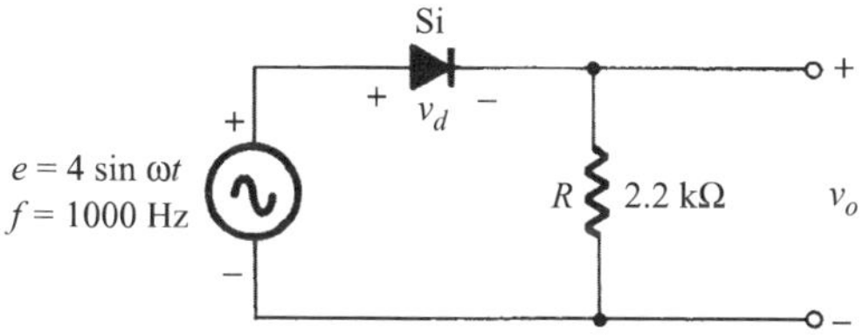

$R_{(meas)} =$ ________

그림 4.3 반파 정류기

b. 그림 4.3에서 정현파 입력 e가 그림 4.4의 화면에 그려져 있다. 선택된 수직과 수평 감도를 결정하라. 수평축이 0 V 선임에 주의하라.

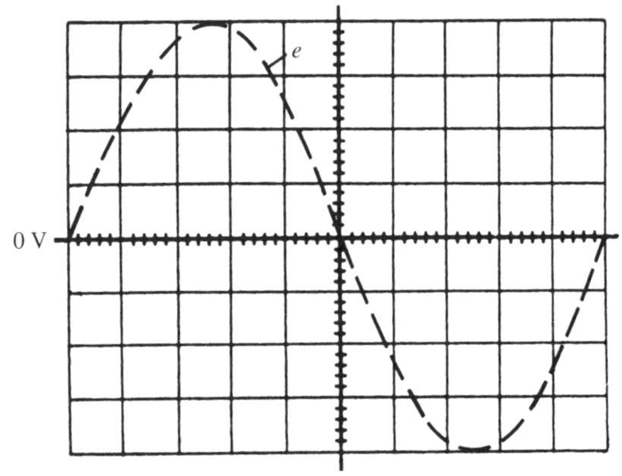

그림 4.4

수직 감도 = ____________

수평 감도 = ____________

c. 순서 1의 문턱 전압 V_T를 사용하여 그림 4.3 회로에서 이론적인 출력 전압 v_o를 결정하라. 순서 2(b)에 적용된 동일한 감도를 사용하여 완전한 한 주기 동안의 파형을 그림 4.4에 그려라. 출력 파형에 최대와 최소값을 표시하라.

d. v_o를 보기 전에 AC-GND-DC 결합 스위치를 GND 위치로 하여 화면의 수평 중심선이 $v_o = 0\text{V}$ 임을 확인하라. 그다음에 결합 스위치를 DC 위치에 놓고 오실로스코프를 사용하여 출력 전압 v_o를 얻고 그 파형을 그림 4.5에 그려라. 순서 2(b)와 동일한 감도를 사용하라.

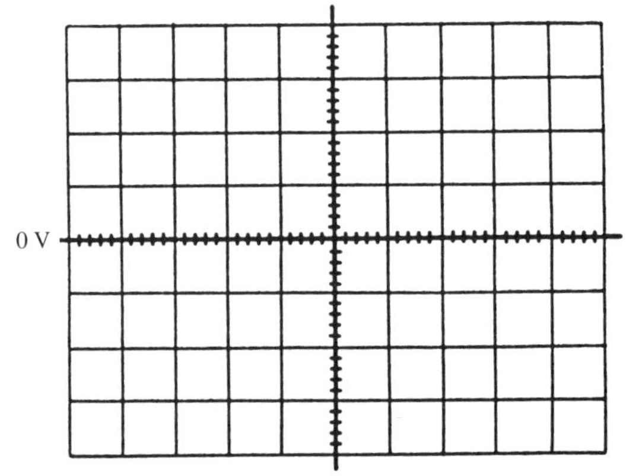

그림 4.5

순서 2(c)와 2(d)의 결과를 비교하라.

e. 식 4.1을 사용하여 반파 정류 신호인 2(d)의 직류값을 계산하라.

V_{DC}(계산값) = ____________

f. DMM의 DC 스케일로 v_o의 직류값을 측정하라. 아래 식으로 측정값과 2(e)의 계산값의 % 편차를 계산하라.

$$\% \text{ 편차} = \left| \frac{V_{DC(\text{계산})} - V_{DC(\text{측정})}}{V_{DC(\text{계산})}} \right| \times 100\%$$

V_{DC}(측정값) = ____________

(% 편차) = ____________

g. AC-GND-DC 결합 스위치를 AC 위치로 전환하여라. 출력 신호 v_o에 어떠한 영향이 있는가? 수평축(0 축) 위에 있는 곡선의 면적이 수평축 아래에 있는 곡선의 면적과 동일한가? 완전한 한 주기 동안 직류값을 갖는 파형에 대해서 AC 위치의 영향을 논하라.

h. 그림 4.3에서 다이오드의 방향을 반대로 연결하라. 결합스위치의 GND 위치를 사용하여 $v_o = 0\text{V}$ 수평선을 미리 잘 설정하였음을 확인하라. 이제 결합 스위치를 DC 위치에 놓고, 오실로스코프를 사용하여 얻어진 출력파형을 그림 4.6에 그려라. 선택한 수직 감도를 사용하여 최대와 최소 전압을 결정하고 그림에 표시하라.

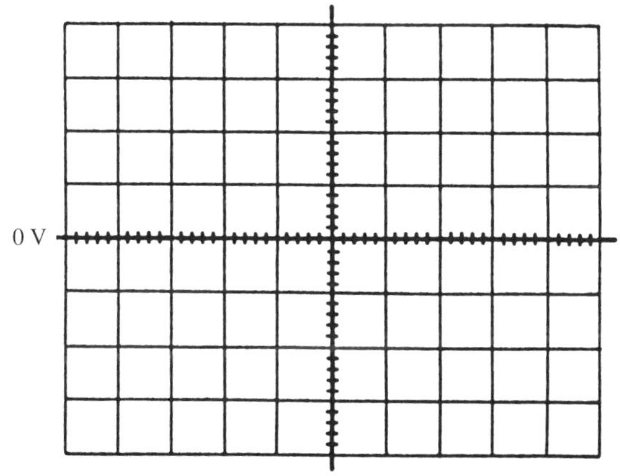

그림 4.6

i. 그림 4.6의 파형에서 직류값을 계산하고 측정하라. 식 4.1과 그림 4.3을 연관하여 아래 계산값과 측정값의 V_{DC}에 적절한 부호를 삽입하라 .

V_{DC}(계산값) = ____________

V_{DC}(측정값) = ____________

3 반파 정류(계속)

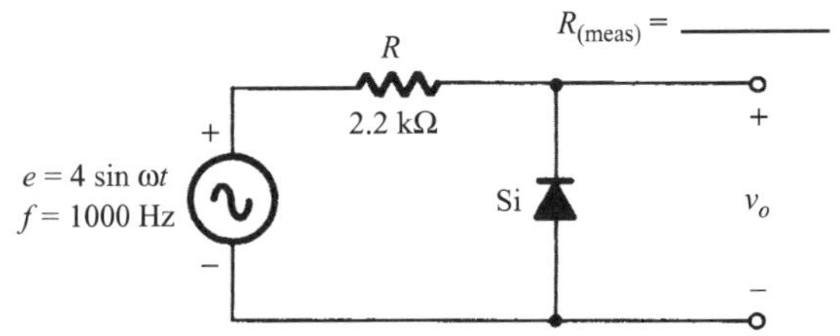

그림 4.7

a. 그림 4.7 회로를 구성하라. 저항 R을 측정하고 기록하라.

b. 순서 1의 문턱전압을 이용하여 그림 4.7 회로의 이론상의 출력파형 v_o을 결정하고, 순서 2(b)와 동일한 감도를 사용하여 완전한 한 주기 파형을 그림 4.8에 그려라. 출력 파형에 최대, 최소값을 표시하라.

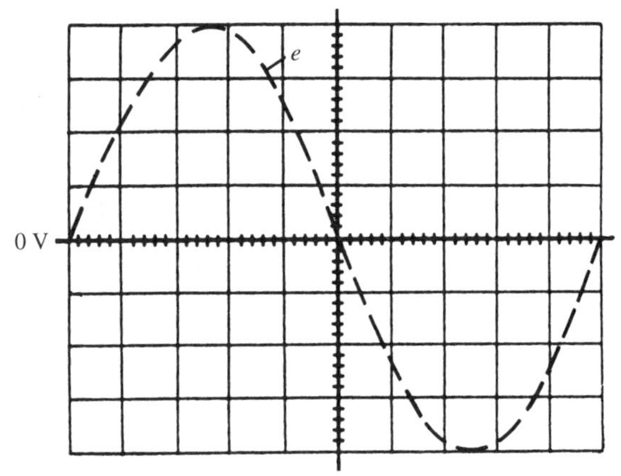

그림 4.8

c. 오실로스코프의 결합 스위치를 DC 위치에 놓고 출력파형을 관찰하고, 그 파형을 그림 4.9에 그려라. 출력파형을 보기 전에 결합 스위치를 GND 위치에 놓고 $v_o = 0$ V 수평선을 잘 설정하였음을 확인하라. 순서 3(b)와 동일한 감도를 사용하라.

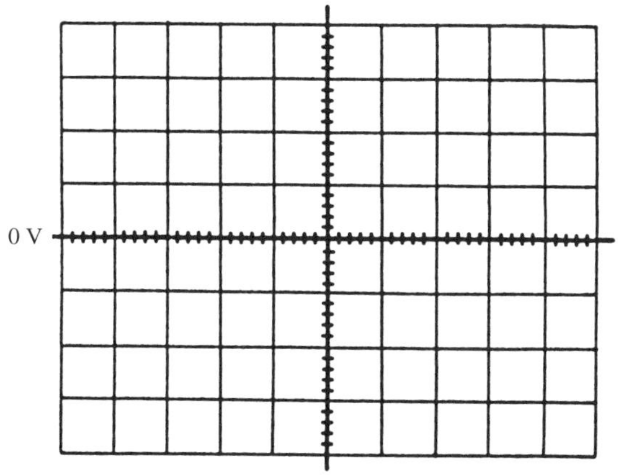

그림 4.9

순서 3(b)와 3(c)의 결과를 비교하라.

d. 그림 4.9의 파형과 순서 2(h)에서 얻은 파형 사이에 가장 현저한 차이는 무엇인가? 왜 그러한 차이가 발생했는가?

e. 다음 식으로 그림 4.9 파형의 직류값을 계산하라.

$$V_{DC} = \frac{\text{총 면 적}}{2\pi} = \frac{2V_m - V_T\,\pi}{2\pi} = 0.318V_m - \frac{V_T}{2}$$

V_{DC}(계산값) = ____________

f. DMM으로 출력파형의 직류 전압을 측정하고, 순서 2(f)와 동일한 식을 사용하여 % 편차를 계산하라.

V_{DC}(측정값) = ____________

(% 편차) = ____________

4 반파 정류(계속)

a. 그림 4.10 회로를 구성하라. 두 저항값을 측정하고 기록하라.

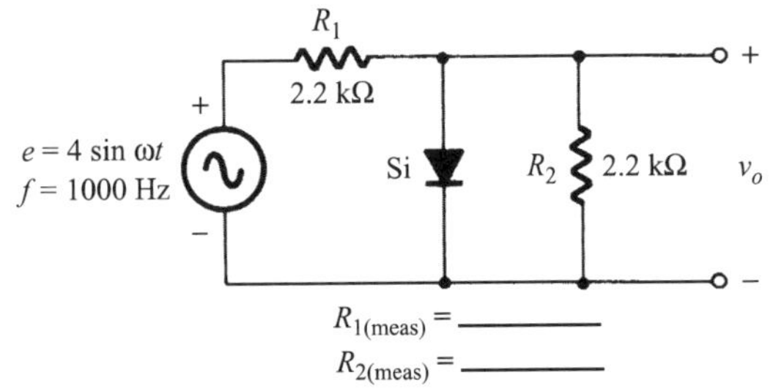

그림 4.10

b. 순서 1의 문턱전압과 측정한 저항값을 이용하여 출력파형 v_o의 모양을 예측하고 그림 4.11에 그려라. 순서 2(b)와 동일한 감도를 사용하고 출력 파형에 최대, 최소값을 표시하라.

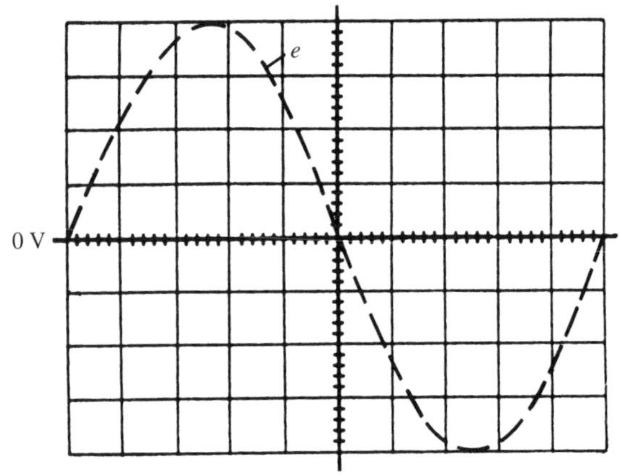

그림 4.11

c. 오실로스코프의 결합 스위치를 DC 위치에 놓고 출력파형을 관찰하고, 그 파형을 그림 4.12에 그려라. 역시 출력파형을 보기 전에 결합 스위치를 GND 위치에 놓고 $v_o = 0\text{ V}$ 수평선을 잘 설정하였음을 확인하라. 동일한 감도를 사용하여 최대, 최소값을 결정하고 그림 4.12에 표시하라.

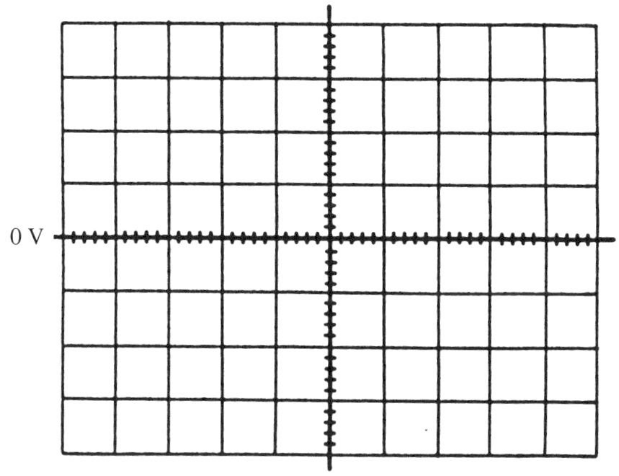

그림 4.12

그림 4.11과 4.12의 파형이 모양과 크기에서 비교적 비슷한가?

d. 다이오드의 방향을 반대로 하여 오실로스코프로 얻은 결과적인 출력 파형을 그림 4.13에 그려라.

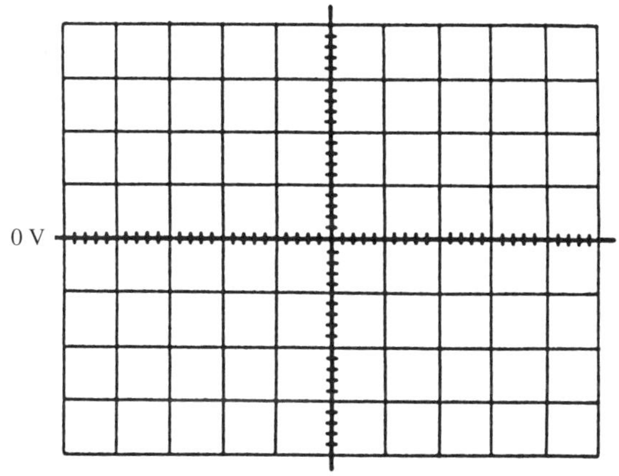

그림 4.13

그림 4.12와 4.13의 결과를 비교하라. 주요한 차이는 무엇이며 그 이유는?

5 전파 정류(브리지 구조)

a. 그림 4.14의 전파 브리지 정류 회로를 구성하라. 다이오드 방향과 접지 상태가 그림과 같음을 확인하라. 불확실하면 실험조교에게 점검을 부탁하라. 저항 R을 측정하고 기록하라.

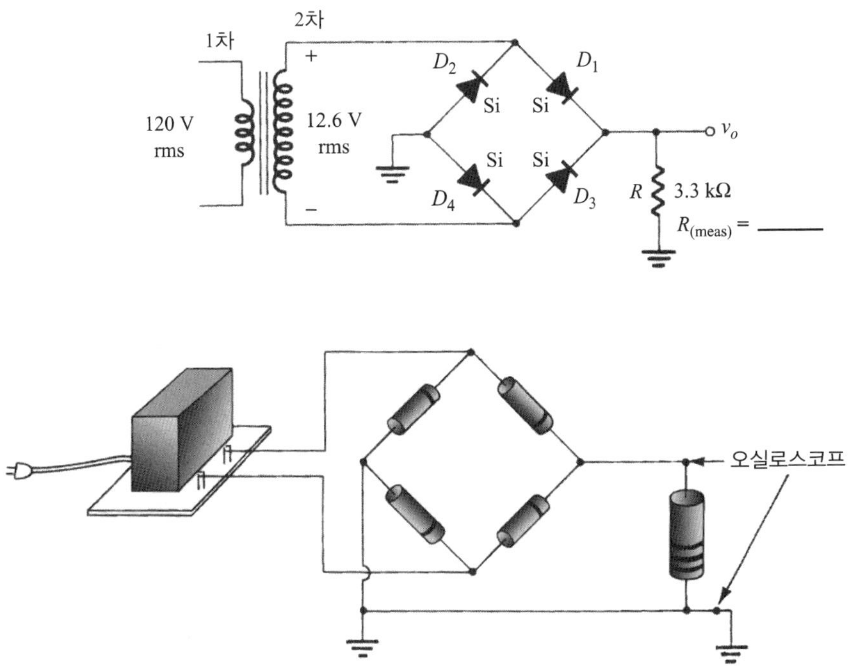

그림 4.14

그리고 DMM을 AC로 놓고 변압기의 2차측에서 전압의 실효값을 측정하여 아래에 기록하라. 정격 전압 12.6 V와 다른가?

V_{rms}(측정값) = ______________

b. 측정값을 사용하여 2차측 전압의 피크값을 계산하라($V_{peak} = 1.414\ V_{rms}$).

V_{peak}(계산값) = ______________

c. 순서 1의 문턱전압을 이용하여 출력파형 v_o의 모양을 예측하고 그림 4.15에 그려라. 2차 전압의 크기에 적절한 오실로스코프의 수직, 수평 감도를 선택하고, 그 감도를 아래에 기록하라.

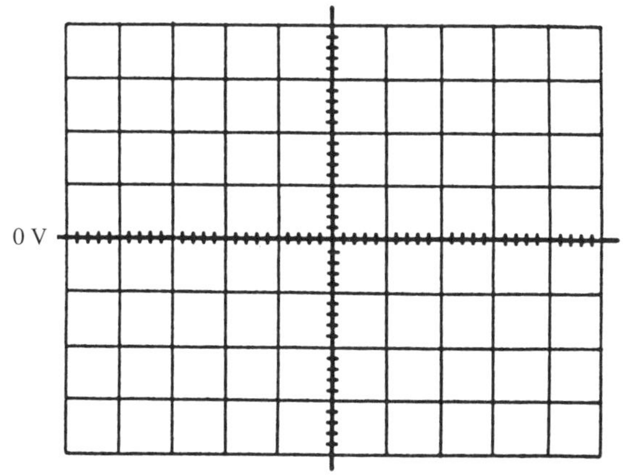

수직 감도 = ___________

수평 감도 = ___________

d. 결합 스위치를 GND 위치에 놓고 $v_o = 0$ V 수평선을 잘 설정하였음을 확인하라. 오실로스코프의 결합 스위치를 DC 위치에 놓고 출력파형을 관찰하고, 그 파형을 그림 4.16에 그려라. 순서 5(c)와 동일한 감도를 사용하고 선택한 수직 감도로 최대, 최소값을 결정하고 그림 4.16에 표시하라.

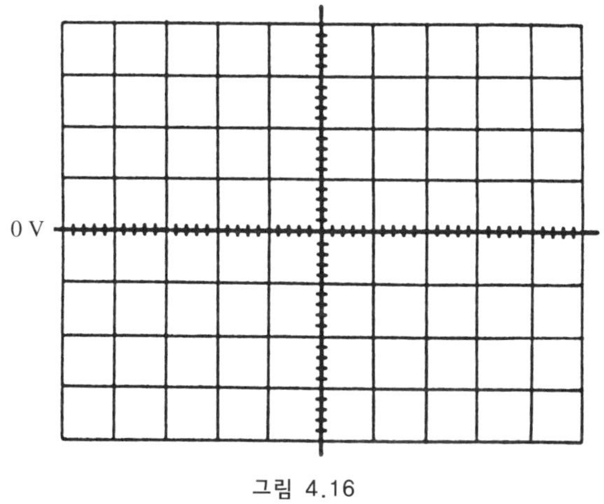

그림 4.16

순서 5(c)와 5(d)의 파형을 비교하라.

e. 그림 4.16에서 전파 정류파형의 직류값을 결정하라.

V_{DC}(계산값) = ____________

f. DMM으로 출력파형의 직류 전압을 측정하고, 측정값과 계산값 사이의 % 편차를 계산하라.

V_{DC}(측정값) = ____________

(% 편차) = ____________

g. 다이오드 D_3, D_4를 각각 저항 2.2 kΩ으로 대치하고, 각 다이오드의 V_T 영향을 고려하여 출력 파형의 모양을 예측하라. 그 파형을 그림 4.17에 그리고, 최대, 최소값의 크기를 표시하고 아래에 선택한 감도를 기록하라.

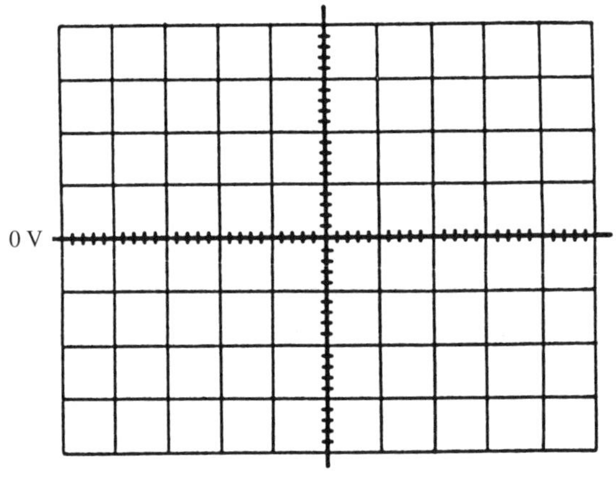

그림 4.17

수직 감도= ____________

수평 감도= ____________

h. 오실로스코프로 출력 파형을 관찰하고, 최대와 최소값을 표시하면서 파형을 그림 4.18에 그려라. 순서 5(g)와 동일한 감도를 사용하라.

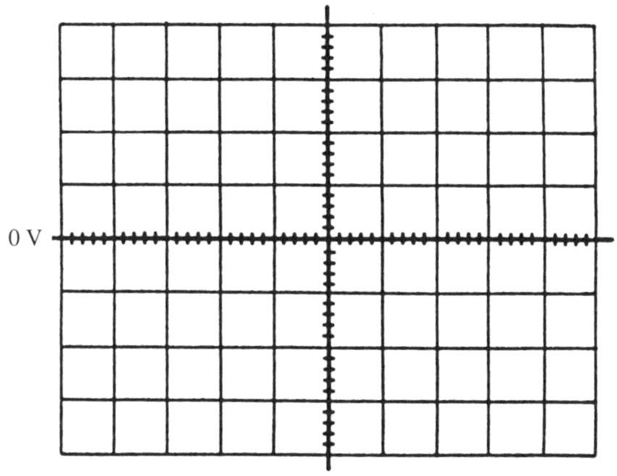

그림 4.18

그림 4.17과 4.18의 파형을 비교하라.

i. 그림 4.18에서 파형의 직류값을 계산하라.

V_{DC}(계산값) = ____________

j. DMM으로 출력 전압의 직류값을 측정하고 % 편차를 계산하라.

V_{DC}(측정값) = ____________

(% 편차) = ____________

k. 두 다이오드를 저항으로 대치하는 경우에 나타나는 주된 효과는 무엇인가?

6 전파 중심-탭 구조

a. 그림 4.19의 회로를 구성하라. 저항 R을 측정하고 기록하라.

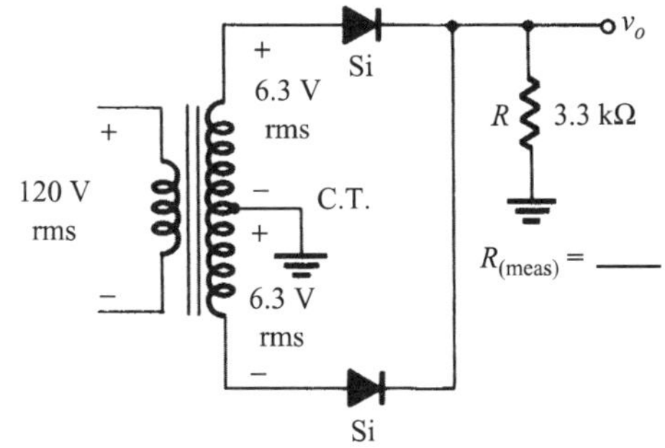

그림 4.19

DMM을 AC로 놓고 변압기의 두 2차 전압을 측정하여 아래에 기록하라. 정격 전압 6.3 V와 차이가 있는가?

V_{rms}(측정값) = ____________

V_{rms}(측정값) = ____________

측정한 두 실효값의 평균을 이용하여 전체 2차 전압의 피크값을 계산하라.

V_{peak}(계산값) = ____________

b. 각각 다이오드에 대해서 순서 1의 V_T를 사용하여 출력 파형 v_o을 예측하고 그림 4.20에 그려라. 2차 전압의 크기에 적절한 수직, 수평 감도를 선택하고, 아래에 감도를 기록하라.

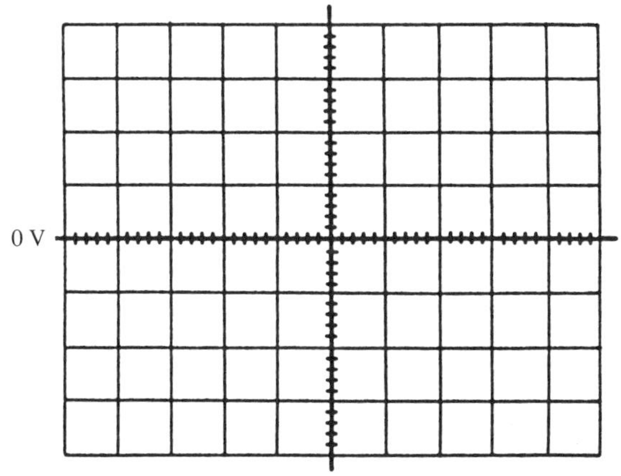

그림 4.20

수직 감도 = ___________

수평 감도 = ___________

c. 결합 스위치를 GND 위치에 놓고 $v_o = 0\ \text{V}$ 수평선을 잘 설정하였음을 확인하라. 오실로스코프의 결합 스위치를 DC 위치에 놓고 출력파형을 관찰하고, 그 파형을 그림 4.21에 그려라. 순서 6(b)와 동일한 감도를 사용하고, 선택한 수직 감도로 최대, 최소값을 결정하고 그림 4.21에 표시하라.

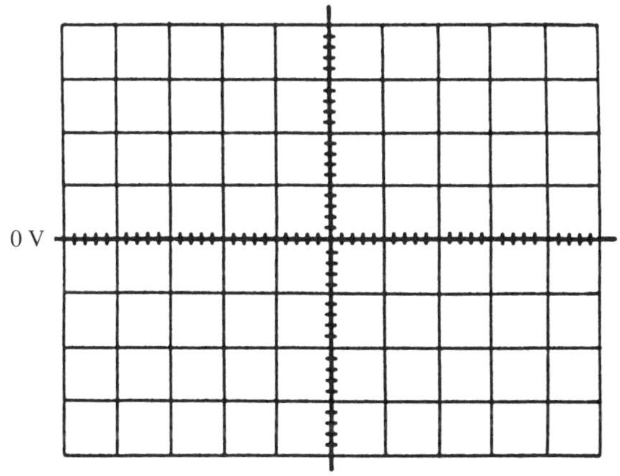

그림 4.21

그림 4.20과 4.21의 파형을 비교하라.

d. 출력 파형 v_o의 직류값에 대해서 계산값과 측정값을 결정하고 비교하라.

(계산값) = ____________

(측정값) = ____________

7 컴퓨터 실습

PSpice 모의실험 4-1

PSpice를 사용하여 그림 4.3의 회로를 해석하라. 이 결과를 순서 2에서 얻은 값과 비교하라.

PSpice 모의실험 4-2

보여준 회로는 그림 4.19에 대한 PSpice 모의실험을 위한 것이다. 전압원 V1의 피크값 170 V는 그림 4.19에서 전압원의 실효 전압에 대응한다. 변압기 TX1과 TX2의 1차 권선의 인덕턴스는 각각 100 mH이고, 2차 권선의 인덕턴스는 각각 1 mH이다. 이것으로 2차 전압의 실효값은 약 6V가 된다. 34 ms의 지속시간으로 시간 영역(과도) 해석을 수행하고 다음 질문에 답하라(Probe 그림 사용).

변압기 TX1과 TX2를 얻기 위해서 Place Part 대화상자에 있는 Analog library를 열어라. FXRM Linear로 스크롤하여 그것을 클릭하라. OK를 클릭하고, TX1을 화면에 위치시켜라. 변압기 TX1의 기호를 두 번 클릭하라. OrCAD Capture[Property Editor] 대화상자가 Schematic(배선) 화면에 나타나면, Coupling 상자에 1을 입력하라. 이것은 발생한 모든 자속이 1차와 2차 권선 모두에 결합함을 의미한다. 다음에 L1_Value로 스크롤하여 100 mH를, L2_Value로 스크롤하여 1 mH를 입력하라. Property Editor 화면을 닫고, 변압기 TX2에 대해서도 과정을 반복하라. 그 다음 해석을 실행하라.

PSpice 모의실험 4-2

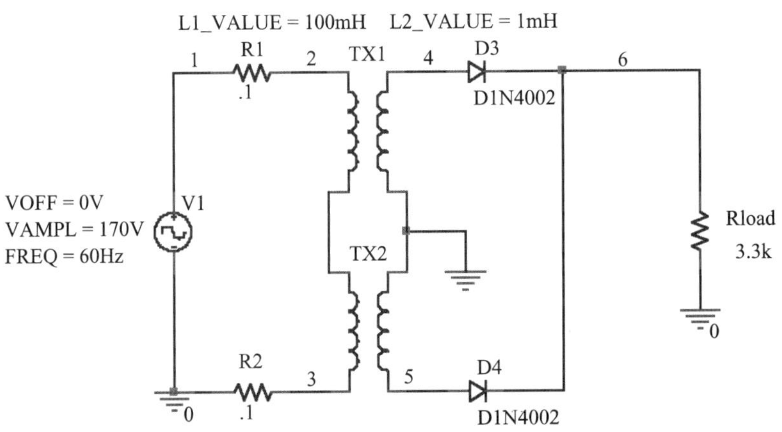

1. 2차측 전압들의 크기에 대한 Probe 그림을 구하라. 그리고 상대적인 위상 차이는 얼마인가?

2. 각 다이오드의 피크-역방향-전압(PIV)를 2차측 전압의 합과 비교하라.
   두 개의 Y 축을 사용하라. 하나의 Y 축은 V(4,6)과 V(5,6)의 표현식으로 다이오드의 PIV를 표시하기 위한 것이고, 두 번째 Y 축은 V(4)와 V(5)의 표현식으로 2차측 전압을 표시한다.

3. 두 다이오드의 도통 기간을 비교하라.

4. Rload 양단의 전압 파형을 구하라. 크기는 얼마인가?

5. 그 전압이 전파 정류기의 출력 전압과 일치하는가?

6. 이 모의실험의 결과를 그림 4.19의 결과와 비교하라.

실험

5

클리퍼 회로

목적

1. 직렬 및 병렬 클리퍼 회로의 출력 전압을 계산하고, 그리고, 측정한다.
2. PSpice를 이용하여 펄스 전원, 직류 배터리, 다이오드를 포함하는 클리퍼 회로의 시간 영역(과도) 해석을 수행한다.

실험소요장비

계측기

오실로스코프

DMM

부품

저항

(1) 2.2 kΩ

다이오드

(1) Si

(1) Ge

전원

(1) 1.5 V 건전지

함수발생기

사용 장비

항목	실험실 관리번호
오실로스코프	
DMM	
함수발생기	

이론 개요

클리퍼의 주된 기능은 인가되는 교류 신호의 한 부분을 잘라서 버리는 것이다. 이러한 과정은 보통 저항과 다이오드의 조합에 의해서 이루어진다. 건전지를 사용하면 인가 전압에 부가적인 상하 이동을 제공할 수 있다. 구형파 입력에 대한 클리퍼 해석은 입력 전압에 두 가지 레벨만 있기 때문에 가장 쉽다. 각 레벨이 직류 전압으로 간주되어, 대응하는 시간 간격 동안의 출력 전압을 결정한다. 정현파와 삼각파 입력에 대해서는 다양한 순간적인 값들을 직류값으로 취급하여 출력 레벨을 결정할 수 있다. 그림 그리기 충분한 수만큼의 출력 전압을 결정했다면, 전체적인 출력 파형을 그릴 수 있다. 일단 클리퍼의 기본적인 동작을 이해한다면, 소자가 어느 위치에 배치되더라도 그 영향을 예측할 수 있고, 완전한 해석도 가능하다.

실험순서

1 문턱 전압

DMM의 다이오드 점검 기능 또는 커브 트레이서를 사용하여 Si과 Ge 다이오드의 문턱 전압을 결정하라. 아래에 기록할 때 반올림하여 소수 둘째 자리까지 표시하라. 만약 다이오드 점검 기능 또는 커브 트레이서를 사용할 수 없다면 Si에 대해서는 $V_T = 0.7$ V, Ge에 대해서는 $V_T = 0.3$ V로 가정하여라.

V_T(Si) = ____________

V_T(Ge) = ____________

2 병렬 클리퍼

a. 그림 5.1의 클리퍼 회로를 구성하라. 저항값과 건전지의 전압을 측정하고 기록하라. 구형파 입력이 1 kHz, 8 V_{p-p}가 되도록 설정하라.

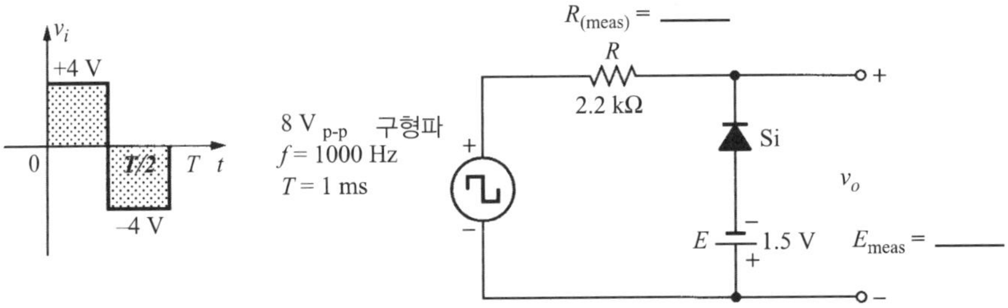

그림 5.1

b. R, E, V_T의 측정값을 이용하여 +4 V의 구형파가 입력될 때 출력 전압 V_o를 계산하라. V_o는 어떤 레벨인가? V_o를 결정하는 모든 계산 과정을 보여라.

V_o(계산값) = ______________

c. −4 V의 구형파가 입력될 때 순서 2(b)를 반복하라.

V_o(계산값) = ______________

d. 그림 5.2의 수평축을 $V_o = 0$ V로 보고, 순서 2(b)와 2(c)의 결과를 이용하여 예측되는 v_o 파형을 그려라. 수직 감도는 1 V/cm, 수평 감도는 0.2 ms/cm를 사용하라.

계산 결과로부터
V_o 파형

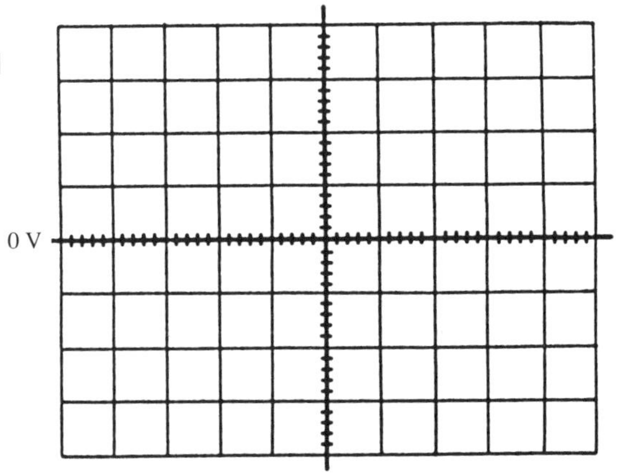

그림 5.2

e. 순서 2(d)의 감도를 사용하여 오실로스코프에서 주어진 구형파 입력을 확인하고, 오실로스코프에 나타난 출력 파형 v_o을 그림 5.3에 그려라. 결합 스위치를 GND 위치에 놓고 $v_o = 0$ V 수평선이 잘 설정되었음을 확인한 후. 출력 파형을 볼 때는 DC 위치에 놓아라.

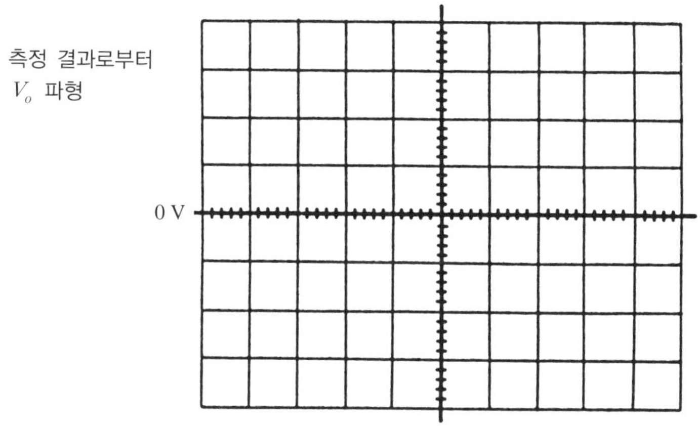

그림 5.3

그림 5.3의 파형을 그림 5.2의 예측된 결과와 비교하라.

f. 그림 5.1에서 건전지 방향을 반대로 하고, R, E, V_T의 측정값을 이용하여 $V_i = +4$ V인 시간 간격에서 출력 전압 V_o의 레벨을 계산하라.

V_o(계산값) = ____________

g. $V_i = -4$ V인 시간 간격에서 순서 2(f)를 반복하라.

V_o(계산값) = ____________

h. 그림 5.4의 수평축을 $V_o = 0$ V로 보고, 순서 2(f)와 2(g)의 결과를 이용하여 예측되는 v_o 파형을 그려라. 순서 2(d)에 제공된 감도를 사용하라.

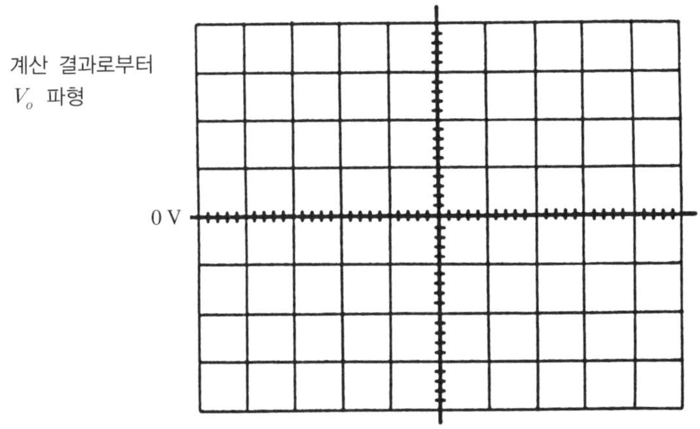

그림 5.4

i. 주어진 구형파 입력에 대한 출력 파형을 오실로스코프로 확인하고, 그림 5.5에 그려라. 결합 스위치를 GND 위치에 놓고 $v_o = 0$ V 수평선이 잘 설정되었음을 확인한 후. 출력 파형을 볼 때는 DC 위치에 놓아라.

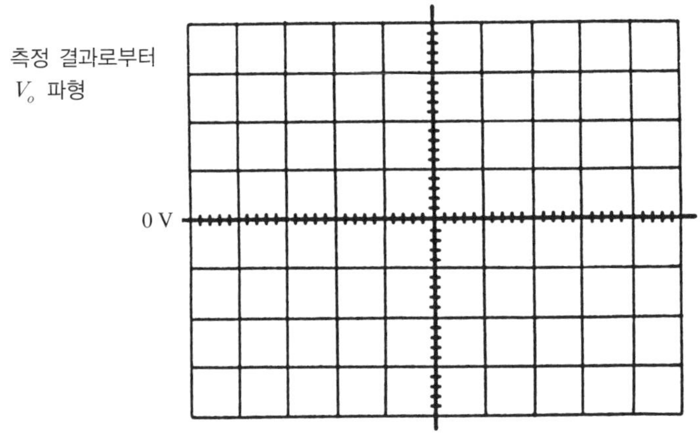

그림 5.5

그림 5.5의 파형을 그림 5.4의 예측된 결과와 비교하라.

3 병렬 클리퍼(계속)

a. 그림 5.6의 회로를 구성하라. 저항값을 측정하고 기록하라. 이제 구형파 입력이 1 kHz, 4 V_{p-p}가 되도록 설정하라.

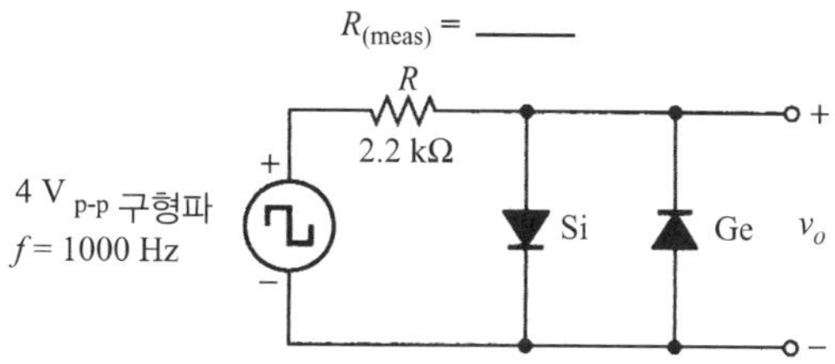

그림 5.6

b. 순서 1에서 결정한 V_T를 이용하여 $V_i = +2$ V의 시간 간격에서 V_o 레벨을 계산하라.

V_o(계산값) = ______________

c. $V_i = -2$ V인 시간 간격에서 순서 3(b)를 반복하라.

V_o(계산값) = ______________

d. 그림 5.7의 수평축을 $V_o = 0$ V로 보고, 순서 3(b)와 3(c)의 결과를 이용하여 예측되는 v_o 파형을 그려라. 아래에 선택한 수직, 수평 감도를 기재하라.

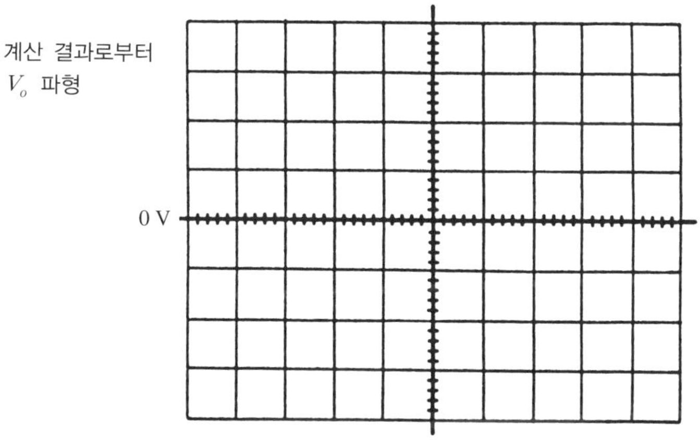

그림 5.7

수직 감도 = ______________

수평 감도 = ______________

e. 순서 3(d)의 감도를 사용하여 오실로스코프에서 구형파 입력을 확인하고, 오실로스코프에 나타난 출력 파형 v_o을 그림 5.8에 그려라. 결합 스위치를 GND 위치에 놓고 $v_o = 0\text{ V}$ 수평선이 잘 설정되었음을 확인한 후. 입력과 출력 파형을 볼 때는 DC 위치에 놓아라.

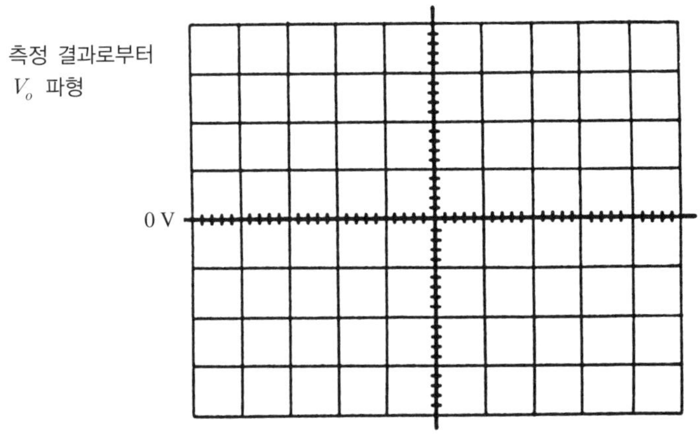

그림 5.8

그림 5.8의 파형을 그림 5.7의 예측된 결과와 비교하라.

4 병렬 클리퍼(정현파 입력)

a. 그림 5.1의 회로를 재구성하라. 이제 입력은 정현파 신호이며, 주파수는 동일하게 1 kHz, 크기는 8 V_{p-p}가 되도록 설정하라.

b. 순서 2의 결과와 다른 해석 방법으로부터 출력 v_o의 예측되는 파형을 그림 5.9에 그려라. 특히 입력 신호가 양의 피크, 음의 피크, 0 전압일 때 출력 전압 V_o를 계산하라. 선택한 수직, 수평 감도를 아래에 역시 기재하라.

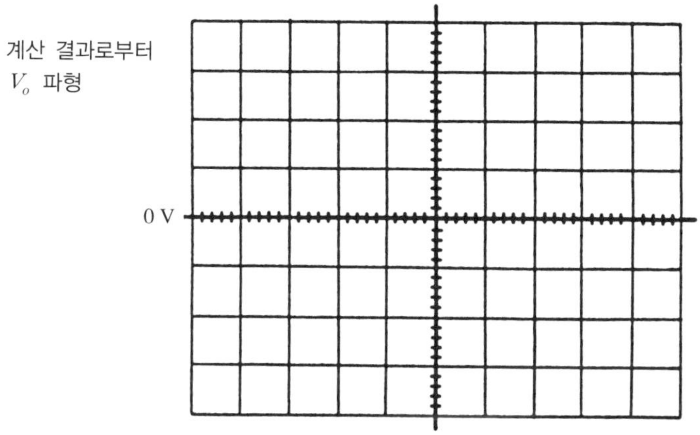

그림 5.9

$V_i = +4V$ 일 때 V_o(계산값) = ______________

$V_i = -4V$ 일 때 V_o(계산값) = ______________

$V_i = 0V$ 일 때 V_o(계산값) = ______________

수직 감도 = ______________

수평 감도 = ______________

c. 순서 4(b)의 감도를 사용하여 오실로스코프에서 정현파 입력을 확인하고, 오실로스코프에 나타난 출력 파형 v_o을 그림 5.10에 그려라. 결합 스위치를 GND 위치에 놓고 $v_o = 0\ \text{V}$ 수평선이 잘 설정되었음을 미리 확인하라.

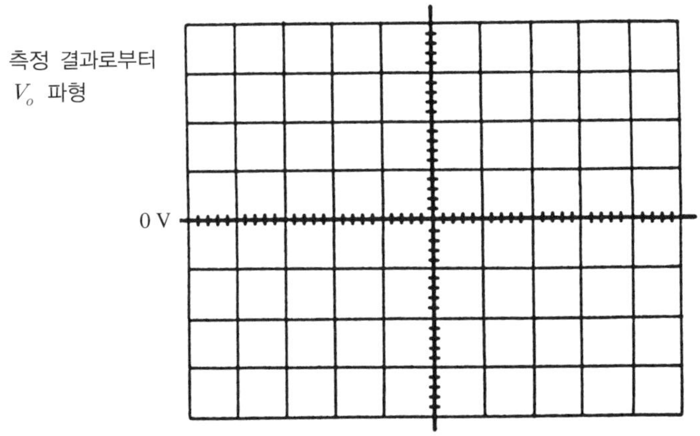

그림 5.10

그림 5.10의 파형을 그림 5.9의 예측된 결과와 비교하라.

5 직렬 클리퍼

a. 그림 5.11의 회로를 구성하라. 저항값과 건전지의 전압을 측정하고 기록하라. 인가 신호는 구형파이며, 주파수는 1 kHz, 크기는 8 V_{p-p}가 되도록 설정하라.

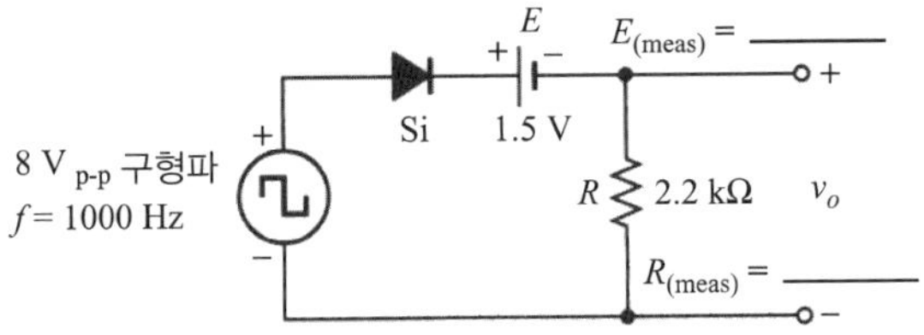

그림 5.11

b. R, E, V_T의 측정값을 이용하여 $V_i = +4\ \text{V}$의 시간 간격에서 출력 전압 V_o 레벨을 계산하라.

V_o(계산값) = ____________

c. $V_i = -4$ V인 시간 간격에서 순서 5(b)를 반복하라.

V_o(계산값) = ____________

d. 그림 5.12의 수평축을 $V_o = 0$ V로 보고, 순서 5(b)와 5(c)의 결과를 이용하여 예측되는 v_o 파형을 그려라. 아래에 선택한 수직, 수평 감도를 기재하라.

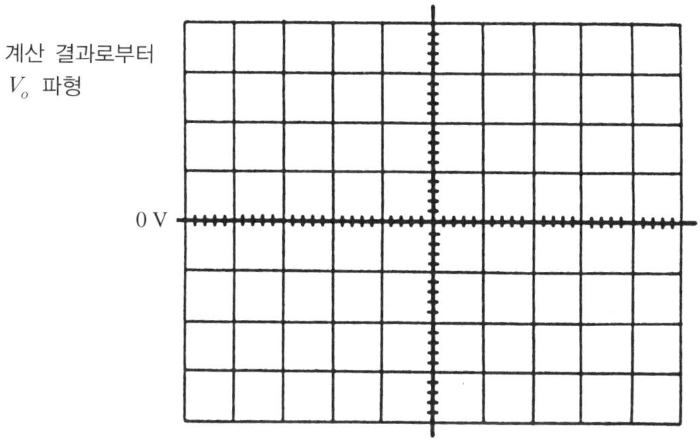

그림 5.12

수직 감도 = ____________

수평 감도 = ____________

e. 순서 5(d)의 감도를 사용하여 오실로스코프에서 구형파 입력을 확인하고, 오실로스코프에 나타난 출력 파형 v_o을 그림 5.13에 그려라. 결합 스위치를 GND 위치에 놓고 $v_o = 0\text{ V}$ 수평선이 잘 설정되었음을 확인한 후. 입력과 출력 파형을 볼 때는 DC 위치에 놓아라.

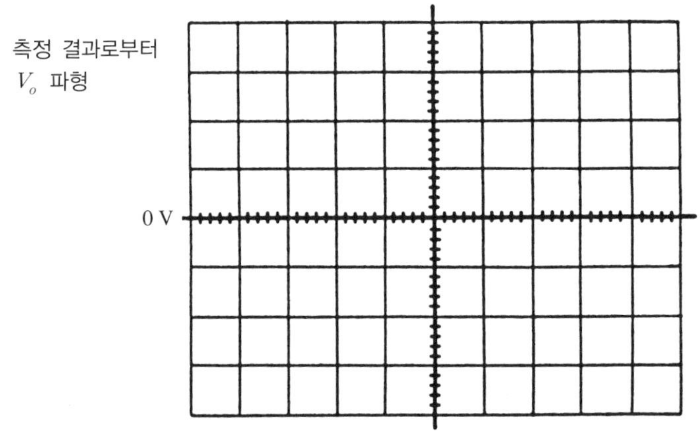

그림 5.13

그림 5.13의 파형을 순서 5(d)의 예측된 결과와 비교하라.

f. 그림 5.11에서 건전지 방향을 반대로 하고, R, E, V_T의 측정값을 이용하여 $V_i = +4\text{ V}$인 시간 간격에서 출력 전압의 레벨 V_o를 계산하라.

V_o(계산값) = ____________

g. $V_i = -4\text{ V}$인 시간 간격에서 순서 5(f)를 반복하라.

V_o(계산값) = ____________

h. 그림 5.14의 수평축을 $V_o = 0$ V로 보고, 순서 5(f)와 5(g)의 결과를 이용하여 예측되는 v_o 파형을 그려라. 수직 감도는 2 V/cm, 수평 감도는 0.2 ms/cm를 사용하라.

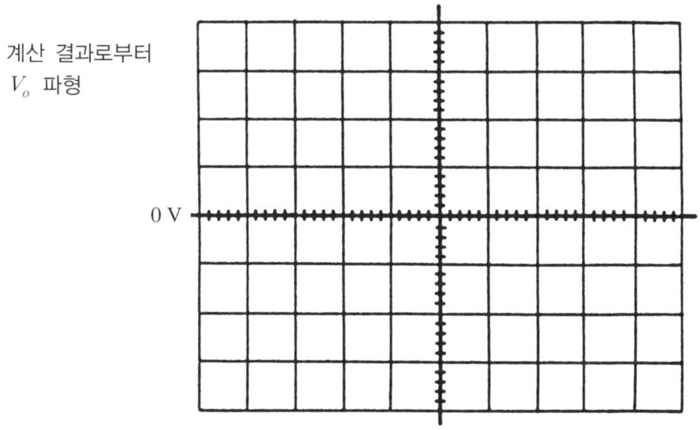

그림 5.14

i. 순서 5(h)에서 제공된 감도를 사용하여 구형파 입력에 대한 출력 파형을 오실로스코프로 확인하고, 그림 5.15에 그려라. 결합 스위치를 GND 위치에 놓고 $v_o = 0$ V 수평선이 잘 설정되었음을 확인한 후. 입력과 출력 파형을 볼 때는 DC 위치에 놓아라.

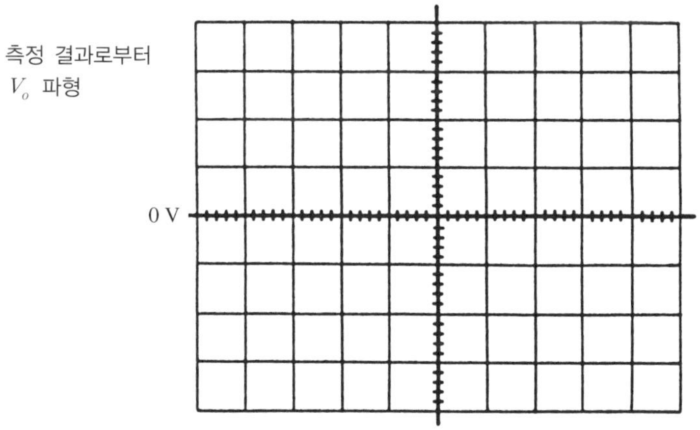

그림 5.15

그림 5.15의 파형을 그림 5.14의 예측된 형태와 비교하라.

6 직렬 클리퍼(정현파 입력)

a. 그림 5.11의 회로를 재구성하라. 이제 입력은 정현파 신호이며, 주파수는 동일하게 1 kHz, 크기는 8 V_{p-p}가 되도록 설정하라.

b. 순서 5의 결과와 다른 해석 방법으로부터 출력 v_o의 예측되는 파형을 그림 5.16에 그려라. 특히 입력 신호가 양의 피크, 음의 피크, 0 전압일 때 출력 전압 V_o를 계산하라. 수직 감도는 1 V/cm, 수평 감도는 0.2 ms/cm를 사용하라.

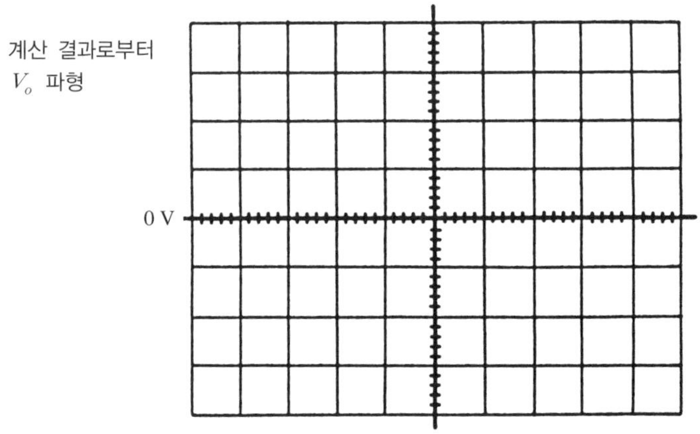

그림 5.16

$V_i = +4$ V일 때 V_o(계산값) = ____________

$V_i = -4$ V일 때 V_o(계산값) = ____________

$V_i = 0$ V일 때 V_o(계산값) = ____________

c. 순서 6(b)의 감도를 사용하여 오실로스코프에서 정현파 입력을 확인하고, 오실로스코프에 나타난 출력 파형 v_o을 그림 5.17에 그려라. 파형을 보기 전에 결합 스위치를 GND 위치에 놓고 $v_o = 0$ V 수평선이 잘 설정되었음을 확인하라.

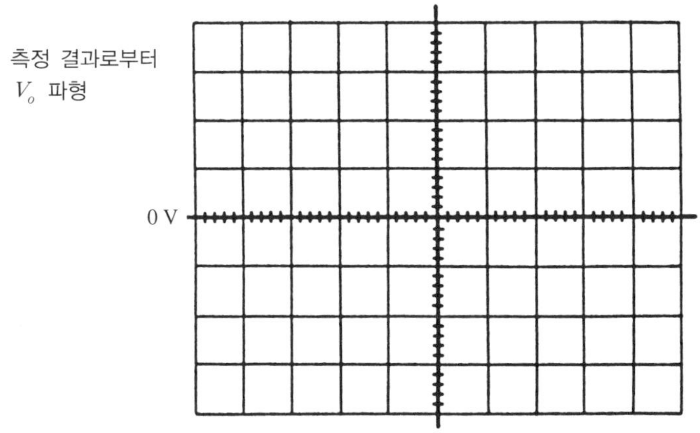

그림 5.17

그림 5.17의 파형을 그림 5.16의 예측된 결과와 비교하라.

7 컴퓨터 실습

PSpice 모의실험 5-1

PSpice를 사용하여 그림 5.1의 회로를 해석하라. 컴퓨터로 얻은 이 결과를 순서 2의 결과와 비교하라.

PSpice 모의실험 5-2

보여준 회로는 그림 5.1에 대한 PSpice 모의실험을 위한 것이다. PSpice 프로그램에서 전압원 Vpulse를 얻어야 하며, 설정되어야 할 변수들이 표시되어 있다. 펄스 천이가 거의 수직에 가깝도록 상승시간(TR)과 하강시간(TF)을 선택하였다. 다이오드의 PSpice 모델은 이상적이지 못하므로, 순방향 바이어스에서 단락회로로 동작하지 않고 역방향 바이어스에서 개방회로로 동작하지 않는다. 이것은 다이오드의 두 경우에서 이상적인 값과 다르게 Vout에 영향을 미칠 것이다. 마지막으로 1 kHz의 펄스 주파수는 1 ms의 주기(PER)에 해당함을 확인하라. 시간(과도) 해석을 2 ms 동안 수행하고 아래 단계에 답하라.

1. Vpulse와 Vout에서 Probe 그림을 얻어라.

2. $V1 = 4$ V일 때 Vout의 전압은 얼마인가?

3. 사용된 다이오드가 이상적이라면 이 전압은 다른가?

4. $V1 = -4$ V일 때 Vout의 전압은 얼마인가?

5. 사용된 다이오드가 이상적이라면 이 전압은 다른가?

6. PSpice 모의실험 결과를 실험에서 얻은 결과와 비교하라.

PSpice 모의실험 5-2

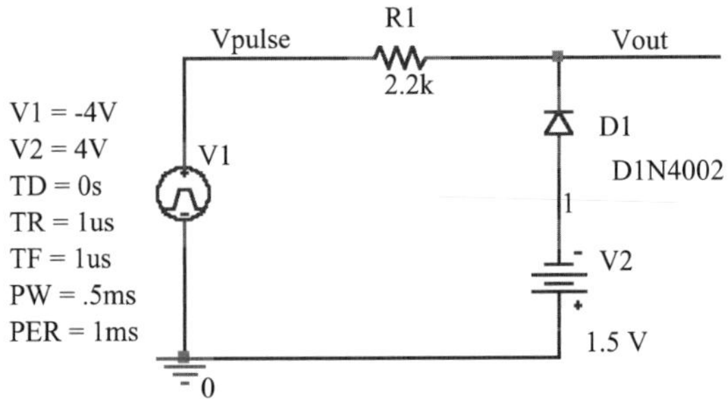

7. 두 결과 자료가 일치하는지 또는 불일치하는지에 대해서 논하라,

8. 다이오드 방향을 반대로 하고 위 해석을 반복하라.

PSpice 모의실험 5-3

이 모의실험은 그림 5.11의 직렬 클리퍼 회로이다. 전압원 V2의 변수들을 앞 모의실험과 같이 설정하고, 시간 영역(과도) 해석을 2 ms 동안 수행하고 아래 단계에 답하라.

PSpice 모의실험 5-3

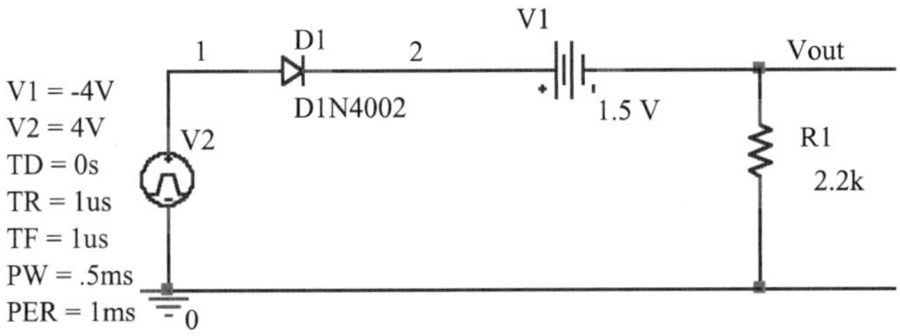

1. Vpulse와 Vout에서 Probe 그림을 얻어라.
   이번 PSpice 모의실험에서 V(2)로 VPULSE의 파형을 확인한다. Y축의 범위를 −6 V ~ +5 V로 변경하면, V(1)의 펄스 전압이 잘 표시될 것이다. 음의 Y축 값은 다이오드의 PIV를 보기 위해서 필요하다.

2. 입력 전압 Vpulse의 양과 음 두 부분에 대해서 실험적으로 획득한 결과 자료를 이 그림과 비교하라.

3. 두 결과 사이에 중요한 차이가 있는가?

4. 결과 자료로부터 회로의 클리핑 작용을 설명하라.

5. 입력 전압에 대한 다이오드 전압의 그림을 그려라.
   이 모의실험에서는 V(1,2)로 다이오드 전압의 Probe 파형을 확인한다.

6. Vpulse가 양의 값일 때 다이오드 양단의 전압은 얼마인가?

7. 이 전압을 다이오드의 천이 전압과 비교하라.

8. Vpulse가 음의 값일 때 다이오드 양단의 전압은 얼마인가?

9. 다이오드가 on 상태와 off 상태일 때 다이오드 양단 전압 차이를 설명하라.

실험 6

클램퍼 회로

목적

1. 클램퍼의 출력 전압을 계산하고, 그리고, 측정한다.
2. PSpice를 이용하여 클램퍼 회로의 시간 영역(과도) 해석을 수행한다.

실험소요장비

계측기

오실로스코프

DMM

부품

저항

(1) 100 Ω

(1) 1 kΩ

(1) 100 kΩ

다이오드

(1) Si

커패시터

(1) 1 μF

전원

(1) 1.5 V 건전지
함수발생기

사용 장비

항목	실험실 관리번호
오실로스코프	
DMM	
함수발생기	

이론 개요

클램퍼는 입력 파형의 피크-피크 값의 특성을 변경하지 않고 교류 입력 신호를 특정한 레벨로 클램프(고정)하도록 설계된 것이다. 클램퍼는 용량성 소자(커패시터)를 포함하고 있으므로 클리퍼와 쉽게 구별된다. 전형적인 클램퍼는 커패시터, 다이오드, 저항으로 구성되며 어떤 경우에는 건전지를 포함할 수 있다. 최선의 클램퍼 해석법은 단계적 접근 방법을 사용하는 것이다. 첫 단계는 회로에서 다이오드를 순방향 바이어스시키는 입력 신호의 부분을 찾는 것이다. 입력 신호의 이 부분을 결정하면 시간을 절약하며 아마도 불필요한 혼동을 피할 수 있다. 다이오드의 순방향 바이어스 상태에서 커패시터 양단 전압과 출력 전압을 결정할 수 있다. 나머지 해석을 위해서 입력 신호의 이 구간 동안 커패시터는 지속적으로 충전되어 안정된 전압 레벨을 유지한다고 가정한다. 그 다음, 입력 신호의 다른 부분을 해석하여 커패시터의 충전 전압과 다이오드의 개방회로가 출력 전압에 미치는 영향을 결정할 수 있다.

출력 신호의 피크-피크 전압이 인가 신호의 피크-피크 전압과 동일한지를 파악함으로써 클램퍼의 해석을 빠르게 점검할 수 있다. 이것이 클램퍼가 만족해야 하는 특징이기 때문이다.

실험순서

1 문턱 전압

DMM의 다이오드 점검 기능 또는 커브 트레이서를 사용하여 Si 다이오드의 문턱 전압을 결정하라. 만약 다이오드 점검 기능 또는 커브 트레이서를 사용할 수 없다면 $V_T = 0.7$ V로 가정하여라.

V_T = ________

2 클램퍼(R, C, 다이오드 조합)

a. 그림 6.1 회로를 구성하라. 저항값을 측정하고 기록하라.

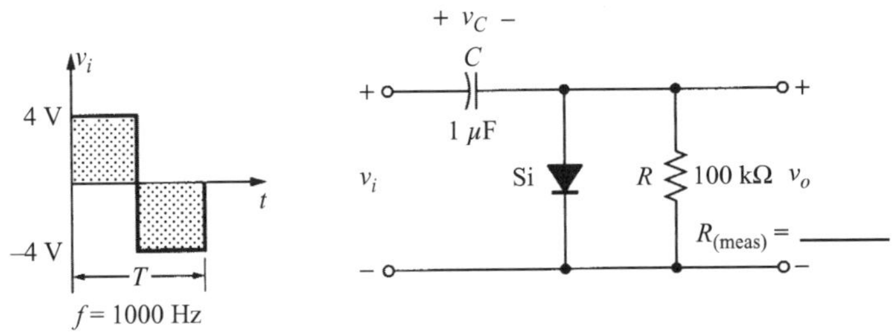

그림 6.1

b. 순서 1의 V_T 값을 이용하여 다이오드를 on 상태로 야기하는 입력 전압 레벨 v_i에 대해서 V_C와 V_o를 계산하라.

V_C(계산값) = ________

V_o(계산값) = ________

c. 순서 2(b)의 결과로부터 입력 전압 v_i를 다른 레벨로 전환하여 다이오드를 off시킬 때 출력 레벨 V_o를 계산하라.

V_o(계산값) = ________

d. 그림 6.2의 중심 수평축을 $V_o = 0$ V로 보고, 순서 2(b)와 2(c)의 결과를 이용하여 입력 v_i의 완전한 한 주기 동안 예측되는 v_o 파형을 그려라. 선택한 수직, 수평 감도를 아래에 기재하라.

계산 결과로부터
V_o 파형

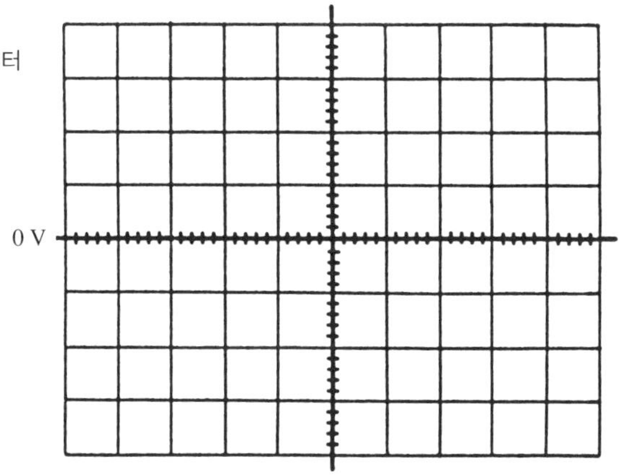

그림 6.2

수직 감도 = ____________

수평 감도 = ____________

e. 순서 2(b)의 감도를 이용하여 오실로스코프로 출력 파형 v_o을 확인하고, 그림 6.3에 결과 파형을 그려라. 결합 스위치를 GND 위치에 놓고 $v_o = 0$ V 수평선이 잘 설정되었음을 확인한 후. 출력 파형을 볼 때는 DC 위치에 놓아라.

측정 결과로부터
V_o 파형

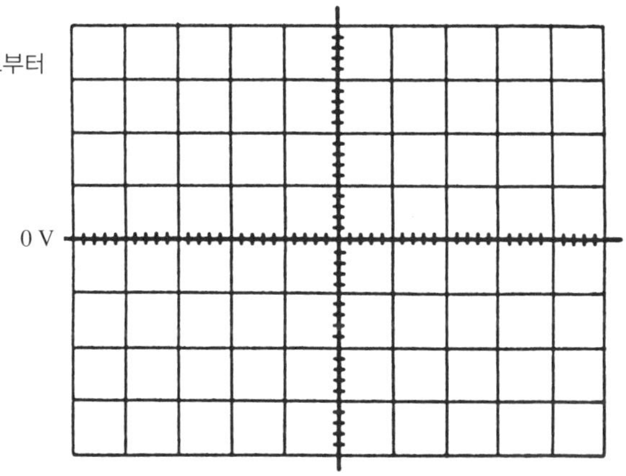

그림 6.3

그림 6.3의 파형을 그림 6.2의 예측된 파형과 비교하라.

f. 그림 6.1에서 다이오드 방향을 반대로 하고, 순서 1의 V_T 값을 이용하여 다이오드를 on 상태로 야기하는 입력 전압 레벨 v_i에 대해서 V_C와 V_o를 계산하라.

V_C(계산값) = ____________

V_o(계산값) = ____________

g. 순서 2(f)의 결과로부터 입력 전압 v_i를 다른 레벨로 전환하여 다이오드를 off시킬 때 출력 레벨 V_o를 계산하라.

V_o(계산값) = ____________

h. 그림 6.4의 수평축을 $V_o = 0$ V로 보고, 순서 2(f)와 2(g)의 결과를 이용하여 예측되는 v_o 파형을 그려라. 선택한 수직, 수평 감도를 아래에 기재하라.

계산 결과로부터 V_o 파형

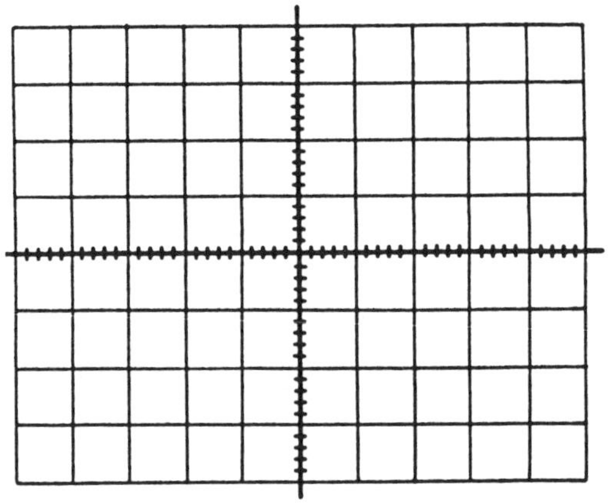

그림 6.4

수직 감도 = ____________

수평 감도 = ____________

i. 순서 2(b)의 감도를 이용하여 오실로스코프로 출력 파형 v_o을 확인하고, 그림 6.5에 결과 파형을 그려라. 결합 스위치를 GND 위치에 놓고 $v_o = 0$ V 수평선이 잘 설정되었음을 확인한 후, 출력 파형을 볼 때는 DC 위치에 놓아라.

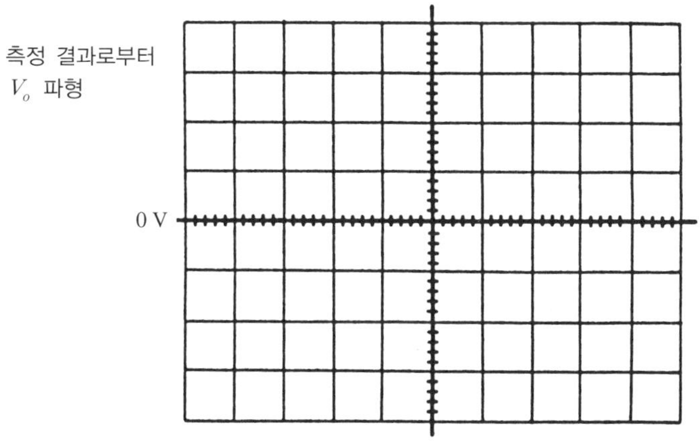

그림 6.5

그림 6.5의 파형을 그림 6.4의 예측된 파형과 비교하라.

3 건전지를 포함하는 클램퍼

a. 그림 6.6의 회로를 구성하라. 저항값과 건전지의 전압을 측정하고 기록하라.

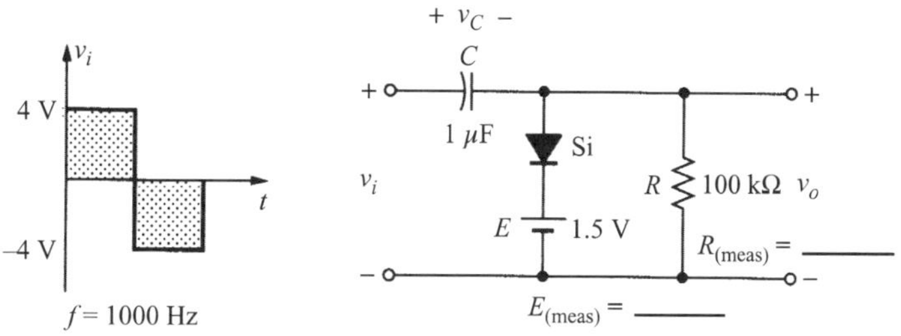

그림 6.6

b. 순서 1의 V_T 값을 이용하여 다이오드를 on 상태로 야기하는 입력 전압 레벨 v_i에 대해서 V_C와 V_o를 계산하라.

V_C(계산값) = ______________

V_o(계산값) = ______________

c. 순서 3(b)의 결과로부터 입력 전압 v_i를 다른 레벨로 전환하여 다이오드를 off시킬 때 출력 레벨 V_o를 계산하라.

V_o(계산값) = ____________

d. 그림 6.7의 중심 수평축을 $V_o = 0$ V로 보고, 순서 3(b)와 3(c)의 결과를 이용하여 예측되는 v_o 파형을 그려라. 선택한 수직, 수평 감도를 아래에 기재하라.

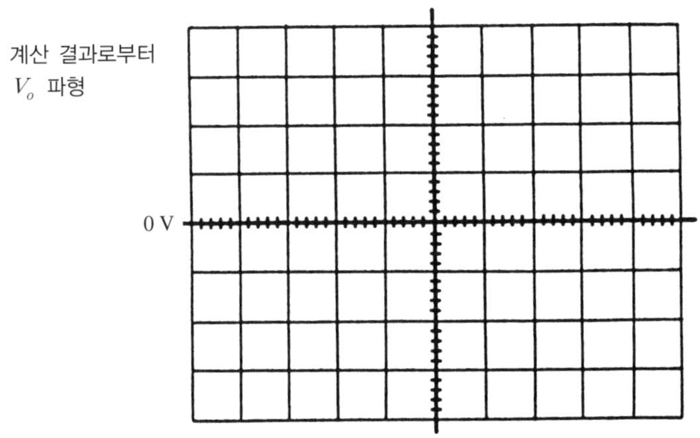

그림 6.7

수직 감도 = ____________

수평 감도 = ____________

e. 순서 3(d)의 감도를 이용하여 오실로스코프로 출력 파형 v_o을 확인하고, 그림 6.8에 결과 파형을 그려라. 결합 스위치를 GND 위치에 놓고 $v_o = 0\text{ V}$ 수평선이 잘 설정되었음을 확인한 후. 출력 파형을 볼 때는 DC 위치에 놓아라.

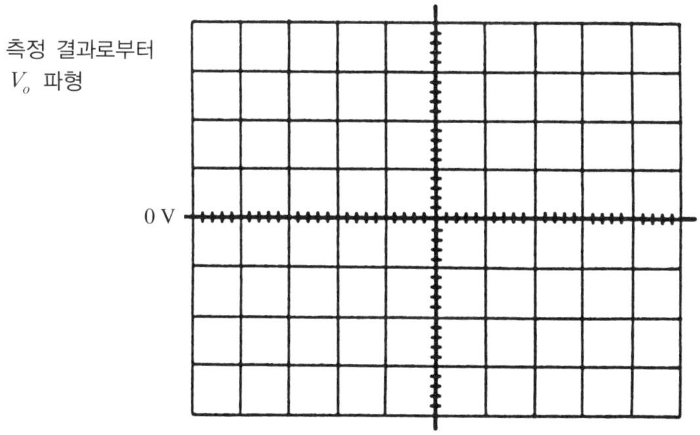

그림 6.8

그림 6.8의 파형을 그림 6.7의 예측된 파형과 비교하라.

f. 그림 6.6에서 다이오드 방향을 반대로 하고, 순서 1의 V_T 값을 이용하여 다이오드를 on 상태로 야기하는 입력 전압 레벨 v_i에 대해서 V_C와 V_o를 계산하라.

V_C(계산값) = ____________

V_o(계산값) = ____________

g. 순서 3(f)의 결과로부터 입력 전압 v_i를 다른 레벨로 전환하여 다이오드를 off시킬 때 출력 레벨 V_o를 계산하라.

V_o(계산값) = ____________

h. 그림 6.9의 중심 수평축을 $V_o = 0$ V로 보고, 순서 3(f)와 3(g)의 결과를 이용하여 예측되는 v_o 파형을 그려라. 선택한 수직, 수평 감도를 아래에 기재하라.

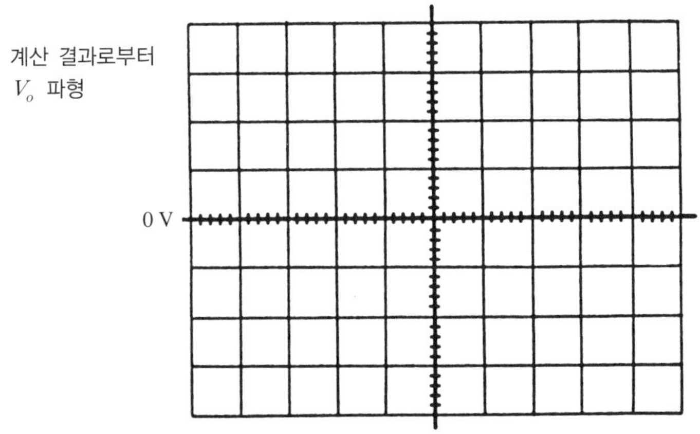

그림 6.9

수직 감도 = ____________

수평 감도 = ____________

i. 순서 3(h)의 감도를 이용하여 오실로스코프로 출력 파형 v_o을 확인하고, 그림 6.10에 결과 파형을 그려라. 결합 스위치를 GND 위치에 놓고 $v_o = 0$ V 수평선이 잘 설정되었음을 확인한 후. 출력 파형을 볼 때는 DC 위치에 놓아라.

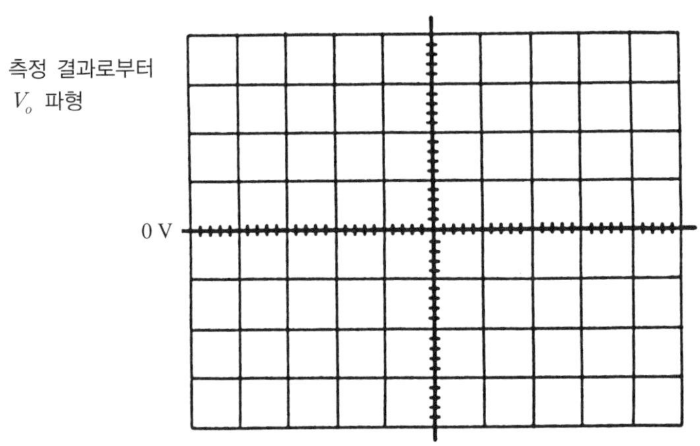

그림 6.10

그림 6.10의 파형을 그림 6.9의 예측된 파형과 비교하라.

4 클램퍼(정현파 입력)

a. 그림 6.1의 회로를 재구성하라. 이제 입력은 정현파 신호이며, 주파수는 동일하게 1 kHz, 크기는 8 V_{p-p}가 되도록 설정하라.

b. 순서 1과 2의 결과 그리고 다른 해석 방법으로부터 출력 v_o의 예측되는 파형을 그림 6.11에 그려라. 특히 입력 신호 v_i가 양의 피크, 음의 피크, 0 전압일 때 출력 전압 v_o를 계산하라. 선택한 수직, 수평 감도를 아래에 기재하라.

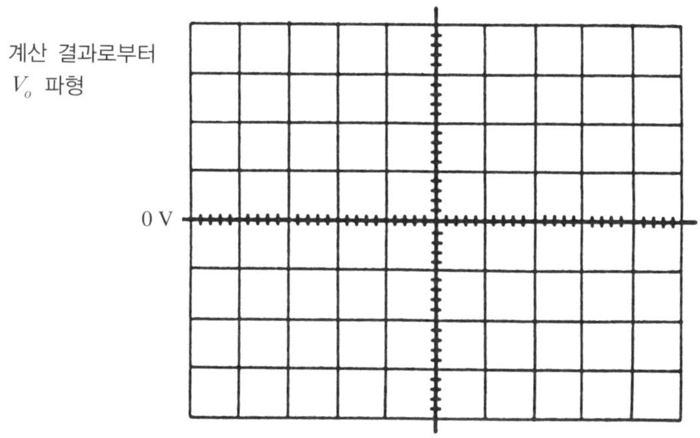

그림 6.11

$V_i = +4V$ 일 때 V_o(계산값) = ____________

$V_i = -4V$ 일 때 V_o(계산값) = ____________

$V_i = 0V$ 일 때 V_o(계산값) = ____________

수직 감도 = ____________

수평 감도 = ____________

c. 순서 4(b)의 감도를 이용하여 오실로스코프로 출력 파형을 확인하고, 결과 파형 v_o 을 그림 6.12에 그려라. 결합 스위치를 GND 위치에 놓고 $v_o = 0\text{ V}$ 수평선이 잘 설정되었음을 확인하고, 출력 파형을 볼 때는 DC 위치에 놓아라.

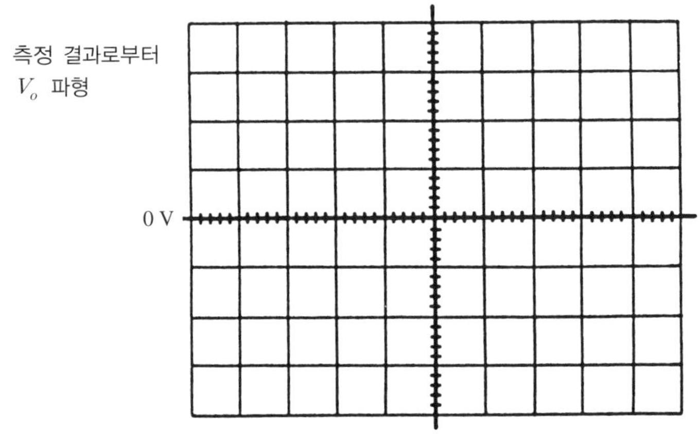

그림 6.12

그림 6.12의 파형을 그림 6.11의 예측된 결과와 비교하라.

5 클램퍼(R의 영향)

a. 그림 6.1의 회로에서 다이오드를 off 상태로 만들어 거의 개방회로로 동작시키는 입력 신호 레벨에 대해서 시정수($\tau = RC$)를 결정하라.

τ(계산값) = ____________

b. 인가 신호의 주기를 계산하라. 인가 신호의 처음 한 주기 동안에서 다이오드가 off 상태에 놓여 있는 시간 간격에 해당하는 반주기를 결정하라.

T(계산값) = ____________

$T/2$(계산값) = ____________

c. RC 회로망에서 방전 주기는 약 5τ이다. 순서 5(a)의 결과를 이용하여 5τ로 정해지는 시간 간격을 계산하고, 순서 5(b)에서 계산된 T/2와 비교하라.

5τ(계산값) = ____________

d. 좋은 클램핑 작용을 위하여 5τ로 규정되는 방전 시간 간격이 인가 신호의 T/2 보다 훨씬 커야 되는 이유는 무엇인가?

e. 저항 R을 1kΩ으로 변경하여 새로운 방전 시간 간격 5τ를 계산하라.

5τ(계산값) = ____________

f. 순서 5(e)에서 계산된 5τ는 인가 신호의 T/2와 비교하면 어떠한가? 출력 파형 v_o에 영향을 미치려면 새로운 R을 어떻게 선택해야 하는가?

g. 그림 6.1 회로에 $R = 1\ \text{k}\Omega$으로 하여 설정된 입력을 인가하고 결과적인 출력 파형을 그림 6.13에 그려라. 결합 스위치를 GND 위치에 놓고 $V_o = 0\ \text{V}$ 수평선이 화면의 중앙에 잘 설정되었음을 확인한 후. 출력 파형을 볼 때는 DC 위치에 놓아라. 선택한 수직, 수평 감도를 아래에 기재하라.

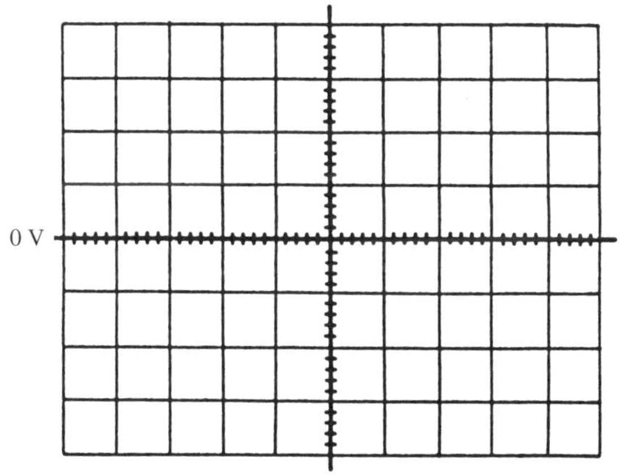

그림 6.13

수직 감도 = ____________

수평 감도 = ____________

h. 그림 6.13의 결과 파형에 대하여 논하라. 파형 왜곡은 기대한 것인가? 양과 음의 피크 값에 놀랐는가? 그 이유는?

i. 저항 R을 100 Ω으로 변경하여 새로운 방전 시간 간격 5τ를 계산하라.

5τ(계산값) = ____________

j. 순서 5(i)에서 계산한 5τ를 인가 신호의 T/2와 비교하면 어떠한가? 저항 R 값이 작아지면 그림 6.13의 파형에 어떠한 영향을 미치는가?

k. 그림 6.1 회로에 $R = 100\ \Omega$으로 하여 설정된 입력을 인가하고 결과적인 출력 파형을 그림 6.14에 그려라. 결합 스위치를 사용하여 $V_o = 0\ \text{V}$ 선을 잘 설정하고, DC 위치에 놓고 파형 v_o를 보아라. 선택한 수직, 수평 감도를 아래에 기재하라.

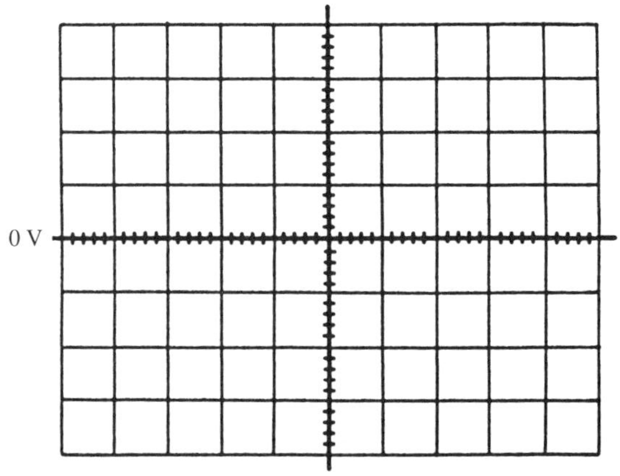

그림 6.14

수직 감도 = ____________

수평 감도 = ____________

l. 그림 6.14의 결과 파형에 대하여 논하라. 그리고 그림 6.14의 파형을 그림 6.13의 파형과 그림 6.3의 적절히 고정된(clamped) 파형과 비교하라.

m. 순서 5(a)부터 5(l)까지의 결과를 토대로 하여 출력 파형이 입력과 동일한 특성을 보유함을 보증하는 5τ와 파형 주기(T) 사이의 관계를 설정하라. 요구되는 관계는 5τ와 T 사이이며, 5τ와 $T/2$ 사이의 관계가 아님에 유의하라.

6 컴퓨터 실습

PSpice 모의실험 6-1

1. PSpice를 사용하여 그림 6.1의 회로를 구성하라. Vpulse 전압원을 회로에 연결하고, PSpice 모의실험 6-2처럼 변수들을 설정하라. 전압 V_C와 V_o를 얻어라. 그 전압들을 순서 2의 결과와 비교하라.

2. $R = 1\ \text{k}\Omega$으로 순서 5(a) 해석을 반복하라. 결과 파형 v_o의 모양에 대해서 논하라.

3. $R = 100\ \Omega$으로 순서 5(a) 해석을 반복하라. 결과 파형 v_o의 모양에 대해서 논하라.

4. 100 ms 동안 시간 영역(과도) 해석을 실행하라. VPULSE, 커패시터 전압, 부하 전압의 평균 전압들을 하나의 Probe 그림에 표시하라. 다음처럼 노드들에 라벨을 붙여라: V(1) = 펄스 입력 전압; V(2) = 출력 전압; V(1,2) = 커패시터 전압.
   평균값을 얻기 위해서는 "Add Traces" 메뉴의 우측부분에 있는 Analog Operators and Functions로부터 AVG 표현식을 선택하라. 예를 들면 부하 전압 파형에 대해서는 AVG(V(2))를 사용하면 된다.
   이러한 그림으로부터 다음 질문에 답하라.
   - 각각의 파형에 대한 평균 전압은 얼마인가?
   - 커패시터의 평균 전압과 출력 전압의 평균값을 비교하면 어떤가?
   - 입력 전압과 비교한 출력 전압의 변화량은 커패시터의 평균 전압과 동일한 숫자값인가?
   - 클램퍼가 적절히 동작하는가?

PSpice 모의실험 6-2

이 모의실험에 사용할 회로는 그림 6.6이다. 전압원 Vpulse의 변수들을 모의실험 6-2와 같이 설정하고, 시간 영역 (과도) 해석을 2 ms 동안 수행하고 아래 단계에 답하라.

1. Vpulse 또는 노드 전압 V(1) 그리고 클램퍼 출력인 노드 전압 V(2)의 Probe 그림을 얻어라.

2. 이 모의실험에서 얻은 V(2)의 직류 레벨 이동과 실험적으로 얻은 v_o의 것을 비교하라.

3. VPulse와 V(2)의 전압 범위(swing)를 비교하라. 실험적으로 얻은 데이터와 일치하는가?

4. VPulse 또는 V(1) 그리고 V(1,2)의 Probe 그림을 얻어라.

5. 이러한 두 전압 사이의 관계를 설명하라.

6. VPulse가 양으로 변한 직후 $t < 0.1\ \mathrm{ms}$ 동안 커패시터 전압은 어떤 모양을 갖는가?

7. 다이오드 양단 전압 V(2,3)의 Probe 그림으로부터, 다이오드의 PIV 값은 얼마인가?

100 ms 동안 시간 영역(과도) 해석을 실행하라. VPULSE, 커패시터 전압 V(1,2), 출력 전압 V(2)의 평균 전압들을 구하라.
이 그림으로부터 다음 질문에 답하라.

- 각각의 파형에 대한 평균 전압은 얼마인가?
- 커패시터의 평균 전압과 출력 전압의 평균값을 비교하면 어떤가?
- 입력 전압과 비교한 출력 전압의 변화량은 커패시터의 평균 전압과 동일한 숫자값인가?
- 이전 PSpice 모의실험과 비교하여, 이번 모의실험에 추가로 포함된 1.5 V 직류 배터리가 저항 R 양단의 출력 전압을 어떻게 변경시켰는가?
- 이번 모의실험에서 출력 전압의 피크-피크 크기는 이전 모의실험의 것과 비교할 때 변화되었는가?
- 클램퍼가 적절히 동작하는가?

PSpice 모의실험 6-2: 건전지를 포함하는 클램퍼

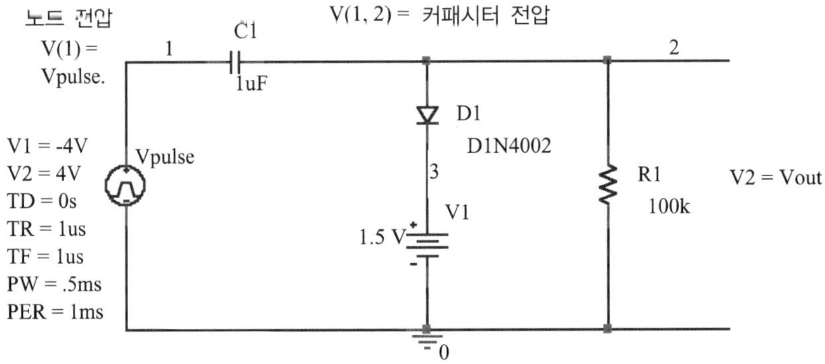

실험

7

발광 및 제너 다이오드

목적

1. 발광 다이오드와 제너 다이오드의 전류와 전압을 계산하고, 그리고, 측정한다.
2. PSpice를 이용하여 제너 다이오드를 포함하는 회로의 바이어스 점 해석을 수행한다.

실험소요장비

계측기

DMM

부품

저항

(1) 100 Ω
(1) 220 Ω
(1) 330 Ω
(1) 2.2 kΩ
(1) 3.3 kΩ
(2) 1 kΩ

다이오드

(1) Si
(1) LED
(1) 제너 (10 V)

전원

직류전원

사용 장비

항목	실험실 관리번호
DMM	
직류전원	

이론 개요

이름이 의미하듯이 발광 다이오드(LED)는 충분히 에너지가 공급될 때 가시광선을 방출하는 다이오드이다. 순방향 바이어스 상태의 p-n 접합에서 접합부 가까이에서 정공과 전자가 재결합한다. 재결합은 구속되지 않은 자유전자가 가지고 있는 에너지가 다른 상태로 전달되는 것을 필요로 한다. GaAsP 또는 GaP와 같은 LED 재료에서 빛 에너지의 광자가 많이 방출되어 가시광선을 생성한다. 이런 과정을 전계발광(electroluminescence)이라고 한다. 붉은색, 노란색, 녹색에 관계없이 모든 LED에는 밝고, 선명한 빛을 발생시키는 정해진 순방향 전압과 전류가 있다. 그러므로 다이오드가 순방향 바이어스되어도 전압과 전류가 일정한 레벨에 도달하지 않으면 빛이 보이지 않는다. 이 실험에서는 LED 특성곡선을 그려서 전압과 전류의 점화(firing) 레벨을 결정할 것이다.

제너 다이오드는 제너 항복영역을 충분히 활용하도록 설계된 p-n 접합 소자이다. 일단 역방향 전압이 제너 영역에 도달하면 이상적인 제너 다이오드는 내부 저항이 없는 일정한 단자 전압으로 가정된다. 모든 실제 다이오드는 비록 5 내지 20 Ω 일지라도 얼마간의 내부저항을 지니고 있다. 내부 저항은 전류 레벨에 따라서 제너 전압이 변동하는 요인이다. 다른 부하에 대해서 즉, 결과적으로 다른 전류 레벨에 대해서 단자 전압이 변동되는 것을 실험을 통하여 보일 것이다.

제너 다이오드의 상태를 결정하기 위해서 다음 순서를 적용한다. 대부분 회로에서 제너 다이오드를 개방 회로로 대치하고 결과적인 개방회로 양단의 전압을 계산함으로써 제너 다이오드의 상태를 간단히 결정한다. 개방 회로 전압이 제너 전압 이상이면, 제너 다이오드는 on 상태이고, 제너 전압과 동일한 직류 전압이 제너 다이오드를 대치할 수 있다. 개방 회로 전압이 비록 제너 전압보다 클지라도 다이오드는 여전히 제너 전압과 같은 전원으로 대치된다. 일단 제너 전압이 치환되면, 회로의 나머지 전압과 전류를 쉽게 결정할 수 있다.

실험순서

1 LED 특성곡선

a. 그림 7.1의 회로를 구성하라. 초기에 공급전압 E를 0 V로 설정하고, 저항값을 측정하고 기록하라.

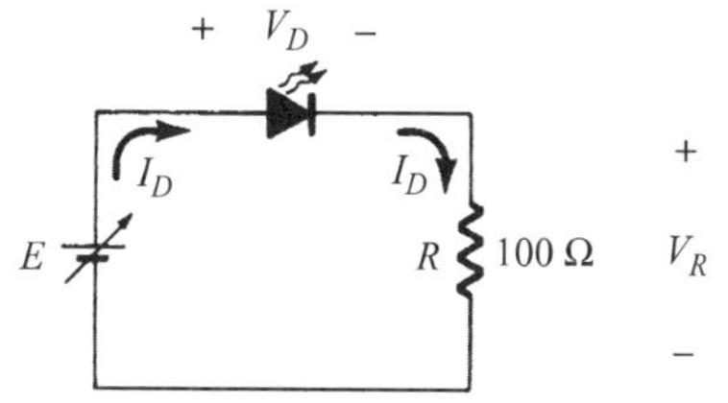

$R_{(meas)}$ = ______

그림 7.1

b. 빛이 처음으로 감지될(first light) 때까지 공급전압 E를 증가시켜라. DMM으로 V_D와 V_R 값을 측정하고 기록하라. 측정한 저항값과 $I_D = V_R/R$를 이용하여 해당하는 I_D를 계산하라.

V_D(측정값) = ______

V_R(측정값) = ______

I_D(계산값) = ______

c. 밝기가 처음으로 선명할(good brightness) 때까지 공급전압 E를 계속 증가시켜라. 회로에 과부하(너무 많은 전류가 흐름)가 걸리지 않도록 하고, 이 레벨 이상 전압을 계속 증가시키면 LED가 손상될 수 있다. V_D와 V_R 값을 측정하고 기록하라. 측정한 저항값과 $I_D = V_R/R$를 이용하여 해당하는 전류 I_D를 계산하라.

V_D(측정값) = ______

V_R(측정값) = ______

I_D(계산값) = ______

d. 직류 전압원 E를 표 7.1에 나타난 값으로 설정하고, V_D와 V_R 값을 측정하고 표 7.1에 기록하라. 측정한 저항값과 $I_D = V_R/R$를 이용하여 해당하는 I_D 값을 계산하라.

표 7.1

E (V)	0	1	2	3	4	5	6
V_D (V)							
V_R (V)							
$I_D = V_R/R$ (mA)							

e. 표 7.1의 데이터를 이용하여, 그림 7.2의 그래프에 V_D에 대한 I_D의 곡선을 그려라.

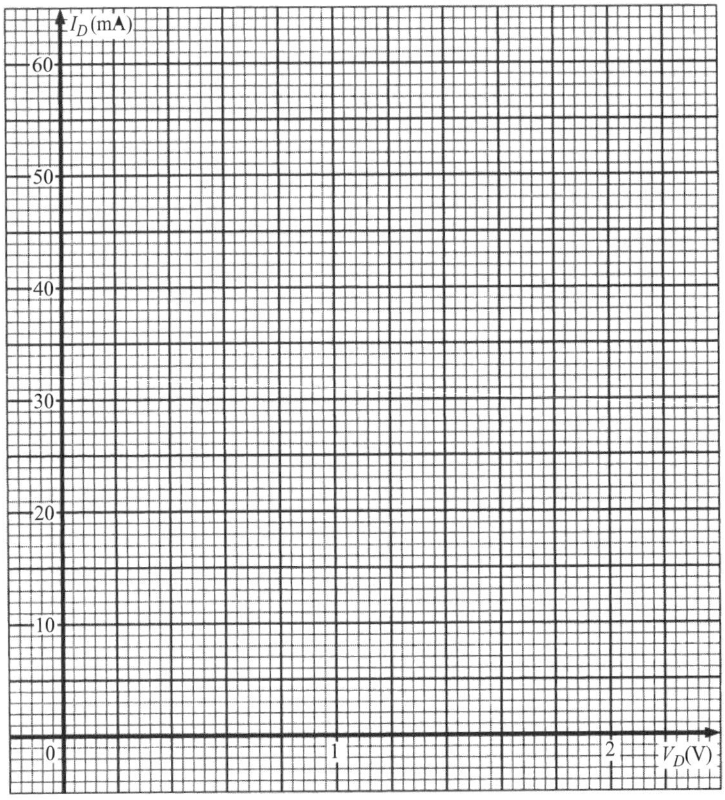

그림 7.2

f. 그림 7.2의 그래프에 선명한 밝기(good brightness)가 요구되는 전류 I_D에서 점선으로 수평선을 그려라. 추가로, 그림 7.2의 곡선과 수평 점선이 만나는 점에서 점선으로 수직선을 그려라. 이 수직 점선과 수평축이 만나는 점은 순서 1(c)에서 측정한 V_D 값과 비슷해야 한다. I_D선 아래 부분과 V_D선 왼쪽을 동시에 만족하는 영역을 어둡게 표시하고, 선명한 밝기를 원한다면 피해야 할 영역이다. 그림 7.2에서 어둡게 표시되지 않은 나머지 영역이 선명한 밝기 영역이다.

g. 전원 E를 연결하지 말고 그림 7.3의 회로를 구성하라. 두 다이오드의 방향이 적절히 연결되었는지 확인하라. 저항값을 측정하고 기록하라.

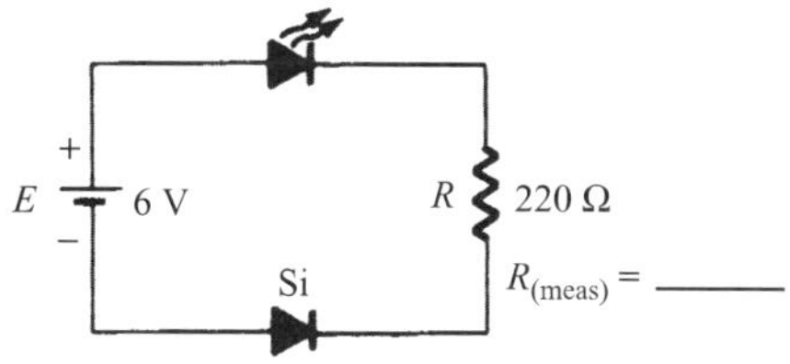

그림 7.3

h. 그림 7.3에서 LED가 밝게 빛날 것이라고 생각하는가? 그 이유는?

i. 그림 7.3의 회로에 전원 E를 공급하고, 순서 1(h)에서 이끌어낸 결론을 증명하라.

j. 그림 7.3의 Si 다이오드 방향을 반대로 하고, 순서 1(h)를 반복하라.

k. 순서 1(i)를 반복하라. 만약 LED가 on되어 선명한 빛을 발한다면, V_D와 V_R 값을 측정하고 해당하는 I_D를 계산하라. 그림 7.2의 그래프에서 I_D와 V_D의 만나는 점을 찾아라. 만나는 점이 그래프의 선명한 밝기 영역에 있는가?

2 제너 다이오드 특성곡선

a. 그림 7.4의 회로를 구성하라. 초기에 직류 전원 E를 0 V로 설정하고, 저항값을 측정하고 기록하라.

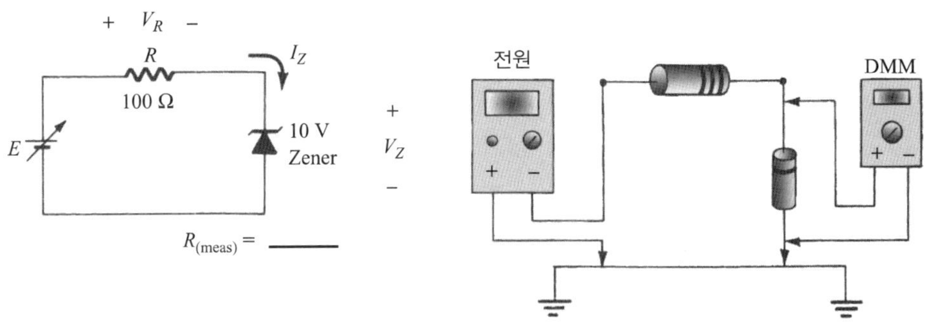

그림 7.4

b. 직류 전원을 표 7.2에 나타난 값으로 설정하고, V_Z와 V_R 값을 측정하고 표 7.2에 기록하라. 낮은 V_Z와 V_R 값을 측정하기 위해서 DMM의 mV 범위를 사용해야 할 것이다.

표 7.2

E (V)	0	1	2	3	4	5	6	7	8	9	10	11	12	13	14	15
V_Z (V)																
V_R (V)																
$I_Z = V_R/R_{meas}$ (mA)																

c. 표 7.2의 마지막 줄에 표시했듯이 옴의 법칙을 사용하여 모든 E 값에서 mA 단위로 제너 전류 I_Z를 계산하여 표를 완성하라.

d. 이 순서에서는 제너 다이오드의 특성곡선을 그릴 것이다. 제너 영역은 완전한 다이오드 특성곡선의 3사분면에 있기 때문에 모든 데이터 I_Z와 V_Z 앞에 마이너스 부호를 붙여야 한다. 이것을 염두에 두고 표 7.2의 데이터를 그림 7.5의 그래프에 그려라. 변수값의 범위에 기초하여 I_Z와 V_Z에 대한 적절한 스케일을 선택하라.

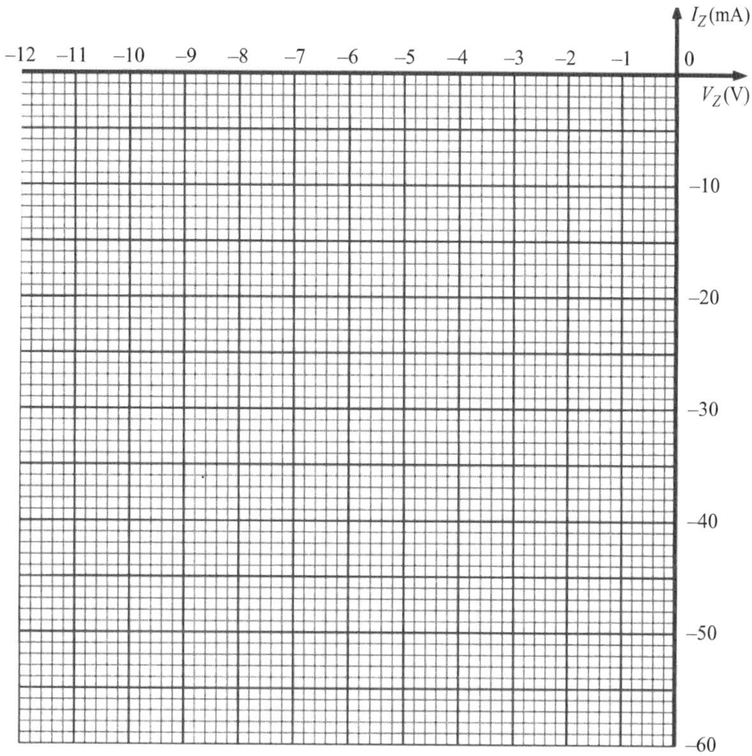

그림 7.5

e. V_Z축으로부터 떨어지는 선형(직선) 영역에서 측정 가능한 전류 I_Z 범위에 대해서 V_Z의 평균값은 얼마인가?

V_Z(근사값) = ____________

f. V_Z축으로부터 떨어지는 선형 영역에서 측정 가능한 전류 I_Z 범위에 대해서 $r_{av} = \Delta V_Z / \Delta I_Z$를 사용하여 제너 다이오드의 평균저항을 계산하라. 여기서 ΔV_Z는 제너 전류의 변화에 대응하는 제너 전압의 변화이다. 곡선의 선형 영역에서 적어도 20 V 간격을 선택하라. 필요하다면 표 7.2의 데이터를 사용하고, 모든 과정을 보여라.

R_Z(계산값) = ____________

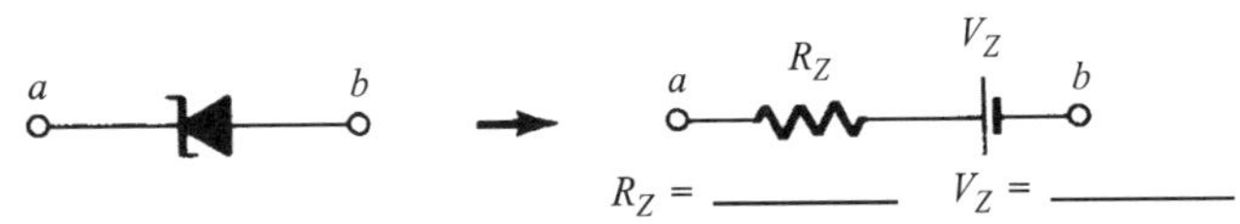

그림 7.6

g. 순서 2(e)와 2(f)의 결과로부터 on 선형 영역에서 그림 7.6의 제너 다이오드 등가회로를 결정하라. 즉, R_Z와 V_Z 값을 기재하라.

h. (V_Z, $I_Z = 0$)에서 V_Z축으로부터 급격히 떨어지는 특성곡선의 점까지의 영역에 대해서 $r = \Delta V_Z / \Delta I_Z$를 사용하여 제너 다이오드의 저항을 계산하라. $\Delta V_Z = V_Z - 0\text{V} = V_Z$를 사용하고, ΔI_Z는 이 간격동안 전류의 변화이다.

R_Z(계산값) = ____________

이 계산값이 제너 다이오드가 off 영역에서 기대한 값인가? 이 영역에서 제너 다이오드의 적절한 근사회로는 무엇인가?

3 제너 다이오드 조정

a. 전원을 연결하지 말고 그림 7.7의 회로를 구성하라. 저항값들을 측정하고 기록하라.

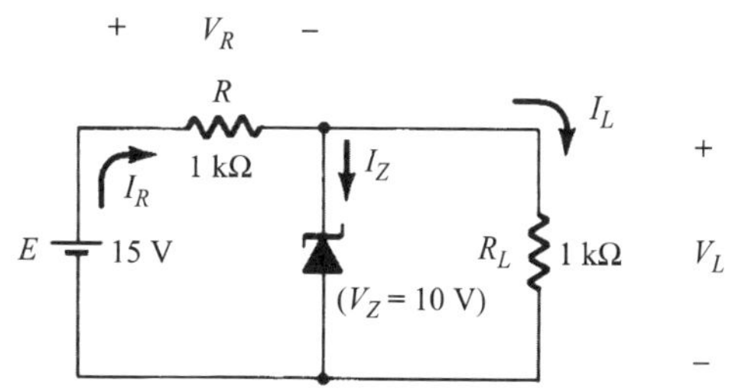

$R_{(meas)}$ = ________ V_Z = ________

$R_{L(meas)}$ = ________

그림 7.7

b. 측정한 저항값과 순서 2(e)에서 결정한 V_Z를 사용하여, 그림 7.7의 제너 다이오드가 on 상태(즉, 제너 항복 영역에서 동작)에 있는지를 결정하라. 계산에서 R_Z의 영향을 무시하라. V_L, V_R, I_R, I_L, I_Z의 값들을 과정을 보이면서 계산하라.

V_L(계산값) = ____________

V_R(계산값) = ____________

I_R(계산값) = ____________

I_L(계산값) = ____________

I_Z(계산값) = ____________

c. 그림 7.7 회로에 전원을 공급하고, V_L과 V_R을 측정하라. 이 값을 이용하여 I_R, I_L, I_Z 값을 계산하라.

V_L(측정값) = ____________

V_R(측정값) = ____________

I_R(계산값) = ____________

I_L(계산값) = ____________

I_Z(계산값) = ____________

순서 3(b)와 3(c)의 결과를 비교하라.

d. R_L을 3.3 kΩ으로 변경하여 순서 3(b)를 반복하라. 즉, 측정한 저항값과 순서 2(e)에서 결정한 V_Z를 사용하여, V_L, V_R, I_R, I_L, I_Z의 기댓값을 계산하라.

V_L(계산값) = ____________

V_R(계산값) = ____________

I_R(계산값) = ____________

I_L(계산값) = ____________

I_Z(계산값) = ____________

e. $R_L = 3.3\ \text{k}\Omega$, $R = 1\ \text{k}\Omega$을 사용하여 그림 7.7 회로에 전원을 공급하고, V_L과 V_R을 측정하라. 이 값을 이용하여 I_R, I_L, I_Z 값을 계산하라.

R_L(측정값) = ____________

R(측정값) = ____________

V_L(측정값) = ____________

V_R(측정값) = ____________

I_R(계산값) = ____________

I_L(계산값) = ____________

I_Z(계산값) = ____________

순서 3(d)와 3(e)의 결과를 비교하라.

f. 측정한 저항값과 순서 2(e)에서 결정한 V_Z를 이용하여, 제너 다이오드가 on 상태에 있음을 보장하는 R_L의 최소값을 결정하라.

$R_{L_{\min}}$(계산값) = ____________

g. 순서 3(f)의 결과로부터 2.2 kΩ의 부하저항은 그림 7.7의 제너 다이오드를 on 상태로 만들 수 있는가?
그림 7.7에서 $R_L = 2.2\ \text{k}\Omega$을 사용하고 V_L을 측정하라.

V_L(측정값) = ____________

순서 3(f)와 3(g)의 결론이 입증되었는가?

4 LED-제너 다이오드 조합

a. 이 실험에서는 그림 7.8의 LED와 제너 다이오드를 on 상태(선명한 밝기)로 만들기 위해서 필요한 최소 공급전압을 결정할 것이다. 전압 V_L을 조정하기 위해서 제너 다이오드를 사용할 수 있다. 제너 다이오드가 on일 때 LED는 발광하며, 이때 요구되는 공급전압이 최소값이다.

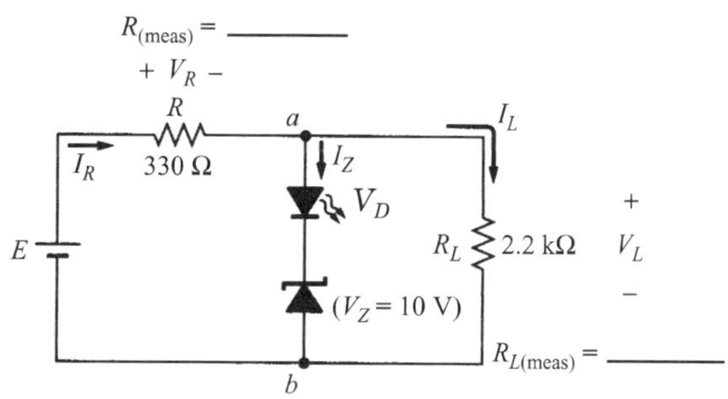

그림 7.8

b. 순서 1(c)를 참고하여 LED가 선명한 밝기를 갖는 V_D와 I_D 값을 기록하라.

V_D = ______________

I_D = ______________

순서 2(e)를 참고하여 사용한 제너 다이오드의 V_Z값을 기록하라.

V_Z = ______________

위 데이터로부터 그림 7.8에서 LED와 제너 다이오드 모두 on 상태로 만들기 위해 필요한 전체 전압을 결정하라. 즉, 점 a와 b 사이에 필요한 전압을 결정하라.

V_{ab}(계산값) = ______________

c. 순서 4(b)의 결과로부터 측정한 저항값을 이용하여 전압 V_L과 전류 I_L을 계산하라.

V_L(계산값) = ______________

I_L(계산값) = ______________

d. 순서 4(b)의 I_D 값을 이용하여 $I_R = I_L + I_Z = I_L + I_D$로부터 I_R을 계산하라. 그 다음 옴의 법칙을 이용하여 전압 V_R을 계산하라.

I_R(계산값) = ____________

V_R(계산값) = ____________

e. 키르히호프 전압법칙을 이용하여 제너 다이오드를 on시키고 LED를 밝게 빛나도록 하는 공급전압 E를 계산하라. 측정한 저항값을 사용하라.

E(계산값) = ____________

f. 그림 7.8에서 LED가 선명한 밝기를 나타낼 때까지 공급전원 E를 증가시켜라. 요구된 전압 E를 아래에 기록하라.

E(측정값) = ____________

순서 4(e)에서 계산된 값과 측정값을 비교하라.

g. 전압 V_D를 측정하고, 순서 4(b)에 기록된 값과 비교하라.

V_D(측정값) = ____________

전압 V_Z를 측정하고, 순서 4(b)에 기록된 값과 비교하라.

V_Z(측정값) = ____________

5 컴퓨터 실습

PSpice 모의실험 7-1

다음 조정기는 그림 7.7과 비슷하다. 다이오드 D1N750의 제너 전압은 4.7 V이고, 최대 허용전류는 20 mA이다.

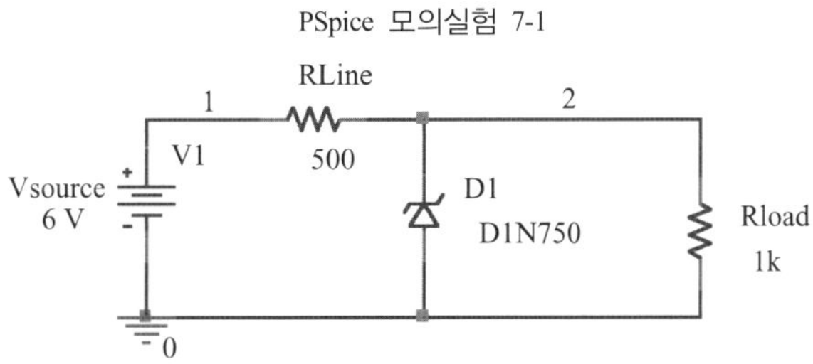

이 회로에 대해서 다음 단계를 수행하라.

1. Vsource의 전압을 6 V로 설정하고, 바이어스 점 해석을 수행하라.
   바이어스 점(Bias Point) 해석을 수행하기 위하여 New Simulation을 클릭하라. 그 다음, Simulation Settings 1에서 Analysis type 아래의 Bias Point로 스크롤하고 OK를 클릭하라.

   다이오드에 흐르는 전류와 그 양단 전압을 얻기 위해서 Taskbar에 있는 I와 V 버튼을 클릭하라. 그렇게 하면 다이오드 전류와 전압이 회로 배선도에 표시될 것이다.

2. 다이오드에 흐르는 전류를 결정하라.

3. 다이오드에 걸리는 전압을 결정하라.

4. 이러한 데이터로부터 다이오드의 도통 상태를 결정하라.

5. Vsource의 전압을 15 V로 설정하고, 바이어스 점 해석을 반복하라. 이전 해석의 단계를 반복하라.

6. 다이오드에 흐르는 전류를 결정하라.

7. 다이오드에 걸리는 전압을 결정하라.

8. 이러한 데이터로부터 다이오드의 도통 상태를 결정하라.

9. 이 다이오드의 동작 변수값으로부터 Vsource의 전압이 15 V일 때 다이오드는 안전하게 동작하고 있는가?

실험

8

쌍극성 접합 트랜지스터 특성

목적

1. DMM을 사용하여 트랜지스터의 형태 (npn, pnp), 단자, 재료를 결정한다.
2. 커브 트레이서를 사용하여 트랜지스터의 컬렉터 특성곡선을 그린다.
3. 트랜지스터의 α와 β 값을 결정한다.
4. PSpice를 이용하여 2N3904 BJT의 컬렉터 특성곡선을 얻기 위해서 바이어스 점 해석을 수행한다.

실험소요장비

계측기

DMM
커브 트레이서 (가능하면)

부품

저항

(1) 1 kΩ
(1) 330 kΩ
(1) 5 kΩ 전위차계
(1) 1 MΩ 전위차계

트랜지스터

(1) 2N3904 (또는 등가)
(1) 단자 표시가 없는 트랜지스터

전원

직류전원

사용 장비

항목	실험실 관리번호
DMM	
커브 트레이서	
직류전원	

이론 개요

쌍극성 트랜지스터는 실리콘(Si) 또는 게르마늄(Ge)으로 만들어진다. 트랜지스터는 두 개의 n형 재료 층 사이에 하나의 p형 재료 층이 놓이거나(npn), 두 개의 p형 재료 층 사이에 하나의 n형 재료 층이 놓이는(pnp) 구조를 갖는다. 어느 경우에서나 중간 층이 트랜지스터의 베이스를 형성하고 바깥 두 층이 트랜지스터의 컬렉터와 이미터를 형성한다. 이 구조가 인가되는 전압의 극성 그리고 전자 이동 또는 관습적인 전류 방향을 결정한다. 후자에 대해서 말하면, 트랜지스터 형태에 관계없이 트랜지스터의 이미터 단자에 표시된 화살표는 관습적인 전류 흐름의 방향을 나타내므로 유용한 참고사항을 제공한다(그림 8.2). 이 실험 과정에서 트랜지스터의 형태, 재료, 단자를 결정하는 방법을 보여줄 것이다.

여러 가지 동작 조건에서 쌍극성 접합 트랜지스터에 관련된 전압과 전류 사이의 관계가 트랜지스터의 성능을 결정한다. 이러한 관계를 총체적으로 트랜지스터의 특성곡선이라고 한다. 트랜지스터 제조 회사는 규격서에 트랜지스터 특성곡선을 제공한다. 이러한 특성곡선을 실험으로 측정하여 규격서에 발표된 값과 비교하는 것이 이 실험의 목적 중 하나이다.

실험순서

1 트랜지스터의 형태, 단자, 재료 결정

다음 순서는 트랜지스터의 형태, 단자, 재료를 결정한다. 최신 멀티미터에 있는 다이오드 검사 스케일을 활용할 것이다. 만약 그러한 스케일이 없다면 미터의 저항 단자를 사용할 수 있다.

a. 그림 8.1의 트랜지스터 단자에 1, 2, 3을 표시하라. 이 실험에서는 단자 표시가 없는 트랜지스터를 사용하라.

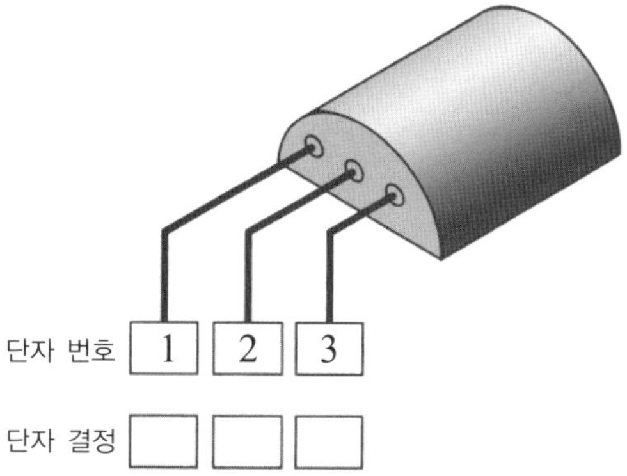

그림 8.1 BJT 단자 결정

b. 멀티미터의 선택 스위치를 다이오드 스케일에 위치하라(다이오드 스케일이 없다면 2 kΩ 범위로 설정).

c. 미터의 양의 리드(lead)를 트랜지스터 단자 1에, 음의 리드를 단자 2에 연결하라. 지시값을 표 8.1에 기록하라.

표 8.1

	BJT에 연결된 미터 리드		다이오드 검사 지시값
순서	양	음	(또는 가장 높은 저항 범위)
c	1	2	
d	2	1	
e	1	3	
f	3	1	
g	2	3	
h	3	2	

d. 미터 리드를 반대로 연결하고, 지시값을 기록하라.

e. 미터의 양의 리드를 트랜지스터 단자 1에, 음의 리드를 단자 3에 연결하고, 지시값을 기록하라.

f. 미터 리드를 반대로 연결하고, 지시값을 기록하라.

g. 미터의 양의 리드를 트랜지스터 단자 2에, 음의 리드를 단자 3에 연결하고, 지시값을 기록하라.

h. 미터 리드를 반대로 연결하고, 지시값을 기록하라.

i. 트랜지스터의 두 단자 사이의 미터 지시값이 연결된 미터 리드의 극성에 관계없이 높게(OL 또는 높은 저항) 나타나는 것이 있을 것이다. 이 두 단자 중에서 어느 단자도 베이스는 아니다. 이 사실에 기초하여 표 8.2에 베이스 단자의 숫자를 기록하라.

표 8.2

순서 1 (i):	베이스 단자	
순서 1 (j):	트랜지스터 형태	
순서 1 (k):	컬렉터 단자	
순서 1 (k):	이미터 단자	
순서 1 (l):	트랜지스터 재료	

j. 미터의 음의 리드를 베이스 단자에 연결하고, 양의 리드는 트랜지스터의 다른 어느 단자에 연결하라. 만약 지시값이 낮다면(Si에 대해서는 약 0.7 V, Ge에 대해서는 0.3 V 또는 낮은 저항), 트랜지스터의 형태는 pnp; 순서 k(1)로 가라. 만약 지시값이 높다면 트랜지스터의 형태는 npn; 순서 k(2)로 가라.

k. (1) pnp 형에 대해서, 미터의 음의 리드를 베이스 단자에 연결하고, 양의 리드를 트랜지스터의 다른 두 단자 중에 어느 하나에 번갈아가며 연결해 보라. 두 지시값 중에서 낮은 값은 베이스와 컬렉터가 연결된 경우이다. 그러므로 남은 트랜지스터 단자는 이미터이다. 표 8.2에 단자 번호를 기록하라.

(2) npn 형에 대해서, 미터의 양의 리드를 베이스 단자에 연결하고, 음의 리드를 트랜지스터의 다른 두 단자 중에 어느 하나에 번갈아가며 연결해 보라. 두 지시값 중에서 낮은 값은 베이스와 컬렉터가 연결된 경우이다. 그러므로 남은 트랜지스터 단자는 이미터이다. 표 8.2에 단자 번호를 기록하라.

l. 순서 1(k)의 (1) 또는 (2) 경우에서 지시값이 거의 700 mV이였으면, 트랜지스터 재료는 실리콘이고, 약 300 mV이였으면 재료는 게르마늄이다. 미터에 다이오드 검사 스케일이 없다면 재료를 직접적으로 결정할 수 없다. 표 8.2에 재료의 종류를 기록하라.

2 컬렉터 특성곡선

a. 그림 8.2의 회로를 구성하라.

b. 1 MΩ 전위차계를 변화하여 전압 V_{R_B}를 3.3 V로 설정하라. 이 설정은 표 8.3에 나타나듯이 $I_B = V_{R_B}/R_B = 10\ \mu A$로 만든다.

c. 그 다음, 표 8.3의 첫 번째 줄에서 보듯이 5kΩ 전위차계를 변화하여 V_{CE}를 2 V로 설정하라.

d. 표 8.3에 V_{R_C}와 V_{BE}를 기록하라.

e. 5kΩ 전위차계를 변화하여 V_{CE}를 2 V부터 표 8.3에 표시된 값까지 증가시켜라. V_{CE} 값이 변화하지만 I_B는 10 μA로 유지됨에 유의하라.

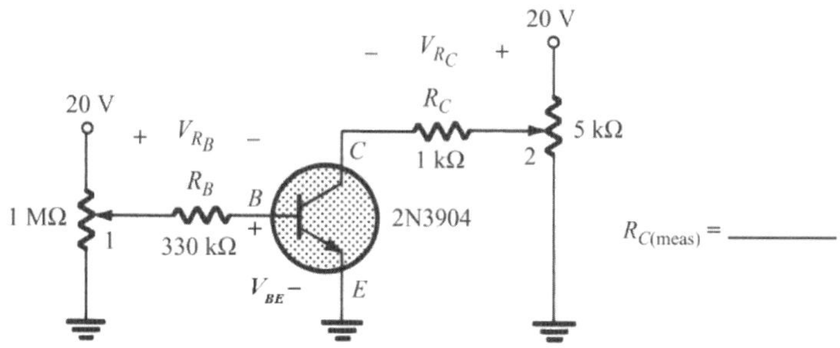

그림 8.2 BJT 특성곡선을 결정하는 회로

f. 모든 V_{CE}에 대해서 V_{R_C}와 V_{BE}를 측정하고 기록하라. V_{BE} 측정은 mV 범위를 사용하라.

g. 표 8.3에 기재된 나머지 모든 V_{R_B}에 대해서 순서 2(b)에서 2(f)까지 반복하라. 각각의 V_{R_B} 값은 보여준 일련의 V_{CE} 값에 대해서 다른 I_B 전류를 야기한다.

h. 모든 데이터를 얻은 후, $I_C = V_{R_C}/R_C$로부터 I_C와 $I_E = I_C + I_B$로부터 I_E를 계산하라. 측정한 R_C 저항값을 사용하라.

i. 표 8.3의 데이터를 사용하여 그림 8.3의 그래프에 트랜지스터의 컬렉터 특성곡선을 그려라. 즉, 다양한 I_B 값에 대하여 V_{CE}에 대한 I_C를 그려라. I_C에 대해서는 적절한 스케일을 선택하고, 각각의 I_B 곡선에 해당 값을 표기하라.

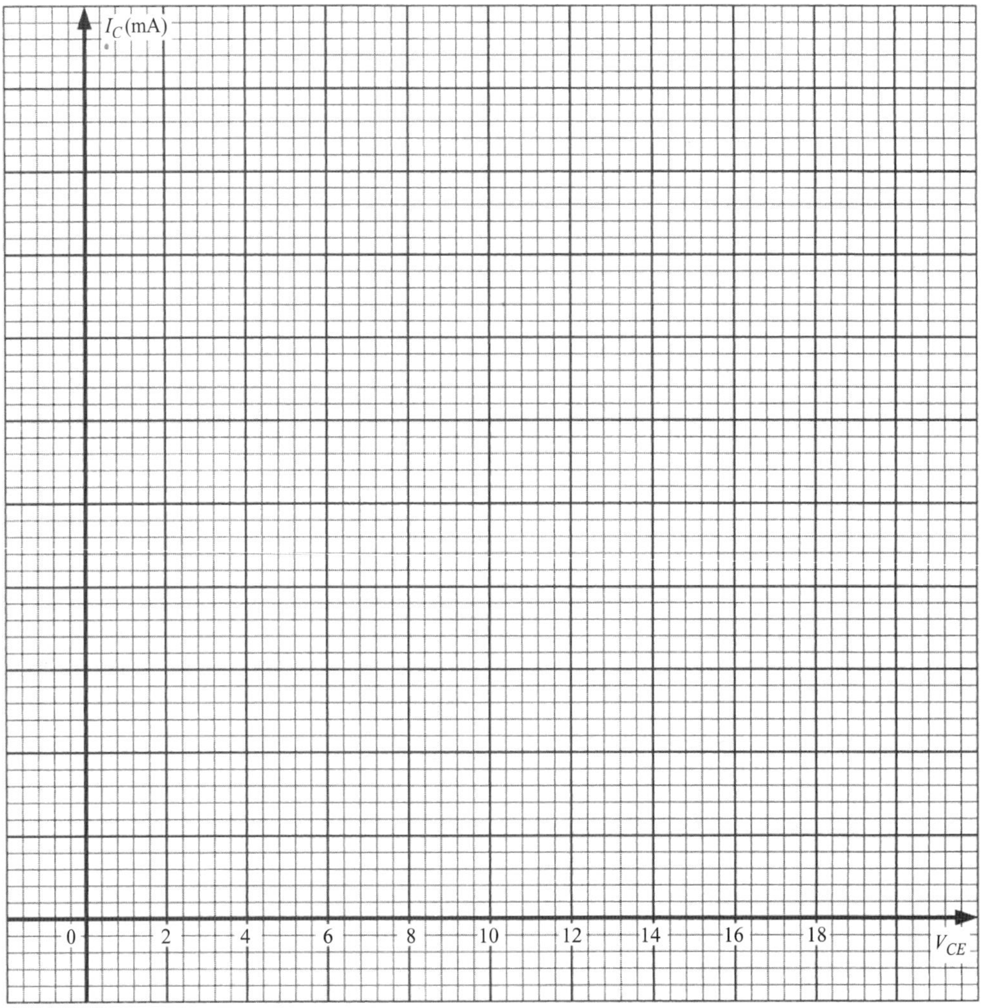

그림 8.3 순서 2의 실험 데이터를 이용한 특성곡선

3 α와 β의 변화

a. 표 8.3의 모든 줄에서 $\alpha = I_C / I_E$와 $\beta = I_C / I_B$를 이용하여 α와 β를 계산하고, 표에 기입하라.

b. 특성곡선의 여러 영역에서 α와 β에 중요한 변화가 있는가?

표 8.3
트랜지스터 컬렉터 곡선 그림을 위한 데이터와 트랜지스터 변수 계산

V_{RB} (V) (측정값)	I_B (μA) (계산값)	V_{CE} (V) (측정값)	V_{RC} (V) (측정값)	I_C (mA) (계산값)	V_{BE} (V) (측정값)	I_E (mA) (계산값)	α (계산값)	β (계산값)
		2						
		4						
		6						
3.3	10	8						
		10						
		12						
		14						
		16						
		2						
		4						
		6						
6.6	20	8						
		10						
		12						
		14						
		2						
		4						
9.9	30	6						
		8						
		10						
		2						
13.2	40	4						
		6						
		8						
		2						
16.5	50	4						
		6						

어느 영역에서 β 값이 가장 큰가? V_{CE}와 I_C의 상대적인 값으로 설명하라.

어느 영역에서 β 값이 가장 작은가? V_{CE}와 I_C의 상대적인 값으로 설명하라.

c. 가장 큰 β와 가장 작은 β을 찾아서 그 위치를 그림 8.3의 그래프에 각각 β_{max}과 β_{min}으로 표시하라.

d. 일반적으로 I_C가 증가하면 β는 증가하는가, 감소하는가?

e. 일반적으로 V_{CE}가 증가하면 β는 증가하는가, 감소하는가? β에 미치는 영향이 V_{CE}가 I_C보다 큰가, 작은가?

4 트랜지스터의 특성곡선 결정

상업용 커브 트레이서를 이용

a. 커브 트레이서를 사용 가능하다면 그것으로 2N3904 트랜지스터의 컬렉터 특성곡선을 얻어라. I_B에 대한 계단 함수로 10 μA를 사용하고 그림 8.3의 그래프에 나타난 스케일과 같은 V_{CE}와 I_C 스케일을 선택하라.

b. 커브 트레이서에서 얻은 특성곡선을 그림 8.4의 그래프에 다시 그려라. 모든 I_B 곡선에 해당 값을 표시하고, 두 축에 스케일을 표시하라.

c. 이 특성곡선을 순서 2에서 얻은 것과 비교하라. 두 특성곡선 사이의 차이를 명확하게 설명하라.

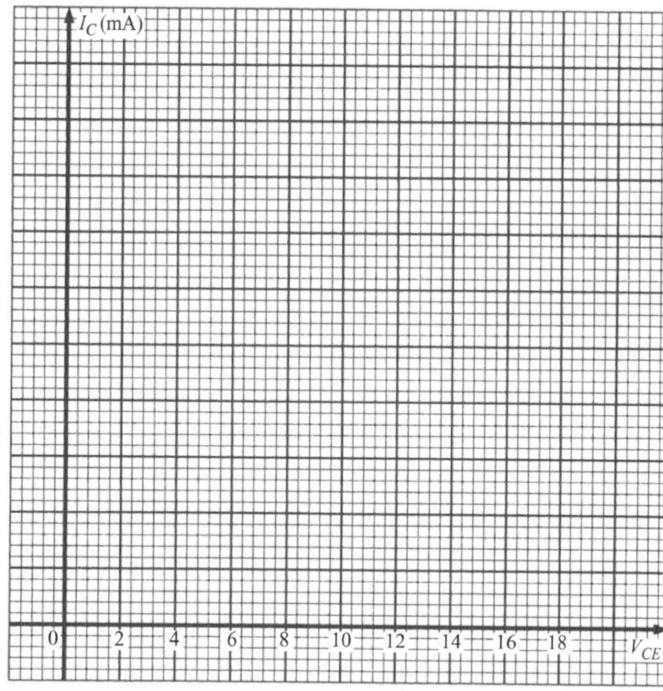

그림 8.4 상업용 커브 트레이서에서 얻은 특성곡선

5 연습문제

1. 표 8.3의 데이터를 이용하여 β의 평균값을 계산하라. 즉, 모든 β 값을 더하고 값의 개수로 나누어라.

$\beta_{(av)}$(계산값) = ____________

β의 평균값이 특성곡선의 어디에서 전형적으로 발생하는가?

대부분의 트랜지스터 응용에서 이 β 값을 사용하는 것이 합리적인가?

2. 표 8.3의 데이터를 사용하여 V_{BE}의 평균값을 계산하라. 연습문제 1처럼 모든 V_{BE} 값을 더하고 값의 개수로 나누어라.

$V_{BE(av)}$(계산값) = ____________

실제 값을 모르는 BJT 회로 해석에서 $V_{BE} = 0.7\text{ V}$를 사용하는 것이 합리적인가?

3. 실험으로 측정한 것과 커브 트레이서로 얻은 컬렉터 곡선을 주의깊게 관찰하면 특정한 베이스 전류의 기울기는 베이스 전류가 커질수록, 컬렉터 전류가 커질수록 양의 값으로(가파르게) 증가한다. 특정한 베이스 전류 선들의 증가하는 기울기가 트랜지스터의 β에 어떤 영향을 미치는가?

   표 8.3의 데이터가 위 결론을 입증하는가?

   모든 베이스 전류의 그래프가 수평선이라면, 특정한 베이스 전류 곡선의 임의의 점에서 결정된 β에 미치는 영향은 무엇인가?

   모든 베이스 전류의 그래프가 수평선이고 등간격이라면, 특성곡선 어느 점에서 결정된 β에 미치는 영향은 무엇인가?

6 컴퓨터 실습

PSpice 모의실험 8-1

1. 보여준 회로에 대해서 바이어스 점 해석을 수행하라. 이 회로는 그림 8.2에서 두 전위차계를 중간점의 저항값으로 설정한 것이다. 획득한 모의실험 데이터로부터 이 회로의 동작점에서 트랜지스터 Q2N3904 PSpice 모델의 α_{dc}와 β_{dc}를 모두 계산하라.

2. PSpice 데이터로부터 계산된 두 변수를 표 8.3에 기재된 실험 데이터로부터 계산된 동일한 두 변수의 평균값과 비교하라.
   PSpice를 이용하여 2N3904 BJT의 컬렉터 특성곡선을 얻기 위해서 모의실험 8-1의 DC Sweep 해석을 다음 순서로 수행하라.
   - PSpice를 클릭한 후, Edit Simulation Profile을 선택하라.
   - Simulation Settings에서 Analysis type으로 가서 DC Sweep을 선택하라.
   - Options에서 Primary Sweep를 선택하라.
   - Sweep variable에서 Voltage source를 선택하고, Name에 VCC를 입력하라.
   - Sweep type에서 Linear를 선택하라.
   - Start value는 0 V, End value는 40 V, Increment는 1 V로 설정하라.
   - 다음, Options에서 Secondary Sweep을 선택하라.
   - Sweep variable에서 Voltage source를 선택하고, Name에 VBB 입력하라.
   - Sweep type에서 Linear를 선택하라.
   - Start value는 0V, End value는 20V, Increment는 2V로 설정하라.

- OK를 클릭하라.
- 모의실험을 시작하기 위해서 Run을 클릭하라.
- Probe 화면에서 Add Trace I(RC)를 선택하라, 그러면 특성곡선이 그려진다.
- Cursor를 선택하고 VCC =20 V에서 가장 위쪽 파형에 커서를 위치시켜라. 그 점에서 I(RC)의 전류값을 바이어스 점(Bias Point) 해석에서 얻은 값과 비교하라.

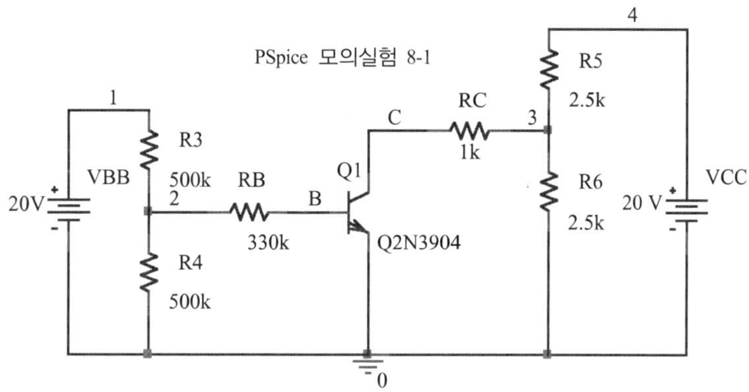

실험 9

BJT의 고정 및 전압분배기 바이어스

목적

1. 고정 바이어스와 전압분배기 바이어스 BJT 구조의 동작점을 결정한다.
2. PSpice를 이용하여 고정 바이어스와 전압분배기 바이어스 회로에서 전류와 전압을 구하기 위해서 바이어스 점 해석을 수행한다.

실험소요장비

계측기

DMM

부품

저항

(1) 680 Ω

(1) 1.8 kΩ

(1) 2.7 kΩ

(1) 6.8 kΩ

(1) 33 kΩ

(1) 1 MΩ

트랜지스터

(1) 2N3904 또는 등가

(1) 2N4401 또는 등가

전원

직류전원

사용 장비

항목	실험실 관리번호
DMM	
직류전원	

이론 개요

쌍극성 트랜지스터는 차단, 포화, 선형 3가지 모드에서 동작한다. 각 모드에서 트랜지스터의 물리적 특성과 외부에 연결된 회로에 의해서 트랜지스터의 동작점이 유일하게 결정된다. 차단 모드에서 트랜지스터는 거의 개방 스위치로 동작하며 이미터에서 컬렉터로 작은 양의 역방향 전류만이 존재한다. 포화 모드에서는 컬렉터에서 이미터로 최대 전류가 흐르며, 단락 스위치와 유사하게 동작한다. 흐르는 전류량은 트랜지스터에 연결된 외부 회로에 의해서 제한된다. 이들 두 동작 모드가 디지털 회로에 사용된다.

최소 왜곡으로 입력 신호를 증폭하기 위해서는 트랜지스터 특성곡선의 선형 영역을 이용한다. 트랜지스터에 직류 전압을 인가하여 베이스-이미터 접합을 순방향 바이어스시키고, 베이스-컬렉터 접합을 역방향 바이어스시켜서 동작점을 선형 영역의 거의 중앙에 위치하도록 한다.

이 실험에서 고정 바이어스와 전압분배기 바이어스의 두 회로를 살펴본다. 전자의 심각한 단점은 동작점 위치가 트랜지스터의 순방향 전류 전달비(β)과 온도에 매우 민감하다는 것이다. 소자의 β와 온도는 넓은 범위에서 변할 수 있기 때문에 고정 바이어스 구조에서 부하선 상의 동작점 위치를 정확히 예측하기 어렵다.

전압분배기 바이어스 회로는 귀환 배열을 적용하여, 베이스-이미터와 컬렉터-이미터 전압이 트랜지스터의 β가 아닌 외부 회로 소자에 주로 의존한다. 그러므로 개별 트랜지스터의 β가 심각하게 변할지라도, 부하선 상의 동작점 위치는 거의 변동하지 않는다. 그러한 배열을 β에 무관한 바이어스 구조로 부른다.

실험순서

1 β 결정

a. 트랜지스터 2N3904를 사용하여 그림 9.1의 회로를 구성하라. 저항값들을 측정하고 기록하라.

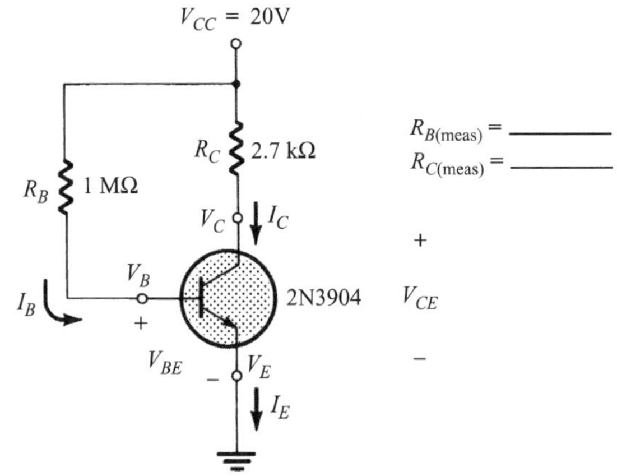

그림 9.1

b. 전압 V_{BE}와 V_{R_C}를 측정하라.

V_{BE}(측정값) = ____________

V_{R_C}(측정값) = ____________

c. 측정한 저항값을 이용하여 다음 식으로 베이스 전류 I_B와 컬렉터 전류 I_C를 계산하라.

$$I_B = \frac{V_{R_B}}{R_B} = \frac{V_{CC} - V_{BE}}{R_B}$$

$$I_C = \frac{V_{R_C}}{R_C}$$

전류 I_B를 계산하기 위해서 전압 V_{R_B}를 직접 측정하지 않았다. 왜냐하면 높은 저항 R_B 양단에 미터를 연결하면 부하 효과를 나타내기 때문이다.

표 9.1에 I_B와 I_C의 계산 결과를 기재하라.

d. 순서 1(c)의 결과를 이용하여 β 값을 계산하고 표 9.1에 기록하라. 이 실험 끝까지 트랜지스터 2N3904의 β 값을 이 값으로 사용하라.

$$\beta = \frac{I_C}{I_B}$$

2 고정 바이어스 구조

a. 순서 1에서 결정한 β, 측정한 저항값, 공급전압 V_{CC}, 측정한 V_{BE}를 이용하여 그림 9.1의 회로에 대하여 전류 I_B와 I_C를 계산하라. 즉, β 값과 회로 변수를 이용하여 이론적인 I_B와 I_C 값을 결정하라.

I_B(계산값) = ____________

I_C(계산값) = ____________

I_B와 I_C의 계산값이 순서 1(c)에서 측정한 전압으로부터 결정한 값과 비교하면 어떤가?

b. 순서 2(a)의 결과를 이용하여 V_B, V_C, V_E, V_{CE}값을 계산하라.

V_B(계산값) = ____________

V_C(계산값) = ____________

V_E(계산값) = ____________

V_{CE}(계산값) = ____________

c. 그림 9.1의 회로에 전원을 인가하고 V_B, V_C, V_E, V_{CE}를 측정하라.

V_B(측정값) = ____________

V_C(측정값) = ____________

V_E(측정값) = ____________

V_{CE}(측정값) = ____________

측정값을 순서 2(b)에서 계산한 값과 비교하면 어떤가?

표 9.1에 측정한 V_{CE}를 기록하라.

d. 다음 실험 순서는 높은 β 값을 갖는 트랜지스터에 대하여 위의 여러 단계를 반복할 것이다. 주 목적은 회로의 중요한 변수 값에 다른 β 값의 영향을 보여주기 위한 것이다. 먼저 다른 트랜지스터 특히 2N4401 트랜지스터의 β 값을 결정해야 한다. 그림 9.1에서 모든 저항과 전압 V_{CC}를 순서 1과 같이 그대로 두고 2N3904 트랜지스터를 제거하고 2N4401 트랜지스터를 삽입하라. 그 다음 V_{BE}와 V_{R_C}를 측정하라. 측정한 저항값으로 동일한 식을 이용하여 I_B와 I_C를 계산하라. 이때 2N4401 트랜지스터에 대한 β 값을 결정하라.

V_{BE}(측정값) = ____________

V_{R_C}(측정값) = ____________

I_B(측정으로부터 계산) = ____________

I_C(측정으로부터 계산) = ____________

β(계산값) = ____________

표 9.1에 I_B, I_C, β 값을 기록하라. 부가적으로 전압 V_{CE}를 측정하고 기재하라.

표 9.1

트랜지스터 종류	V_{CE} (volts)	I_C (mA)	I_B (μA)	β
2N3904				
2N4401				

e. 아래 식들을 이용하여 트랜지스터 교체에 따른 각 양의 % 변화 절대 크기(부호는 무시)를 계산하라. 계산 결과에 반영되듯이 고정 바이어스 구조는 β 변화에 매우 민감하게 나타날 것이다. 표 9.2에 계산 결과를 기입하라.

$$\%\ \Delta\beta = \left|\frac{\beta_{(4401)} - \beta_{(3904)}}{\beta_{(3904)}}\right| \times 100\% \qquad \%\ \Delta I_C = \left|\frac{I_{C(4401)} - I_{C(3904)}}{I_{C(3904)}}\right| \times 100\%$$

$$\%\ \Delta V_{CE} = \left|\frac{V_{CE(4401)} - V_{CE(3904)}}{V_{CE(3904)}}\right| \times 100\% \qquad \%\ \Delta I_B = \left|\frac{I_{B(4401)} - I_{B(3904)}}{I_{B(3904)}}\right| \times 100\% \tag{9.1}$$

표 9.2
β, I_C, V_{CE}, I_B의 % 변화

%Δβ	%ΔI_C	%ΔV_{CE}	%ΔI_B

3 전압분배기 바이어스 구조

a. 2N3904 트랜지스터를 사용하여 그림 9.2의 회로를 구성하라. 저항값들을 측정하고 기록하라.

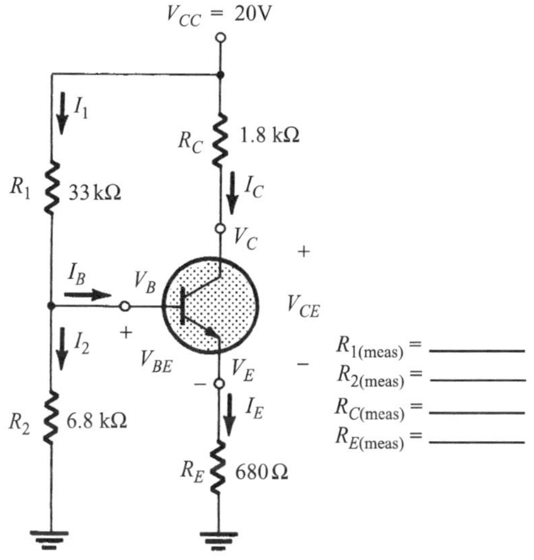

그림 9.2

b. 순서 1에서 결정한 2N3904 트랜지스터의 β를 이용하여, 그림 9.2 회로에서 V_B, V_E, I_E, I_C, V_C, V_C, V_{CE}, I_B의 이론적인 값을 계산하고, 표 9.3에 결과를 기재하라.

표 9.3

2N3904	V_B	V_E	V_C	V_{CE}	I_E (mA)	I_C (mA)	I_B (μA)
계산값[순서 3(b)]							
측정값[순서 3(c)]							

c. 그림 9.2 회로에 전압을 인가하고 V_B, V_E, V_C, V_{CE}를 측정하여 표 9.3에 값들을 기록하라. 부수적으로 전압 V_{R_1}, V_{R_2}를 측정하라. 전압을 1/100 또는 1/1000 자리까지 측정하도록 노력하라. 측정한 전압과 저항으로부터 I_E, I_C를 계산하고, $I_1 = V_{R_1}/R_1$, $I_2 = V_{R_2}/R_2$를 이용하여 I_1, I_2를 계산하라. 키르히호프 전류 법칙을

이용하여 I_1, I_2로부터 베이스 전류 I_B를 계산하라. 표 9.3에 계산된 전류값 I_E, I_C, I_B를 기입하라.

표 9.3에서 계산값과 측정값을 비교하라. 설명이 필요할 만큼 중요한 차이가 있는가?

d. 순서 1의 β 값과 더불어 순서 3(c)에서 측정한 V_{CE}와 계산한 I_C, I_B를 표 9.4에 기록하라.

e. 그림 9.2에서 2N3904 트랜지스터를 2N4401 트랜지스터로 대치하라. 그 다음 전압 V_{CE}, V_{R_C}, V_{R_1}, V_{R_2}를 측정하라. I_B를 정확하게 결정하기 위하여 V_{R_1}, V_{R_2}를 1/100 또는 1/1000 자리까지 읽도록 다시 노력하라. I_C, I_1, I_2를 계산하고, I_B를 결정하라. V_{CE}, I_C, I_B 그리고 이 트랜지스터의 β 값을 표 9.4에 기입하라.

표 9.4

트랜지스터 종류	V_{CE} (volts)	I_C(mA)	I_B(μA)	β
2N3904				
2N4401				

f. 표 9.4의 데이터를 이용하여 β, I_C, V_{CE}, I_B의 % 변화를 계산하라. 순서 2(e)에 있는 식 (9.1)을 이용하고, 계산한 결과를 표 9.5에 기록하라.

표 9.5
β, I_C, V_{CE}, I_B의 % 변화

%Δβ	%ΔI_C	%ΔV_{CE}	%ΔI_B

4 컴퓨터 실습

PSpice 모의실험 9-1

보여준 고정 바이어스 회로에 대해서 다음 단계로 바이어스 점 모의실험을 수행하라. 배선도 페이지의 Taskbar에서 V와 I 버튼을 클릭하여 문제 1에서 3까지 요구하는 전압과 전류를 구하라.

1. 베이스, 컬렉터, 이미터 전류를 얻어라.

2. 이미터에 대한 베이스 전압(V_{BE})을 얻어라.

3. 이미터에 대한 컬렉터 전압(V_{CE})을 얻어라.

PSpice 모의실험 9-1

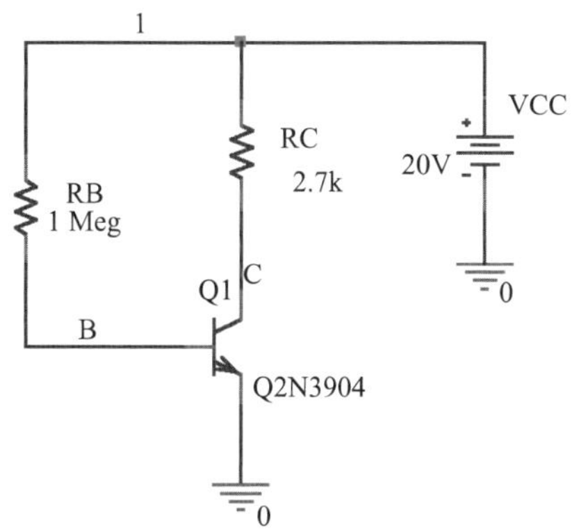

4. PSpice 프로그램에서 Q2N3904 트랜지스터를 Q2N2222 트랜지스터로 교체하라.
   주의 이 트랜지스터는 실험에서 사용된 Q2N4401 트랜지스터만큼 높은 전류이득(β)을 갖지는 않는다. 교체한 후, 이전 모의실험의 경우처럼 동일한 데이터를 얻어라.

5. 트랜지스터의 β에 대한 % 변화를 계산하라. 이후 모든 계산에서 실험 책에서 주어진 공식을 이용하라.

6. 베이스, 컬렉터, 이미터 전류의 % 변화를 계산하라.

7. V_{CE}의 %변화를 계산하라.

8. 데이터로부터 β에 대한 감도 즉, 성능지수(figure of merit) $S(\beta) = \%\Delta I_C / \%\Delta\beta$를 계산하라.

PSpice 모의실험 9-2

보여준 전압분배기 바이어스 회로에 대해서 다음 단계로 바이어스 점 모의실험을 수행하라. 이전 모의실험의 순서를 반복하라.

1. 베이스, 컬렉터, 이미터 전류를 얻어라.

2. 이미터에 대한 베이스 전압(V_{BE})을 얻어라.

3. 이미터에 대한 컬렉터 전압(V_{CE})을 얻어라.

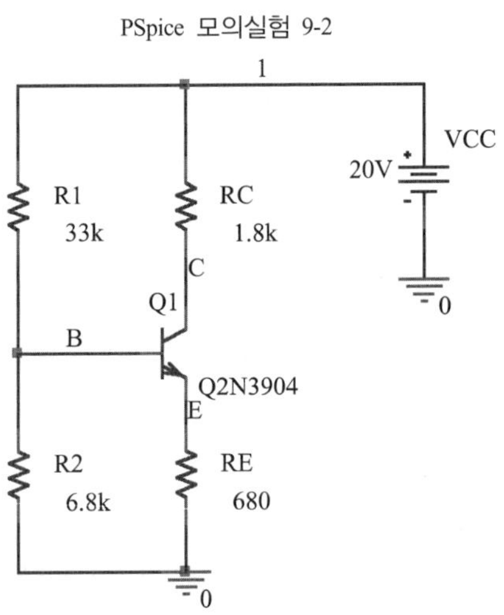

4. PSpice 프로그램에서 Q2N3904 트랜지스터를 Q2N2222 트랜지스터로 교체하라. 교체한 후, 이전 모의실험의 경우처럼 동일한 데이터를 얻어라.

5. 트랜지스터의 β에 대한 % 변화를 계산하라.

6. 베이스, 컬렉터, 이미터 전류의 % 변화를 계산하라.

7. V_{CE}의 %변화를 계산하라.

8. 데이터로부터 β에 대한 감도 즉, 성능지수 $S(\beta)$를 계산하라.

고정 바이어스와 전압분배기 바이어스 회로의 비교

9. 트랜지스터를 교체할 때 두 회로 중에서 어느 회로가 더 적은 베이스, 컬렉터, 이미터 전류의 변화를 보여주는가?

10. 트랜지스터를 교체할 때 두 회로 중에서 어느 회로가 더 적은 전압 V_{CE}의 변화를 보여주는가?

11. 어느 회로의 성능지수 $S(\beta)$가 더 적은가?

5 연습문제

1. a. 그림 9.1의 고정 바이어스 구조에서 포화전류 $I_{C_{sat}}$을 계산하라.

$I_{C_{sat}}$(계산값) = ____________

b. 그림 9.2의 전압분배기 바이어스 구조에서 포화전류 $I_{C_{sat}}$을 계산하라.

$I_{C_{sat}}$(계산값) = ____________

c. 연습문제 1(a)와 1(b)의 포화전류는 트랜지스터의 β에 민감하게 변화하는가?

2. 이 실험에서 살펴본 두 회로에서 2N3904 트랜지스터를 2N4401 트랜지스터로 교체할 때 동작점(컬렉터 특성곡선 상의 I_C와 V_{CE}로 정의) 위치는 어떻게 변하는가? 즉, β 값이 큰 트랜지스터로 교체될 때 동작점 위치가 어떻게 이동하는가? 특히 동작점이 포화(큰 I_C, 작은 V_{CE}) 또는 차단(작은 I_C, 큰 V_{CE}) 상태 중에서 어느 상태를 향하여 이동하는가?

3. a. β 변화에 기인한 I_C, V_{CE}, I_B의 변화 비율을 결정하여 표 9.6을 완성하라. 즉, 순서 2와 3의 결과를 이용하여 나타낸 % 변화를 계산하라

표 9.6

	$\frac{\%\Delta I_C}{\%\Delta\beta}$	$\frac{\%\Delta V_{CE}}{\%\Delta\beta}$	$\frac{\%\Delta I_B}{\%\Delta\beta}$
고정 바이어스			
전압분배기			

b. 훌륭한 회로 설계의 중요한 목표 중 하나는 트랜지스터의 β 변화에 대한 여러 전류와 전압의 감도를 최소화시키는 것이다. % β 변화에 대한 % I_C 변화를 규정하는 성능지수는 다음 식으로 정의된다. 특히, $S(\beta)$가 작을수록, β가 변화할 때 회로는 더 적은 영향을 받을 것이다.

$$S(\beta) = \frac{\%\Delta I_C}{\%\Delta\beta} \tag{9.2}$$

표 9.6의 결과를 참고하면 어느 회로의 안정도 계수(stability factor) $S(\beta)$가 더 좋은가? 두 안정도 계수에 큰 차이가 있는가?

c. 표 9.6의 나머지 감도는 한 구조가 다른 구조보다 더 안정하다는 사실을 뒷받침하는가? 어느 구조가 더 안정한가?

4. a. 그림 9.1의 고정 바이어스 구조에 대해서 I_B의 계산식을 회로의 다른 소자들(전압원, 저항, β)로 표현하라. 그 다음 I_C에 대한 표현식을 구하라.

b. 그림 9.2의 회로에서 I_1과 I_2가 I_B보다 훨씬 크다고 가정할 때, 근사로 $I_1 \cong I_2$가 성립된다. 이때 I_C의 계산식을 회로의 다른 소자들로 표현하라.

c. 위 연습문제 4(a)와 4(b)의 결과를 참고하면, 한 구조가 다른 구조에 비하여 I_C가 β 변화에 보다 민감한 명백한 이유가 있는가?

실험 10

BJT의 이미터 및 컬렉터 귀환 바이어스

목적

1. 이미터 바이어스와 컬렉터 귀환 바이어스 BJT 구조의 동작점을 결정한다.
2. PSpice를 이용하여 이미터 바이어스와 컬렉터 귀환 회로의 바이어스 점 해석을 수행한다.

실험소요장비

계측기

DMM

부품

저항

(2) 2.2 kΩ
(1) 3 kΩ
(1) 390 kΩ
(1) 1 MΩ

트랜지스터

(1) 2N3904 또는 등가
(1) 2N4401 또는 등가

전원

직류전원

사용 장비

항목	실험실 관리번호
DMM	
직류전원	

이론 개요

이 실험은 실험 9를 확장한 것으로 이미터 바이어스와 컬렉터 귀환 바이어스 회로의 두 가지 구조를 추가적으로 살펴본다.

이미터 바이어스 회로

그림 10.1의 이미터 바이어스 구조는 단일 또는 이중 전원공급장치를 사용하여 구성될 수 있다. 두 구조 모두 실험 9의 고정 바이어스보다 향상된 안정도를 제공한다. 특히 이미터 저항에 트랜지스터의 β를 곱한 값이 베이스 저항보다도 매우 크다면($\beta R_E \gg R_B$), 이미터 전류는 본질적으로 트랜지스터의 β와 무관하게 된다. 그러므로 적절히 설계된 이미터 바이어스 회로에서 트랜지스터를 교환한다면, I_C와 V_{CE}의 변화는 미약할 것이다.

컬렉터 귀환 회로

그림 10.2의 컬렉터 귀환 바이어스 회로를 실험 9의 고정 바이어스와 비교한다면, 전자에서 베이스 저항은 고정 전압 V_{CC}에 연결된 것이 아니라 트랜지스터의 컬렉터 단자에 연결되어 있다. 그러므로 컬렉터 귀환 구조에서 베이스 저항에 걸리는 전압은 컬렉터 전압과 컬렉터 전류의 함수이다. 특히 이 회로는 출력 변수가 증가 또는 감소하면, 입력 변수가 각각 감소 또는 증가를 초래하는 부귀환의 원리를 설명한다. 예를 들면, I_C가 증가하면 V_C를 감소시켜서, 증가한 I_C가 상쇄되도록 다시 I_B를 감소시킨다. 결과적으로 이 회로의 구조가 변수 변화에 덜 민감한 것이다.

실험순서

1 이미터 바이어스 구조: β 결정

a. 트랜지스터 2N3904를 사용하여 그림 10.1 회로를 구성하라. 저항값들을 측정하고 기록하라.

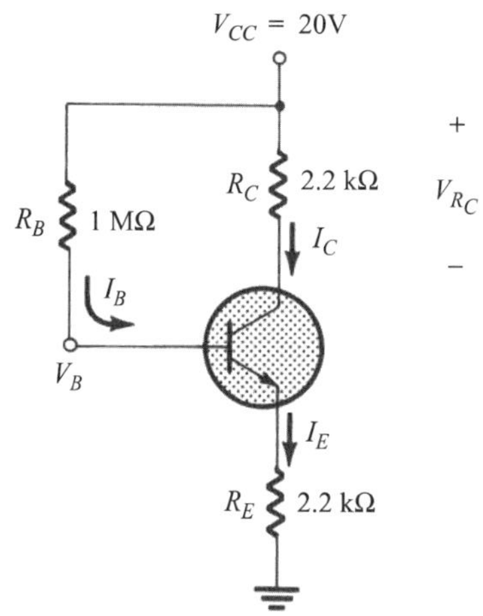

$R_{B(meas)}$ = ______
$R_{C(meas)}$ = ______
$R_{E(meas)}$ = ______

그림 10.1

b. 전압 V_B와 V_{R_C}를 측정하라.

V_B(측정값) = ______
V_{R_C}(측정값) = ______

c. 순서 1(b)의 결과와 측정한 저항값을 이용하여 다음 식으로 베이스 전류 I_B와 컬렉터 전류 I_C를 계산하라.

$$I_B = \frac{V_{CC} - V_B}{R_B}, \qquad I_C = \frac{V_{R_C}}{R_C}$$

표 10.2에 두 전류값을 기록하라.

I_B(전압 V_B와 V_{R_C}의 측정값으로부터 계산) = ______
I_C(전압 V_B와 V_{R_C}의 측정값으로부터 계산) = ______

d. 순서 1(c)의 결과로부터 β 값을 계산하고 표 10.2에 기록하라. 2N3904 트랜지스터에 대한 실험 끝까지 이 β 값을 사용할 것이다.

β(계산값) = ____________

2 이미터 바이어스 구조: 동작점 결정

a. 순서 1에서 측정한 저항값, 결정한 β, 그리고 공급전압 V_{CC}를 이용하여, 그림 10.1의 회로에 대해서 I_B와 I_C를 계산하라. 이론적으로 회로를 해석하여 표 10.1에 결과를 기입하라.

I_B(전압 V_B와 V_{R_C}의 이론값으로부터 계산) = ____________

I_C(전압 V_B와 V_{R_C}의 이론값으로부터 계산) = ____________

계산값을 순서 1(c)의 측정값과 비교하라.

b. 순서 1에서 결정한 β를 이용하여 V_B, V_C, V_E, V_{BE}, V_{CE} 값들을 계산하고 표 10.1에 기록하라.

c. 2N3904로 구성된 그림 10.1의 회로에 전원을 인가하라. 전압 V_B, V_C, V_E, V_{BE}, V_{CE} 값들을 측정하고 표 10.2에 기록하라.
2N3904 트랜지스터에 대해서 표 10.1의 계산값과 표 10.2의 측정값을 비교하라. 특히 비슷하지 않은 결과에 대해서는 설명하라.

표 10.1

	계산값						
트랜지스터 종류	V_B (volts)	V_C (volts)	V_E (volts)	V_{BE} (volts)	V_{CE} (volts)	I_B (μA)	I_C (mA)
2N3904							
2N4401							

표 10.2

	측정값					(측정값으로부터 계산)		
트랜지스터 종류	V_B (volts)	V_C (volts)	V_E (volts)	V_{BE} (volts)	V_{CE} (volts)	I_B (μA)	I_C (mA)	β
2N3904								
2N4401								

d. 그림 10.1에서 2N3904 트랜지스터를 2N4401 트랜지스터로 교체하고 전압 V_B와 V_{R_C}를 측정하라. 그 다음 측정한 저항값을 이용하여 전류 I_B와 I_C를 계산하라. 마지막으로 이 트랜지스터의 β 값을 계산하라. 2N4401 트랜지스터에 대한 실험 끝까지 이 β 값을 사용할 것이다. I_B, I_C, β를 표 10.2에 기록하라.

V_B(측정값) = ____________

V_{R_C}(측정값) = ____________

e. 순서 2(d)에서 결정한 2N4401 트랜지스터의 β를 이용하여 그림 10.1의 회로를 이론적으로 해석하여, I_B, I_C, V_B, V_C, V_E, V_{BE}, V_{CE}를 계산하고 표 10.1에 기록하라.

f. 2N4401 트랜지스터로 구성된 그림 10.1의 회로에 전원을 인가하여 V_B, V_C, V_E, V_{BE}, V_{CE}를 측정하고, 표 10.2에 기입하라.
2N4401 트랜지스터에 대해서 표 10.1의 계산값과 표 10.2의 측정값을 비교하라. 결과값들이 10% 이상 다르면 설명하라.

g. 실험 9에서 처음 제시한 다음 식을 이용하여 β, I_C, V_{CE}, I_B의 % 변화를 계산하고, 결과를 표 10.3에 기록하라.
이러한 % 변화 계산에서 2N3904와 2N4401 트랜지스터를 비교할 때, 2N3904 트랜지스터의 전류와 전압이 기준으로 사용되었다.

$$\%\,\Delta\beta = \left|\frac{\beta_{(4401)} - \beta_{(3904)}}{\beta_{(3904)}}\right| \times 100\% \qquad \%\,\Delta I_C = \left|\frac{I_{C(4401)} - I_{C(3904)}}{I_{C(3904)}}\right| \times 100\%$$

$$\%\,\Delta V_{CE} = \left|\frac{V_{CE(4401)} - V_{CE(3904)}}{V_{CE(3904)}}\right| \times 100\% \qquad \%\,\Delta I_B = \left|\frac{I_{B(4401)} - I_{B(3904)}}{I_{B(3904)}}\right| \times 100\%$$

표 10.3

β, I_C, V_{CE}, I_B의 % 변화

%Δβ	%ΔI_C	%ΔV_{CE}	%ΔI_B

3 컬렉터 귀환 구조 ($R_E = 0\,\Omega$)

a. 2N3904 트랜지스터로 그림 10.2 회로를 구성하라. 저항값들을 측정하고 기록하라.

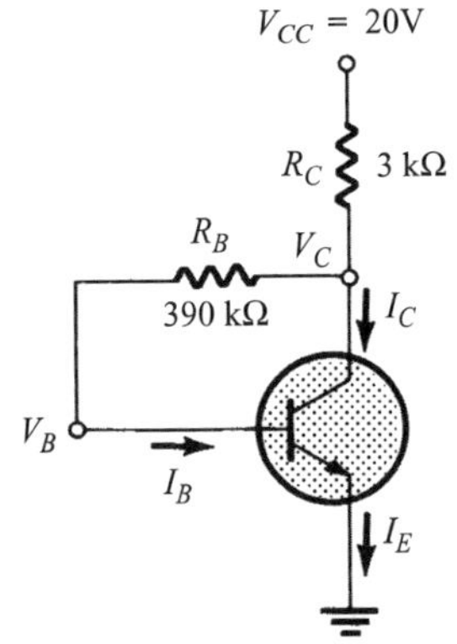

$R_{B(\text{meas})}$ = ________

$R_{C(\text{meas})}$ = ________

그림 10.2 컬렉터 귀환 회로

b. 순서 1에서 결정한 β를 이용하여 I_B, I_C, V_B, V_C, V_{CE}를 계산하고 표 10.4에 기록하라.

c. 그림 10.2 회로에 전원을 인가하고, V_B, V_C, V_{CE}를 측정하고, 표 10.5에 기입하라. 측정한 저항값과 $I_C \cong V_{R_C}/R_C$를 이용하여 전류 I_B와 I_C를 계산하고, 표 10.5에 전류값을 기록하라.

2N3904 트랜지스터에 대해서 표 10.4의 계산값과 표 10.5의 측정값을 비교하라.

d. 그림 10.2에서 순서 1의 2N3904 트랜지스터를 2N4401 트랜지스터로 교체하라. I_B, I_C, V_B, V_C, V_{CE}의 값들을 계산하고 표 10.4에 기록하라.

e. 2N4401 트랜지스터로 구성된 그림 10.2의 회로에 전원을 인가하라. V_B, V_C, V_{CE}를 측정하고, 표 10.5에 기입하라. 측정한 저항과 전압으로부터 전류 I_B와 I_C를 계산하고, 전류값을 표 10.5에 기록하라.

2N4401 트랜지스터에 대해서 표 10.4의 계산값과 표 10.5의 측정값을 비교하라.

f. 순서 1(g)의 식을 이용하여 β, I_C, V_{CE}, I_B의 % 변화를 계산하고, 결과를 표 10.6에 기록하라.

표 10.4

이론적인 계산값					
트랜지스터 종류	V_B (volts)	V_C (volts)	V_{CE} (volts)	I_B (μA)	I_C (mA)
2N3904					
2N4401					

표 10.5

측정값				(측정값으로부터 계산)	
트랜지스터 종류	V_B (volts)	V_C (volts)	V_{CE} (volts)	I_B (μA)	I_C (mA)
2N3904					
2N4401					

표 10.6
β, I_C, V_{CE}, I_B의 % 변화

%Δβ	%ΔI_C	%ΔV_{CE}	%ΔI_B

4 컬렉터 귀환 구조(R_E 존재)

a. 2N3904 트랜지스터로 그림 10.3 회로를 구성하라. 저항값들을 측정하고 기록하라.

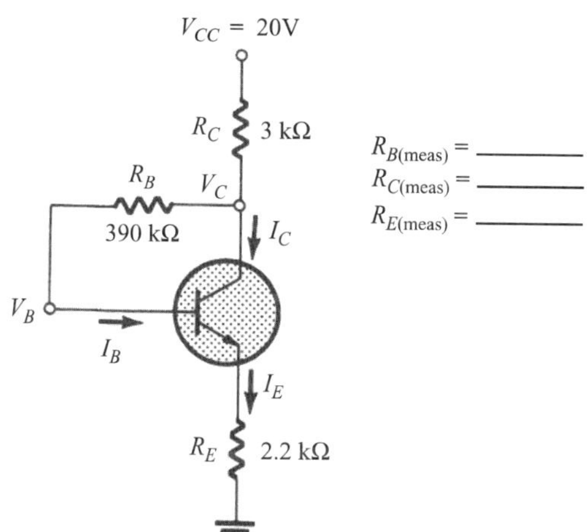

그림 10.3 컬렉터 귀환 회로

b. 순서 1에서 결정한 β를 사용하여 $I_B, I_C, I_E, V_B, V_C, V_E, V_{CE}$를 계산하고 표 10.7에 기록하라.

c. 그림 10.3 회로에 전원을 인가하고, V_B, V_C, V_E, V_{CE}를 측정하고, 표 10.8에 기입하라. 부가적으로 측정한 저항과 전압을 사용하여 전류 I_B, I_C, I_E를 계산하고, 표 10.8에 전류값을 기록하라.

2N3904 트랜지스터에 대해서 표 10.7의 계산값과 표 10.8의 측정값을 비교하라.

d. 그림 10.3에서 2N3904 트랜지스터를 2N4401 트랜지스터로 교체하라. 순서 1의 β를 이용하여 $I_B, I_C, I_E, V_B, V_C, V_E, V_{CE}$의 값들을 계산하고, 표 10.7에 기록하라.

e. 2N4401 트랜지스터로 구성된 그림 10.3의 회로에 전원을 인가하라. V_B, V_C, V_E, V_{CE}를 측정하고, 표 10.8에 기입하라. 부가적으로 측정한 저항과 전압으로부터 전류 I_B, I_C, I_E를 계산하고, 전류값을 표 10.8에 기록하라.

2N4401 트랜지스터에 대해서 표 10.7의 계산값과 표 10.8의 측정값을 비교하라.

f. 순서 1(g)의 식을 이용하여 β, I_C, V_{CE}, I_B의 % 변화를 계산하고, 결과를 표 10.9에 기록하라.

표 10.7

	이론적인 계산값						
트랜지스터 종류	V_B (volts)	V_C (volts)	V_E (volts)	V_{CE} (volts)	I_B (μA)	I_C (mA)	I_E (mA)
2N3904							
2N4401							

표 10.8

	측정값				(측정값으로부터 계산)		
트랜지스터 종류	V_B (volts)	V_C (volts)	V_E (volts)	V_{CE} (volts)	I_B (μA)	I_C (mA)	I_E (mA)
2N3904							
2N4401							

표 10.9
β, I_C, V_{CE}, I_B의 % 변화

%Δβ	%ΔI_C	%ΔV_{CE}	%ΔI_B

5 컴퓨터 실습

PSpice 모의실험 10-1

보여준 이미터 바이어스 회로에 대해서 다음 단계로 바이어스 점 모의실험을 수행하라. 배선도 페이지의 Taskbar에서 V와 I 버튼을 클릭하여 문제 1에서 3까지 요구하는 전압과 전류를 구하라.

1. 베이스, 컬렉터, 이미터 전류를 얻어라.

2. 이미터에 대한 베이스 전압(V_{BE})을 얻어라.

3. 이미터에 대한 컬렉터 전압(V_{CE})을 얻어라.

배선도 페이지의 Taskbar에서 W 버튼을 클릭하여 문제 4에서 6까지 요구하는 직류 전력을 구하라.

4. 전원 VCC가 공급하는 직류 전력을 얻어라.

5. 각 저항이 소비하는 직류 전력을 얻어라.

6. 트랜지스터가 소비하는 직류 전력을 얻어라.

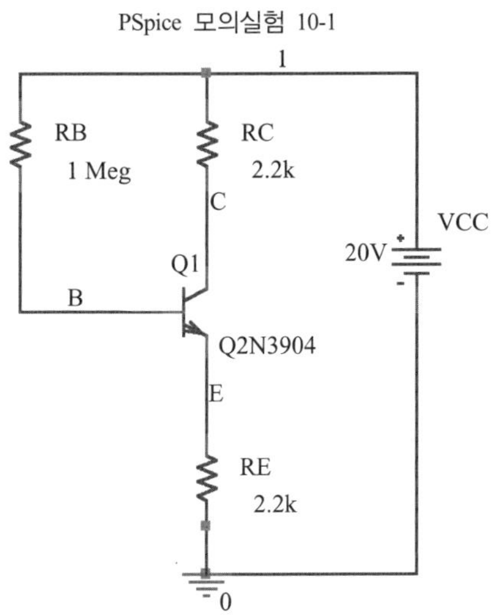

7. PSpice 프로그램에서 Q2N3904 트랜지스터를 Q2N2222 트랜지스터로 교체하라. 교체한 후, 이전 모의실험의 경우처럼 동일한 데이터를 얻어라.

8. 트랜지스터의 β에 대한 % 변화를 계산하라.

9. 베이스, 컬렉터, 이미터 전류의 % 변화를 계산하라.

10. V_{CE}의 %변화를 계산하라.

11. 데이터로부터 성능지수 $S(\beta) = \%\Delta I_C / \%\Delta\beta$를 계산하라.

12. 트랜지스터를 교체했을 때 전원 VCC가 공급한 직류 전력이 변화했는가?

13. 저항이 소비한 직류 전력에 어떠한 변화가 있는가?

14. 두 트랜지스터가 소비한 직류 전력에 차이가 있는가?

PSpice 모의실험 10-2

보여준 컬렉터 귀환 바이어스 회로에 대해서 다음 단계로 바이어스 점 모의실험을 수행하라.

배선도 페이지의 Taskbar에서 V와 I 버튼을 클릭하여 문제 1에서 3까지 요구하는 전압과 전류를 구하라.

1. 베이스, 컬렉터, 이미터 전류를 얻어라.

2. 이미터에 대한 베이스 전압(V_{BE})을 얻어라.

3. 이미터에 대한 컬렉터 전압(V_{CE})을 얻어라.

배선도 페이지의 Taskbar에서 W 버튼을 클릭하여 문제 4에서 6까지 요구하는 직류 전력을 구하라.

4. 전원 VCC가 공급하는 직류 전력을 얻어라.

5. 각 저항이 소비하는 직류 전력을 얻어라.

6. 트랜지스터가 소비하는 직류 전력을 얻어라.

PSpice 모의실험 10-2

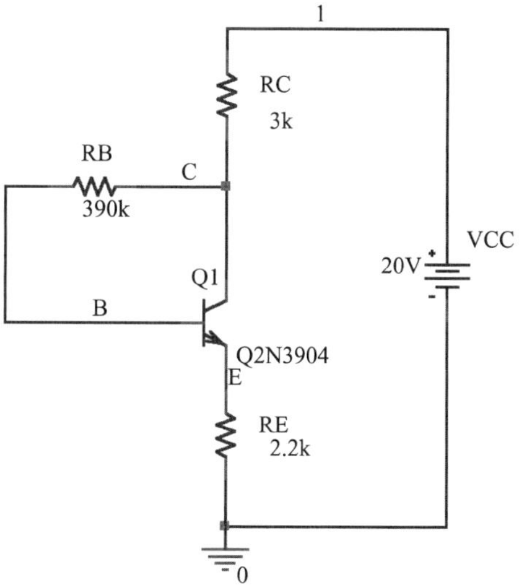

7. PSpice 프로그램에서 Q2N3904 트랜지스터를 Q2N2222 트랜지스터로 교체하라. 교체한 후, 이전 모의실험의 경우처럼 동일한 데이터를 얻어라.

8. 트랜지스터의 β에 대한 % 변화를 계산하라.

9. 베이스, 컬렉터, 이미터 전류의 % 변화를 계산하라.

10. V_{CE}의 %변화를 계산하라.

11. 데이터로부터 성능지수 $S(\beta)$를 계산하라.

12. 트랜지스터를 교체했을 때 전원 VCC가 공급한 직류 전력이 변화했는가?

13. 저항이 소비한 직류 전력에 어떠한 변화가 있는가?

14. 두 트랜지스터가 소비한 직류 전력에 차이가 있는가?

6 연습문제

1. a. 그림 10.1의 이미터 바이어스 구조에서 포화전류 $I_{C_{sat}}$을 계산하라.

$I_{C_{sat}}$(계산값) = ____________

b. 그림 10.2의 컬렉터 귀환 바이어스 구조에서 포화전류 $I_{C_{sat}}$을 계산하라.

$I_{C_{sat}}$(계산값) = ____________

c. 그림 10.3의 컬렉터 귀환 바이어스 구조에서 포화전류 $I_{C_{sat}}$을 계산하라.

$I_{C_{sat}}$(계산값) = ____________

d. 연습문제 1(a), 1(b), 1(c)의 포화전류 계산에서 β는 어떤 영향을 미치는가?

2. 이 실험에서 살펴본 세 회로에서 2N3904 트랜지스터를 2N4401 트랜지스터로 교체할 때 동작점(I_C와 V_{CE}로 정의) 위치는 어떻게 변하는가? 즉, β 값이 큰 트랜지스터로 교체될 때 동작점 위치가 어떻게 이동하는가? 특히 동작점이 포화(큰 I_C, 작은 V_{CE}) 또는 차단(작은 I_C, 큰 V_{CE}) 상태 중에서 어느 상태를 향하여 이동하는가?

3. a. β 변화에 기인한 I_C, V_{CE}, I_B의 변화 비율을 결정하여 표 10.10을 완성하라. 즉, 순서 2, 3, 4의 결과를 이용하여 나타낸 % 변화를 계산하라.

표 10.10

	$\frac{\%\Delta I_C}{\%\Delta\beta}$	$\frac{\%\Delta V_{CE}}{\%\Delta\beta}$	$\frac{\%\Delta I_B}{\%\Delta\beta}$
이미터 바이어스			
컬렉터 귀환 ($R_E = 0\ \Omega$)			
컬렉터 귀환 (R_E 존재)			

b. 표 10.10의 각 구조에 대해서 식 (9.2)로 정의되는 성능지수를 비교하라. 편의상 정의를 여기에 다시 적는다.

$$S(\beta) = \frac{\%\Delta I_C}{\%\Delta\beta}$$

어느 구조의 안정도 계수가 더 좋은가?

c. 표 10.10의 나머지 감도는 한 구조가 다른 구조보다 더 안정하다는 사실을 뒷받침하는가?

4. a. 그림 10.1의 이미터 바이어스 구조에 대해서 I_C의 계산식을 회로의 다른 소자들(저항, V_{CC}, β)로 표현하라. $(\beta+1) \cong \beta$ 사실을 이용하라.

b. 연습문제 4(a)에서 얻은 식의 분자와 분모를 β로 나누어라.

c. 연습문제 4(b)의 결과를 참고하여, I_C에 미치는 β의 영향을 최소화하려면 회로 소자들 사이에 어떠한 관계가 존재해야 하는가?

5. a. 그림 10.2의 컬렉터 귀환 구조에 대해서 I_C의 계산식을 회로의 다른 소자들(저항, V_{CC}, β)로 표현하라. $(\beta+1) \cong \beta$ 사실을 이용하라.

b. 연습문제 5(a)에서 얻은 식의 분자와 분모를 β로 나누어라.

c. 연습문제 5(b)의 결과를 참고하여, I_C에 미치는 β의 영향을 최소화하려면 회로 소자들 사이에 어떠한 관계가 존재해야 하는가?

6. a. 그림 10.3의 컬렉터 귀환 구조에 대해서 I_C의 계산식을 회로의 다른 소자들(저항, V_{CC}, β)로 표현하라. $(\beta+1) \cong \beta$ 사실을 이용하라.

   b. 연습문제 6(a)에서 얻은 식의 분자와 분모를 β로 나누어라.

   c. 연습문제 6(b)의 결과를 참고하여, I_C에 미치는 β의 영향을 최소화하려면 회로 소자들 사이에 어떠한 관계가 존재해야 하는가?

7. 연습문제 4(c), 5(c), 6(c)의 결과를 비교하면, 저항값들이 거의 동일한 경우에 어느 구조가 β 변화에 가장 적은 감도를 갖는가?

8. 위 결론이 연습문제 3(b)의 결론과 대동소이한가?

실험 11

BJT 바이어스 회로 설계

목적

1. 컬렉터 귀환, 이미터 바이어스, 전압분배기 바이어스 BJT 회로를 설계한다.
2. PSpice를 이용하여 컬렉터 귀환과 전압분배기 회로의 바이어스 점 해석을 수행한다.

실험소요장비

계측기

DMM

부품

저항

설계 실험이기 때문에 부품 목록에 저항값을 규정하지 않았다.
설계 과정에서 결정된 저항을 별도로 요구하여 준비하여야 한다.
(1) 300 Ω, 1.2 kΩ, 1.5 kΩ, 3 kΩ, 15 kΩ, 100 kΩ
(1) 1 MΩ 전위차계
설계에서 요구되는 여러 저항

트랜지스터

(1) 2N3904 또는 등가
(1) 2N4401 또는 등가

전원

직류전원

사용 장비

항목	실험실 관리번호
DMM	
직류전원	

이론 개요

이 실험은 컬렉터 귀환, 이미터 바이어스, 전압분배기 바이어스 회로를 예비 설계하는 것이다. 주어진 회로에 대해서 회로 변수들의 응답을 요구하는 회로 해석과 다르게, 회로 설계는 원하는 회로 응답이 정해져서 원하는 변수들을 출력하는 회로를 만드는 것이다.

회로 설계는 자주 일련의 절충 과정을 포함한다. 가장 안정한 회로는 원하는 교류 이득을 제공하지 못할 수도 있다. 이론적으로 계산한 저항값들이 상업용으로 없는 경우도 있다. 한 세트의 저항값 구성이 우수한 이득 특성과 더불어 가장 안정한 시스템을 제공해 줄 수 있지만, $\eta\% = P_o(ac)/P_i(dc) \times 100\%$로 정의되는 변환효율이 낮을 수 있다. 설계자는 어떤 선택이 초래할 결과를 알고 있어야 하며, 실제 응용에서 설계의 어느 특성이 가장 중요한 핵심인지를 파악해야 한다.

정해진 동작점, β, V_E에 대해서 직류 설계 과정으로 다음 식을 적용할 수 있다.

컬렉터 귀환:

$$R_C = \frac{V_{CC} - V_{CE_Q}}{I_{C_Q}} \tag{11.1}$$

$$R_B = \frac{V_{R_B}}{I_B} = \frac{V_{CE_Q} - V_{BE}}{\frac{I_{C_Q}}{\beta}} = \beta\left[\frac{V_{CE_Q} - V_{BE}}{I_{C_Q}}\right] \tag{11.2}$$

이미터 바이어스:

$$R_E = \frac{V_E}{I_{C_Q}} \tag{11.3}$$

$$V_C = V_{CE_Q} + V_E \tag{11.4}$$

$$R_C = \frac{V_{R_C}}{I_{C_Q}} = \frac{V_{CC} - V_C}{I_{C_Q}} \tag{11.5}$$

$$R_B = \frac{V_{R_B}}{I_B} = \frac{V_{CC} - V_{BE} - V_E}{\frac{I_{C_Q}}{\beta}} = \beta\left[\frac{V_{CC} - V_{BE} - V_E}{I_{C_Q}}\right] \tag{11.6}$$

전압분배기 바이어스:

$$R_C = \frac{V_{CC} - V_{CE_Q} - V_E}{I_{C_Q}} \tag{11.7}$$

$$R_E = \frac{V_E}{I_{C_Q}} \tag{11.8}$$

$\beta R_E > 10R_2$를 만족하면

$$V_B = \frac{R_2 V_{CC}}{R_1 + R_2} = V_{BE} + V_E \tag{11.9}$$

설계 기준

위 구조 각각에 대하여 시스템의 상대적인 안정도가 다음과 같이 정의된다.

컬렉터 귀환:

$$\frac{R_B}{\beta R_C}\text{가 증가하면 안정도 감소} \tag{11.10}$$

이미터 바이어스:

$$\frac{R_B}{\beta R_E}\text{가 증가하면 안정도 감소} \tag{11.11}$$

전압분배기 바이어스:

$$\frac{R_1 // R_2}{\beta R_E}\text{가 증가하면 안정도 감소} \tag{11.12}$$

실험순서

1 컬렉터 귀환 구조

회로 규격:

$V_{CC} = 15\ \mathrm{V}$

$I_{C_Q} = 5\ \mathrm{mA}$

$V_{CE_Q} = 7.5\ \mathrm{V}$

설계 순서:

a. 주어진 규격을 만족하도록 그림 11.1의 컬렉터 귀환 회로에서 R_C 값을 결정하라.

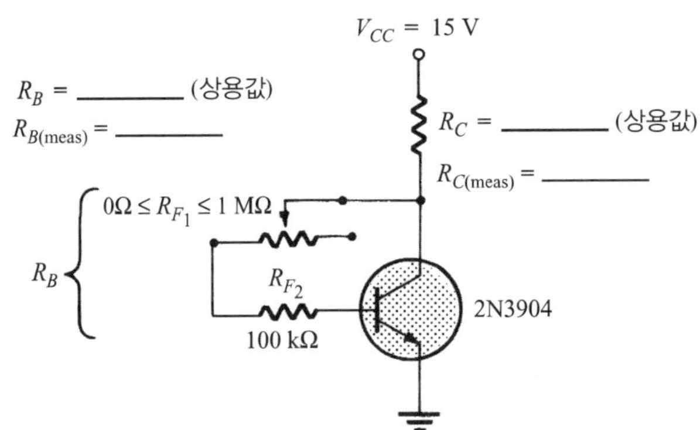

그림 11.1

주의 R_{F_1}은 전류 I_B가 흐르는 1 MΩ 전위차계의 일부분이다.

가장 가까운 상업용 값(실험실에서 이용 가능한)을 결정하고 그림 11.1과 아래에 기록하라. 실험에 사용할 저항의 값을 측정하고 그림 11.1에 제공된 자리에 측정값을 기입하라.

R_C(계산값) = ________

R_C(상용값) = ________

b. 1 MΩ 전위차계를 최대 저항으로 하여 100 kΩ 저항과 그림 11.1처럼 직렬로 연결하라. R_C는 순서 1의 상업용 값을 사용하라. 전원을 켜고, 2N3904 트랜지스터를 사용하여 $V_{CE} = 7.5\mathrm{V}$가 되도록 전위차계를 조정하라.

c. 전원을 끄고, 트랜지스터의 베이스에 연결된 100 kΩ 저항을 분리시켜 R_{F_1}과 R_{F_2}의 합성 저항을 측정하라. 이 합성 저항에 가까운 상용 저항(실험실에서 이용 가능한 저항)을 선택하고 R_B 값으로 기록하라.

R_B(측정값) $= R_{F_1} + R_{F_2} =$ ____________

R_B(상용값) $=$ ____________

d. R_{F_1}과 R_{F_2}의 직렬 저항을 순서 1(c)에서 선택한 상용 저항 R_B로 교체한 후, 아래 변수들을 측정하고 계산하라. 저항은 측정한 값을 사용하고, I_{C_Q}와 I_B는 각각 $I_{C_Q} = V_{R_C} / R_C$와 $I_B = (V_{CE} - V_{BE}) / R_B$로부터 결정하라.

V_{R_C}(측정값) $=$ ____________

V_{CE_Q}(측정값) $=$ ____________

I_{C_Q}(측정값으로부터 계산) $=$ ____________

β(계산값) $=$ ____________

e. 순서 1(d)의 결과를 참고하여, I_{C_Q}와 V_{CE_Q}의 결과값이 규정한 값과 비교하면 어떠한가?

규정한 값과 측정한 값 사이의 % 편차를 계산하라. 규정한 값을 비교 기준으로 사용하라.

$\% \Delta I_{C_Q} =$ ____________

$\% \Delta V_{CE_Q} =$ ____________

f. 이론 개요에서 시스템의 상대적인 안정도에 대한 지표로써 비율 $\dfrac{R_B}{\beta R_C}$를 도입하였다. 비율을 결정하고 아래에 기재하라. 실험 후반에서 검토할 것이다.

$R_B / \beta R_C$(계산값) $=$ ____________

g. 2N4401 트랜지스터와 동일한 R_C로 그림 11.1을 재구성하여 순서 1(b)와 1(c)를 반복하라.

R_{F_1}(측정값) $+ R_{F_2}$ = ____________

R_B(상용값) = ____________

h. 순서 1(g)를 참고하여, 더 큰 β의 트랜지스터를 사용함으로써 R_B 값이 변했는가?

두 트랜지스터에 대해서 R_C 값이 동일하게 유지되는 이유는?

i. 2N4401 트랜지스터를 사용하여 순서 1(d)를 반복하라.

V_{R_C}(측정값) = ____________

V_{CE_Q}(측정값) = ____________

I_{C_Q}(측정값으로부터 계산) = ____________

β(계산값) = ____________

j. 순서 1(i)의 결과를 참고하여, I_{C_Q}와 V_{CE_Q}의 결과값이 규정한 값과 비교하면 어떠한가?

순서 1(e)처럼 % 편차를 계산하라. 지금 계산한 값과 순서 1(e)의 계산값 중에서 어느 것이 더 큰가?

$\% \Delta I_{C_Q}$ = ____________

$\% \Delta V_{CE_Q}$ = ____________

k. 이 구조에 대한 비율 $\dfrac{R_B}{\beta R_C}$을 결정하고, 2N3904에 대해서 계산한 값과 비교하라.

$R_B / \beta R_C$(2N4401)(계산값) = ____________

$R_B / \beta R_C$(2N3904)(계산값) = ____________

방금 얻은 결과를 비교하라. 상대적인 안정도 측면에서 두 구조에 대한 결과는 무엇을 시사하는가?

l. 2N3904 트랜지스터에 대해서 계산한 R_C와 R_B 값으로 그림 11.1을 재구성하라. 그러나 이번에는 β 변화에 기인한 I_C 변화를 측정할 수 있도록 2N4401 트랜지스터를 삽입하라. 전원을 켜고 전압 V_{R_C}를 측정하라. 측정한 R_C 값을 이용하여 I_{C_Q}를 계산하고, 그리고 첫 번째 설계에 대한 $S(\beta) = \dfrac{\%\Delta I_C}{\%\Delta\beta}$를 결정하라.

$S(\beta)$(계산값) = ____________

2 이미터 바이어스 구조

회로 규격:

$$V_{CC} = 15\text{ V}$$
$$I_{C_Q} = 5\text{ mA}$$
$$V_{CE_Q} = 7.5\text{ V}$$

설계 순서:

이번 경우에는 $V_E = 0.1\ V_{CC}$의 설계 규정을 채용할 것이다. 부하선 상에 동작점 위치는 컬렉터 귀환 구조에서 정의한 것과 같다.

a. 그림 11.2의 이미터 바이어스 구조에서 주어진 규격을 만족하는 R_C 값을 계산하라. 가장 가까운 상업용 값(실험실에서 이용 가능한)을 결정하고 그림 11.2와 아래에 기록하라. 실험에 사용할 저항의 값을 측정하고 그림 11.2에 제공된 자리에 측정값을 기입하라.

R_C(계산값) = ____________

R_C(상용값) = ____________

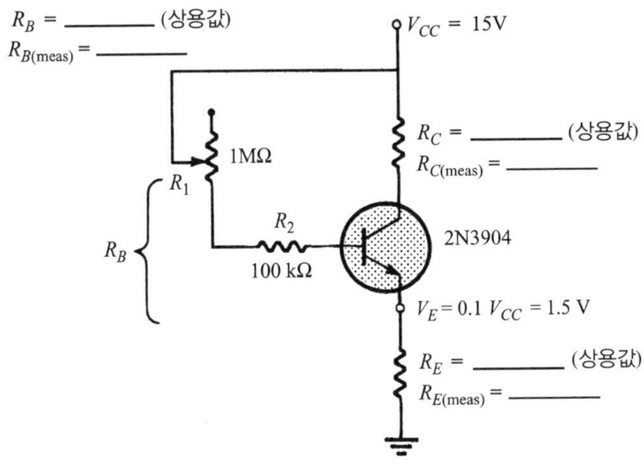

그림 11.2

주의 R_1은 전류 I_B가 흐르는 1 MΩ 전위차계의 일부분이다.

b. $V_E = 0.1\ V_{CC} = 1.5$ V가 되도록 그림 11.2 회로에서 요구되는 R_E 값을 계산하라. 가장 가까운 상업용 값을 결정하고 그림 11.2와 아래에 기록하라. 실험에 사용할 저항의 값을 측정하고 그림 11.2에 제공된 자리에 측정값을 기입하라.

R_E(계산값) = ______________

R_E(상용값) = ______________

c. 1 MΩ 전위차계를 최대 저항으로 하여 100 kΩ 저항과 그림 11.2처럼 직렬로 연결하라. R_C와 R_E는 순서 2(a)와 2(b)에서 결정한 상업용 값을 사용하라. 전원을 켜고, 2N3904 트랜지스터를 사용하여 $V_{CE} = 7.5$ V가 되도록 전위차계를 조정하라.

d. 전원을 끄고 트랜지스터의 베이스에 연결된 R_2 저항을 분리시켜, R_1과 R_2의 직렬 저항을 측정하고 아래에 기록하라. 이 식별 저항에 가까운 상용 저항(실험실에서 이용 가능한 저항)을 선택하고 R_B 값으로 그림 11.2와 아래에 상용값으로 기록하라. 선택한 값을 측정하고 그림 11.2의 $R_{B(meas)}$에 기록하라.

R_B(측정값) = $R_1 + R_2$ = ______________

R_B(상용값) = ______________

e. 위 순서로 결정된 상용 저항들을 사용하여 그림 11.2 회로를 재구성하라. 전압 V_{R_C}와 V_{CE}를 측정하고, R_C의 측정값으로 전류 I_C를 계산하라. 부가적으로 전압 V_B를 측정하고 전류 I_B를 계산하라, 최종적으로 트랜지스터의 β를 계산하라.

V_{R_C}(측정값) = ____________

V_{CE}(측정값) = ____________

I_C(전압 V_{R_C}의 측정값으로부터 계산, V_{R_C}/R_C) = ____________

I_B(전압 V_B의 측정값으로부터 계산, $(V_{CC}-V_B)/R_B$) = ____________

β(계산값) = ____________

f. 순서 2(e)의 결과를 참고하여, I_{C_Q}와 V_{CE_Q}의 결과값이 규정한 값과 비교하면 어떠한가?

규정한 값과 측정한 값 사이의 % 편차를 계산하라. 규정한 값을 비교 기준으로 사용하라.

g. 이론 개요에서 시스템의 상대적인 안정도에 대한 지표로써 비율 $\dfrac{R_B}{\beta R_E}$를 도입하였다. 비율을 결정하고 아래에 기재하라.

$R_B/\beta R_E$(계산값) = ____________

h. 2N4401 트랜지스터 그리고 동일한 R_C와 R_E를 사용하여 그림 11.2를 재구성하고, 순서 2(c)와 2(d)를 반복하라.

R_B(계산값) = ____________

R_B(상용값) = ____________

i. 순서 1(h)를 참고하여, 더 큰 β의 트랜지스터를 사용함으로써 R_B 값이 변했는가?

두 트랜지스터에 대해서 R_C 와 R_E 값이 동일하게 유지되는 이유는?

j. 2N4401 트랜지스터를 사용하여 순서 2(e)를 반복하라.

V_{R_C}(측정값) = ____________

V_{CE_Q}(측정값) = ____________

I_{C_Q}(전압 V_{R_C}의 측정값으로부터 계산, V_{R_C}/R_C) = ____________

β(계산값) = ____________

k. 순서 2(j)의 결과를 참고하여, I_{C_Q}와 V_{CE_Q}의 결과값이 규정한 값과 비교하면 어떠한가? 지금의 결과값과 앞의 규정값 사이의 % 편차를 계산하라.

l. 이번 설계의 동작점이 순서 1의 컬렉터 귀환 회로의 것과 동일하기 때문에 각 트랜지스터에 대한 β가 두 구조에 대해서 역시 거의 같아야 한다는 결론을 가정해 보자. 이러한 결론이 순서 2(e)와 2(j)의 결과로 입증되는가?

m. 이 구조에 대한 비율 $\dfrac{R_B}{\beta R_E}$을 결정하고, 2N3904에 대해서 계산한 값과 비교하라.

$R_B/\beta R_E$(2N4401)(계산값) = ____________

$R_B/\beta R_E$(2N3904)(계산값) = ____________

방금 얻은 결과를 비교하라. 상대적인 안정도 측면에서 두 구조에 대한 결과는 무엇을 시사하는가?

n. 2N3904 트랜지스터에 대해서 계산한 R_C, R_E, R_B 값으로 그림 11.2의 회로를 재구성하라. 그러나 이번에는 β 변화에 기인한 I_C 변화를 측정할 수 있도록 2N4401 트랜지스터를 삽입하라. 전원을 켜고 전압 V_{R_C}를 측정하라. 측정한 R_C 값을 이용하여 I_{C_Q}를 계산하고, 그리고 첫 번째 설계에 대한 $S(\beta)=\dfrac{\%\Delta I_C}{\%\Delta\beta}$를 결정하라.

$S(\beta)$(계산값) = ____________

3 전압분배기 바이어스 구조

회로 규격:

$$V_{CC} = 15\text{ V}$$
$$I_{C_Q} = 5\text{ mA}$$
$$V_{CE_Q} = 7.5\text{ V}$$

설계 순서:

동작점은 순서 1과 2에서 정의한 것과 동일하지만, 부가적으로 $V_E = 0.1\ V_{CC}$의 규정을 계속 적용할 것이다.

a. 그림 11.3의 전압분배기 바이어스 구조에서 주어진 규격을 만족하는 R_C 값을 계산하라. 가장 가까운 상업용 값(실험실에서 이용 가능한)을 결정하고 그림 11.3과 아래에 기록하라. 실험에 사용할 저항의 값을 측정하고 그림 11.3에 제공된 자리에 측정값을 기입하라.

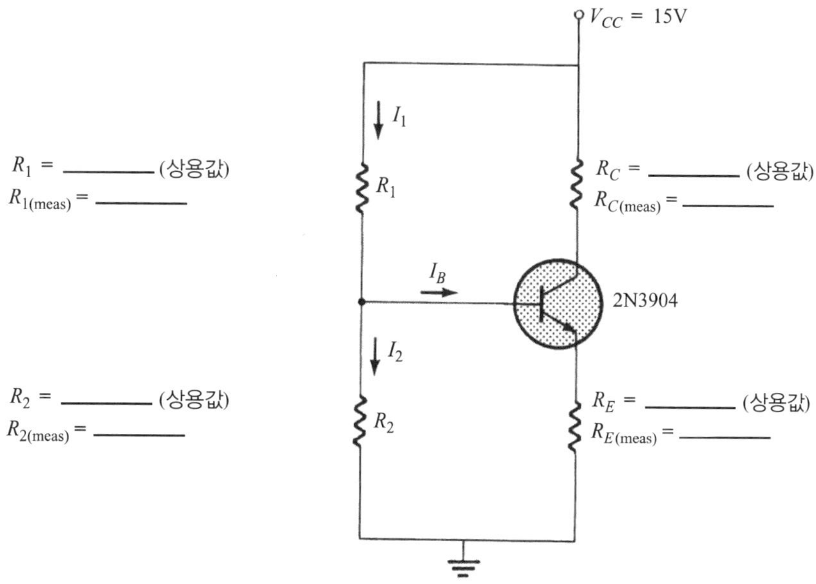

그림 11.3

R_C(계산값) = ____________

R_C(상용값) = ____________

b. $V_E = 0.1\ V_{CC} = 1.5\ \text{V}$가 되도록 그림 11.3 회로에서 요구되는 R_E 값을 계산하라. 가장 가까운 상업용 값을 결정하고 그림 11.3과 아래에 기록하라. 실험에 사용할 저항의 값을 측정하고 그림 11.3에 제공된 자리에 측정값을 기입하라.

R_E(계산값) = ____________

R_E(상용값) = ____________

c. $\beta R_E > 10R_2$를 만족하면, 이론 개요 부분의 식 (11.9)를 이용하여 R_1과 R_2 사이의 관계를 나타낼 수 있다. 회로 규격을 사용하여 그 관계를 결정하라.

관계식 = ____________

d. $\beta = 100$과 순서 3(b)에서 결정한 R_E(상용값)를 사용하여 $\beta R_E > 10R_2$의 조건을 만족하는 R_2의 최대값을 계산하라.

R_2(계산값) = ____________

R_2에 가장 가까운 표준 상용 저항값(실험실에서 이용 가능한)을 선택하고, 요구되는 R_1 값을 식 (11.9)를 사용하여 계산하라.

R_2(상용값) = ____________

R_1(계산값) = ____________

R_1에 대해서 가장 가까운 표준 상용 저항값(실험실에서 이용 가능한)을 선택하고 아래에 기록하라.

R_1(상용값) = ____________

e. 선택한 표준 상용 저항값들로 그림 11.3의 회로를 구성하고, 각 저항의 측정값을 기록하라. 전압 V_{R_C}와 V_{CE_Q}를 측정하고, R_C의 측정값으로 전류 I_{C_Q}를 계산하라. 최종적으로 조심스럽게 V_{R_1}과 V_{R_2}를 측정하고(적어도 1/100 자리까지 측정), 측정한 저항값을 사용하여 전류 I_1과 I_2를 동일한 정확도로 계산하라. 그 다음 I_B를 결정하고 β를 계산하라.

V_{R_C}(측정값) = ____________

V_{CE_Q}(측정값) = ____________

I_{C_Q}(측정값으로부터 계산) = ____________

β(계산값) = ____________

I_{C_Q}와 V_{CE_Q}의 결과값이 규정한 값에 비교적으로 가까운가? 결과값과 규정값 사이의 % 편차를 계산하라.

차이가 크면 이유를 설명하라. 어떻게 하면 그 상황을 바로잡을 수 있나?

f. 이론 개요에서 설계의 상대적인 안정도에 대한 지표로써 비율 $\dfrac{R_1//R_2}{\beta R_E}$를 도입하였다. 비율을 결정하고 아래에 기재하라.

$(R_1//R_2)/\beta R_E$(계산값) = ____________

g. 2N4401 트랜지스터를 사용하여 그림 11.3을 재구성하고 순서 3(e)를 반복하라.

V_{R_C}(측정값) = ____________

V_{CE_Q}(측정값) = ____________

I_{C_Q}(전압 V_{R_C}의 측정값으로부터 계산, V_{R_C}/R_C) = ____________

β(계산값) = ____________

h. 순서 3(g)의 결과를 참고하여, β가 현저히 증가한 경우에 I_{C_Q}와 V_{CE_Q}의 결과값이 규정한 값과 비교하면 어떠한가?

i. 실험 과정에서 이 부분의 β 값이 순서 1과 2에서 결정한 값과 비교하면 어떠한가?

j. 이 구조에 대한 상대적인 안정도의 비율을 결정하고, 2N3904 트랜지스터의 계산값과 비교하라.

$(R_1//R_2)/\beta R_E$(2N4401)(계산값) = ____________

$(R_1//R_2)/\beta R_E$(2N3904)(계산값) = ____________

이러한 결과로부터 전압분배기 구조의 안정도에 미치는 β의 영향이 무엇이라고 보는가?

k. 순서 3(e)와 3(g)의 데이터를 이용하여 안정도 계수 $S(\beta)=\dfrac{\%\Delta I_C}{\%\Delta\beta}$를 결정하라.

$S(\beta)$(계산값) = ____________

4 연습문제

1. a. 이 실험에서 설계한 각 구조에 대해서 측정한 결과값 I_{C_Q}와 V_{CE_Q}을 표 11.1에 기록하라.

표 11.1

구조	I_{C_Q}	V_{CE_Q}
컬렉터 귀환 바이어스		
이미터 바이어스		
전압분배기 바이어스		

규정값인 $I_{C_Q}=5\text{ mA}$와 $V_{CE_Q}=7.5\text{ V}$를 위 표의 결과값과 비교하면, 설계 성과에 만족하는가?

어느 설계가 규정한 값에 가장 가까운가?

2. 설험 결과로부터 2N4401 트랜지스터에 대해서 표 11.2를 완성하라.

표 11.2

구조	안정도 계수	
컬렉터 귀환 바이어스	$R_B/\beta R_C =$	$S(\beta) =$
이미터 바이어스	$R_B/\beta R_E =$	$S(\beta) =$
전압분배기 바이어스	$R_1 \| R_2/\beta R_E =$	$S(\beta) =$

두 열(column)의 안정도 계수 사이에 일관성이 있는가? 즉, 안정도 계수가 한 열에서 상대적으로 작다면 다른 열에서도 상대적으로 작은가?

$S(\beta)$를 통하여 판단하면 어느 구조가 β 변화에 가장 덜 민감한가? 기대한 결과인가? 그 이유는?

안정도가 가장 좋지 않는 구조는? 기대했는가? 그 이유는?

이론 개요에 나타나 있는 안정도 기준을 다음 세 연습문제에서 유도할 것이다.

3. 컬렉터 귀환 구조에 대해서 전류 I_C에 대한 식을 회로 변수로 유도하라. 그 다음 비율 $R_B/\beta R_C$이 작을수록, β 변화에 대한 I_C의 감도가 더 적어지는 이유를 설명하라.

4. 이미터 바이어스 구조에 대해서 전류 I_C에 대한 식을 회로 변수로 유도하라. 그 다음 비율 $R_B/\beta R_E$이 작을수록, β 변화에 대한 I_C의 감도가 더 적어지는 이유를 설명하라.

5. 전압분배기 구조에 대해서 베이스 전압을 V_B로 정의하고 전류 I_1과 I_2에 대한 식을 회로 변수로 표현하라. 결과식을 이용하여 I_B에 대한 식을 작성하라. $V_B = V_{BE} + I_C R_E$로 치환하라. 비율 $(R_1 // R_2)/\beta R_E$이 작을수록, β 변화에 대한 I_C의 감도가 더 적어진다는 사실을 증명하는 형태로 I_B에 대한 식을 재작성하라. 다음 표기를 사용하라.

$$R_1 // R_2 = \frac{1}{\dfrac{1}{R_1} + \dfrac{1}{R_2}}$$

5 컴퓨터 실습

PSpice 모의실험 11-1

보여준 컬렉터 귀환 회로는 다음 설계 기준을 만족하여야 한다.

$$V_{CC} = 15\text{ V}$$

$$I_{C_Q} = 5\text{ mA}$$

$$V_{CE_Q} = 7.5\text{ V}$$

상대적인 안정도: $R_B/\beta R_C < 1.5$

$$R_B = R_{F1} + R_{F2}$$

PSpice 모의실험 11-1

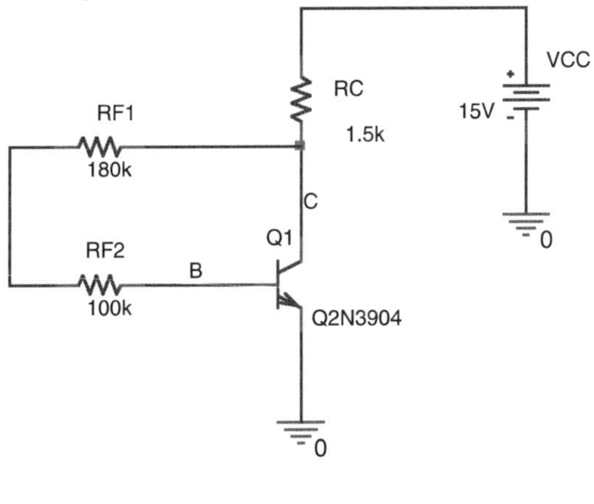

설계 기준으로부터 10% 변동은 허용된다.

1. 이 회로의 바이어스 점 해석을 수행하여 회로 전압과 컬렉터 전류를 결정하라.

2. 이 회로의 β를 계산하라.

3. 이 회로의 상대적인 안정도를 계산하라.

4. 회로 설계가 기준을 만족하는가?

5. 회로 소자들의 전력을 점검하라.

PSpice 모의실험 11-2

설계 과정을 완성한 후, 보여준 전압분배기 회로를 시험적으로 점검하라.

설계 기준은 다음과 같다.

$$V_{CC} = 20\text{ V}$$
$$I_{C_Q} = 10\text{ mA}$$
$$V_{CE_Q} = 10\text{ V}$$

상대적인 안정도: $(R_1//R_2)/(\beta R_E) < 0.07$

PSpice 모의실험 11-2

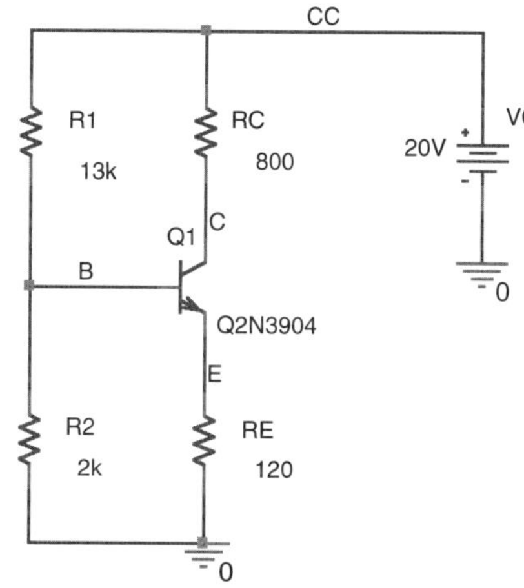

설계 기준으로부터 10% 변동은 허용된다.

1. 이 회로의 바이어스 점 해석을 수행하여 회로 전압과 컬렉터 전류를 결정하라.

2. 이 회로의 β를 계산하라.

3. 이 회로의 상대적인 안정도를 계산하라.

4. 회로 설계가 기준을 만족하는가?

5. 기준을 만족시키지 못하면, 회로를 다시 설계하고, 새로운 설계에 대한 데이터를 얻기 위하여 바이어스 점 해석을 되풀이하라.

6. 새로운 회로는 기준을 만족하는가?

7. 만족하지 않으면, 만족스러운 설계를 얻을 때까지 이 과정을 반복하라.

8. 최종 설계에서 회로 소자들의 전력을 점검하라.

실험 **12**

JFET 특성

목적

1. JFET 트랜지스터의 출력 특성, 드레인 특성, 그리고 전달 특성을 구한다.
2. PSpice를 이용하여 J2N4393 JFET의 드레인 특성과 관련된 전압과 전류를 결정하기 위하여 바이어스 동작점과 DC Sweep 해석을 수행한다.

실험소요장비

계측기

DMM
커브 트레이서 (가능하면)

부품

저항

(1) 100 Ω
(1) 1 kΩ
(1) 10 kΩ
(1) 5 kΩ 전위차계
(1) 1 MΩ 전위차계

트랜지스터

(1) JFET 2N4416 (또는 등가)

전원

직류전원
9 V 건전지와 홀더

사용 장비

항목	실험실 관리번호
DMM	
직류 전원	

이론 개요

JFET(Junction field-effect transistor)은 유니폴라(unipolar) 소자이다. n-채널 JFET의 전류 캐리어는 전자이고, p-채널 JFET의 전류 캐리어는 정공이다. n-채널 JFET에서 전류의 경로는 n-도핑된 게르마늄이나 실리콘이고, p-채널 JFET에서 전류의 경로는 p-도핑된 게르마늄, 실리콘이다. 전류의 흐름은 채널 내부에서 서로 반대로 도핑된 영역 사이에 생기는 공핍영역에 의해 조절된다. 채널은 각각 드레인과 소스로 불리는 두개의 단자에 연결되어 있다. n-채널 JFET에서는 드레인이 양(+)전압에, 소스가 음(−)전압에 연결되어 채널에 전류의 흐름이 형성된다. p-채널 JFET의 경우 인가전압의 극성은 n-채널 JFET과 반대이다.

게이트로 불리는 세 번째 단자는 공핍영역과 채널의 폭을 조절할 수 있는 매커니즘을 제공하며, 이를 통해 드레인과 소스 단자간에 흐르는 전류를 제어할 수 있다. n-채널 JFET에서는 게이트와 소스 사이의 전압이 음전압으로 될수록 채널의 폭이 좁아지며 드레인에서 소스로 흐르는 전류는 작아지게 된다.

이 실험에서는 JFET의 다양한 전압과 전류 사이의 관계를 확립한다. 이 관계의 성질은 JFET 적용분야의 범위를 결정하게 된다.

실험순서

1 포화전류 I_{DSS}와 핀치 오프 전압(pinch-off voltage) V_P 측정

a. 2N4416 JFET을 이용해 그림 12.1의 회로를 구성하라. 저항 R 의 측정값을 기록하라. 입력회로의 10 kΩ 저항은 9 V 건전지의 극성이 잘못 연결되고 전위차계가 최대로 설정되어 있을 경우 게이트 회로를 보호하기 위해 포함되어 있다.

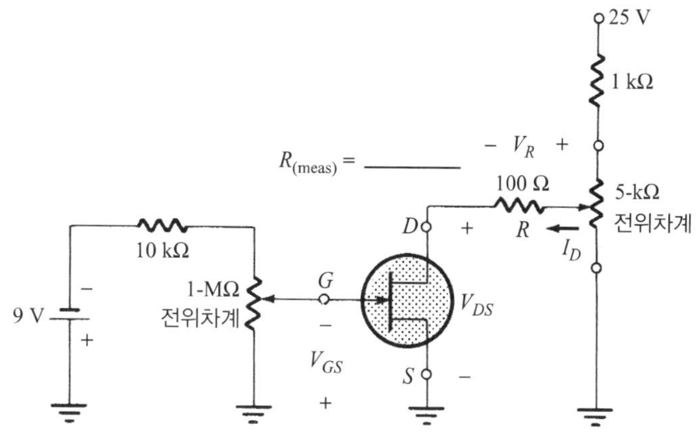

그림 12.1

b. $V_{GS} = 0\ V$일 때까지 1 MΩ 전위차계를 조정한다. $V_{GS} = 0\ V$ 일 때 $I_D = I_{DSS}$ 인 것을 기억한다.

c. 5 kΩ 전위차계를 조절해 $V_{DS} = 8\ V$가 되도록 설정한다. 전압 V_R을 측정한다.

V_R (측정값) = ____________

d. $I_{DSS} = I_D = V_R/R$ 로부터 측정한 저항값을 이용하여 포화전류 I_{DSS}를 계산하고 아래에 기록한다.

I_{DSS} (V_R/R로부터 계산) = ____________

e. V_{DSS}를 8 V 정도로 유지하고 V_R이 1 mV로 떨어질 때까지 V_{GS}를 감소시킨다. 이 레벨에서 $I_D = V_R/R = 1\,mV/100\,\Omega = 10\,\mu A \cong 0\,mA$ 이다. V_P는 $I_D = 0\,mA$로 만드는 V_{GS} 전압인 것을 기억한다. 핀치 오프 전압을 아래에 기록한다.

V_P($V_R = 1m\,V$일 때 측정값) = ____________

f. 기록한 값을 실험실의 다른 두 조와 비교해 보고 다른 조의 I_{DSS}와 V_P 값을 기록한다.

1. I_{DSS} = __________, V_P = __________

2. I_{DSS} = __________, V_P = __________

위의 결과를 볼 때, 모든 2N4416 트랜지스터에 대해 I_{DSS}와 V_P의 값이 같은가?

g. I_{DSS}와 V_P의 계산값, 측정값과 Shockley 방정식을 이용하여 그림 12.2에 소자의 전달 특성을 그려라. 특성곡선에 적어도 5개의 포인트를 표시하라.

$$I_D = I_{DSS}\left(1 - \frac{V_{GS}}{V_P}\right)^2 \quad (12.1)$$

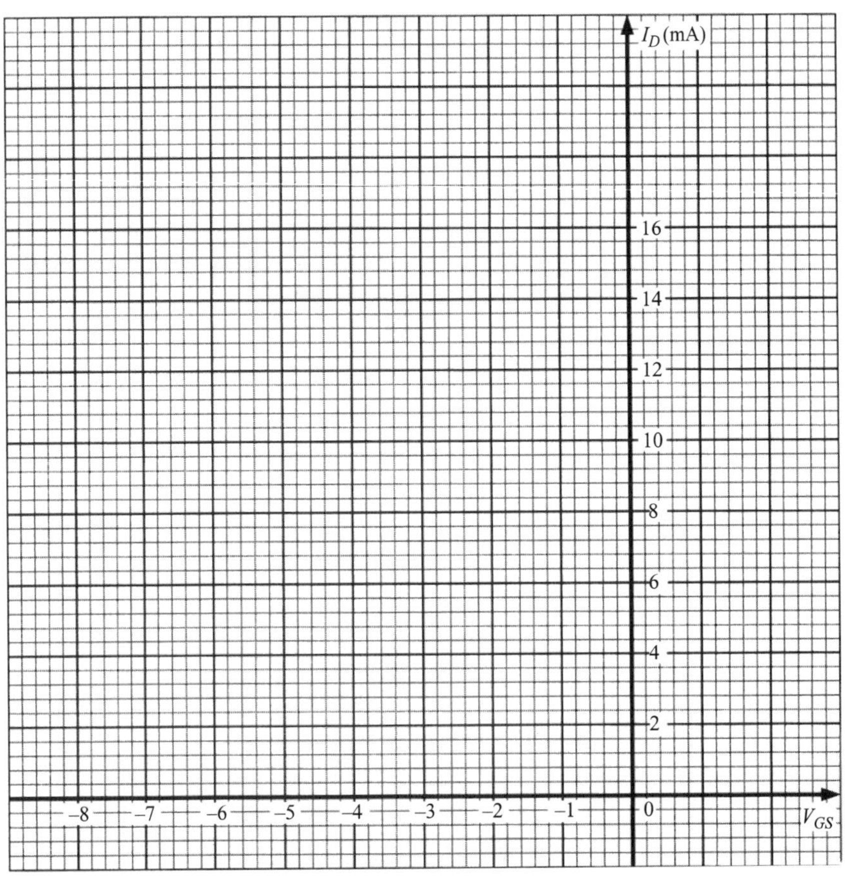

그림 12.2 전달 특성: 2N4416

2 출력특성

이번 실험에서는 2N4416 n-채널 JFET의 I_D 대 V_{DS} 특성을 측정할 것이다.

a. 그림 12.1의 회로에서 두 개의 전위차계를 조정하여 $V_{GS}=0\,V$, $V_{DS}=0\,V$이 되도록 한다. 측정한 R값과 식 $I_D=V_R/R$로부터 I_D를 계산하여 표 12.1에 기록한다.

b. V_{GS}를 0V로 유지시키고 V_{DS}를 1V 간격으로 14V까지 증가시키며 I_D의 계산값을 기록한다. 계산할 때 100Ω 저항의 측정값을 사용하였는지 확인한다.

c. $V_{GS}=-1\,V$이 될 때까지 $1\,\text{M}\Omega$ 전위차계를 조절한다. V_{GS}를 이 값으로 유지하고 V_{DS}를 표 12.1에 나온 값대로 차례대로 변화시키면서 I_D의 계산값을 기록한다.

d. 2(c)를 표 12.1에 나온 V_{GS}값에 대해 반복한다. V_{GS}가 V_P를 초과하면 중단한다.

e. 그림 12.3 위에 JFET 출력 특성 곡선을 그린다.

f. 그래프가 1절의 결과를 입증하는가? 즉, $V_{GS}=0\,V$ 일 때 I_D값의 평균이 I_{DSS}와 비교적 근접하는가? $I_D=0mA$로 만드는 V_{GS}의 값이 V_P와 근접하는가?

표 12.1

V_{GS} (V)	0	−1.0	−2.0	−3.0	−4.0	−5.0	−6.0
V_{DS} (V)	I_D (mA)	I_D (mA)	I_D (mA)	I_D (mA)	I_D (mA)	I_D (mA)	I_D (mA)
0.0							
1.0							
2.0							
3.0							
4.0							
5.0							
6.0							
7.0							
8.0							
9.0							
10.0							
11.0							
12.0							
13.0							
14.0							

I_{DSS}(그림 12.3) = ____________

I_{DSS}(1절) = ____________

V_P(그림 12.3) = ____________

V_P(1절) = ____________

3 전달 특성

이번 실험에서는 JFET 회로의 해석에 자주 사용되는 I_D대 V_{GS} 전달 특성을 측정할 것이다. 이상적으로, Shockley 방정식에 의해 결정되는 전달 특성은 V_{DS}의 영향이 무시될 수 있다고 가정하고, 그림 12.3의 특성 곡선은 주어진 V_{GS}에 대해 수평인 것으로 간주한다. 다음 실험은 전달 특성 곡선이 V_{DS}의 값에 따라 약간 변하지만 Shockley 방정식을 사용하는 것에 대해 걱정해야 할 정도는 아닌 것을 보여준다.

이 실험에 필요한 모든 데이터는 표 12.1에서 얻을 수 있으며 추가로 측정이 필요한 부분은 없다.

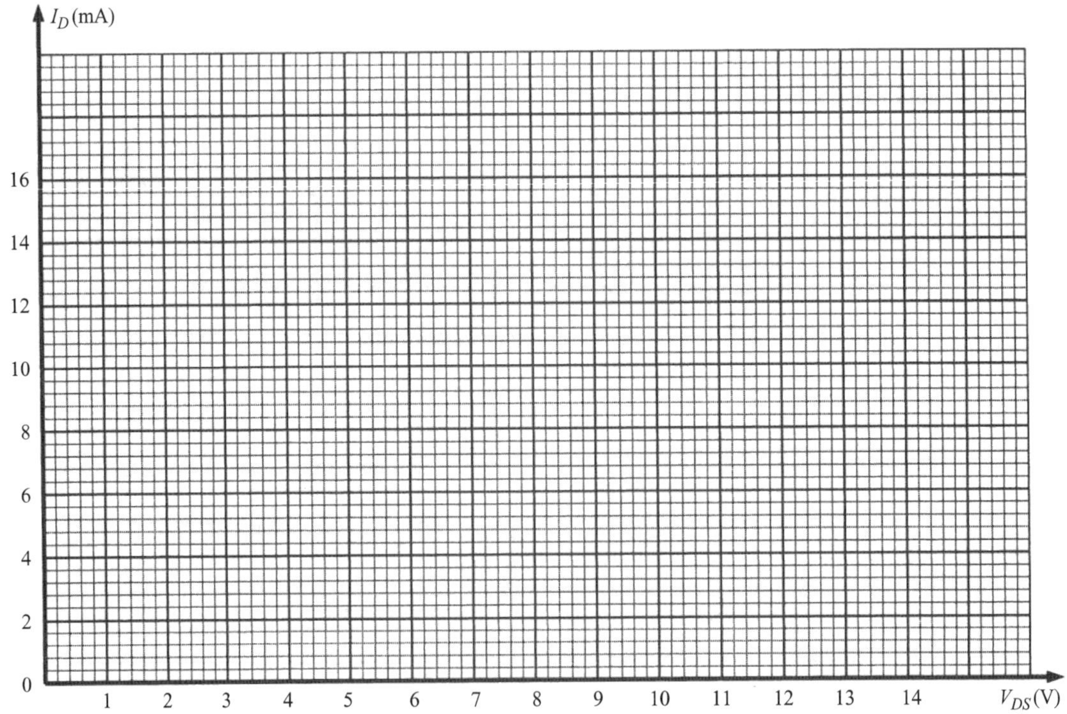

그림 12.3 드레인 전류 곡선: 2N4416.

a. 표 12.2에 나와 있는 V_{GS}의 범위에 대해 표 12.1의 데이터를 이용하여 $V_{DS} = 3\ V$일 때 I_D의 값을 기록한다.

표 12.2

V_{DS}	3 V	6 V	9 V	12 V
V_{GS}	I_D (mA)	I_D (mA)	I_D (mA)	I_D (mA)
0 V				
–1 V				
–2 V				
–3 V				
–4 V				
–5 V				
–6 V				

b. 3(a)를 $V_{DS} = 6\ V, 9\ V, 12\ V$인 경우에 대하여 반복한다.

c. 각각의 V_{DS}값에 대하여 그림 12.4에 I_D 대 V_{GS} 그래프를 그린다. 각각의 곡선에 V_{DS}의 값을 표시하고 주의 깊게 그린다.

d. 근사적 측면에서 그림 12.4의 곡선들을 Shockley 방정식으로 정의되는 하나의 곡선으로 대체할 수 있다고 가정하는 것이 합리적인가?

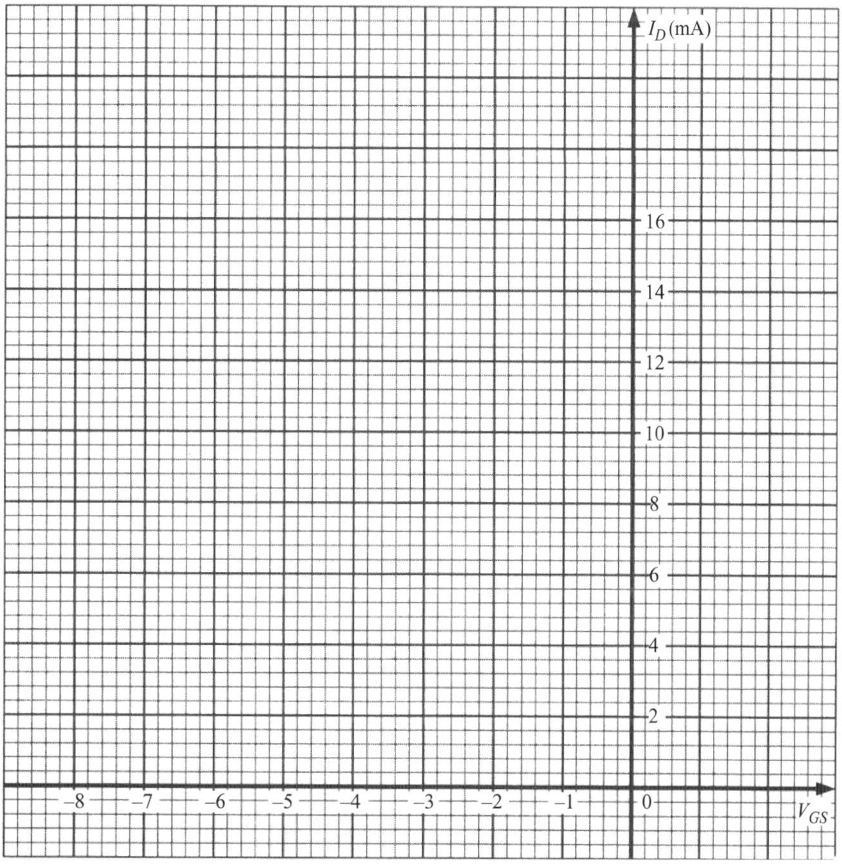

그림 12.4 핀치 오프 전압 곡선: 2N4416.

4 상용 커브 트레이서를 이용한 JFET 특성 측정

a. 가능하면, 커브 트레이서를 사용하여 2N4416 JFET의 출력 특성(I_D 대 V_{DS})을 얻어라.

b. 그림 12.5에 특성곡선을 다시 그려라.

c. 2절의 그림 12.3에서 얻은 특성 곡선과 비교한다. 직접 비교할 수 있도록 그래프에 같은 눈금을 사용하였다.

d. 그림 12.5에서 얻은 데이터를 이용해 그림 12.6에 전달 특성 곡선을 그려라. 이 그래프를 3절의 그림 12.4와 비교하라. 원하는 곡선을 얻기 위해 그림 12.5에서 필요한 만큼 충분히 많은 데이터 포인트를 이용하라.

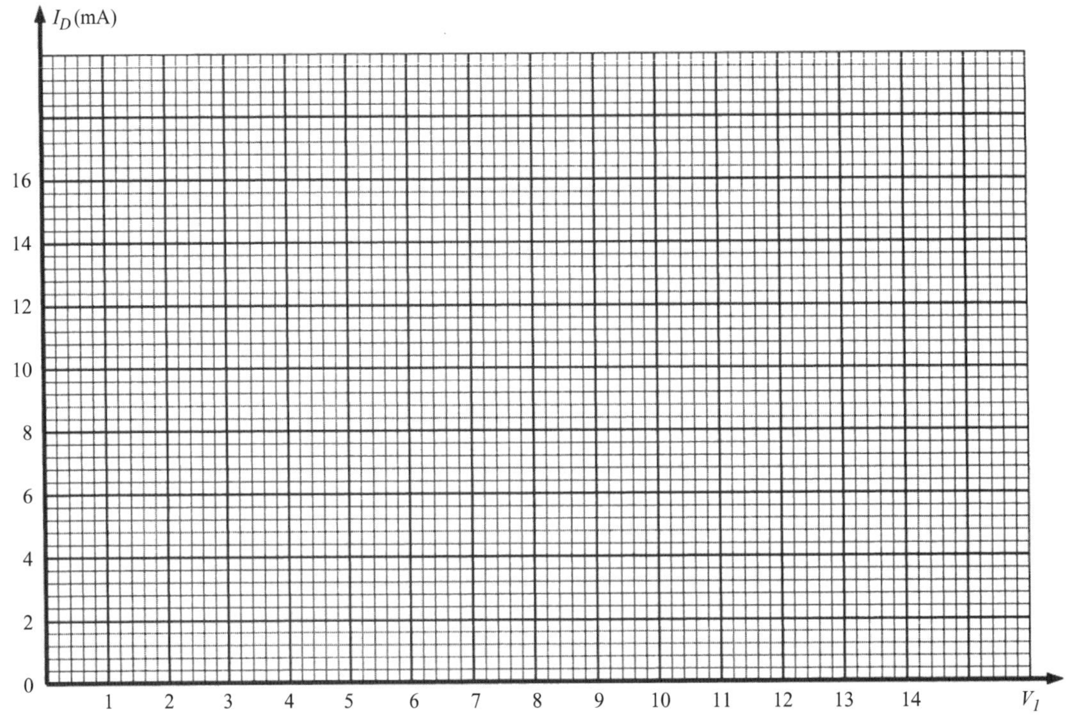

그림 12.5 드레인-소스 특성: 2N4416.

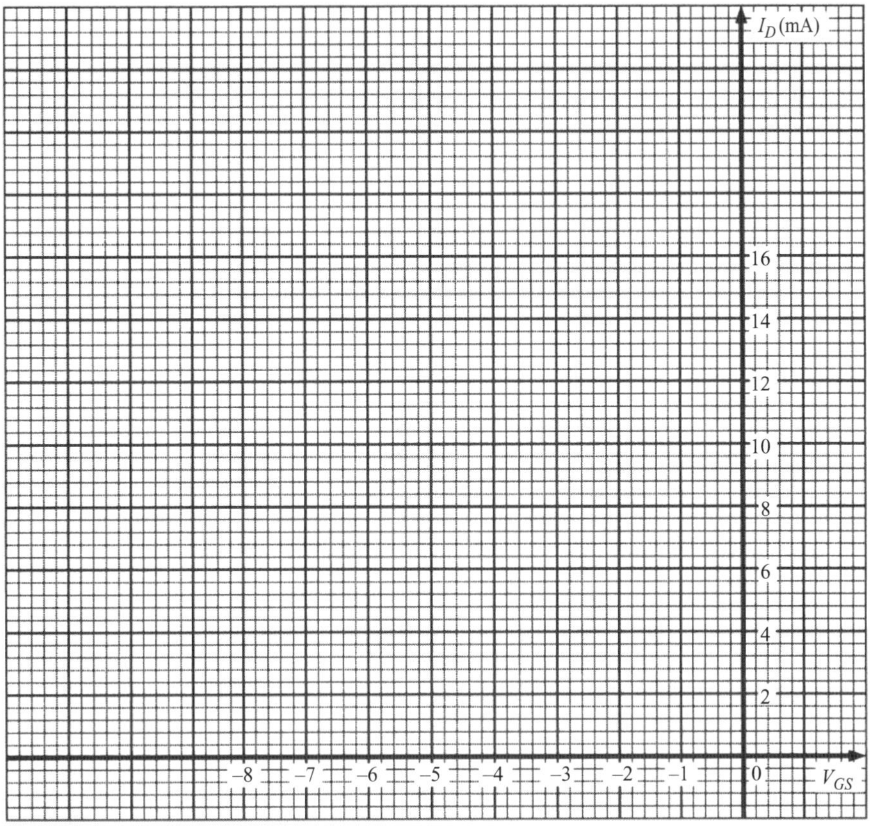

그림 12.6 전달 특성: 2N4416.

5 연습문제

1. Shockley 곡선의 특정한 포인트에서 I_D와 V_{GS}가 주어졌을 때 I_{DSS}와 V_P값을 결정할 수 있는가? 결정할 수 있다면 어떤 방법을 이용해야 하는가? 결정할 수 없다면 그 이유는 무엇인가?

2. a. V_{GS}를 I_{DSS}, V_P, I_D의 식으로 표현할 수 있는 Shockley 방정식의 형태를 써라.

   b. $I_{DSS} = 10\ mA$, $V_P = -5\ V$, $I_D = 4\ mA$로 주어졌을 때 V_{GS}값을 구하라.

V_{GS} (계산값) = ____________

3. JFET의 트랜스컨덕턴스(transconductance) g_m은 JFET 증폭기의 교류 해석에 중요한 파라미터다. g_m의 크기는 Shockley 방정식으로 표현되는 전달 특성 곡선 위의 한 점에서 접선의 기울기로 정의된다. Shockley 방정식에 미분을 취하면 g_m에 대한 다음의 방정식을 얻을 수 있다.

$$g_m = g_{mo}\left(1 - \frac{V_{GS}}{V_P}\right) \tag{12.2}$$

여기서

$$g_{mo} = \frac{2I_{DSS}}{|V_P|} \tag{12.3}$$

는 $V_{GS} = 0\,V$일 때 트랜스컨덕턴스 값이다.

a. 1절의 실험결과를 이용해 g_{mo}를 구하라.

g_{mo} (계산값) = ____________

b. Shockley 방정식을 나타내는 그림 12.2의 전달 특성 곡선에서 $V_{GS} = 0\,V$일 때 기울기가 최대인가?

위의 사실을 바탕으로 연습문제 3(a)에서 계산한 g_{mo}값이 g_m의 최대값이라고 가정할 수 있는가?

c. $V_{GS} = V_P$일 때 g_m을 구하라.

g_m (계산값) = ____________

그림 12.2의 전달 특성 곡선에서 $V_{GS} = V_P$일 때 기울기가 최소인가? 실제로 정확히 $V_{GS} = V_P$인 지점에서 기울기는 어떤 값을 가져야 하는가?

d. $V_{GS} = (1/4)V_P$, $(1/2)V_P$, $(3/4)V_P$ 일 때 g_m을 계산하고 g_m의 그래프를 그림 12.7에 그려라.

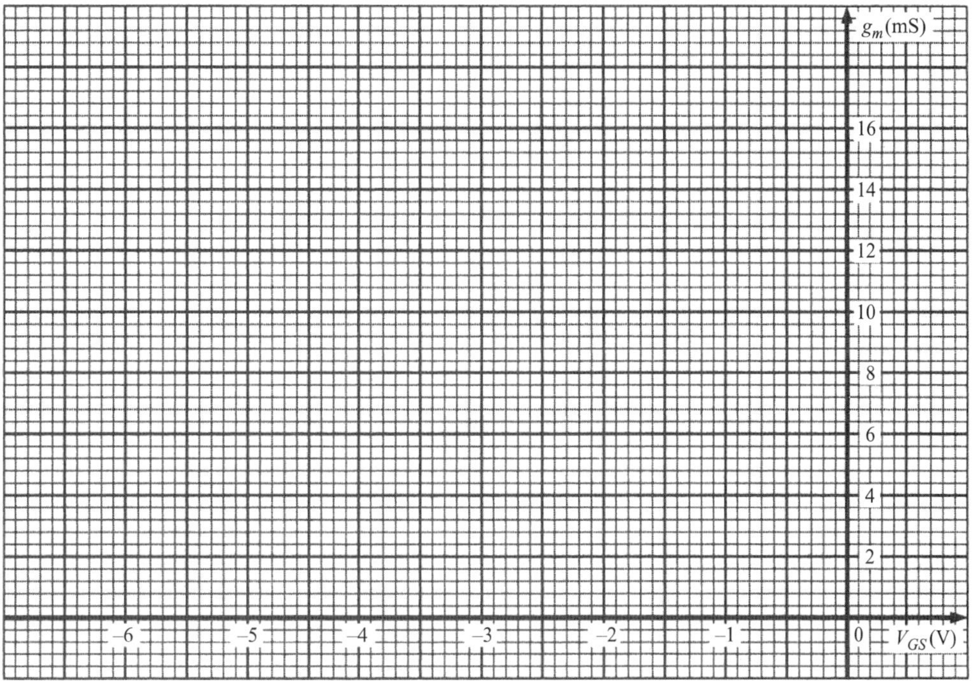

그림 12.7 2N4416의 트랜스컨덕턴스 대 V_{GS} 그래프

e. 그림 12.2의 전달 특성 곡선에서 V_{GS}의 값이 커질수록(0에 가까워질수록) 기울기가 증가하는가? 그림 12.7의 그래프로 당신의 결론을 검증할 수 있는가?

f. 그림 12.7의 그래프가 직선이라는 사실로부터 Shockley 방정식을 나타내는 곡선에 대해 어떤 특성을 알 수 있는가?

6 컴퓨터 실습

PSpice 모의실험 12-1

이 회로는 그림 12.1의 회로와 유사하다. 차이점은 사용한 JFET이 다르다는 것이다.

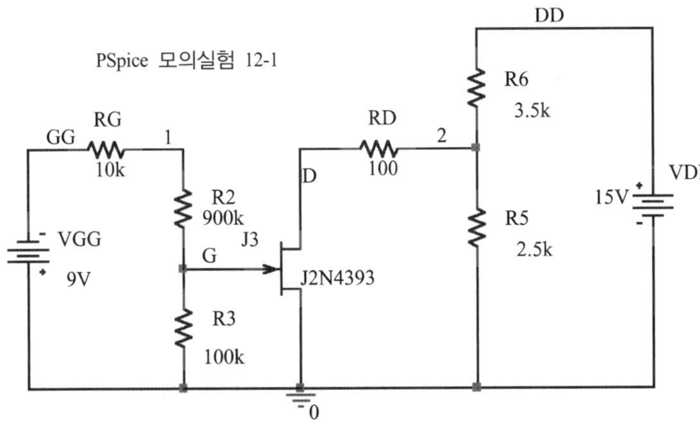

이 회로의 표시된 동작점에서 바이어스 동작점 모의실험을 수행하고 다음을 계산하라.

1. 드레인-소스 전압.

2. 게이트-소스 전압.

3. 드레인 전류.

4. 게이트 전류.

PSpice 모의실험 12-2

주어진 회로를 이용하여 다음 과정에 따라 J2N4393 JFET의 드레인 특성 곡선을 구하라.

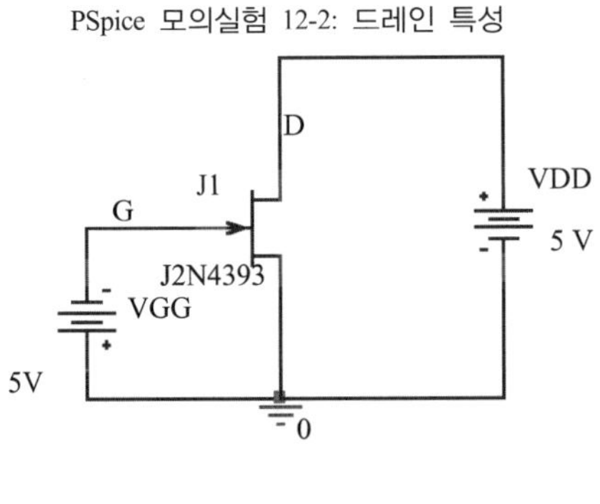

1. 아래 문제 2, 3번에 주어진 절차를 이용해 직류 스윕(DC Sweep) 모의실험을 수행한다. PSpice에서 중첩된 스윕(Nested Sweep) 해석을 수행하기 위한 절차를 알아보려면 PSpice 모의실험 8-1을 참조한다.

2. 1차 스윕인 VDD에 대해 범위는 0.1 V에서 5 V, 간격은 0.1 V로 지정한다.

3. 2차 스윕 (1차 스윕 내부에 포함되는) VGG에 대해 범위는 0.1 V에서 5 V, 간격은 0.4 V로 지정한다. 간격은 보기에 편하도록 조정할 수 있다.

4. 프로브 플롯(Probe plot)에서 x축을 V_VDD, 또는 V(D)의 단위로 정하고, 드레인 전류 ID(J1)의 궤적을 얻는다.

5. 포화전류 IDSS의 값을 구하라.

6. 핀치 오프 전압의 값을 구하라.

다음 과정에 따라 J2N4393 JFET의 전달 특성 곡선을 구하라.

1. 직류 스윕(DC Sweep) 모의실험을 수행한다.

2. VDD를 5 V의 상수값으로 고정시킨다.

3. 1차 스윕으로 전압원 VGG에 대해 범위는 −3 V에서 0 V, 간격은 0.1 V로 지정한다.

4. 프로브 플롯(Probe plot)에서 x축을 V_VGG, 또는 V(G)의 단위로 정하고, 드레인 전류 ID(J1)의 궤적을 얻는다.

5. 포화전류 IDSS와 핀치 오프 전압의 값을 드레인 특성 곡선에서 얻은 값과 비교한다.

실험 13

JFET 바이어스 회로

목적

1. 고정 바이어스, 자기 바이어스, 전압 분배기 바이어스 JFET 회로를 분석한다.
2. PSpice를 이용해 자기 바이어스와 전압 분배기 바이어스 JFET 회로의 **바이어스 동작점**(Bias Point) 해석을 진행한다.

실험소요장비

계측기

DMM

부품

저항

(1) 1 kΩ

(1) 1.2 kΩ

(1) 2.2 kΩ

(1) 3 kΩ

(1) 10 kΩ

(1) 10 MΩ

(1) 1 kΩ 전위차계

트랜지스터

(1) JFET 2N4166 (또는 등가)

전원

직류전원
9 V 건전지와 홀더

사용 장비

항목	실험실 관리번호
DMM	
직류 전원	

이론 개요

이 실험에서는 3개의 바이어스 회로를 분석한다. 이론적으로 JFET을 바이어스하는 절차는 BJT와 같다. JFET의 드레인 특성 곡선이 주어지고 JFET과 연결된 외부 회로가 결정된 경우 V_{DD}, V_{DS}, I_D로 표현되는 부하선을 그릴 수 있다. 이 부하선과 드레인 특성 곡선의 교점이 JFET의 동작점을 결정하게 된다. 특성 곡선은 JFET의 물리적 특성에 의해 결정되지만 부하선은 JFET과 연결된 외부 회로의 영향을 받는다.

실제로는 같은 종류의 JFET이라도 드레인 특성 곡선에 큰 차이가 있다. 따라서 제조사에서는 일반적으로 이 특성 곡선을 공개하지 않고 그 대신 포화전류와 핀치 오프 전압을 규격표에 제공한다. 따라서 JFET의 동작점을 결정하기 위해 다른 접근방법을 쓸 필요가 있다.

먼저 특정한 JFET에 대해 V_{GS}와 I_D의 관계를 나타내는 트랜스컨덕턴스 곡선을 포화 전류와 핀치 오프 전압, Shockley 방정식으로부터 구한다. 다음 JFET에 연결된 외부 회로에 영향을 받는 바이어스 곡선을 구한다. 동작점은 이 두 곡선의 교점으로 결정된다.

실험순서

1 고정 바이어스 회로

고정 바이어스 회로에서는 V_{GS}가 독립된 직류 전원에 의해 결정된다. V_{GS}가 상수임을 나타내는 수직선이 Shockley 방정식으로 표현되는 전달 특성 곡선과 만나게 된다.

a. 그림 13.1의 회로를 구성하라. 저항 R_D의 측정값을 기록하라.

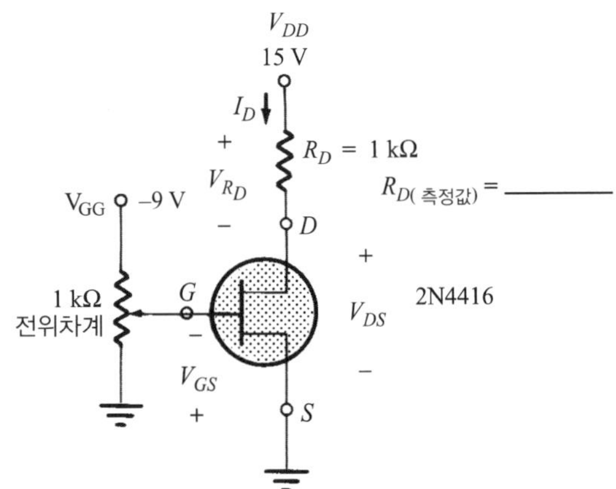

그림 13.1 고정 바이어스 회로

b. V_{GS}를 0V로 설정하고 전압 V_{R_D}를 측정한다. $I_D = V_{R_D}/R_D$ 로부터 측정한 저항값 R_D를 이용하여 I_D를 계산한다. $V_{GS} = 0\,V$이므로 계산한 드레인 전류는 포화전류 I_{DSS}이다. 그 값을 아래에 기록한다.

I_{DSS} (측정값으로부터) = ____________

c. $V_{R_D} = 1\,m\,V$(그리고 $I_D = V_{R_D}/R_D \cong 1\,\mu A$)가 될 때까지 V_{GS}를 음전압으로 증가시킨다. I_D의 값이 매우 작으므로 ($I_D \cong 0A$), 이때의 V_{GS}값이 핀치 오프 전압 V_P이다. 이 값을 아래에 기록한다.

V_P (측정값) = ____________

이 값들은 실험 과정에서 계속 사용된다.

d. 위에서 얻은 I_{DSS}와 V_P의 값과 Shockley 방정식을 이용하여 그림 13.2에 전달 특성 곡선을 그려라.

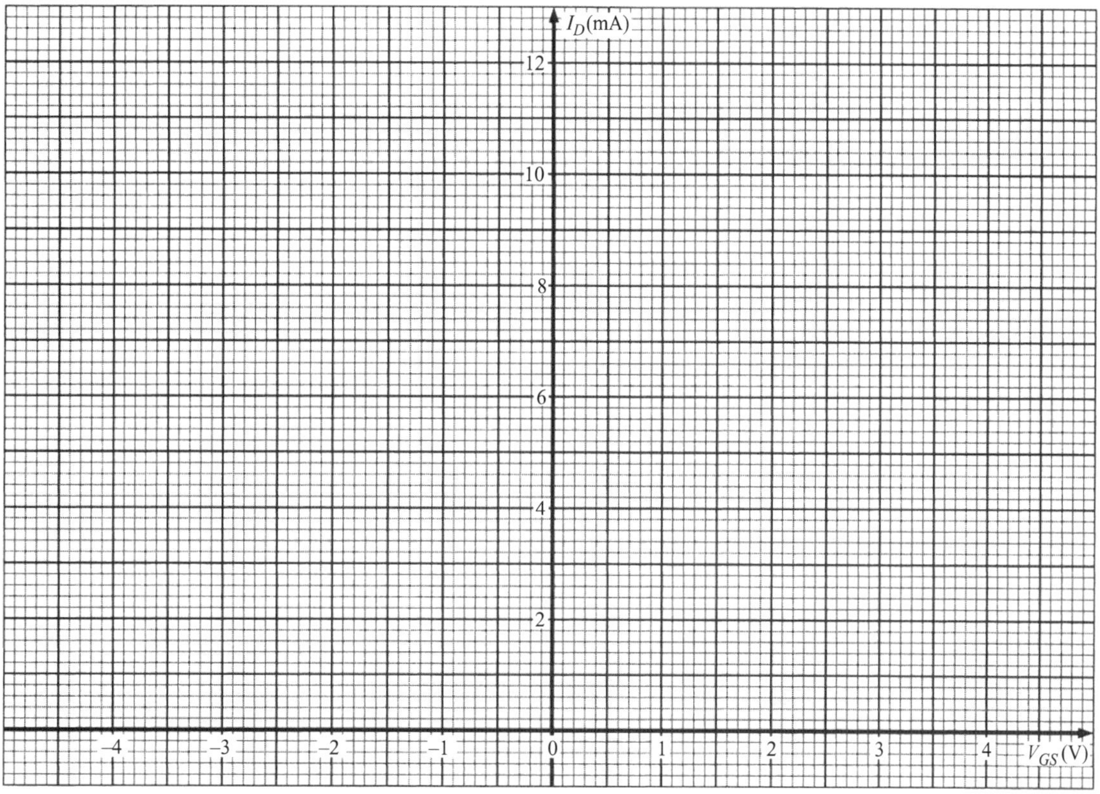

그림 13.2 바이어스 선과 전달 특성

e. $V_{GS} = -1\ V$일 때 그림 13.2의 곡선에서 I_{D_Q}를 결정하라. 모든 그래프는 그림 13.2 위에 그린다. V_{GS}로 결정되는 직선을 고정 바이어스 부하선이라고 이름 붙이고 그래프에 표시한다.

I_{D_Q} (계산값) = ____________

f. 그림 13.1에서 $V_{GS} = -1\ V$로 놓고 V_{R_D}를 측정한다. 측정한 R_D값을 이용해 I_{D_Q}를 계산하고 아래에 기록한다. 이 값이 I_{D_Q}의 측정값이다.

V_{R_D} (측정값) = ____________

I_{D_Q} (측정 전압 V_{R_D}/R_D로부터 계산) = ____________

g. I_{D_Q}의 측정값과 계산값을 비교한다.

2 자기 바이어스(Self-Bias) 회로

자기 바이어스 회로에서는 V_{GS}의 크기가 드레인 전류 I_D와 소스 저항 R_S의 곱으로 정의된다. 회로의 바이어스 선은 원점에서 시작해 전달 특성 곡선과 직류 동작점에서 교차한다. 그래프 상의 직류 동작점에서 x축과 y축에 수선을 내리면 드레인 전류와 게이트-소스 전압을 결정할 수 있다.

주의 소스 저항이 커질수록 바이어스 선은 수평에 가깝게 되고 드레인 전류는 작아진다.

a. 그림 13.3의 회로를 구성한다. R_D와 R_S의 측정값을 기록한다.

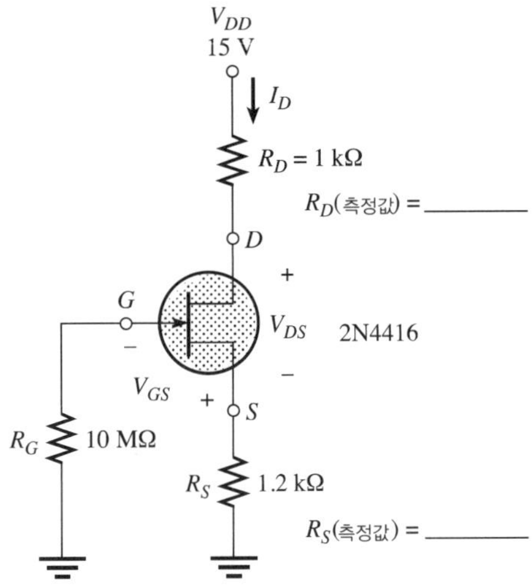

그림 13.3 자기 바이어스 회로

b. 그림 13.2에 $V_{GS} = -I_D R_S$로 정의되는 자기 바이어스 선을 그리고 회로의 Q점을 찾는다. 동작점의 I_{D_Q}와 V_{GS_Q} 값을 아래에 기록한다. 그래프 상에 이 직선을 '자기 바이어스 선'이라고 표시한다.

I_{D_Q} (계산값) = ______

V_{GS_Q} (계산값) = ______

c. V_{GS}, V_D, V_S, V_{DS}, V_G의 값을 계산하고 아래에 기록한다.

V_{GS}(계산값) = ______

V_D(계산값) = ______

V_S(계산값) = ______

V_{DS}(계산값) = ______

V_G(계산값) = ______

d. V_{GS}, V_D, V_S, V_{DS}, V_G의 값을 측정하고 아래의 식을 이용해 위의 결과와 비교한다.

$$\% \text{ 편차} = \frac{|V_{(\text{측정값})} - V_{(\text{계산값})}|}{|V_{(\text{계산값})}|} \times 100\% \tag{13.1}$$

V_{GS}(측정값) = ______

V_D(측정값) = ______

V_S(측정값) = ______

V_{DS}(측정값) = ______

V_G(측정값) = ______

%(V_{GS})(계산값) = ______

%(V_D)(계산값) = ______

%(V_S)(계산값) = ______

%(V_{DS})(계산값) = ______

%(V_G)(계산값) = ______

3 전압 분배기 바이어스(Voltage-Divider-Bias) 회로

전압 분배기 바이어스 회로에서는 V_{GS}가 전압 분배기 바이어스 전압과 소스 저항의 전압 강하에 의해 결정된다. 즉 그림 13.4의 회로에서

$$V_G = \frac{R_2 V_{DD}}{R_1 + R_2}$$

그리고

$$V_{GS} = V_G - I_D R_S$$

이다.

a. 그림 13.4의 회로를 구성한다. 측정한 저항값들을 기록한다.

b. 1절에서 결정한 I_{DSS}와 V_P의 값을 이용하여 그림 13.2에 전압 분배기 바이어스 선을 그리고 회로의 Q점을 찾는다. 그래프 상에 이 직선을 '전압 분배기 선'이라고 표시한다.
이 바이어스 선을 그리기 위해서는 다음과 같이 두 점을 결정하고 직선으로 연결한다.
$V_{GS} = V_G - I_D R_S$에서
$I_D = 0mA$인 경우 $V_{GS} = V_G - (0)(R_S) = V_G$
그리고 $V_{GS} = 0V$인 경우 $I_D = \frac{V_G}{R_S}$

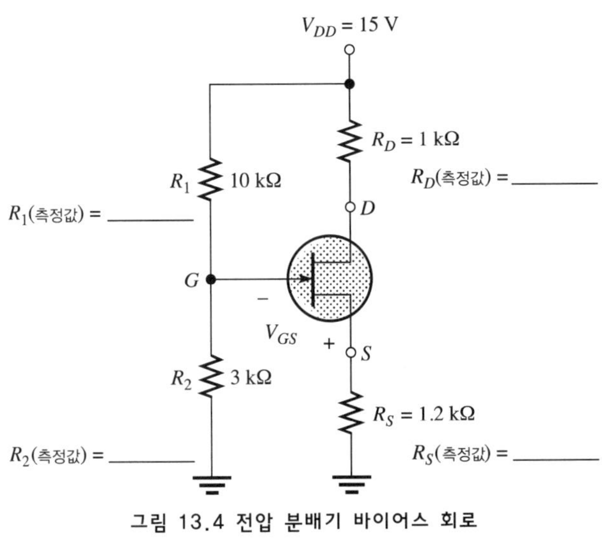

그림 13.4 전압 분배기 바이어스 회로

c. 위에서 결정한 두 점을 연결하는 직선을 그리고 전달 특성 곡선과 교차할 때까지 연장한다. 교점의 좌표가 동작점에서 I_D와 V_{GS}의 값을 결정한다. 아래에 그 값을 기록한다.

I_{D_Q}(계산값) = ____________

V_{GS_Q}(계산값) = ____________

d. V_{GS_Q}, V_D, V_S, V_{DS}의 이론값을 계산하고 아래에 기록한다.

V_{GS_Q} (계산값) = ____________

V_D (계산값) = ____________

V_S (계산값) = ____________

V_{DS} (계산값) = ____________

e. 전압 V_{GS_Q}, V_D, V_S, V_{DS}를 측정하고 아래에 기록한다.

V_{GS_Q} (측정값) = ____________

V_D (측정값) = ____________

V_S (측정값) = ____________

V_{DS} (측정값) = ____________

f. 식 13.1을 이용해 측정값과 계산값의 퍼센트 편차를 계산한다.

$\%(V_{GS_Q})$ (계산값) = ____________

$\%(V_D)$ (계산값) = ____________

$\%(V_S)$ (계산값) = ____________

$\%(V_{DS})$ (계산값) = ____________

g. 3절(e)에서 측정한 전압으로부터 I_{D_Q}를 계산하고 3절(c)에서 결정한 값과 비교한다. I_{D_Q}는 V_D와 R_D의 측정값과 다음 식을 이용해 찾을 수 있다.

$$I_{D_Q} = \frac{V_{DD} - V_D}{R_D}$$

이 값을 아래에 기록하고 퍼센트 편차를 계산하라.

I_{D_Q}(측정값) = ____________

$\%(I_{D_Q})$(계산값) = ____________

4 컴퓨터 실습

PSpice 모의실험 13-1

주어진 자기 바이어스 회로에 대해 바이어스 동작점 모의실험을 수행한다. 다음 순서대로 진행한다.

1. 드레인 전류를 구한다.

2. 드레인-소스 전압을 구한다.

3. 게이트-소스 전압을 구한다.

4. 직류 전원 VDD에서 전달되는 직류 전력을 구한다.

5. 각각의 저항에서 흡수되는 직류 전력을 구한다.

6. 저항 RG에 흡수되는 직류 전력값에 대해 설명한다.

PSpice 모의실험 13-1: 자기 바이어스 회로

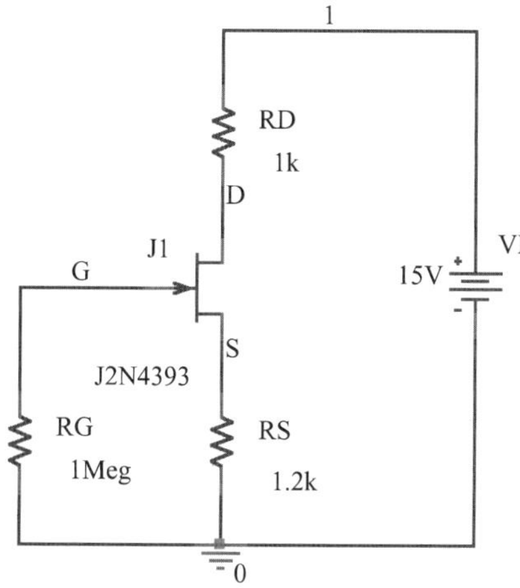

7. JFET에서 흡수되는 전력을 구한다.

8. 드레인-소스 전압이 1/2(VDD) 값에서 ±10% 이내로 결정되어야 할 경우, 주어진 회로는 이 조건을 만족하는가?

PSpice 모의실험 13-2

주어진 전압 분배기 바이어스 회로에 대해 다음 과정에 따라 바이어스 동작점 모의실험을 수행하라.

회로도(**Schematics**) 페이지의 작업표시줄(**Taskbar**)에 있는 **V**, **I**, **W** 버튼을 클릭하여 1번부터 8번까지 질문에서 요구하는 전압, 전류, 전력을 얻는다.

1. 드레인 전류를 구한다.

2. 드레인-소스 전압을 구한다.

3. 저항 RD에 걸리는 전압을 구한다.

4. 게이트-소스 전압을 구한다.

5. 소스 전압을 구한다.

6. 직류 전원 VDD에서 전달되는 직류 전력을 구한다.

7. 각각의 저항에서 흡수되는 직류 전력을 구한다.

8. JFET에서 흡수되는 전력을 구한다.

9. 드레인-소스 전압이 1/2(VDD) 값에서 ±10% 이내로 결정되어야 할 경우, 주어진 회로는 이 조건을 만족하는가?

PSpice 모의실험 13-2: 전압 분배기 바이어스 회로

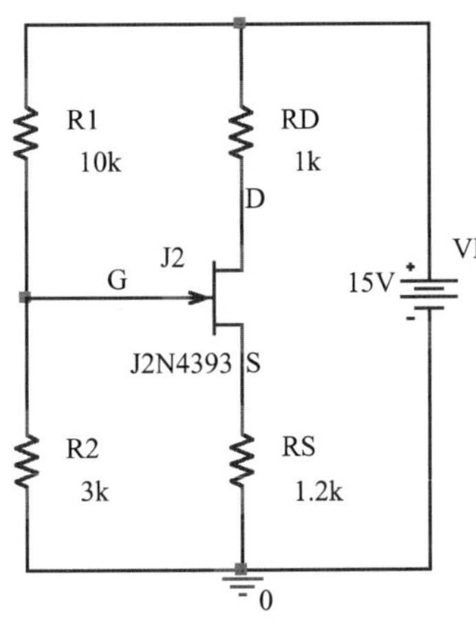

5 연습문제

1. a. 자기 조에서 얻은 I_{DSS}, V_P값과 실험실에 있는 다른 두 조의 값을 기록한다.

I_{DSS}(본인이 속한 조) = ______________ , V_P = ______________

I_{DSS}(다른조) = ______________ , V_P = ______________

I_{DSS} = ______________ , V_P = ______________

b. 이 값들의 범위가 지정된 JFET에서 기대치를 초과하는가? 설계 과정에서 이 값들의 범위가 어떤 영향을 미치는가?

2. 자기 바이어스 회로에서 R_S의 값을 증가시키면 Q점에 어떤 영향을 주는가? 즉, R_S의 값이 증가하면 I_{D_Q}값이 증가하는가, 혹은 감소하는가? 또 R_S의 값을 증가시키면 V_{GS_Q}에 어떤 영향을 주는가? 상세히 설명하라.

3. 자기 바이어스 회로에서 동작점의 드레인 전류가 포화전류 (I_{DSS})의 1/2값을 갖기 위한 소스 저항 (R_S)의 값을 구하라. 그림 13.3의 파라미터 값과 본인이 얻은 I_{DSS}, V_P값을 사용하라.

R_S(계산값) = ____________

4. 그림 13.4의 전압 분배기 바이어스 회로에서 동작점의 드레인 전류 I_{D_Q}가 포화전류 (I_{DSS})의 1/2값을 갖기 위한 소스 저항 (R_S)의 값을 구하라. 그림 13.4의 파라미터 값과 본인이 얻은 I_{DSS}, V_P값을 사용하라.

R_S(계산값) = ____________

실험

14

JFET 바이어스 회로 설계

목적

1. 주어진 바이어스 조건에 맞는 자기 바이어스 JFET 회로를 설계한다.
2. 주어진 바이어스 조건에 맞는 전압 분배기 바이어스 JFET 회로를 설계한다.
3. 이 두 회로를 테스트하고 필요하면 다시 설계한다.
4. 설계한 자기 바이어스와 전압 분배기 바이어스 회로에 대해 PSpice를 이용해 **바이어스 동작점**(Bias Point) 해석을 수행한다.

실험소요장비

계측기

듀얼-트레이스 오실로스코프

DMM

직류 전원

9 V 건전지와 홀더

부품

저항

(1) 1kΩ

(1) 1kΩ 전위차계

이번 실험은 설계 실험이므로 실제 필요한 저항의 종류와 개수를 결정하고 재료실에 요청해야 한다.

트랜지스터

(1) 2N4416 JFET(또는 등가)

사용 장비

항목	실험실 관리번호
오실로스코프	
DMM	
직류 전원	
신호 발생기	

이론 개요

BJT와 같이 접합 전계효과 트랜지스터(JFET)는 차단, 포화, 선형의 세 가지 영역에서 동작한다. JFET의 물리적 특성과 JFET에 연결된 외부회로가 동작 영역을 결정한다. 이 실험에서는 JFET가 주어진 회로 규격들에 부합하여 선형 영역에서 동작하도록 바이어스한다.
같은 종류의 JFET이라 해도 그 특성에는 큰 편차가 있다. 따라서 제조사에서는 일반적으로 드레인 특성 곡선을 공개하지 않고 그 대신 포화전류 I_{DSS}와 핀치 오프 전압 V_P의 규격을 제공한다. 설계자는 이 I_{DSS}, V_P와 Shockley 방정식을 이용하여 그 중간에 위치한 I_D, V_{GS}값들을 구하고 이로부터 전달 특성 곡선을 구성할 수 있다.
이번 실험에서 수행할 두 번의 바이어스 설계에서는 전달 특성 곡선과 동작점의 조건을 함께 이용해 다양한 회로 요소에 필요한 값을 결정할 것이다. 두 경우에 모두 Q점을 주어진 직류 동작점이나 그 근방에 위치시키고, 지정된 교류 신호를 왜곡 없이 증폭하기 위한 과정이 제시될 것이다. 설계가 끝나면 실제 회로를 구성하고 직류 측정을 통해 회로가 정상적으로 동작하는지 확인한다. 설계 결과가 주어진 조건에 맞지 않을 경우, 정정하는 과정이 제시되어 있다.

실험순서

1 I_{DSS}와 V_P결정

이 절에서는 설계에 쓰이는 JFET의 I_{DSS}와 V_P를 결정한다.

a. 그림 14.1의 회로를 구성하라. 저항 R_D 의 측정값을 기록하라.

b. V_{GS}를 0 V로 설정하고 전압 V_{R_D}를 측정한다. 측정한 저항값을 이용하여 $I_D = I_{DSS} = V_{R_D}/R_D$ 값을 계산하고 아래에 기록한다.

I_{DSS} (측정한 전압 V_{R_D}/R_D로부터 계산) = ____________

c. $V_{R_D} = 1\,mV$(그리고 $I_D = V_{R_D}/R_D \cong 1\,\mu A$)이 될 때까지 V_{GS}를 음전압으로 증가시킨다. I_D의 값이 매우 작으므로 ($I_D \cong 0A$), 이때의 V_{GS}값이 핀치 오프 전압 V_P이다. 이 값을 아래에 기록한다.

V_P (측정값) = ____________

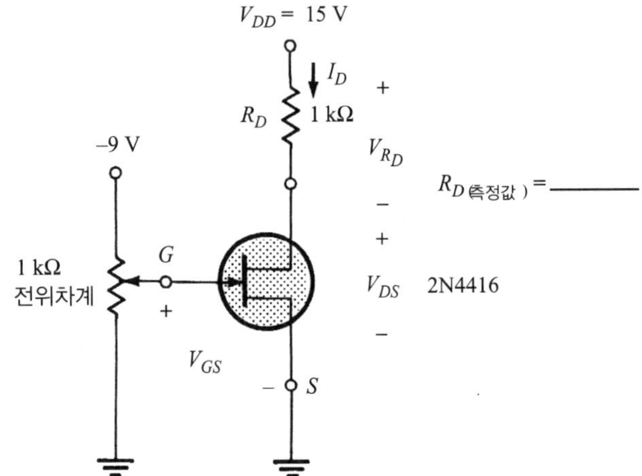

그림 14.1 I_{DSS}와 V_P를 측정하기 위한 회로

2 자기 바이어스(Self-Bias) 회로 설계

이 절에서는 그림 14.2의 자기 바이어스 회로에 필요한 R_D와 R_S값을 결정한다. Q점은 $I_{D_Q} = 1/2(I_{DSS})$, $V_{DS_Q} = 1/2(V_{DS_{max}})$, $V_{DD} = 2\ V_{DS_Q}$라는 조건에서 계산된다.

a. 주어진 Q점과 1절의 결과, 그리고 $V_{DS_{max}} = 30\ V$라는 조건을 이용하여 I_{D_Q}, V_{DS_Q}, 그리고 V_{DD}를 계산한다.

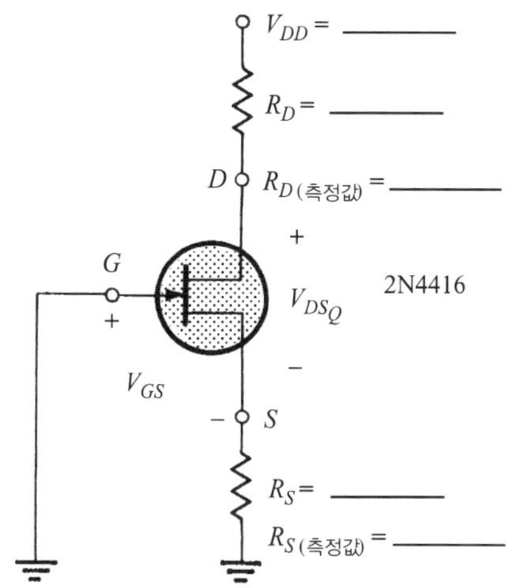

그림 14.2 설계용 자기 바이어스 회로

I_{D_Q}(계산값) = ____________

V_{DS_Q}(계산값) = ____________

V_{DD}(계산값) = ____________

b. 1절에서 얻은 I_{DSS}와 V_P의 값을 이용해 그림 14.3에 전달 특성 곡선을 그린다.

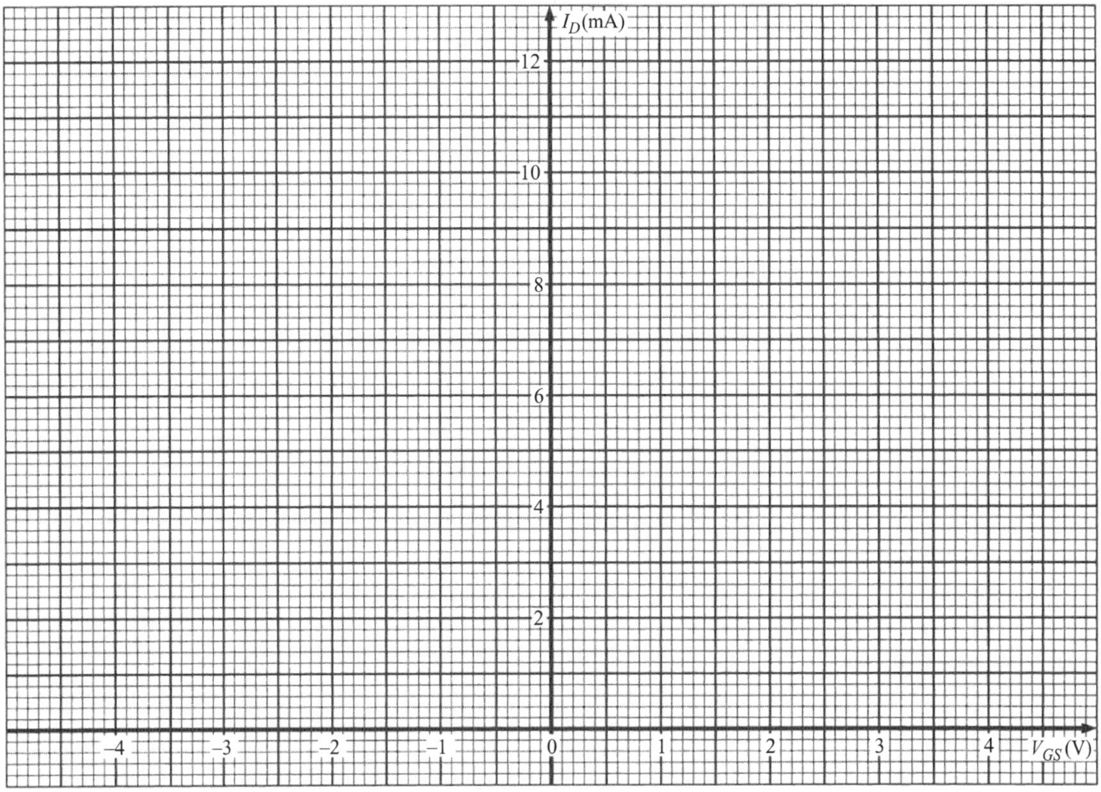

그림 14.3 2N4416 JFET의 전달 특성

c. $I_{D_Q} = 1/2(I_{DSS})$라는 조건은 교류 영역에서 드레인 전류의 최대 스윙을 가능하게 한다. 그림 14.3의 I_D축 상의 $1/2(I_{DSS})$ 점에서 전달 특성 곡선을 향해 수평선을 그리고, 그 교점에 자기 바이어스 선을 정의하기 위한 Q점이라고 표시한다. 이 Q점으로 결정되는 선에 나중에 참조할 수 있도록 자기 바이어스 선이라고 표시한다.

d. 다음 식으로부터 R_S값을 계산한다.

$$R_S = \left|\frac{\Delta V}{\Delta I}\right| = \left|\frac{\Delta V_{GS}}{\Delta I_D}\right|$$

여기서 | |는 물리량의 절대값을 의미하고 Δ는 원점에서 Q점까지 각각의 물리량의 변화량을 나타낸다.

R_S (계산값) = ____________

이 계산값에 가장 근접하면서 실험실에서 보유한 표준저항값을 결정하고 그림 14.2의 빈칸에 표준저항값과 측정값을 기록한다. 추가로 2절(a)에서 계산한 V_{DD}의 값을 기록한다.

R_S (표준저항값) = ____________

e. 이제 그림 14.2의 출력회로에 키르히호프의 전압법칙과 옴의 법칙을 적용하여 저항 R_D를 결정한다. 그림 14.2의 출력회로에 키르히호프의 전압법칙을 적용하면 다음 식을 얻는다.

$$V_{R_D} = V_{DD} - V_{DS_Q} - V_{R_S}$$

먼저 $V_{R_S} = I_{D_Q} R_S$ (R_S는 측정한 저항값)를 결정하고 2절(a)의 V_{DS_Q}와 V_{DD}값을 대입하여 V_{R_D}를 결정한다.

V_{R_D} (계산값) = ____________

2절(a)의 I_{D_Q}와 옴의 법칙을 이용해 R_D를 결정한다.

R_D (계산값) = ____________

이 R_D의 계산값에 가장 근접하면서 실험실에서 보유한 표준저항값을 결정하고 아래에 기록한다.

R_D (표준저항값) = ____________

그림 14.2의 빈칸에 R_D의 표준저항값과 측정값을 기록한다.

f. R_D와 R_S의 표준저항값과 V_{DD}의 계산값을 이용해 그림 14.2의 회로를 구성한다. 전원을 연결하고 V_{DS_Q}와 V_{R_D}를 측정한다. R_D의 측정값을 이용해 I_{D_Q}를 계산한다. V_{DS_Q}와 I_{D_Q}값을 아래에 기록한다.

V_{DS_Q} (측정값) = ____________

I_{D_Q} (측정값) = ____________

2절(a)에서 계산한 I_{D_Q}와 V_{DS_Q}의 설계값을 기록한다.

V_{DS_Q} (계산값) = ____________

I_{D_Q} (계산값) = ____________

g. 2절(a)의 데이터와 2절(f)의 데이터를 비교한다.

퍼센트 오차 $\% \Delta I_{D_Q}$와 $\% \Delta V_{DS_Q}$를 계산한다. 2절(a)의 데이터를 표준으로 사용한다.

오차를 줄이는 것이 필요하다면 어떻게 해야 하는가?

h. 옆에 있는 조의 2N4416 JFET를 빌려서 위에서 결정한 R_D, R_S, V_{DD}값을 이용해 구성한 우리 조의 회로에 연결한다. V_{DS_Q}와 V_{R_D}를 측정하고 위의 방법을 이용해 I_{D_Q}를 계산한다. 결과를 아래에 기록한다.

V_{DS_Q} (측정값) = ____________

I_{D_Q} (계산값) = ____________

추가로, 빌린 JFET 트랜지스터의 I_{DSS}와 V_P값을 기록한다.

I_{DSS} (빌린 JFET) = ____________

V_P (빌린 JFET) = ____________

이 빌린 트랜지스터를 쓸 경우 V_{DS_Q}와 I_{D_Q}의 값이 2절(a)에서 지정된 설계값과 얼마나 차이가 나는가? 오차가 있을 경우, 빌린 트랜지스터의 I_{DSS}와 V_P값을 이용하여 오차가 생기는 이유를 설명하라.

위의 결과를 통해 같은 종류의 JFET을 사용하는 설계 과정에 대해 어떤 사실을 알 수 있는가?

2N4416 JFET의 규격표에서 I_{DSS}는 5 mA에서 15 mA의 범위를 갖고, V_P는 −1 V에서 −6 V의 범위를 갖는다. 당신 조의 JFET과 빌린 JFET의 I_{DSS}와 V_P값이 이 범위 내에 있는가? 처음 설계에서 I_{DSS}와 V_P값을 모를 경우 규격표 범위의 평균값인 10 mA와 −3.5V를 사용하는 것이 좋은 선택인가?

3 전압 분배기 바이어스(Voltage-Divider-Bias) 회로 설계

이 절에서는 그림 14.4 전압 분배기 바이어스 회로의 R_D, R_S, R_1, R_2값을 결정한다. Q점은 다음 위치에 결정되어야 한다.

$$I_{D_Q} = 4\ mA$$

$$\text{그리고}\ \ V_{DS_Q} = 8\ V$$

추가적인 조건은 다음과 같다.

$$V_{DD} = 20\ V$$

$$R_2 = 10\ R_S$$

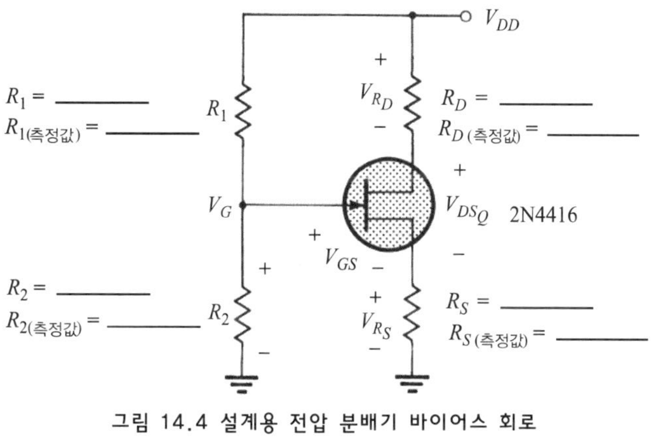

그림 14.4 설계용 전압 분배기 바이어스 회로

a. 먼저 그림 14.3의 y축 상의 $I_{D_Q} = 4\,mA$가 되는 점에서 전달 특성 곡선에 수평선을 그어 Q점을 표시한다. Q-점에서 x축에 수직선을 내려 상응하는 V_{GS}값을 결정한다.

V_{GS} (계산값) = ____________

V_{GS}를 계산하기위한 회로방정식은 다음과 같다.

$$V_{GS} = V_G - I_D R_S \tag{14.1}$$

b. 이제 설계를 위한 결정을 내려야한다. V_G와 R_S는 모두 결정되지 않은 값이다. 그러나 V_G는 양수이고 그 값이 너무 작으면 R_S의 저항값이 매우 작아지게 된다. R_S 값이 작으면 동작중 직류 손실이 커지게 되어 바람직하지 않다. V_G의 최대값은 사용가능한 전원에 의해 제한된다. 따라서 이러한 점을 고려해 V_G값을 핀치 오프 전압 V_P의 절대값으로 놓는다.

$$V_G = |V_P| \tag{14.2}$$

이 때, 식 14.1을 이용해 R_S값을 계산할 수 있다.
주어진 Q점 조건과 V_{GS}값, 그리고 여러분 조의 2N4416 트랜지스터의 V_P값을 이용하여 필요한 R_S값을 계산한다.

R_S (계산값) = ____________

이 R_S 계산값에 가장 근접하면서 실험실에서 보유한 표준저항값을 결정하고 아래에 기록한다.

R_S (표준저항값) = ____________

그림 14.4에 R_S의 표준저항값과 계산값을 기록한다. 식 14.1과 R_S, V_{DS_Q}, I_{D_Q}을 이용하여 V_G값을 계산한다. 계산값이 V_P로 결정했던 값과 근접하는가?

V_G (계산값) = ____________

c. 출력회로에 대해 다음식이 성립한다.

$$V_{R_D} = V_{DD} - V_{DS_Q} - V_{R_S}$$

측정한 저항값과 $V_{R_S} = I_{D_Q} R_S$를 이용해 V_{R_S}를 계산하고 지정된 V_{DD}와 V_{DS_Q}의 값을 대입해 V_{R_D}를 결정한다.

V_{R_D} (계산값) = ____________

I_{D_Q}와 V_{R_D}를 이용해 R_D를 결정한다.

R_D (계산값) = ____________

이 R_D 계산값에 가장 근접하면서 실험실에서 보유한 표준저항값을 결정하고 아래에 기록한다.

R_D (표준저항값) = ____________

그림 14.4에 R_D의 표준저항값과 측정값을 기록한다.

d. 이제 다음 수식과 조건을 이용해 R_1과 R_2를 결정한다.

$$V_G = \frac{R_2 V_{DD}}{R_1 + R_2} \tag{14.3}$$

$$R_2 = 10\ R_S \tag{14.4}$$

R_S의 표준저항값과 식 14.4를 이용해 R_2값을 계산한다.

R_2 (계산값) = ____________

R_2값에 가장 근접하면서 실험실에서 보유한 표준저항값을 결정한다.

R_2 (표준저항값) = ____________

그림 14.4에 R_2의 표준저항값과 측정값을 기록한다.

지정된 V_{DD}값, R_S의 측정값에서 계산한 V_G값, 그리고 R_2의 표준저항값을 이용해 식 14.3으로부터 R_1값을 계산한다.

R_1 (계산값) = ____________

R_1값에 가장 근접하면서 실험실에서 보유한 표준저항값을 결정한다.

R_1 (표준저항값) = ____________

그림 14.4에 R_1의 표준저항값과 측정값을 기록한다.

e. R_D, R_S, R_1, R_2의 표준저항값과 지정된 V_{DD}값을 이용하여 그림 14.4의 회로를 구성한다. 전원을 연결하고 V_{DS_Q}와 V_{R_D}를 측정한다. R_D의 측정값을 이용해 I_{D_Q}를 계산한다. V_{DS_Q}와 I_{D_Q}값을 아래에 기록한다.

V_{DS_Q} (측정값) = ____________

I_{D_Q} (계산값) = ____________

지정된 V_{DS_Q}와 I_{D_Q}의 설계값을 아래에 기록한다.

V_{DS_Q} (지정값) = ____________

I_{D_Q} (지정값) = ____________

f. 다음 식을 이용하여 I_{D_Q}, V_{DS_Q} 지정값과 측정값 사이의 퍼센트 오차를 계산한다. 비교할 때 I_{D_Q}와 V_{DS_Q}의 지정값을 표준으로 사용한다.

$$\% I_{D_Q} = \frac{|I_{D_{Q(\text{specified})}} - I_{D_{Q(\text{calculated})}}|}{|I_{D_{Q(\text{specified})}}|} \times 100\% \tag{14.5}$$

$$\% V_{DS_Q} = \frac{|V_{DS_{Q(\text{specified})}} - V_{DS_{Q(\text{measured})}}|}{|V_{DS_{Q(\text{specified})}}|} \times 100\% \tag{14.6}$$

$\% I_{D_Q}$(계산값) = ____________

$\% V_{DS_Q}$(계산값) = ____________

설계 결과에 만족하는가? 구체적으로 답하라.

g. 퍼센트 오차가 10% 이상일 경우 어떻게 설계를 개선하겠는가? 새로운 설계를 고려할 경우 그림 14.3의 전압 분배기 바이어스 선을 유의해야 한다.

I_{D_Q}와 V_{DS_Q}의 퍼센트 오차를 10% 이내로 줄이기 위해 설계를 변경하라. R_D, R_S, R_1, R_2의 새로운 값을 아래에 기록하라. 추가로 I_{D_Q}와 V_{DS_Q}의 새로운 값을 기록하고 지정값 대비 퍼센트 오차를 계산한다.

R_D (표준저항값) = ____________

R_S (표준저항값) = ____________

R_1 (표준저항값) = ____________

R_2 (표준저항값) = ____________

I_{D_Q} (계산값) = ____________

V_{DS_Q} (측정값) = ____________

$\% I_{D_Q}$ (계산값) = ____________

$\% V_{DS_Q}$ (계산값) = ____________

h. 다시 옆에 있는 조의 2N4416 JFET를 빌려서 우리 조에서 설계한 저항값을 이용해 구성한 회로에 연결한다. V_{DS_Q}와 V_{R_D}를 측정하고, 저항의 측정값을 이용해 I_{D_Q}를 계산한다. 결과를 아래에 기록한다.

V_{DS_Q} (측정값) = ____________

I_{D_Q} (계산값) = ____________

추가로, 빌린 JFET 트랜지스터의 I_{DSS}와 V_P값을 기록한다.

I_{DSS} (빌린 JFET) = ____________

V_P (빌린 JFET) = ____________

이 빌린 트랜지스터를 쓸 경우 V_{DS_Q}와 I_{D_Q}의 값이 2절(a)에서 지정된 설계값과 얼마나 차이가 나는가? 오차가 있을 경우, 빌린 트랜지스터의 I_{DSS}와 V_P값을 이용하여 오차가 생기는 이유를 설명하라.

JFET을 교환했을 때 전압 분배기 바이어스 회로의 변화를 같은 상황의 자기 바이어스 회로와 비교하면 어떤 사실을 알 수 있는가? 회로의 JFET을 같은 종류로 교환했을 때 둘 중 한 회로가 덜 민감한 변화를 보이는가?

4 연습문제

1. 2N4416 JFET의 규격표에서 얻은 평균값인 $I_{DSS} = 10\ mA$, $V_P = -3.5\ V$를 이용하여 그림 14.2의 자기 바이어스 회로를 주어진 Q점에 대해 다시 설계하라.

R_D (표준저항값) = ____________

R_S (표준저항값) = ____________

R_D, R_S의 값이 2절에서 얻은 설계값의 20% 이내에 있는가? 그 이유에 대한 의견을 적어라.

2. 2N4416 JFET의 규격표에서 얻은 평균값인 $I_{DSS} = 10\ mA$, $V_P = -3.5\ V$를 이용하여 그림 14.4의 전압 분배기 바이어스 회로를 주어진 Q점에 대해 다시 설계하라.

R_D (표준저항값) = __________

R_S (표준저항값) = __________

R_1 (표준저항값) = __________

R_2 (표준저항값) = __________

R_D, R_S, R_1, R_2의 값이 3절에서 얻은 설계값의 20% 이내에 있는가? 그 이유에 대한 의견을 적어라.

3. 설계자가 같은 종류 JFET의 I_{DSS}와 V_P의 편차에 대처할 수 있는 다른 방법에는 어떤 것들이 있는가?

5 컴퓨터 실습

PSpice 모의실험 14-1

아래 그림에서 다음과 같은 조건을 갖는 자기 바이어스 회로를 설계하라.

$$I_{DQ} = 6\ mA$$
$$V_{DSQ} = 10\ V$$

PSpice 모의실험 14-1

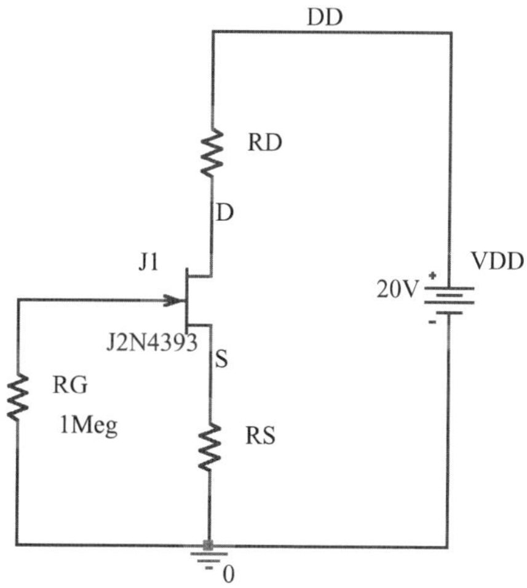

1. JFET의 V_P와 I_{DSS}값으로는 12장의 전달 특성에서 얻은 값을 사용한다.

2. V_{DSQ}의 오차 허용범위는 ±10%이다.

3. JFET에서 소모되는 최대 전력은 100 mW를 초과할 수 없다.

4. 설계 결과를 확인하기 바이어스 동작점 해석을 수행한다.

5. 설계 조건을 만족하지 않으면 설계 과정을 반복하고 다시 결과를 확인한다.

6. 만족스러운 설계 결과가 나올때까지 과정을 반복한다.

PSpice 모의실험 14-2

다음 그림의 전압 분배기 회로는 J2N4393 JFET 또는 J2N3819 JFET으로 동작하도록 설계되었다. V_{DS}와 I_D의 퍼센트 오차의 절대값이 10% 이하이어야 한다.

1. J2N4393을 연결하고 바이어스 동작점 해석을 수행한다.

2. J2N3819를 연결하고 바이어스 동작점 해석을 반복한다.

3. 두 번의 해석에서 각각 회로 전압과 드레인 전류를 얻는다.

4. 결과 데이터로부터 V_{DS}와 I_D의 퍼센트 오차를 계산한다. J2N4393을 연결했을 때 데이터가 표준값이 된다.

5. 계산된 오차가 10% 오차 허용범위 내에 있는가?

PSpice 모의실험 14-2: 전압 분배기 바이어스

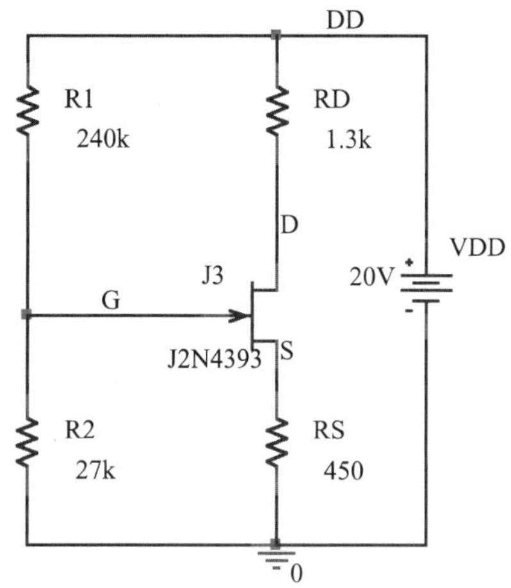

실험 15

복합 구조

목적

1. 다중 증폭단을 갖는 시스템의 바이어스 전압과 전류를 측정한다.
2. 커패시터로 결합된 시스템에서 한 증폭단의 직류 전압과 전류가 다른 증폭단의 직류 전압과 전류에 영향을 받지 않는다는 것을 보인다.
3. 다중 증폭단을 갖는 직류 결합 시스템의 바이어스 전압과 전류를 측정한다.
4. 교류와 직류 결합 다중 증폭 시스템에 대해 PSpice를 이용해 **바이어스 동작점**(Bias Point) 해석을 수행한다.

실험소요장비

계측기

DMM

전원

직류전원
9 V 건전지와 홀더

부품

저항

(1) 470 Ω
(2) 1 kΩ
(1) 1.2 kΩ

(1) 2.4 kΩ
(1) 2.7 kΩ
(1) 4.7 kΩ
(2) 15 kΩ
(1) 1 kΩ 전위차계

커패시터

(1) 0.1 μF

트랜지스터

(2) 2N3904 BJT
(1) 2N4416 JFET

사용 장비

항목	실험실 관리번호
DMM	
직류 전원	

이론 개요

전형적인 전자 증폭기 시스템은 함께 연결된 여러 개의 트랜지스터 단으로 이루어진다. 증폭의 목적에 따라 각 증폭단 간의 연결방법이 결정된다. 0 Hz보다 매우 높은 주파수를 포함하는 신호를 증폭할 경우 가장 자주 쓰이는 결합 방법은 교류 결합이다. 이 방법에서는 한 증폭단의 컬렉터와 다음 증폭단의 베이스 사이에 커패시터를 연결한다. 이렇게 하면 컬렉터 출력 전압의 교류 성분은 다음 증폭단의 베이스에 연결되지만 컬렉터 전압의 직류 성분은 커패시터에 의해 베이스로부터 차단된다. 사실상 이렇게 연결된 증폭단은 어떤 직류 전압이나 전류에 대해서도 서로 분리되어 있다. 따라서 직류 해석은 각 증폭단에 대해 따로따로 적용할 수 있으므로 아무리 복잡한 시스템이라도 비교적 쉽게 해석할 수 있다. 이 실험에서는 다중 증폭단을 갖는 시스템의 다양한 증폭단에 대해 직류 바이어스 값을 측정한다. 그리고 각 증폭단의 위치를 바꾸거나 트랜지스터 바이어스 회로에 변화를 주면서 커패시터로 연결된 증폭단들은 서로 직류 전압과 전류에 영향을 주지 않는 것을 보인다.

이 실험에서 분석하는 두 번째의 시스템은 직류 결합 시스템이다. 이 시스템은 신호의 아주 낮은 주파수 성분이나 직류 성분까지도 증폭할 필요가 있을 때 사용된다. 이 방법에서는 한 증폭단의 컬렉터를 다음 단의 베이스에 직접 연결한다. 이 실험에서는 한 증폭단의 직류 전압과 전류에 변화가 생기면 다른 증폭단의 직류 전압과 전류에도 영향이 있다는 것을 입증할 것이다. 한 증폭단의 바이어스 회로를 변화시키는 기법을 통해 두 증폭단의 직류가 서로 영향을 주는 것을 보일 것이다.

세 번째 복합 바이어스 회로는 BJT-JFET 조합을 포함하며 이러한 구조를 해석하는 기법에 대해 설명할 것이다. 두 소자의 결합으로는 능동 소자간의 상호작용을 완전히 해석할 수 있도록 직접 결합을 이용할 것이다.

실험순서

1 BJT(β)와 JFET(I_{DSS}와 V_P) 파라미터 결정

이 절에서는 각각의 복합 구조 해석에 쓰이는 BJT와 JFET의 파라미터를 결정한다.

a. 각각의 BJT의 β를 결정하기 위해 그림 15.1의 회로를 구성하고 저항의 측정값들을 기록하라.

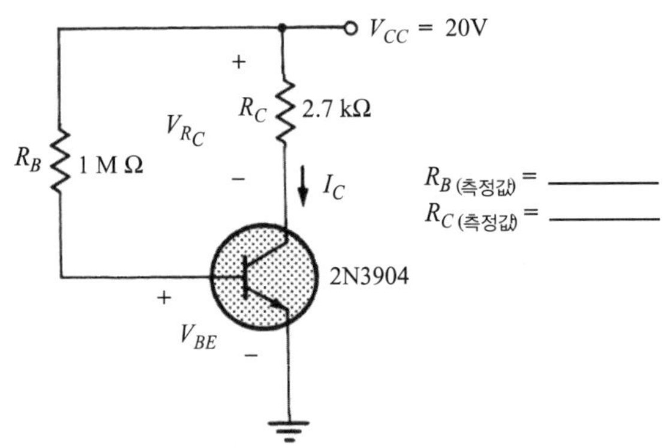

그림 15.1 β를 결정하기 위한 회로

전원을 연결하고 전압 V_{BE}와 V_{R_C}를 측정한다.

R_B와 R_C의 측정값과 식 $I_B = (V_{CC} - V_{BE})/R_B$와 $I_C = V_{R_C}/R_C$로부터 I_B와 I_C의 값을 계산한다. 그 다음 $\beta = I_C/I_B$로부터 β를 계산하고 아래에 기록한다.

β_1 (계산값) = ____________

회로의 2N3904를 다른 2N3904 BJT 트랜지스터로 교체하고 β값을 결정한다. 그 값을 아래에 기록한다. 전체 실험 과정에서 어떤 트랜지스터가 어떤 β값을 갖고 있는지 확인하도록 한다.

β_2 (계산값) = ____________

b. JFET의 I_{DSS}와 V_P를 결정하기 위해 그림 15.2의 회로를 구성하고 저항 R_D의 측정값을 기록하라.

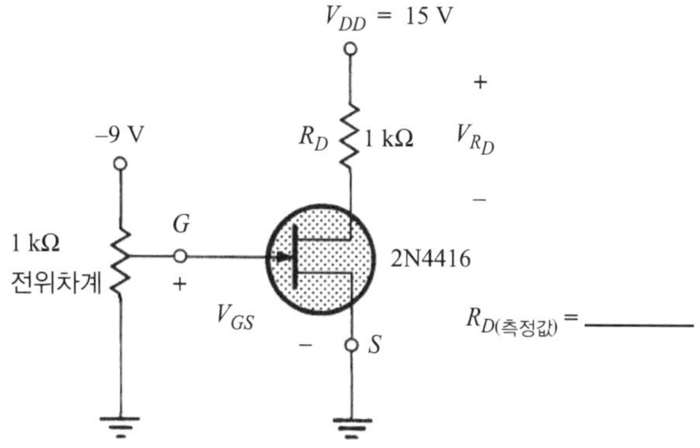

그림 15.2 I_{DSS}와 V_P를 결정하기 위한 회로

V_{GS}를 0 V로 설정하고 전압 V_{R_D}를 측정한다. 측정한 저항값을 이용하여 $I_D = I_{DSS} = V_{R_D}/R_D$ 값을 계산하고 아래에 기록한다.

I_{DSS} (계산값) = ____________

$V_{R_D} = 1\ mV$(그리고 $I_D = V_{R_D}/R_D \cong 1\ \mu A$)이 될 때까지 V_{GS}를 음전압으로 증가시킨다. I_D의 값이 매우 작으므로 ($I_D \cong 0\ A$), 이때의 V_{GS}값이 핀치 오프 전압 V_P이다. 이 값을 아래에 기록한다.

V_P (측정값) = ____________

2 전압 분배기 바이어스를 갖는 커패시터 결합 다중 증폭단 시스템

이 절에서는 커패시터 결합 2 증폭단 시스템의 바이어스 전압과 전류를 측정한다. 두 증폭단 간의 직류 분리를 입증할 것이다.

a. 그림 15.3의 회로를 각각의 증폭단에 2N3904 트랜지스터를 사용하여 구성하라.

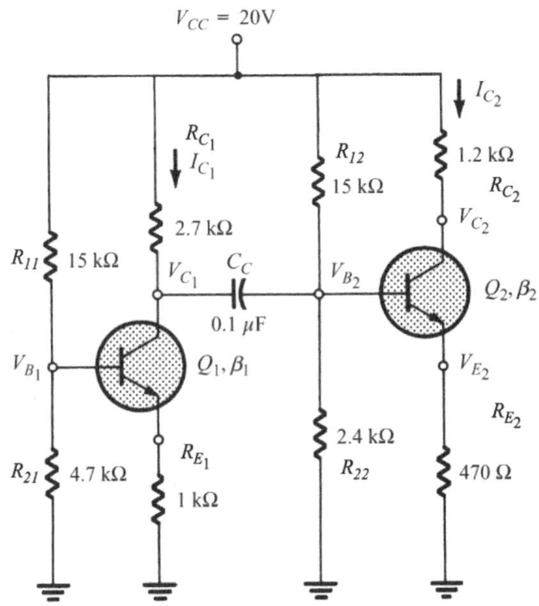

그림 15.3 교류 결합 다중 증폭단 시스템

b. 1절에서 결정한 β값과 측정한 저항값을 이용해 전압 V_{B_1}, V_{C_1}, V_{B_2}, V_{C_2}를 계산한다. 결합 커패시터 C_C는 직류 조건에서 "개방 회로"로 가정한다. 결과를 표 15.1에 기록한다.

표 15.1

	V_{B_1}	V_{C_1}	V_{B_2}	V_{C_2}
계산값				
측정값				
% 오차				

c. 그림 15.3의 회로에 전원을 연결하고 V_{B_1}, V_{C_1}, V_{B_2}, V_{C_2}을 측정해 표 15.1에 기록한다.

d. 다음 식을 이용해 계산값과 측정값 사이의 퍼센트 오차를 계산하고 표 15.1에 기록한다.

$$\% \text{ 오차} = \frac{|V_{(\text{계산값})} - V_{(\text{측정값})}|}{|V_{(\text{계산값})}|} \times 100\% \tag{15.1}$$

이 비교에서는 계산값을 기준으로 이용한다.

e. 표준저항값을 사용했지만 퍼센트 오차가 일반적으로 10% 미만인가? 그렇지 않다면 오차가 큰 이유에 대해 설명할 수 있는가?

f. V_{C_1}과 V_{B_2}의 측정값을 비교한다. 그 결과 커패시터 C_C가 직류 조건에서 개방 회로라는 것을 확인할 수 있는가? 다시 말해서, 직류 조건에서 두개의 전압 분배기 회로가 서로 분리되어 있는가?

3 직류 결합 다중 증폭단 시스템

이 절에서는 직류 결합되고 2개의 트랜지스터 증폭단을 갖는 시스템의 바이어스 전압을 계산, 측정하고 서로 비교할 것이다. 주요 목적은 한 증폭단의 직류 레벨이 다른 증폭단에 직접 영향을 미치는 것을 보이는 것이다.

a. 2N3904 트랜지스터를 이용하여 그림 15.4의 회로를 구성한다.

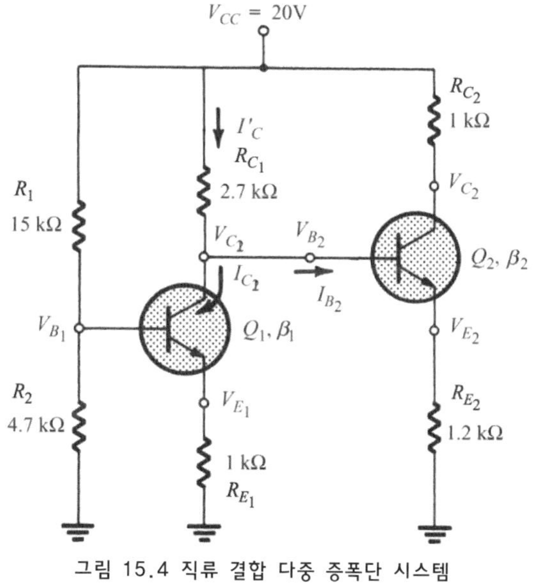

그림 15.4 직류 결합 다중 증폭단 시스템

b. 1절에서 결정한 β값과 측정한 저항값을 이용해 전압 V_{B_1}, V_{C_1}, V_{B_2}, V_{C_2}를 계산한다. 이 경우 먼저 V_{B_1}를 계산하고 다음 V_{E_1}, I_{E_1}, I_{C_1}을 계산한다. 다음으로 $I_C' \cong I_{C_1} \gg I_{B_2}$라는 조건을 가정하고 V_{C_1}을 구한다. $V_{C_1} = V_{B_2}$의 값이 결정되면 V_{E_2}와 남은 미지수를 구할 수 있다. 결과를 표 15.2에 기록한다.

표 15.2

	V_{B_1}	V_{C_1}	V_{B_2}	V_{C_2}
계산값				
측정값				
% 오차				

c. 그림 15.4의 회로에 전원을 연결하고 V_{B_1}, V_{C_1}, V_{B_2}, V_{C_2}을 측정해 표 15.2에 기록한다.

d. 식 15.1을 이용해 계산값과 측정값 사이의 퍼센트 오차를 계산하고 계산 결과를 표 15.2에 기록한다.

e. 표준저항값을 사용했지만 퍼센트 오차가 일반적으로 10% 미만인가? 그렇지 않다면 오차가 큰 이유에 대해 설명할 수 있는가?

f. V_{C_1}과 V_{B_2}의 측정값을 비교한다. 예상한대로 그 값이 같은가? 한 증폭단의 직류 전압 레벨이 다른 증폭단의 직류 전압 레벨에 어떻게 직접 영향을 미치는지 설명하라.

4 BJT-JFET 복합 구조

이 절에서는 BJT와 JFET 트랜지스터를 모두 포함하는 복합 구조를 직류의 관점에서 해석할 것이다. 그림 15.5의 회로는 직접 결합되어 있으며, 그 결과 두 트랜지스터의 직류 레벨은 직접 연결된다.

a. 2N3904 BJT 트랜지스터와 2N4416 JFET 트랜지스터를 사용해 그림 15.5의 회로를 구성한다.

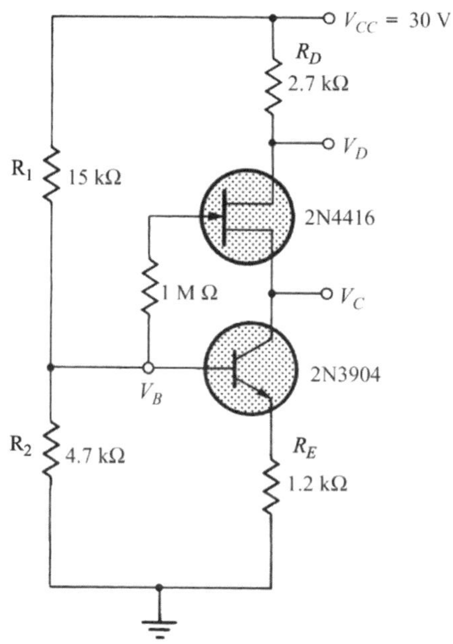

그림 15.5 BJT-JFET 복합 구조

b. 1절에서 결정한 β, I_{DSS}, V_P값과 측정한 저항값을 이용해 V_B, V_C, V_D의 직류 전압을 계산한다. 이 경우 먼저 V_B를 계산한 후 I_C, V_D를 순서대로 구한다. 다음으로 Shockley 방정식을 이용해 V_{GS}를 계산하고 마지막으로 V_C를 계산한다. 결과를 표 15.3에 기록한다.

표 15.3

	V_B	V_D	V_C
계산값			
측정값			
% 오차			

c. 그림 15.5의 회로에 전원을 연결하고 V_B, V_D, V_C를 측정해 표 15.3에 기록한다.

d. 식 15.1을 이용해 계산값과 측정값 사이의 퍼센트 오차를 계산하고 계산 결과를 표 15.3에 기록한다.

e. 표준저항값을 사용했지만 퍼센트 오차가 일반적으로 10% 미만인가? 그렇지 않다면 오차가 큰 이유에 대해 설명할 수 있는가?

f. 표 15.3의 측정값을 이용해 전압 V_{GS}를 결정한다. 그 결과를 4절(b)의 계산값과 비교한다.

V_{GS} (측정값) = ____________

V_{GS} (계산값) = ____________

g. 측정값으로부터 전압 V_{R_D}를 결정하고 표준저항값을 이용하여 옴의 법칙으로부터 드레인 전류를 계산한다. I_D의 측정값을 4절(b)의 계산값과 비교한다.

I_D (측정값) = ____________

I_D (계산값) = ____________

h. 표 15.3의 측정값과 $V_{BE} = 0.7\,V$를 이용해 전압 V_E를 계산하고 표준저항값을 이용해 I_C를 계산한다. I_C의 측정값을 4절(g)의 I_D 측정값과 비교한다.

I_C (측정값) = ____________

5 연습문제

1. a. 그림 15.3의 회로에서 두개의 전압 분배기 회로의 위치를 바꾼다면 두 트랜지스터의 V_B와 V_C값이 어떻게 변화하는가?

   b. 그림 15.3의 회로에서 저항은 그대로 있고 두 트랜지스터의 위치만 바뀐다면 두 트랜지스터의 V_B와 V_C값이 변화하는가? 그 이유는 무엇인가?

2. 그림 15.4의 회로에서 저항은 그대로 있고 두 트랜지스터의 위치만 바뀐다면 V_{E_2}의 값이 크게 변화하는가? 계산을 통해 답을 검증하라.

3. 그림 15.5에서 1 MΩ 저항을 제거하고 BJT와 JFET의 위치를 바꾼다. 이 때의 V_B, V_D, V_C의 값을 계산하고 4절(b)의 결과와 비교한다. 그 값이 크게 변화했는가? 전압의 변화가 예상한 대로인가? 그 이유는 무엇인가?

6 컴퓨터 실습

PSpice 모의실험 15-1

아래 그림의 PSpice 회로는 그림 15.3의 회로를 표현한 것이다. 바이어스 동작점 해석을 수행하고 두 증폭단에 대한 모든 전압과 전류값을 얻는다. 권고사항: 실험을 시작하기 전에 모의실험을 수행하는 것이 좋다. PSpice 해석의 결과를 실험 데이터와 비교할 수 있는 참고값으로 사용할 수 있다.

PSpice 모의실험 15-1: 교류 결합 다중 증폭기 시스템

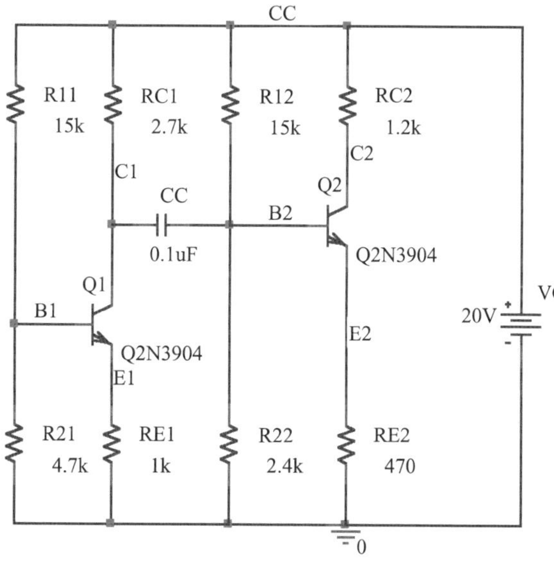

해석이 끝나면 아래 그림과 같이 증폭단의 위치를 서로 바꾼다. 바이어스 동작점 해석을 수행하고 모든 전압과 전류값을 얻는다.

PSpice 모의실험 15-1: 교류 결합 다중 증폭기 시스템, 증폭단의 위치 교환됨

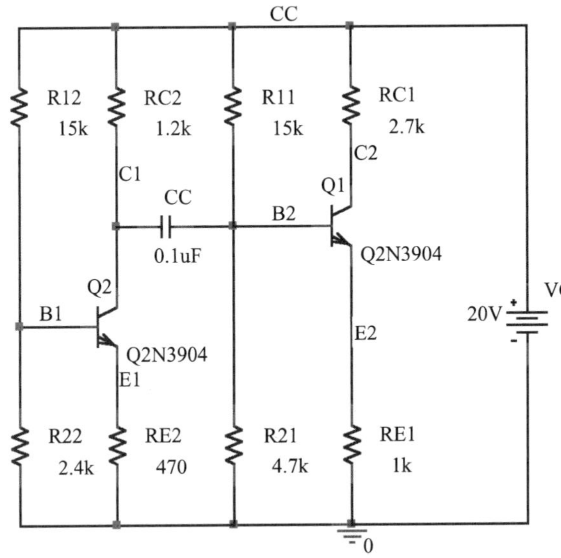

다음 질문에 답하라.

1. 첫 번째 회로에서 1단과 2단의 컬렉터 전압은 얼마인가?

2. 두 번째 회로에서 1단과 2단의 컬렉터 전압은 얼마인가?

3. 첫 번째 회로와 비교할 때 컬렉터 전압이 서로 바뀌었는가?

4. 첫 번째 회로에서 1단의 베이스와 이미터 전압은 얼마인가?

5. 두 번째 회로에서 2단의 베이스와 이미터 전압은 얼마인가?

6. 첫 번째 회로와 비교할 때 이 전압들이 서로 바뀌었는가?

7. 첫 번째 회로에서 1단과 2단의 컬렉터 전류는 얼마인가?

8. 두 번째 회로에서 1단과 2단의 컬렉터 전류는 얼마인가?

9. 첫 번째 회로와 비교할 때 컬렉터 전류가 서로 바뀌었는가?

10. 전체적으로 볼 때 각 단의 직류 바이어스가 다른 증폭단의 영향을 받았는가?

11. 문제 10의 답변의 근거는 무엇인가?

PSpice 모의실험 15-2

아래 그림의 PSpice 회로는 그림 15.4의 회로를 표현한 것이다. 바이어스 동작점 해석을 수행하고 두 증폭단에 대한 모든 전압과 전류값을 얻는다. 권고사항: 실험을 시작하기 전에 모의실험을 수행하는 것이 좋다. PSpice 해석의 결과를 실험 데이터와 비교할 수 있는 참고값으로 사용할 수 있다.

PSpice 모의실험 15-2: 직류 결합 다중 증폭기 시스템

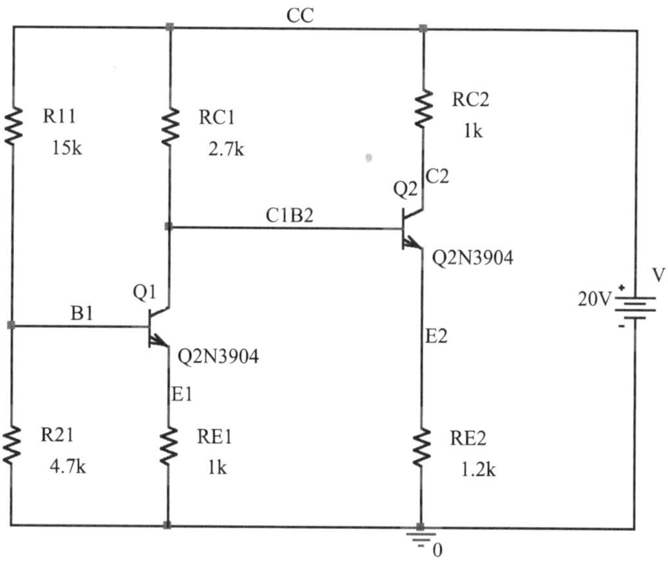

해석이 끝나면 아래 그림과 같이 증폭단의 위치를 서로 바꾼다. 바이어스 점 해석을 수행하고 모든 전압과 전류값을 얻는다.

PSpice 모의실험 15-2: 직류 결합 다중 증폭기 시스템, 증폭단의 위치 교환됨

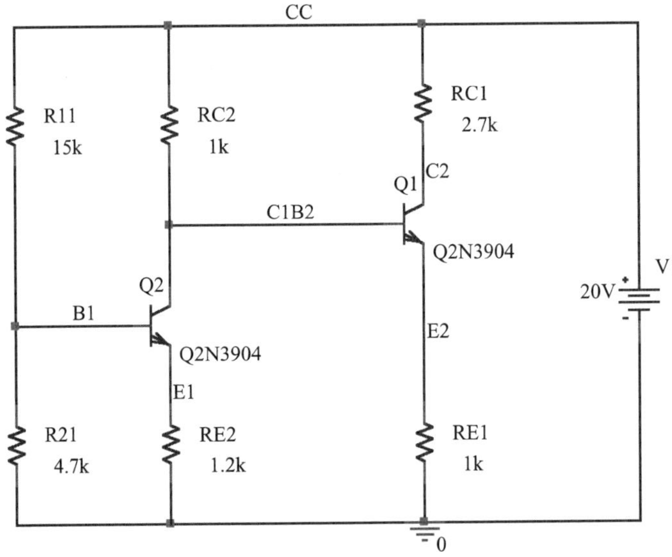

다음 질문에 답하라.

1. 첫 번째 회로에서 1단과 2단의 컬렉터 전압은 얼마인가?
2. 두 번째 회로에서 1단과 2단의 컬렉터 전압은 얼마인가?

3. 첫 번째 회로와 비교할 때 컬렉터 전압이 서로 바뀌었는가?

4. 첫 번째 회로에서 1단의 베이스와 이미터 전압은 얼마인가?

5. 두 번째 회로에서 2단의 베이스와 이미터 전압은 얼마인가?

6. 첫 번째 회로와 비교할 때 이 전압들이 서로 바뀌었는가?

7. 첫 번째 회로에서 1단과 2단의 컬렉터 전류는 얼마인가?

8. 두 번째 회로에서 1단과 2단의 컬렉터 전류는 얼마인가?

9. 첫 번째 회로와 비교할 때 컬렉터 전류가 서로 바뀌었는가?

10. 전체적으로 볼 때 각 단의 직류 바이어스가 다른 증폭단의 영향을 받았는가?

11. 문제 10의 답변의 근거는 무엇인가?

실험 16

측정 기법

목적

1. 오실로스코프를 이용해 전압파형의 직류와 교류성분 크기를 측정한다.
2. 디지털 멀티미터(DMM)를 이용해 전압파형의 직류와 교류성분 크기를 측정한다.
3. 오실로스코프를 이용해 주기적인 전압파형의 주기와 주파수를 측정한다.
4. 주파수 계수기를 이용해 주기적인 전압파형의 주파수를 측정한다.
5. 오실로스코프를 이용해 두개의 정현 전압파형간의 위상차를 측정한다.
6. 회로에서 전압을 측정할 때 계측기 부하의 영향에 대해 알아본다.
7. 위상각 확인을 포함한 교류와 직류 측정을 위해 PSpice 시간 영역(과도상태) 해석 모의실험을 수행한다. 회로에서 VOM과 DMM의 부하 영향을 확인하기 위해 PSpice를 이용해 **바이어스 동작점**(Bias Point) 해석을 수행한다.

실험소요장비

계측기

듀얼-트레이스 오실로스코프
(싱글-트레이스의 경우 1, 2, 4절 실험 가능)
DMM
주파수 계수기

전원

직류전원
신호 발생기

부품

저항

(2) 1 kΩ

(1) 2 kΩ

(1) 3.9 kΩ

(2) 1 MΩ

커패시터

(1) 0.1 μF

사용 장비

항목	실험실 관리번호
오실로스코프	
DMM	
직류 전원	
신호 발생기	
주파수 계수기	

이론 개요

이번 실험에서는 직류와 교류 물리량를 측정하는데 자주 쓰이는 계측기 사용법에 대해 소개한다. 구체적으로, 전압 파형의 교류와 직류 성분을 측정하기 위해 오실로스코프와 DMM을 사용할 것이다. 오실로스코프는 기본적으로 전압을 측정하는 장비로서 어떠한 주기적인 전압이라도 피크-피크(peak-to-peak) 신호의 크기로 측정한다. 이와는 대조적으로 DMM은 주기적 파형의 실효값(rms value)을 측정한다. 이때 일부 DMM은 정현파에 대해서만 실효값을 측정하는 것에 주의하라.

오실로스코프는 또한 주기적 파형의 주기와, 더 나아가 주파수까지 측정할 수 있다. 정현파의 경우에는 그 파형의 주기를 측정하며, 펄스가 인가된 경우는 그 주기로부터 기본 주파수를 결정할 수 있다. 이번 실험에서는 오실로스코프로 측정한 주파수를 주파수 계수기로 측정한 값과 비교한다.

특정한 계측기를 사용할 때 그 계측기가 측정에 미치는 영향을 파악하는 것은 중요하다. 이 효과를 알아보기 위해 오실로스코프의 입력 임피던스보다 낮은 임피던스를 가지는 회로를 이용한다. 이 경우 측정된 전압은 이론값에 근접한다. 그러나 회로의 임피던스가 증가하여 오실로스코프의 임피던스와 비슷한 값을 가질 경우 측정 오차가 매우 커진다. 이러한 오차를 줄이기 위해 10:1 테스트 프로브(probe)를 사용한다.

실험순서

1 교류와 직류 전압 크기 측정

a. 그림 16.1의 회로를 구성하라. 저항 측정값들을 기록하라.

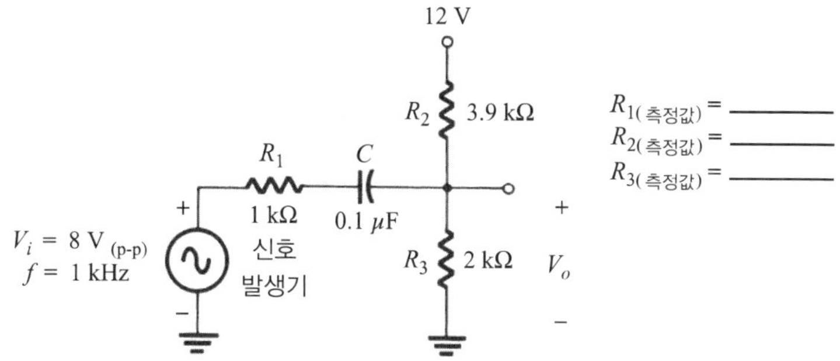

그림 16.1 교류와 직류 전압 측정

b. 전압 V_i를 측정하기 위해 오실로스코프를 연결하라. 사용하는 채널에 대해 AC-GND-DC 스위치를 GND 위치로 설정하고 수평선을 화면 중심에 맞춘다. 그리고 AC-GND-DC 스위치를 AC 위치로 다시 돌려놓는다.

c. 수직 민감도를 1 V/cm로 맞추고 1 kHZ에서 $V_i = 8\,V_{p-p}$가 되도록 신호 발생기의 크기 제어부를 조정한다. 수평 민감도는 0.2 ms/cm로 맞춘다.

d. DMM을 써서 직류 전원을 12 V로 맞춘다.

이제 회로에 교류신호와 직류 전원이 연결되었다.

직류 측정

이제 오실로스코프와 DMM을 사용하여 그림 16.1 회로의 직류 레벨을 측정할 것이다.

e. 측정한 저항값을 이용해 전압 V_o의 직류 예상값을 계산하라.

V_o (계산값) = ____________

f. DMM을 이용해 전압 V_o의 직류 레벨을 측정하라.

V_o (측정값) = ____________

다음 수식을 사용해 계산값과 측정값 사이의 퍼센트 오차를 결정하라.

$$\% \text{ 오차} = \frac{|V_{o(\text{계산값})} - V_{o(\text{측정값})}|}{|V_{o(\text{계산값})}|} \times 100\% \tag{16.1}$$

% 오차 (계산값) = ____________

g. 오실로스코프를 V_o에 연결하고 AC-GND-DC 스위치를 DC로 놓는다. 1절(c)에서 설정한 값으로부터 1 V/div의 민감도를 이용하여 전압 V_o의 양의 피크값의 변화(shift)를 0 V를 기준으로 측정한다.

V_o의 변화 (측정값) = ____________

변화가 화면 중심으로부터 위쪽인가, 아래쪽인가? 이로부터 V_o의 극성에 대해 무엇을 알 수 있는가?

오실로스코프로 측정한 전압의 변화를 DMM으로 측정한 직류 전압과 비교하라.

이러한 측정을 위해서는 DMM과 오실로스코프 중 어느쪽이 더 정확한가? 그 이유는 무엇인가?

교류 측정

이제 오실로스코프와 DMM을 사용하여 그림 16.1 회로의 교류 전압을 측정할 것이다.

h. 입력 전압 V_i의 실효값을 계산한다.

$V_{i(\text{rms})}$ (계산값) = ____________

i. 측정된 저항값을 이용해 1kHz에서 그림 16.1 회로의 V_o 실효값의 예상치를 계산하라. 계산을 위해서는 커패시터의 리액턴스를 결정하고 저항성 소자와 리액턴스 소자의 벡터 관계를 사용해야 함을 주지하라. 교류 해석을 위해서는 12 V 전원은 0 V로 놓을 수 있으며(직류/교류 해석에 중첩의 원리가 적용된다), 이 때 R_2와 R_3는 병렬 연결로 볼 수 있다.

$V_{o(\mathrm{rms})}$ (계산값) = ____________

j. DMM을 이용해 V_o의 실효값을 측정하라.

$V_{o(\mathrm{rms})}$ (측정값) = ____________

식 16.1을 이용해 계산값과 측정값 사이의 퍼센트 오차를 결정하라.

% 오차 (계산값) = ____________

k. V_o를 측정하기 위해 오실로스코프를 연결하고 AC-GND-DC 스위치를 AC로 놓는다. 적당한 수평, 수직 민감도를 사용하여 V_o의 피크-피크 값을 측정한다.

$V_{o(p-p)}$ (측정값) = ____________

이 값을 이용해 V_o의 실효값을 구한다.

$V_{o(\mathrm{rms})}$ (측정값) = ____________

식 16.1을 이용해 계산값과 측정값 사이의 퍼센트 오차를 결정하라.

% 오차 (계산값) = ____________

l. 오실로스코프와 DMM 모두 효과적으로 정현파의 실효값을 측정할 수 있는가? 그 이유는 무엇인가?

2 주기적인 전압 파형의 주기와 기본 주파수 측정

이 절에서는 오실로스코프를 이용하여 정현 전압 파형의 주기를 측정하고 이로부터 주파수를 계산할 것이다.

a. 신호 발생기를 오실로스코프의 수직 채널에 직접 연결한다. 주파수 다이얼을 1kHz에서 2 kHz 사이의 임의의 값으로 맞춘다. 크기 제어부를 조정해 화면에 $8\,V_{p-p}$ 신호가 잡히도록 한다.
이제 임의의 주파수를 가지는 $8\,V_{p-p}$ 정현파가 화면에 표시된다. 다음 순서에 따라 파형의 주기와 주파수를 결정한다.

b. 수평 민감도를 조정하여 파형의 완전한 한 주기나 두 주기가 화면에 표시되도록 한다. 선택한 수평 민감도를 아래에 기록한다.

수평 민감도 = ____________

c. 파형의 완전한 한 주기가 수평축의 몇 눈금인지(소수 부분 포함) 측정한다.

눈금의 개수 = ____________

d. 수평축 눈금의 개수에 수평 민감도를 곱하여 주기를 계산한다.

주기(T) = ____________

e. 이제 $f = 1/T$의 관계를 이용해 주파수를 계산할 수 있다. 주파수를 계산하라.

주파수(f) = ____________

f. 계산한 주파수를 신호 발생기에서 설정한 주파수와 비교한다. 설정 주파수를 아래에 기록한다.

f(설정 주파수) = ____________

g. 계산한 주파수와 신호 발생기의 주파수가 일치하지 않는다면 그 이유는 무엇인가?

h. 주파수 계수기를 출력 전압 단자에 연결하고 표시된 주파수를 기록한다.

f(계수기) = ____________

i. 계수기에 표시된 주파수가 오실로스코프를 이용한 계산값과 신호 발생기의 설정값 중 어느 쪽에 더 가까운가? 계수기의 측정값이 가장 정확하다고 할 경우, 일반적으로 오실로스코프와 신호발생기의 다이얼중 어느 쪽이 더 정확한 주파수값을 나타내는가?

3 위상차(phase-shift) 측정

a. 그림 16.2의 회로를 구성한다. 측정한 저항값을 기록한다.

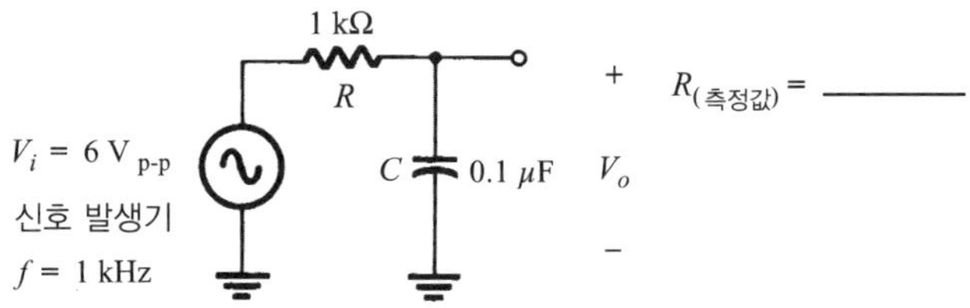

그림 16.2 위상차 측정

b. 입력단에 인가되는 $6\,V_{p-p}$ 신호의 실효값을 계산한다.

$V_{i(\mathrm{rms})}$ (계산값) = ____________

c. $V_i = V_i \angle 0^\circ$ 로 가정하고 1kHz 주파수에서 $V_o \angle \theta$를 계산한다.

$V_{o(\mathrm{rms})}$ (계산값) = ____________

$V_{o(p-p)}$ (계산값) = ____________

θ = ____________

여기서 각도 θ는 V_i와 V_o 사이의 위상값이다.

d. V_i를 오실로스코프의 채널 1에 연결하고 AC-GND-DC 스위치를 조정하여 V_i가 1 V/cm의 수직민감도에서 $6\,V_{p-p}$, 1kHz의 정현 파형으로 화면 중심선 기준 위 아래 폭이 같게 표시되도록 한다. 파형을 조절하여 그림 16.3과 같이 양의 기울기를 가지는 파형 부분이 중심선과 만나는 교점이 x축의 눈금중 하나와 만나도록 한다.

e. 채널 2를 V_o에 연결하고 같은 1 V/cm의 수직민감도를 이용하여 V_i와 V_o가 동시에 표시되도록 한다. 각 채널의 GND 위치를 AC-GND-DC 스위치로 조정하여 V_i와 V_o가 모두 중심선에서 평형을 이루도록 한다.

f. 그림 16.3과 같이 양의 기울기를 가지는 V_o와 V_i 사이가 수평으로 몇 눈금인지 세고 그 결과를 A라고 한다. 간격 A는 V_o와 V_i 사이의 위상차를 나타낸다.

A(눈금의 개수) = ____________

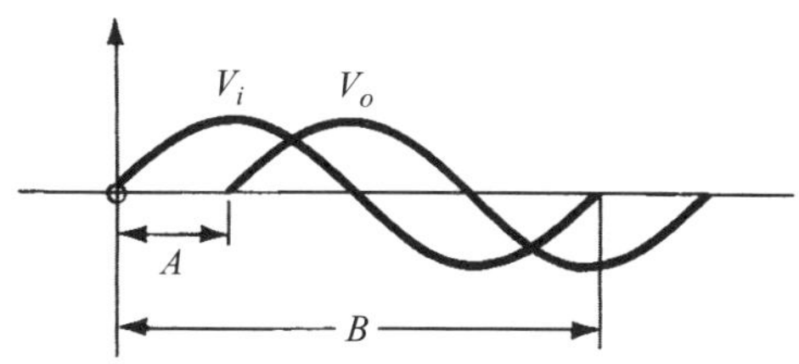

그림 16.3 위상차의 결정

g. 파형의 완전한 한 주기가 수평축의 몇 눈금인지(소수 부분 포함) 세고 그 결과를 B라고 한다(그림 16.3 참조).

B(눈금의 개수) = ____________

h. 위상각을 도(°) 단위로 표현하면 다음 식과 같다.

$$\theta = \frac{A}{B} \times 360° \tag{16.2}$$

식 16.2를 이용해 그림 16.2 회로에서 V_o와 V_i 사이의 위상각을 계산한다.

θ(시간 지연으로부터 계산) = ____________

3절(h)에서 측정한 위상각을 3절(c)의 계산값과 비교하라.

i. V_o의 피크-피크 값을 3절(c)의 계산값과 비교하라.

j. V_o의 양의 기울기를 가진 부분이 V_i의 오른쪽에서 x축을 통과하면 V_o는 V_i에 비해 위상이 θ만큼 늦다. 그림 16.2의 회로에서 V_o는 V_i에 비해 위상이 빠른가, 느린가? 결과는 예상대로인가? 그 이유는 무엇인가?

k. V_i와 V_R 사이의 위상 관계는 커패시터와 저항의 위치를 바꾸면 얻을 수 있다. 이 위치 변화는 오실로스코프에서 관찰하는 파형의 접지를 공통으로 하기 위해 필요하다.

그림 16.2에서 저항과 커패시터의 위치를 바꾸고 $V_i = V_i \angle 0°$ 라고 가정하고 V_R의 크기와 위상을 계산하라.

$V_{R(\mathrm{rms})}$ (계산값) = ________

$V_{R(p-p)}$ (계산값) = ________

θ = ________

l. 오실로스코프를 이용하여 V_R과 V_i의 크기를 측정하라. 또 V_o가 V_i에 비해 위상이 빠른지(진상), 느린지(지상) 확인하라.

$V_{R(p-p)}$ (측정값) = ________

$V_{i(p-p)}$ (측정값) = ________

θ = ________

진상 또는 지상? ________

측정결과와 계산값을 비교하라.

4 부하 효과

a. 그림 16.4의 회로를 구성한다. R_1과 R_2의 측정값을 기록한다.

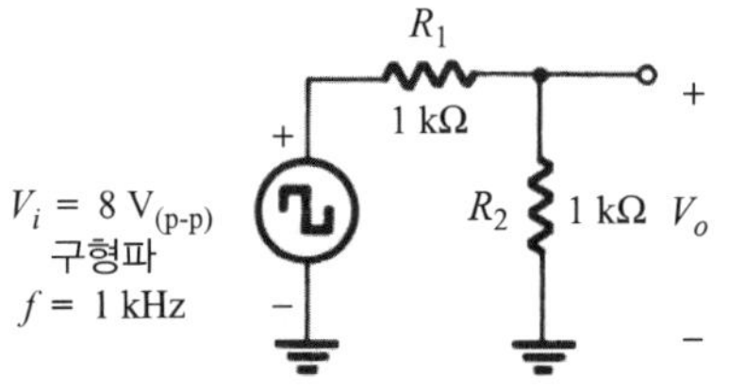

R_1 (1 kΩ)(측정값) = ________

R_2 (1 kΩ)(측정값) = ________

R_1 (1 MΩ)(측정값) = ________

R_2 (1 MΩ)(측정값) = ________

그림 16.4 부하 효과

b. V_i를 화면의 중심선에 중심이 위치하는 주파수 1 kHz, $8\,V_{p-p}$의 구형파로 설정한다. 수평민감도를 조절해 V_i의 완전한 한 주기나 두 주기가 나타나도록 한다.

c. 측정한 저항값을 이용하여 V_o의 피크-피크값을 계산한다.

$V_{o(p-p)}$ (계산값) = ______________

d. 그림 16.4의 회로에 전원을 연결하고 오실로스코프를 이용해 출력 전압을 측정한다.

$V_{o(p-p)}$ (측정값) = ______________

4절(c)와 4절(d)의 결과를 비교하라.

e. 두 개의 1 kΩ 저항을 1 MΩ 저항으로 교체하라. R_1과 R_2의 측정값을 기록한다.

$R_1(1\ M\Omega)$ (측정값) = ______________

$R_2(1\ M\Omega)$ (측정값) = ______________

f. 측정한 저항값을 이용하여 V_o의 피크-피크값을 계산한다.

$V_{o(p-p)}$ (계산값) = ______________

g. 회로에 전원을 연결하고 V_o를 측정한다.

$V_{o(p-p)}$ (측정값) = ______________

4절(f)와 4절(g)의 결과를 비교하라.

h. 4절(g)의 결과를 보면 측정값과 계산값이 4절(c)와 (d)에 비해 잘 일치하지 않을 것으로 예상할 수 있다. 이러한 응답의 차이는 V_o를 측정하기 위해 오실로스코프를 연결했을 때 생기는 부하효과에 의한 것이다. 그림 16.4에 오실로스코프를 연결했을 때 생기는 부하효과가 그림 16.5에 추가된 저항으로 나타나있다.

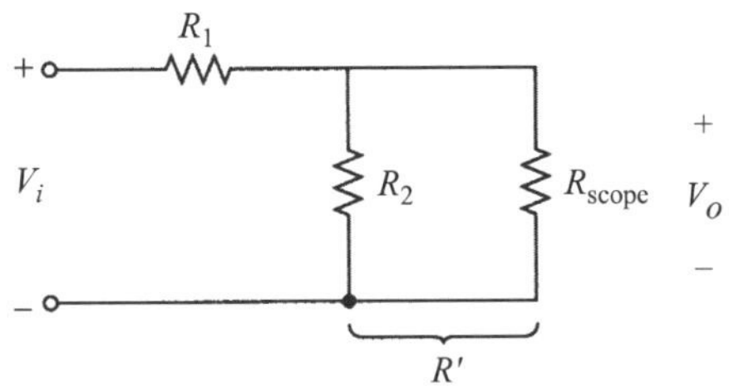

그림 16.5 오실로스코프에 의한 부하 효과

전압 분배 법칙을 이용해 얻은 다음 식을 R_{scope}에 대하여 풀면 R_{scope}의 값을 V_o와 V_i의 측정값으로부터 계산할 수 있다.

$$R' = \frac{R_2 R_{scope}}{R_2 + R_{scope}} = \frac{R_1}{\dfrac{V_i}{V_o} - 1} \tag{16.3}$$

R_{scope}의 값을 식 16.3과 R_1, R_2, V_o, V_i의 측정값으로부터 계산하라.

R_{scope} (계산값) = ____________

오실로스코프의 입력 임피던스가 주어져 있으면 그 값을 계산값과 비교하라.

i. R_1을 1 MΩ으로 유지하고 R_2를 1 kΩ으로 교체했을 때, 4절(h)의 결과를 이용해 V_o의 예상값을 계산하라.

$V_{o(p-p)}$ (계산값) = ____________

j. 회로에 전원을 연결하고 V_o의 피크-피크값을 측정하라.

$V_{o(p-p)}$ (측정값) = ____________

k. 4절(i)와 4절(j)의 결과를 비교하라.

5 연습문제

1. 그림 16.1의 회로에서 커패시터가 직류 조건에서 “개방 회로”, 교류 조건에서 “단락 회로”라고 가정하는 것이 합리적인가? 실험 결과가 그것을 입증하는가? 그 이유는 무엇인가?

2. 일반적으로 직류 측정에는 DMM과 오실로스코프 중 어떤 계측기를 이용해야 하는가? 그 이유는 무엇인가? 오실로스코프는 언제 사용하는 것이 유리한가?

3. a. 교류 측정에서 오실로스코프 대신 DMM을 사용할 경우 상대적으로 유리한 점은 무엇인가?

   b. 교류 측정에서 DMM 대신 오실로스코프를 사용할 경우 상대적으로 유리한 점은 무엇인가?

4. 수평 민감도가 0.1 ms/div일 때 정현파 신호가 수평으로 5 눈금을 차지하고 있다. 파형의 주기와 주파수를 구하라.

T(계산값) = ____________

f(계산값) = ____________

5. 그림 16.6에 주어진 파형들 사이의 위상차를 구하라. 주어진 위상각에서 어느 파형의 위상이 더 앞서는가?

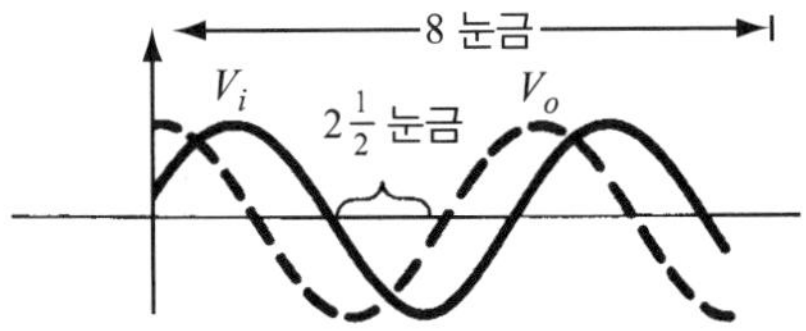

그림 16.6

θ(계산값) = ____________

6. 식 16.3을 유도하라.

6 컴퓨터 실습

PSpice 모의실험 16-1

아래 그림의 PSpice 회로는 그림 16.1의 회로와 같다. 시간 영역(과도상태) 해석을 수행하여 실험 측정과 같은 데이터를 얻을 것이다. 실험을 시작하기 전에 이 모의실험을 수행하고 그 결과를 실험 데이터와 비교할 수 있는 참고값으로 사용하는 것이 좋다.

PSpice 모의실험 16-1: 교류와 직류 측정

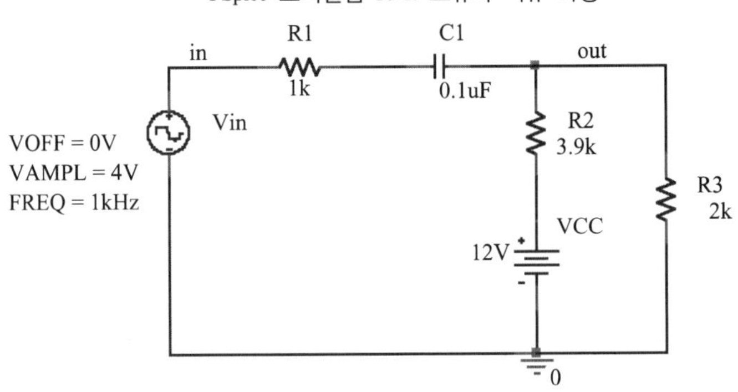

이 회로에 대해 2 ms 동안 시간영역(과도상태) 해석을 수행한다. 이렇게 하면 프로브 화면에 입력과 출력 전압의 두 주기가 표시될 것이다. 요구하는 작업을 수행하고 여기서 얻은 데이터를 이용해 다음 질문에 답하라.

1. 프로브 화면에 나타나는 두개의 전압 궤적의 형상에 대해 서술하라.

2. 2개의 프로브 커서를 이용해 두 전압의 피크-피크값을 구하라.

3. 소스 VCC를 0 V로 놓고 해석을 다시 수행하라. 두개의 전원은 0-Y 축에 중심이 맞춰져야 한다.

4. 두 전압 파형간의 시간 지연을 구하라. 이를 위한 쉬운 방법은 전압이 0-Y 축을 통과하는 두 개의 교점에 두 개의 커서를 위치시키는 것이다. 시간 지연은 그림 16.3에 A로 표시되어 있다. B는 Vin이 한주기를 완료하는데 걸리는 시간이다. 위상각은 식 16.2를 이용해 계산한다.

5. 계산된 위상차는 얼마인가?

6. 어떤 전압이 위상이 더 빠른가?

7. 다음으로 두 전압의 실효값을 구한다. 전압의 실효값을 구하기 위해 20 ms 동안 시간영역(과도상태) 해석을 수행한다. VCC는 0 V로 놓는다.

8. Vin과 Vout의 프로브 궤적을 구하라. Vin에는 RMS(V(Vin)), Vout에는 RMS(V(out))이라는 표현을 이용하라.
   V(in)과 **V(out)**의 실효값을 얻기 위해 해석이 끝난 후 **Trace**(궤적)를 클릭한다. 다음, **Add Traces** 박스에서 **Functions or Macros** 항목의 **RMS( )**와 **V(in)**을 차례로 클릭하면 전압 실효값의 전체 표현이 **Trace Expression** 부분에 표시된다. 다음 **OK**를 클릭하면 프로브(Probe) 플롯이 표시된다. 이 작업을 **V(out)**에 대해 반복하라. 커서를 이용해 **V(in)**과 **V(out)**의 전압 실효값의 크기를 구한다.

9. 이 전압들의 피크값으로부터 실효값을 계산하라.

10. 8번과 9번의 결과가 일치하는가?

11. Vout의 직류값을 얻기 위해 20 ms 동안 시간영역(과도상태) 해석을 수행한다. VCC는 12 V로 놓는다.

12. V(out)의 직류(DC)값을 얻기 위해 해석이 끝난 후 **Trace**(궤적)를 클릭한다. 다음, **Add Traces** 박스에서 **Functions or Macros** 항목의 **AVG( )**와 **V(out)**을 차례로 클릭하면 전압 평균(DC)값의 전체 표현이 **Trace Expression** 부분에 표시된다. 다음 **OK**를 클릭하면 프로브(Probe) 플롯이 표시된다. 커서를 이용해 **V(out)**의 직류(DC) 전압을 구한다.

13. R3와 R2로 구성되는 전압 분배기를 이용하여 Vout의 직류값을 계산한다.

14. 이 계산값과 PSpice 모의실험 결과를 비교한다.

PSpice 모의실험 16-2

아래 회로에서 R2 양단의 전압을 $20{,}000\,\Omega/\text{volt}$의 민감도를 갖는 VOM(volt/ohm meter)이나 10 MΩ의 내부저항을 갖는 DMM으로 측정한다. 10 V 눈금으로 설정한 VOM을 사용할 경우 R2에 병렬로 연결된 R_{meter}의 값이 200 kΩ이 된다. DMM을 사용할 경우에는 R2에 병렬로 연결된 R_{meter}의 값이 10 MΩ으로 된다. VOM을 사용했을 때 바이어스 동작점 해석을 수행하고 R2 양단의 전압을 구하라. 이번에는 DMM을 사용했을 때 바이어스 동작점 해석을 수행하고 R2 양단의 전압을 구하라.

PSpice 모의실험 16-2: 부하 효과

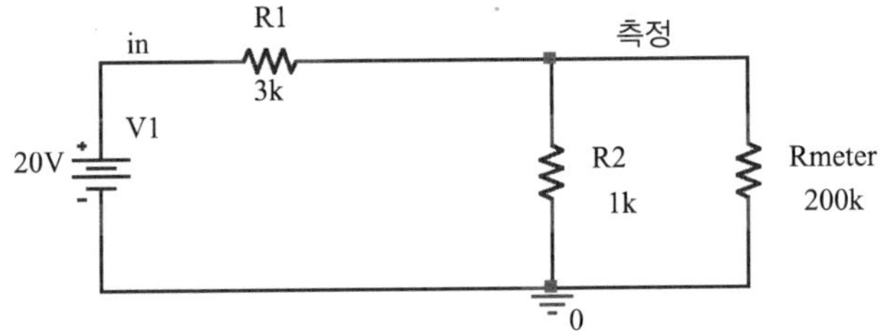

R1을 300 kΩ 저항으로, R2를 100 kΩ 저항으로 교체한다. 위와 같이 바이어스 동작점 해석을 수행하라. 지금까지 해석으로 얻은 데이터를 아래 표에 기록한다.

표 16.1
PSpice 모의실험

사용 계측기	*R2*	*V(R2)* 이론값	*V(R2)* 측정값	% 변화율
VOM	1 kΩ			
DMM	1 kΩ			
VOM	100 kΩ			
DMM	100 kΩ			

V(R2)의 이론값을 비교의 기준값으로 사용하라.

위의 해석을 바탕으로 아래 질문에 답하라.

1. 어떤 회로에서 어떤 계측기를 사용했을 때 최대의 부하 효과를 보이는가?

2. 어떤 회로에서 어떤 계측기를 사용했을 때 최소의 부하 효과를 보이는가?

3. V(R2)의 감소율이 1% 미만이 되도록 부하 효과가 제한된다면 VOM은 어떤 회로에 쓰일 수 있는가?

4. 같은 조건에서 DMM은 어떤 회로에 쓰일 수 있는가?

5. 이상의 데이터로 얻은 결과를 볼 때 대부분의 전자회로에서 VOM을 사용하는 것이 바람직한가?

실험
17

공통 이미터 트랜지스터 증폭기

목적

1. 공통 이미터 증폭기의 교류와 직류 전압을 측정한다.
2. 부하 동작과 무부하 동작 조건에서 전압 이득(A_v), 입력 임피던스(Z_i), 출력 임피던스(Z_o)의 측정값을 구한다.
3. 공통 이미터 증폭기의 교류와 직류 동작 조건을 얻기 위해 **바이어스 동작점**(Bias Point)과 **시간영역(과도상태)** 해석을 이용해 PSpice 모의실험을 수행한다. 공통 이미터 증폭기의 입력과 출력 임피던스를 얻기 위해 **시간영역(과도상태)** 해석을 이용해 PSpice 모의실험을 수행한다.

실험소요장비

계측기

오실로스코프
DMM
함수발생기
직류 전원

부품

저항

(2) 1 kΩ
(2) 3 kΩ
(1) 10 kΩ
(1) 33 kΩ

커패시터

(2) 15 μF

(1) 100 μF

트랜지스터

(2) NPN(2N3904, 2N2219, 또는 등가 범용 트랜지스터)

사용 장비

항목	실험실 관리번호
직류 전원	
함수발생기	
오실로스코프	
DMM	

이론 개요

공통 이미터(common-emitter, CE) 트랜지스터 증폭기 회로는 널리 이용된다. 이 회로는 일반적으로 10에서 수백에 이르는 큰 전압 이득을 얻을 수 있고, 적당한 입력과 출력 임피던스를 제공한다. 교류 신호 전압 이득은 다음과 같이 정의된다.

$$A_v = V_o / V_i$$

여기서 V_o와 V_i는 둘 다 실효값, 피크값, 피크-피크값이 될 수 있다. 입력 임피던스 Z_i는 입력 신호측에서 본 증폭기의 임피던스이다. 출력임피던스 Z_o는 부하에서 출력단쪽으로 들여다 본 증폭기의 임피던스이다.

그림 17.1의 전압 분배기 직류 바이어스 회로에서 모든 직류 바이어스 전압은 트랜지스터의 β값을 정확히 몰라도 근사적으로 결정할 수 있다. 트랜지스터의 교류 동적 저항(AC dynamic resistance) r_e는 다음 식을 이용해 계산한다.

$$r_e = \frac{26(\mathrm{mV})}{I_{E_Q}(\mathrm{mA})} \tag{17.1}$$

교류 전압 이득:

무부하 조건에서 CE 증폭기의 교류 전압 이득은 다음 식으로부터 계산된다.

$$A_v = \frac{-R_C}{(R_E + r_e)}$$

R_E가 커패시터에 의해 바이패스 되면 위 식에 $R_E = 0$을 대입해 아래의 식을 얻는다.

$$A_v = \frac{-R_C}{r_e} \tag{17.2}$$

교류 입력 임피던스: 교류 입력 임피던스는 다음 식으로부터 계산된다.

$$Z_i = R_1 \| R_2 \| \beta (R_E + r_e)$$

R_E가 커패시터에 의해 바이패스 되면 위 식에 $R_E = 0$을 대입해 아래의 식을 얻는다.

$$Z_i = R_1 \| R_2 \| \beta r_e \tag{17.3}$$

교류 출력 임피던스:

교류 출력 임피던스는 다음 식과 같다.

$$Z_o = R_C \tag{17.4}$$

실험순서

1 공통 이미터 직류 바이어스

a. 그림 17.1 회로의 저항값들을 측정하고 기록하라.

R_1 = ______

R_2 = ______

R_C = ______

R_E = ______

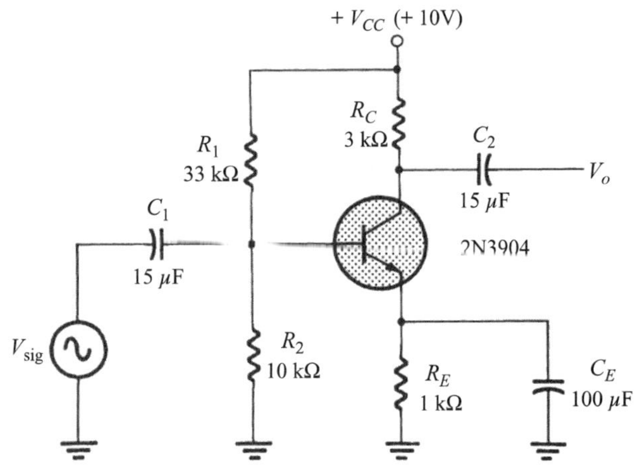

그림 17.1

b. 그림 17.1 회로의 직류 바이어스 값을 계산하라. 그 결과를 아래에 기록한다.

V_B (계산값) = ___________

V_E (계산값) = ___________

V_C (계산값) = ___________

I_E (계산값) = ___________

식 17.1과 I_E의 계산값을 이용해 r_e를 계산한다.

r_e (계산값) = ___________

c. 그림 17.1의 회로를 구성하고 $V_{CC} = 10\ V$로 설정한다. 다음 전압을 측정하여 직류 바이어스를 확인한다.

V_B (측정값) = ___________

V_E (측정값) = ___________

V_C (측정값) = ___________

이 측정값이 1절(b)에서 계산한 값들과 비교해 근사한지 확인한다. 이미터 직류 전류를 다음 식을 이용해 계산하라.

$$I_E = V_E / R_E$$

I_E = ___________

I_E의 측정값을 이용해 교류 동적 저항 r_e를 계산한다.

$$r_e = \frac{26(mV)}{I_E(mA)}$$

r_e = ___________

r_e값을 1절(b)의 계산값과 비교한다.

2 공통 이미터 교류 전압 이득

a. 식 17.2를 이용해 이미터가 완전히 바이패스되는 증폭기의 전압 이득을 계산하라.

A_v (계산값) = ____________

b. 주파수 $f = 1\,\text{kHz}$이고 실효값은 $V_{sig} = 20\,mV$인 교류 입력 신호를 인가하라. 출력 파형을 오실로스코프에서 관찰하고 파형에 왜곡이 없도록 한다(왜곡이 있으면 입력 신호를 줄이거나 직류 바이어스를 확인한다). 이 때 오실로스코프나 DMM을 사용하여 교류 출력 전압을 측정하라.

V_o (측정값) = ____________

측정값을 이용해 회로의 무부하 전압 이득을 계산하라.

$$A_v = \frac{V_o}{V_{sig}}$$

A_v = ____________

A_v의 측정값을 2절(a)의 계산값과 비교하라.

3 교류 입력 임피던스 Z_i

a. 식 17.3을 이용하여 Z_i를 계산하라. β값으로는 트랜지스터 커브 트레이서나 β 테스터를 이용한 측정값이나 규격표에 명시되어 있는 값(예를 들어, $\beta = 150$)을 사용한다.

Z_i (계산값) = ____________

b. Z_i를 측정하기 위해 그림 17.2와 같이 입력 측정 저항 $R_x = 1\,\text{k}\Omega$를 연결한다. 주파수 $f = 1\,\text{kHz}$ 이고 실효값이 $V_{sig} = 20\,mV$인 입력 신호를 인가한다. 출력 파형을 오실로스코프에서 관찰하고 파형에 왜곡이 없도록 한다(필요한 경우 입력 신호의 크기를 조절한다). V_i를 측정한다.

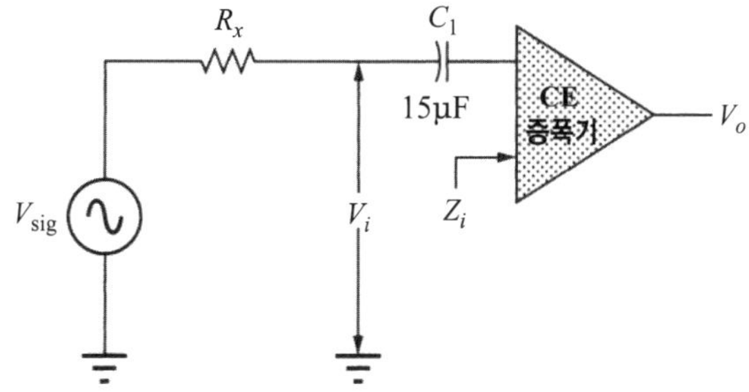

그림 17.2

V_i (측정값) = ____________

다음 식을 정리하면

$$V_i = \frac{V_{sig}}{(Z_i + R_x)} Z_i$$

Z_i에 대한 다음 식을 얻는다.

$$Z_i = \frac{V_i}{(V_{sig} - V_i)} R_x$$

Z_i = ____________

Z_i의 측정값을 3절(a)의 계산값과 비교하라.

4 출력 임피던스 Z_o

a. 식 17.4를 이용해 Z_o를 계산한다.

Z_o (계산값) = ____________

b. 입력 측정 저항 R_x를 제거한다. 주파수 $f = 1\,\text{kHz}$이고 실효값이 $V_{sig} = 20\,mV$인 입력 신호에 대해 출력 전압 V_o를 측정한다. 출력 파형에 왜곡이 없는 것을 확인한다.

V_o [측정값] (무부하 조건) = V_o = ____________

이제 부하 $R_L = 3\,\text{k}\Omega$를 연결하고 V_o를 측정한다.

V_o [측정값] (부하 조건) = V_L = ____________

다음 식을 정리하면

$$V_L = \frac{R_L}{(Z_o + R_L)} V_o$$

Z_o에 대한 다음 식을 얻는다. 이로부터 Z_o를 계산한다.

$$Z_o = \frac{V_o - V_L}{V_L} R_L$$

Z_o = ____________

Z_o의 측정값을 4절(a)의 계산값과 비교한다.

5 오실로스코프 측정

그림 17.1의 증폭기를 연결한다. 주파수 $f = 1\ \mathrm{kHz}$ 이고 피크-피크값은 $V_{sig} = 20\ \mathrm{mV}$ 인 교류 입력 신호에 대해 그림 17.3에 V_{sig}와 V_o의 파형을 그려라.

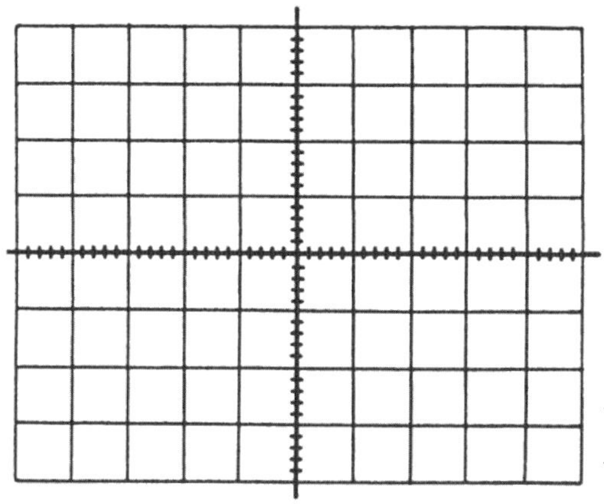

수평축 ________

수직축 ________

그림 17.3

6 컴퓨터 실습

PSpice 모의실험 17-1

아래 그림의 공통 이미터 회로는 그림 17.1의 회로와 같다. "out"으로 표시된 절점(node)이 유동(floating)하는 것을 막기 위해 저항 R3를 추가하였다. 그와 같은 유동 조건은 PSpice에서 허용되지 않는다. 이 저항을 추가하는 것은 이 회로의 기본적인 응답

PSpice 모의실험 17-1: 공통 이미터 회로

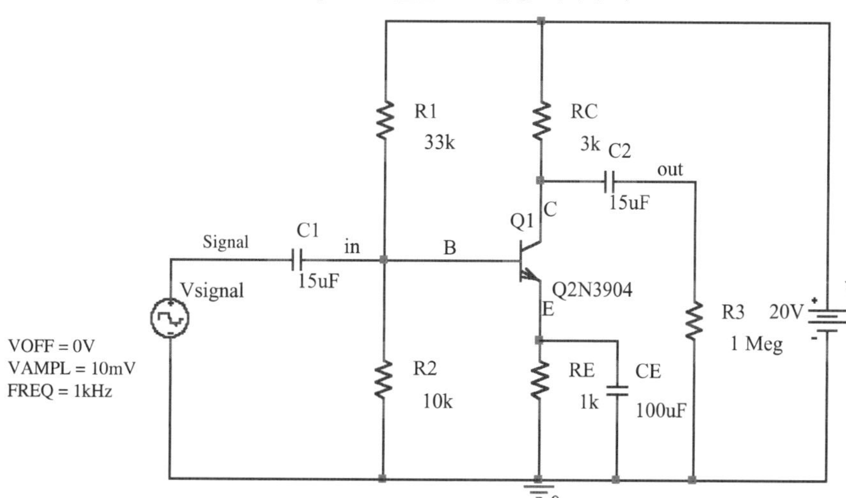

에 변화를 주지 않을 것이다. 다음 페이지에 나열된 순서대로 해석을 수행한다. 모의실험 17-1의 Vsignal 소스는 Pspice에서 VSIN으로 지정되어 있다.

1. 바이어스 동작점 해석을 수행하고 이 회로의 모든 직류 전류와 전압을 구한다.

2. 구한 데이터에서 저항 r_e를 계산한다.

3. 2ms 동안 시간 영역(과도상태) 해석을 수행하고 프로브 플롯(Probe plot)에 전압 V(Signal)과 V(out)의 그래프를 그린다.
   V(signal)의 플롯을 얻기 위해 **"signal"** 노드가 PSpice 모의실험 17-1 회로도에 표시된 것처럼 지정되어야 한다.
   다음, V(Signal)과 V(out)의 플롯을 얻기 위해 다음과 같이 진행한다:
   - **Plot**을 클릭한다.
   - **Add Axis**를 클릭한다. 두 번째 축이 >> 기호와 함께 표시된다. 이것은 새로운 축이 활성화되었음을 의미한다.
   - **Trace**를 클릭한다.
   - **Add Trace**를 클릭한다.
   - **V(out)**을 클릭한다. 그 궤적이 프로브(Probe) 플롯에 나타난다.

4. 프로브 커서를 이용해 이 전압들의 피크-피크 값을 측정한다.

5. 두 전압간의 위상차는 몇 도인가?

6. 이 위상차가 존재하는 이유에 대해 설명하라.

7. 이 증폭기의 이론상 입력 임피던스를 계산한다.

8. 20 ms 동안 시간 영역(과도상태) 해석을 수행한다.

9. 입력 전압과 전류의 비인 RMS(V(VSignal))/RMS(I(C1))의 그래프를 그린다. 이 비율은 증폭기의 입력 임피던스와 같다. 커서를 이용해 이 비율의 크기를 구하라.

10. 이 값을 이론값과 비교한다. 이 값이 일치하는가?

출력 임피던스를 구하기 위해 위의 회로를 아래와 같이 변형한다. Vsignal 소스가 0 V로 설정된 것을 주지하라. 이론상으로는 전압 VTest의 크기는 별로 중요하지 않다.

PSpice 모의실험 17-1: 공통 이미터 회로

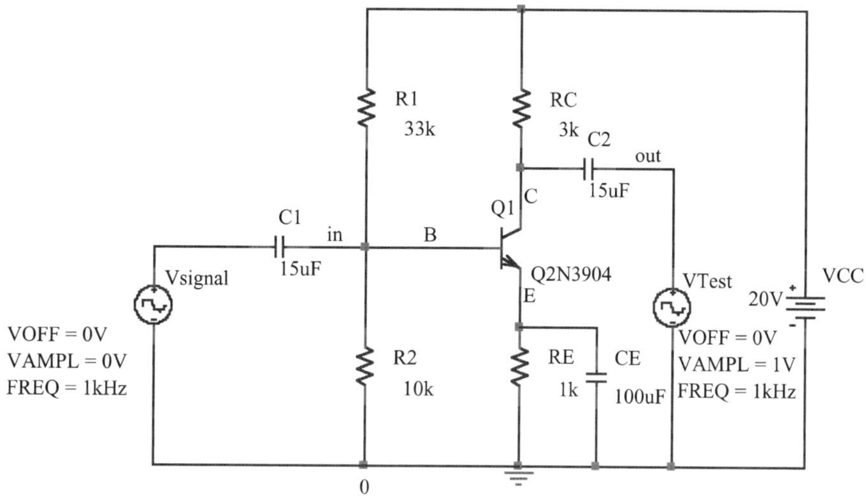

1. 출력 임피던스의 이론값을 계산한다.

2. 20 ms 동안 시간 영역(과도상태) 해석을 수행한다.

3. 출력 전압과 전류의 비인 RMS(V(Test))/RMS(I(C2))의 그래프를 그린다. 이 비율은 증폭기의 출력 임피던스와 같다.

4. 이 값을 이론값과 비교한다. 이 값이 일치하는가?

5. 만약 일치하지 않는다면 그 이유는 무엇인가?

실험 18

공통 베이스 및 이미터 폴로어(공통 컬렉터) 트랜지스터 증폭기

목적

1. 공통 베이스 및 이미터 폴로어(공통 컬렉터) 증폭기의 직류와 교류 전압을 측정한다.
2. 전압 이득(A_v), 입력 임피던스(Z_i), 출력 임피던스(Z_o)를 측정한다.
3. 공통 베이스와 이미터 폴로어 증폭기의 직류 바이어스 전압, 교류 전압 이득, 입출력 전압과 그 위상각, 그리고 입출력 임피던스를 얻기 위해 **바이어스 동작점**(Bias Point)과 **시간영역(과도상태)** 해석을 이용해 PSpice 모의실험을 수행한다.

실험소요장비

계측기

오실로스코프

DMM

함수발생기

직류전원

부품

저항

(1) 100 Ω

(1) 1 kΩ

(2) 3 kΩ

(2) 10 kΩ

(1) 33 kΩ

(1) 100 kΩ

커패시터

(2) 15 μF

(1) 100 μF

트랜지스터

(1) NPN (2N3904, 2N2219, 또는 등가의 범용 트랜지스터)

사용 장비

항목	실험실 관리번호
직류 전원	
함수발생기	
오실로스코프	
DMM	

이론 개요

공통 베이스(common-base, CB) 트랜지스터 증폭기 회로는 주로 고주파 응용에 쓰인다. 작은 입력 임피던스와 중간 정도의 출력 임피던스를 가지며 전압 이득을 크게 할 수 있다. 전압 이득은 다음 식으로 주어진다.

$$A_v = \frac{R_C}{r_e} \tag{18.1}$$

교류 입력 임피던스: 교류 입력 임피던스는 다음과 같다.

$$Z_i = r_e(\text{베이스 단자 접지}) \tag{18.2}$$

교류 출력 임피던스: 교류 출력 임피던스는 다음과 같다.

$$Z_o = R_C \tag{18.3}$$

공통 컬렉터, 또는 이미터 폴로어 회로는 주로 임피던스 정합에 쓰인다. 전압 이득은 1에 가까우며 높은 입력 임피던스와 작은 출력 임피던스를 갖는다.

교류 전압 이득: 공통 컬렉터 증폭기의 교류 전압 이득은 다음 식으로 계산된다.

$$A_v = \frac{R_E}{R_E + r_e} \tag{18.4}$$

교류 입력 임피던스: 교류 입력 임피던스는 다음과 같이 계산된다.

$$Z_i = R_1 \| _2 \| \beta(R_E + r_e) \tag{18.5}$$

교류 출력 임피던스: 교류 출력 임피던스는 다음과 같다.

$$Z_o = r_e \tag{18.6}$$

실험순서

1 공통 베이스 직류 바이어스

a. 그림 18.1 회로의 직류 바이어스 전류와 전압을 계산하라. 계산값을 아래에 기록하라.

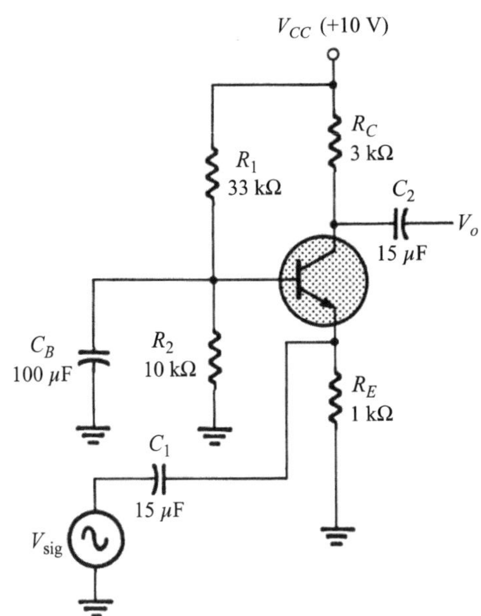

그림 18.1

V_B (계산값) = ______________

V_E (계산값) = ______________

V_C (계산값) = ______________

I_E (계산값) = ______________

$r_e = 26(\text{mV})/I_E(\text{mA})$를 이용해 r_e를 계산하라.

r_e (계산값) = ____________

b. 그림 18.1의 회로를 연결하라. 다음 전압을 측정해 직류 바이어스를 확인하라.

V_B (측정값) = ____________
V_E (측정값) = ____________
V_C (측정값) = ____________

다음 식을 이용해 직류 이미터 전류를 구하라.

$$I_E = V_E/R_E$$

I_E = ____________

교류 동적 저항 r_e를 계산하라.

$$r_e = 26(\text{mV})/I_E(\text{mA})$$

r_e = ____________

1절(a)에서 계산한 직류 전압과 전류 I_E, 동적 저항 r_e를 1절(b)에서 얻은 값과 비교하라.

2 공통 베이스 교류 전압 이득

a. 그림 18.1 공통 베이스 증폭기 회로의 교류 전압 이득을 식 18.1을 이용해 계산하라.

A_v (계산값) = ____________

b. 주파수 1 kHz에서 실효값 $V_{sig} = 50\ mV$를 갖는 교류 입력신호를 인가하라. 이에 따른 교류 출력 전압 V_o를 측정하라.

V_o (측정값) = ____________

다음 식에서 교류 전압이득을 계산하라.

$$A_v = \frac{V_o}{V_{sig}}$$

A_v = ____________

2절(a)에서 계산한 전압 이득을 2절(b)에서 얻은 측정값과 비교하라.

오실로스코프를 통해 입력 전압파형 V_{sig}와 출력 전압파형 V_o를 관찰하고 그림 18.2에 그려라.

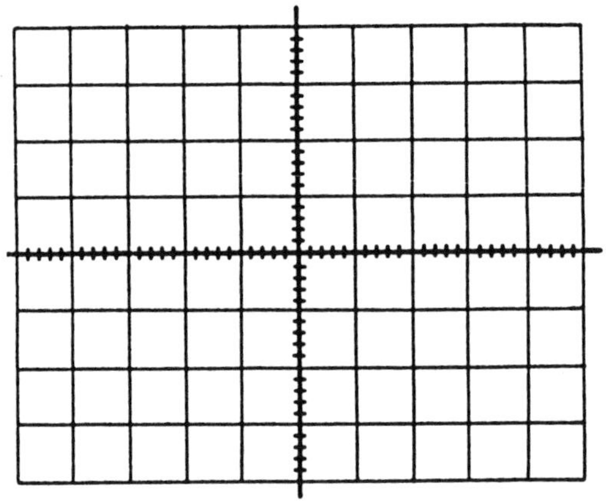

그림 18.2

3 공통 베이스 입력 임피던스 Z_i

a. 그림 18.1 공통 베이스 증폭기 회로의 교류 입력 임피던스를 식 18.2를 이용해 계산하라.

Z_i (계산값) = ____________

b. Z_i를 측정하기 위해 그림 18.3과 같이 입력 측정저항 $R_x = 100\,\Omega$을 연결하라. 주파수 1 kHz에서 실효값 $V_{sig} = 50\,mV$를 갖는 입력을 인가하고 V_i를 측정한다.

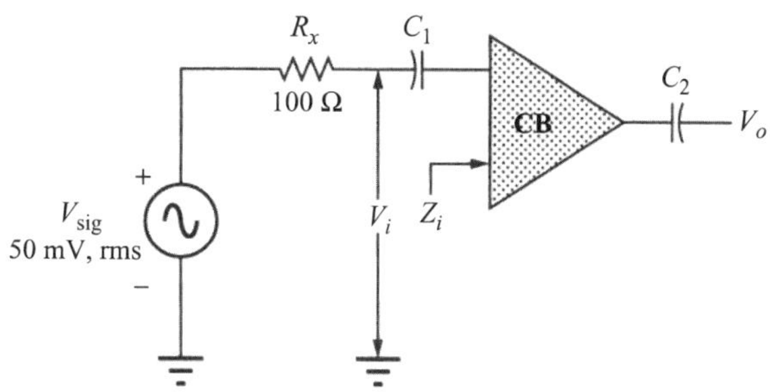

그림 18.3

V_i (측정값) = ____________

다음 식을 이용해 Z_i를 구하라.

$$V_i = \frac{Z_i}{(Z_i + R_x)} V_{sig}$$

$$Z_i = \frac{V_i}{(V_{sig} - V_i)} R_x$$

Z_i (측정값) = ____________

저항 R_x를 제거하라.

3절(a)에서 계산한 입력 임피던스를 3절(b)에서 얻은 측정값과 비교하라.

4 공통 베이스 출력 임피던스 Z_o

a. 그림 18.1 공통 베이스 증폭기 회로의 교류 출력 임피던스를 식 18.3을 이용해 계산하라.

Z_o (계산값) = ____________

b. 주파수 1 kHz에서 실효값 $V_{sig} = 20\ mV$를 갖는 입력을 인가하고 무부하 상태에서 출력 전압 V_o를 측정한다.

V_o (측정값)(무부하) = ____________

다음 부하 저항 $R_L = 3\ k\Omega$를 연결하고 V_L을 측정한다.

V_L (측정값) = ____________

출력 임피던스는 다음 식을 이용해 계산할 수 있다.

$$V_L = \frac{R_L}{(Z_o + R_L)} V_o$$

따라서,

$$Z_o = \frac{V_o - V_L}{V_L} R_L$$

Z_o = ____________

4절(a)에서 계산한 교류 출력 임피던스를 4절(b)에서 전압 측정 데이터로부터 계산한 교류 출력 임피던스와 비교하라.

5 이미터 폴로어 직류 바이어스

a. 그림 18.4 이미터 폴로어 회로의 직류 바이어스 전류와 전압을 계산하라. 계산값을 아래에 기록하라.

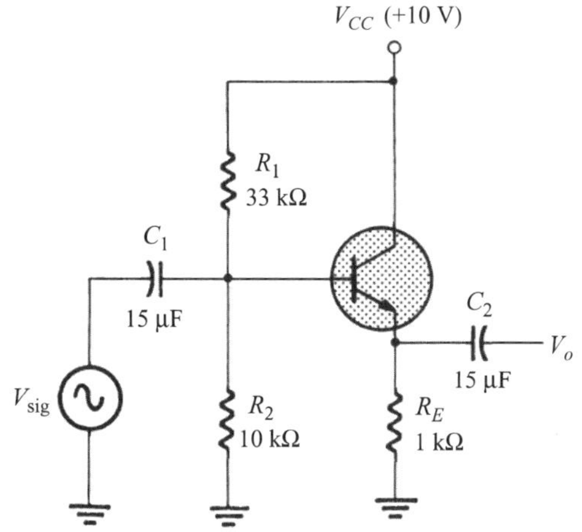

그림 18.4

V_B (계산값) = ____________

V_E (계산값) = ____________

V_C (계산값) = ____________

I_E (계산값) = ____________

$r_e = 26(\text{mV})/I_E(\text{mA})$를 이용해 r_e를 계산하라.

r_e (계산값) = ____________

b. 그림 18.4의 회로를 연결하라. $V_{CC} = 10\ V$로 설정한다. 다음 전압을 측정해 직류 바이어스를 확인하라.

V_B (측정값) = ____________

V_E (측정값) = ____________

V_C (측정값) = ____________

다음 식을 이용해 직류 이미터 전류를 구하라.

$$I_E = \frac{V_E}{R_E}$$

$I_E =$ ____________

다음 식을 이용해 교류 동적 저항 r_e를 계산하라.

$$r_e = \frac{26(\mathrm{mV})}{I_E}$$

$r_e =$ ____________

5절(a)에서 계산한 직류 전압과 전류를 5절(b)에서 측정한 값과 비교하라.

6 이미터 폴로어 교류 전압 이득

a. 그림 18.4 이미터 폴로어 증폭기 회로의 교류 전압 이득을 식 18.4를 이용해 계산하라.

A_v (계산값) = ____________

b. 주파수 1 kHz 에서 실효값 $V_{sig} = 1\,V$를 갖는 교류 입력신호를 인가하라. 이에 따른 교류 출력 전압 V_o를 측정하라.

V_o (측정값) = ____________

다음 식에서 교류 전압이득을 계산하라.

$$A_v = \frac{V_o}{V_{sig}}$$

A_v (측정값) = ____________

6절(a)에서 계산한 전압 이득을 6절(b)에서 얻은 측정값과 비교하라.

오실로스코프를 통해 입력 전압파형 V_{sig}와 출력 전압파형 V_o를 관찰하고 그림 18.5에 그려라.

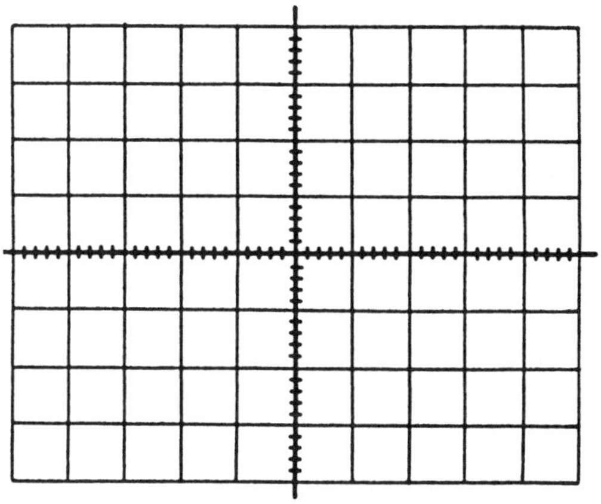

그림 18.5

7 이미터 폴로어 입력 임피던스 Z_i

a. 그림 18.4 이미터 폴로어 증폭기 회로의 교류 입력 임피던스를 식 18.5를 이용해 계산하라.

Z_i (계산값) = ___________

b. Z_i를 측정하기 위해 그림 18.6과 같이 입력 측정저항 $R_x = 10\ \text{k}\Omega$을 연결하라. 주파수 1 kHz에서 실효값 $V_{sig} = 2\ V$를 갖는 입력을 인가하고 V_i를 측정한다.

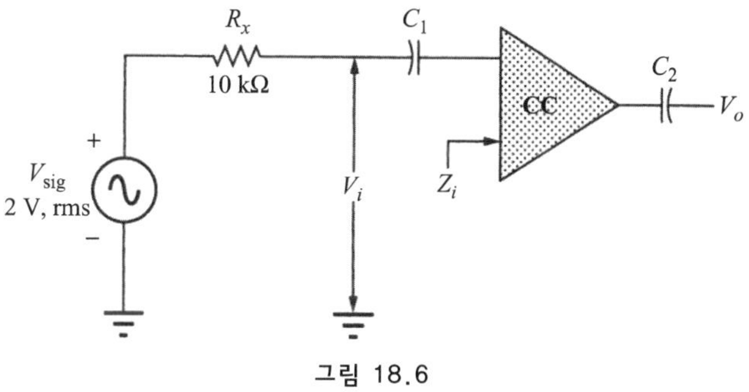

그림 18.6

V_i (측정값) = ___________

다음 식을 이용해 Z_i를 구하라.

$$V_i = \frac{Z_i}{(Z_i + R_x)} V_{sig}$$

$$Z_i = \frac{V_i}{(V_{sig} - V_i)} R_x$$

Z_i = ____________

7절(a)에서 계산한 공통 컬렉터 증폭기의 입력 임피던스를 7절(b)에서 얻은 측정값과 비교하라.

8 이미터 폴로어 출력 임피던스 Z_o

a. 공통 컬렉터 증폭기 회로의 교류 출력 임피던스를 식 18.6을 이용해 계산하라.

Z_o (계산값) = ____________

b. 주파수 1 kHz 에서 실효값 $V_{sig} = 20\ mV$를 갖는 입력을 인가하고 출력 전압 V_o를 측정한다.

V_o (측정값) = ____________

다음 부하 저항 $R_L = 100\ \Omega$를 연결하고 V_L을 측정한다.

V_L (측정값) = ____________

출력 임피던스는 다음 식을 이용해 계산할 수 있다.

$$V_L = \frac{R_L}{(Z_o + R_L)} V_o$$

따라서,

$$Z_o = \frac{V_o - V_L}{V_L} R_L$$

Z_o = ____________

8절(a)에서 계산한 공통 컬렉터 회로의 출력 임피던스를 8절(b)에서 얻은 값과 비교하라.

9 컴퓨터 실습

PSpice 모의실험 18-1

주어진 공통 베이스 증폭기 회로에 대해 바이어스 동작점 모의실험을 수행하고 다음 순서대로 진행한다.

1. 증폭기의 직류 전압을 구한다.

2. 베이스와 컬렉터의 전류를 구한다.

3. PSpice 데이터를 실험에서 얻은 직류 전압, 전류값과 비교한다.

18장의 "이론 개요"에 나와있는 식을 이용해 다음 순서대로 진행한다.

4. 동적 저항 r_e를 계산한다.

5. 증폭기 전압 이득의 이론값을 계산한다.

6. 입력 임피던스의 이론값을 계산한다.

7. 출력 임피던스의 이론값을 계산한다.

PSpice 모의실험 18-1: 공통 베이스 증폭기

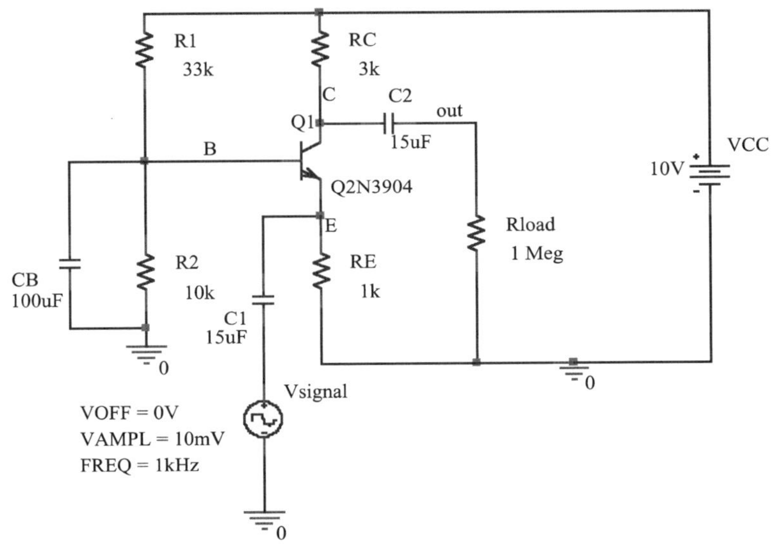

주의 Rload는 "out" 절점이 유동(floating) 상태로 있는 것을 방지하기 위해 추가되었다. 이 저항의 추가로 회로의 동작은 크게 변하지 않는다.

입력과 출력 전압의 비교

다음, 2 ms 동안 시간 영역(과도상태) 해석을 수행한다. Vsignal은 주파수 1 kHz, 최대값 $10\ mV$를 갖는다.

다음 순서대로 진행한다.

1. 출력과 입력 전압의 프로브 플롯(Probe plot)을 구한다. 두 전압의 크기에 차이가 있으므로 2개의 전압에 대해 2개의 다른 y-축을 사용하는 것이 좋다. 두 개의 **Y 축**을 얻으려면 실험 17에 나온 절차를 참고하라.

2. 두 전압 사이의 위상각을 구하라.

3. 이번에는 시간 영역(과도상태) 해석을 20 ms 동안 수행한다.

4. RMS(V(Vout))/RMS(V(Vsignal:+))의 비를 구한다. 이 비는 증폭기의 교류 이득과 같다. 커서를 이용해 그 크기를 구한다.

5. 이 값을 위에서 계산한 이론값과 비교한다.

6. 이 값을 실험에서 얻은 측정값과 비교한다.

7. 모의실험을 통해 얻은 교류 이득이 이론값, 측정값과 차이가 날 경우, 그 이유에 대해 설명하라.

PSpice 데이터로부터 입력과 출력 임피던스 계산

앞에서 20 ms 동안 시간 영역(과도상태) 해석을 수행한 결과로부터 RMS(V(Vsignal:+))/RMS(I(C1))의 비를 구한다. 이 비는 입력 임피던스와 같다.

1. 프로브 플롯(Probe plot)에서 커서를 이용해 입력 임피던스의 크기를 구한다.

2. 이 값을 이론값과 비교한다.

3. 이 값을 실험에서 얻은 측정값과 비교한다.

4. 모의실험을 통해 얻은 입력 임피던스가 이론값, 측정값과 차이가 날 경우, 그 이유에 대해 설명하라.

출력 임피던스를 얻기 위해 증폭기를 다음과 같이 수정한다. Vtest는 PSpice에서 **VSIN**임을 유의한다.

PSpice 모의실험 18-1: 공통 베이스 증폭기

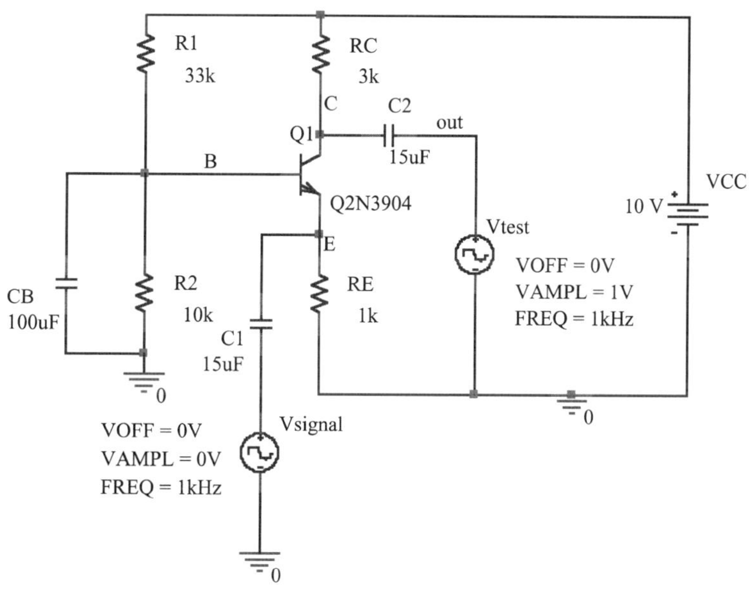

Vsignal은 0 V로 설정한다.

1. 시간 영역(과도상태) 해석을 20 ms 동안 수행하고 RMS(V1(Vtest))/RMS(I(C2))의 비를 구한다. 이 비는 출력 임피던스와 같다.

2. 이 값을 이론값과 비교한다.

3. 이 값을 실험에서 얻은 측정값과 비교한다.

4. 모의실험을 통해 얻은 출력 임피던스가 이론값, 측정값과 차이가 날 경우, 그 이유에 대해 설명하라.

PSpice 모의실험 18-2

주어진 이미터 폴로어 회로에 대해 바이어스 동작점 모의실험을 수행하고 다음 순서대로 진행한다.

1. 증폭기의 직류 전압을 구한다.

2. 베이스와 컬렉터의 전류를 구한다.

3. PSpice 데이터를 실험에서 얻은 직류 전압, 전류값과 비교한다.

18장의 "이론 개요"에 나와있는 식을 이용해 다음 순서대로 진행한다.

4. 동적 저항 r_e를 계산한다.

5. 증폭기 전압 이득의 이론값을 계산한다.

6. 입력 임피던스의 이론값을 계산한다.

7. 출력 임피던스의 이론값을 계산한다.

PSpice 모의실험 18-2: 이미터 폴로어

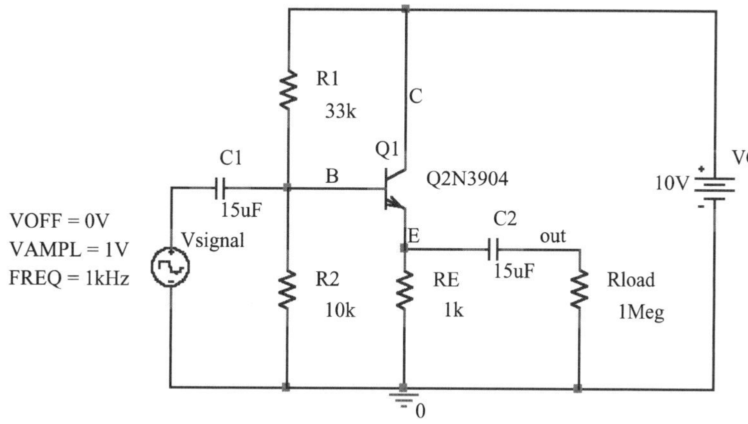

입력과 출력 전압의 비교

다음, 2 ms 동안 시간 영역(과도상태) 해석을 수행한다. Vsignal은 주파수 1 kHz, 최대값 1 *V*를 갖는다.

다음 순서대로 진행한다.

1. 출력과 입력 전압의 프로브 플롯(Probe plot)을 구한다. 2개의 다른 y-축을 사용할 필요는 없다. 그 이유는 무엇인가?
2. 두 전압 사이의 위상각을 구하라.
3. 이번에는 시간 영역(과도상태) 해석을 20 ms 동안 수행한다.
4. RMS(V(Vout))/RMS(V(Vsignal:+))의 비를 구한다. 이 비는 증폭기의 교류 이득과 같다. 커서를 이용해 그 크기를 구한다.
5. 이 값을 위에서 계산한 이론값과 비교한다.
6. 이 값을 실험에서 얻은 측정값과 비교한다.
7. 모의실험을 통해 얻은 교류 이득이 이론값, 측정값과 차이가 날 경우, 그 이유에 대해 설명하라.

PSpice 데이터로부터 입력과 출력 임피던스 계산

앞에서 20 ms 동안 시간 영역(과도상태) 해석을 수행한 결과로부터 RMS(V(Vsignal:+))/RMS(I(C1))의 비를 구한다. 이 비는 입력 임피던스와 같다.

1. 프로브 플롯(Probe plot)에서 커서를 이용해 입력 임피던스의 크기를 구한다.

2. 이 값을 이론값과 비교한다.

3. 이 값을 실험에서 얻은 측정값과 비교한다.

4. 모의실험을 통해 얻은 입력 임피던스가 이론값, 측정값과 차이가 날 경우, 그 이유에 대해 설명하라.

출력 임피던스를 얻기 위해 증폭기를 다음과 같이 수정한다.

PSpice 모의실험 18-2: 이미터 폴로어

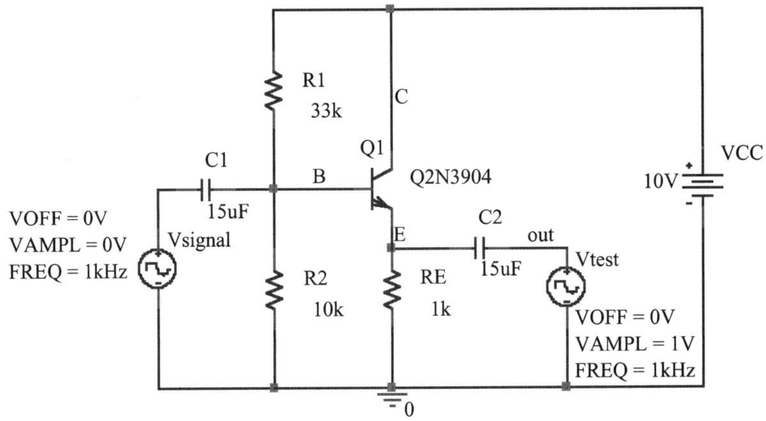

Vsignal은 0 V로 설정한다.

1. 시간 영역(과도상태) 해석을 20 ms 동안 수행하고. **RMS(V1(Vtest))/RMS(I(C2))**의 비를 구한다. 이 비는 출력 임피던스와 같다.

2. 이 값을 이론값과 비교한다.

3. 이 값을 실험에서 얻은 측정값과 비교한다.

4. 모의실험을 통해 얻은 출력 임피던스가 이론값, 측정값과 차이가 날 경우, 그 이유에 대해 설명하라.

실험 19

공통 이미터 증폭기 설계

목적

1. 공통 이미터 증폭기를 설계, 구성하고 시험한다.
2. 직류 바이어스와 교류 증폭값을 계산하고 측정한다.
3. PSpice 프로그램을 이용해 주어진 조건에서 공통 이미터 증폭기를 설계한다.

실험소요장비

계측기

오실로스코프
DMM
함수발생기
직류전원

부품

저항

설계 과정에서 선택

커패시터

설계 과정에서 선택

트랜지스터

(1) NPN (2N3904, 2N2219, 또는 등가의 범용 트랜지스터)

사용 장비

항목	실험실 관리번호
직류 전원	
함수발생기	
오실로스코프	
DMM	

이론 개요

이 실험에서는 그림 19.1과 같은 공통 이미터 증폭기를 설계한다. 먼저 설계과정에서 필요한 트랜지스터 규격과 회로의 동작 조건을 상세히 정의한다. 그림 19.1에 이미터 저항 R_E가 완전히 바이패스(bypass)된 전압 분배기 증폭기가 나와 있다. 가능하면 실제 회로를 구성하기 전에 컴퓨터를 이용한 설계를 수행하고 테스트하는 것이 좋다. 설계한 회로를 테스트하기 위해 PSpice 또는 Microcap II를 사용할 수 있다. 2N3904 (또는 등가) 트랜지스터를 사용하며, 설계 규격은 다음과 같다.

$\beta = 100$(대표값)

$I_{C(\max)} = 200\ mA$

$V_{CE(\max)} = 40\ V$

회로는 다음의 특성을 가져야 한다.

$V_{CC} = 10\ V$

$A_v = 100$(최소값)

$Z_i = 1\ \mathrm{k}\Omega$ (최소값)

$Z_o = 10\ \mathrm{k}\Omega$ (최대값)

교류 출력 전압 스윙 $= 3\ V_{p-p}$(최대값)

부하 저항 $R_L = 10\ \mathrm{k}\Omega$ (최소값)

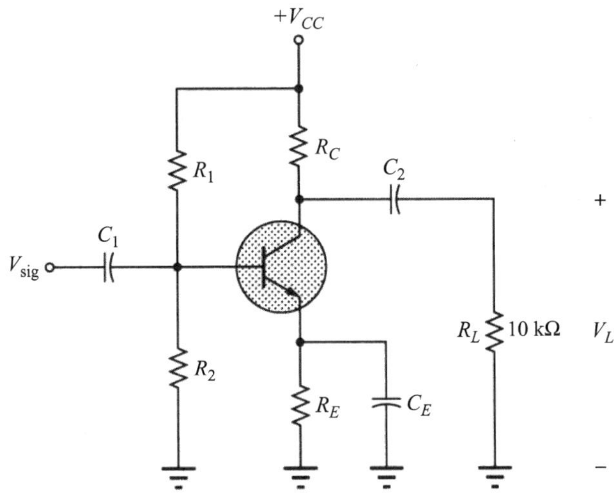

그림 19.1

실험순서

1 부품 선정

이번 실험에서 설계해야 하는 공통 이미터 회로가 그림 19.1에 나와 있다. V_{CC}값 (10 V)은 트랜지스터 최대 정격($V_{CE} = 40\ V$, 최대값) 이내에 있으며, 출력 전압 스윙을 3 V_{p-p}까지 허용한다. 중간 주파수 대역인 $f = 1\text{ kHz}$에서는 커패시터 값으로 $C_1 = C_2 = 15\,\mu\text{F}$와 $C_E = 100\,\mu\text{F}$이 적당하다.[1)] 설계에서 트랜지스터의 β값은 최소 $\beta = 100$로 고려하라.

a. V_E의 값을 다음과 같이 정한다.

$$V_E = \frac{V_{CC}}{10} = \frac{10\,V}{10} = 1\ V$$

b. I_C의 목표값을 각 조마다 다른 값으로 설정하고 R_E값을 결정한다.[2)] 예를 들어 I_C의 목표값이 $I_E = I_C = 1\text{ mA}$일 경우 R_E의 값은 다음과 같이 구한다.

$$R_E = \frac{V_E}{I_E} = \frac{1\ V}{1\text{ mA}} = 1\text{ k}\Omega$$

---

1) 15 μF의 경우: $X_C = 1/(2\pi f C) = 1/[2\pi(1\times10^3)(15\times10^{-6})] = 10.6\ \Omega$
100 μF의 경우: $X_C = 1/(2\pi f C) = 1/[2\pi(1\times10^3)(100\times10^{-6})] = 1.6\ \Omega$

2) 실험 1조는 $I_C = 1\text{ mA}$, 2조는 $I_C = 2\text{ mA}$ 등으로 정한다.

c. 회로의 바이어스가 $V_{CE} = 5\ V$(V_{CC}의 1/2) 근방에 오도록 R_C를 선택한다. 이 경우 $V_{R_C} = V_{CC} - V_{CE} - V_E = 4\ V$이므로

$$R_C = \frac{V_{R_C}}{I_C} = \frac{4\ V}{1\ \text{mA}} = 4\ \text{k}\Omega(4.1\ \text{k}\Omega\ \text{사용})$$

d. 전압 이득 A_v의 값을 확인한다.

$$r_e = \frac{26\ \text{mV}}{I_E(\text{mA})} = \frac{26}{1} = 26\ \Omega$$

$$|A_v| = \frac{R_C}{r_e} = \frac{4.1\ \text{k}\Omega}{26\ \Omega} = 158$$

e. 트랜지스터의 베이스로 들여다보는 입력 임피던스가 $\beta r_e = 100(26\ \Omega) = 2.6\ \text{k}\Omega$이므로, $\beta R_E \geq 10\ R_2$을 만족하는 범위에서 R_1과 R_2의 값을 최대로 정해 입력 임피던스가 지나치게 작아지지 않도록 한다.

$\beta R_E \geq 10\ R_2$ 조건을 이용하면 다음 조건을 얻는다.

$$R_2 \leq \frac{\beta R_E}{10} = \frac{(100)(1\ \text{k}\Omega)}{10} = 10\ \text{k}\Omega$$

그러므로 $R_2 = 10\ \text{k}\Omega$를 사용한다.

R_1을 구하기 위해 기본 공식에 대입하면 다음과 같다.

$$V_B = \frac{R_2 V_{CC}}{R_1 + R_2} = V_E + 0.7\ V = 1\ V + 0.7\ V = 1.7\ V$$

$$V_B = \frac{10\ \text{k}\Omega(10\ \text{V})}{R_1 + 10\ \text{k}\Omega} = 1.7\ V$$

따라서 $100\ \text{k}\Omega = 1.7R_1 + 17\ \text{k}\Omega$ 또는 $1.7R_1 = 83\ \text{k}\Omega$이다.

그러므로 $R_1 = \frac{83\ \text{k}\Omega}{1.7} \cong 48.82\ \text{k}\Omega$이다(47 kΩ사용).

f. Z_i값을 확인한다.

$$Z_i = R_1 \| R_2 \| \beta r_e = 130\ \text{k}\Omega \| 27\ \text{k}\Omega \| 100(26\ \Omega) = 2.3\ \text{k}\Omega$$

g. Z_o값을 확인한다.

$$Z_o = R_C = 4.1\ \text{k}\Omega$$

2 컴퓨터 실습

PSpice 모의실험 19-1

주어진 공통 이미터 회로는 "이론 개요"에 주어진 규격을 이용해 설계하였다. 회로의 부품을 결정할 때 컬렉터 전류는 1 mA로 가정했다. Vsignal의 최대값을 15 mV로 인가하면 실험에서 실효값 10 mV인 신호를 준 것과 거의 일치한다.

PSpice 모의실험 19-1: 공통 이미터 증폭기 설계

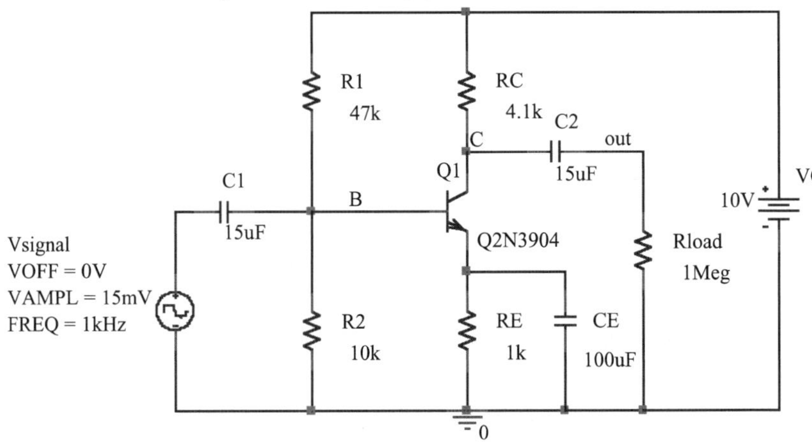

설계 결과를 확인하기 위해 바이어스 동작점 모의실험을 수행하고 다음 물음에 답하라.

1. 베이스와 컬렉터 전류는 얼마인가?

2. 구한 값이 가정한 이론값과 유사한가?

3. 트랜지스터의 β값을 계산하라.

4. 컬렉터-에미터 간 전압은 얼마인가?

5. 이 전압이 출력 전압의 3 V_{p-p} 스윙을 허용하는가?

전압 이득 A_v와 입출력 임피던스 계산

위의 회로에 대해 20 ms 동안 시간 영역(과도상태) 해석을 수행한다. 전압 이득을 얻기 위해 다음 순서대로 진행한다.

1. RMS(V(Vout)))/RMS(V(Vsignal:+))의 비를 플롯한다.

2. 이 값이 주어진 최소 조건을 만족하는가?

3. 만족하지 않을 경우 주어진 값을 얻기 위한 과정을 제시하라.

4. 다음 RMS(V(Vsignal))/RMS(I(C1))의 비를 플롯한다. 이 비는 증폭기의 입력 임피던스와 같다.

5. 이 값이 주어진 최소 조건을 만족하는가?

6. 만족하지 않을 경우 주어진 값을 얻기 위한 과정을 제시하라.

7. 다음으로 증폭기의 출력 임피던스를 얻기 위해 위 회로를 다음과 같이 변경한다.

PSpice 모의실험 19-1: 공통 이미터 증폭기 설계

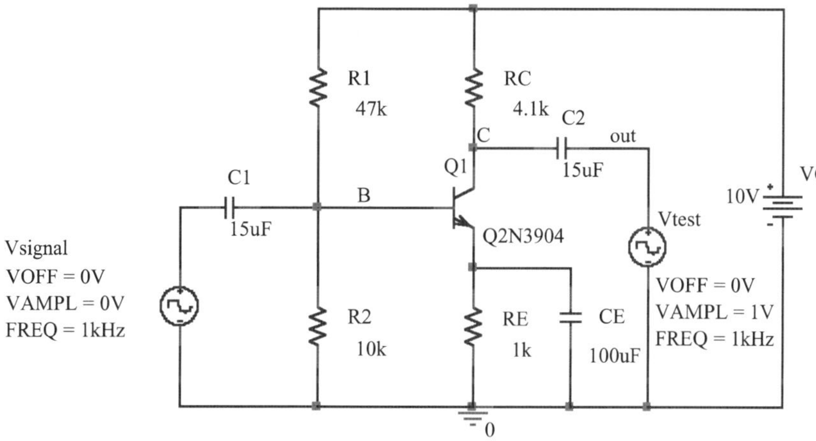

8. 20 ms 동안 시간 영역(과도상태) 해석을 수행하고 RMS(V(Vtest:+))/RMS(I(C2))의 비를 플롯한다. 이 비는 증폭기의 출력 임피던스와 같다.

9. 이 값이 주어진 최대 조건을 만족하는가?

10. 만족하지 않을 경우 주어진 값을 얻기 위한 과정을 제시하라.

3 공통 이미터 회로 구성 및 테스트

a. 1절의 설계와 2절의 해석에서 구한 커패시터, 저항, 트랜지스터를 이용해 그림 19.1의 공통 이미터 증폭기 회로를 구성하라.

b. $V_{CC} = 10\ V$로 설정하고 직류 전압을 측정, 기록한다.

V_B (측정값) = ______________

V_E (측정값) = ______________

V_C (측정값) = ______________

$I_C = I_E$의 값을 계산한다.

$I_C = I_E =$ ______________

동적 저항 r_e를 계산한다.

$r_e =$ ______________

c. 주파수 1 kHz에서 실효값 $V_{sig} = 10\ mV$를 갖는 교류 입력신호를 인가하라(또는 스코프로 관찰했을 때 부하 전압이 왜곡되지 않으면서 최대값이 나오도록 조정한다). 이 때 교류 전압을 측정, 기록하라.

V_{sig} = ______________

V_L (측정값) = ______________

다음 식으로 부하 저항이 연결되었을 때 전압이득 A_v를 계산하라.

$$A_v = \frac{V_L}{V_{sig}}$$

A_v = ______________

d. 측정저항 $R_x = 3\,\mathrm{k}\Omega$을 입력 V_{sig}와 직렬로 연결하라. DMM을 이용해 V_{sig}와 베이스-접지 사이의 V_i를 측정하고 기록하라.

V_{sig} = ____________

V_i (측정값) = ____________

다음 식을 이용해 Z_i를 계산하라.

$$Z_i = \frac{R_x V_i}{(V_{sig} - V_i)} \Omega$$

Z_i = ____________

저항 R_x를 제거한다.

e. 부하 저항 R_L을 제거한다(스코프의 파형이 왜곡되면 V_{sig}를 다시 조정한다). 무부하 교류 출력 전압 V_o를 측정한다.

V_o (측정값) = ____________

다음 식을 이용해 교류 출력 임피던스를 계산한다(3절(c)의 V_L 이용).

$$V_L = \frac{R_L}{R_L + Z_o} V_o$$

따라서,

$$Z_o = \frac{V_o - V_L}{V_L} R_L$$

Z_o = ____________

f. 초기 설계 규격과 측정을 통해 확인한 실제 규격을 요약해서 정리하라.

설계 과정이 성공적이었는지 확인할 수 있도록 설계 규격과 설계 결과를 비교하라. 설계 결과가 만족스럽지 못하다면 그 원인이 될 수 있는 요인에 대해 밝혀라.

실험 20

공통 소스 트랜지스터 증폭기

목적

1. 공통 소스 증폭기의 직류와 교류 전압을 측정한다.
2. 전압 이득(A_v), 입력 임피던스(Z_i), 출력 임피던스(Z_o)를 측정한다.
3. 공통 소스 증폭기의 직류와 교류 동작 조건을 얻기 위해 **바이어스 동작점**(Bias Point)과 **시간영역(과도상태)** 해석을 이용해 PSpice 모의실험을 수행한다.

실험소요장비

계측기

오실로스코프
DMM
함수발생기
직류전원

부품

저항

(1) 510 Ω
(1) 1 kΩ
(1) 2.4 kΩ
(1) 10 kΩ
(2) 1 MΩ

커패시터

(2) 15 μF
(1) 100 μF

트랜지스터

(1) 2N3823(또는 등가)

사용 장비

항목	실험실 관리번호
직류 전원	
함수발생기	
오실로스코프	
DMM	

이론 개요

JFET의 직류 바이어스는 소자의 전달 특성(V_P와 I_{DSS})과 소스 저항에 의해 결정되는 직류 자기 바이어스에 의해 결정된다. 이 직류 바이어스 동작점에서 교류 전압 이득은 g_m이나 g_{fs}같은 소자의 파라미터와 회로의 드레인 저항에 의해 결정된다.

교류 전압 이득: 그림 20.1에 주어진 증폭기의 전압 이득은 다음 식으로 계산된다.

$$A_v = \frac{V_o}{V_i} = -g_m R_D \quad [= -g_m (R_D \| _L)] \tag{20.1}$$

여기서

$$g_m = g_{m0}(1 - V_{GSQ}/V_P) \quad \text{with} \quad g_{m0} = \frac{2I_{DSS}}{|V_P|} \tag{20.2}$$

교류 입력 임피던스: 교류 입력 임피던스는 다음과 같다.

$$Z_i = R_G \tag{20.3}$$

교류 출력 임피던스: 교류 출력 임피던스는 다음과 같다.

$$Z_o = R_D \tag{20.4}$$

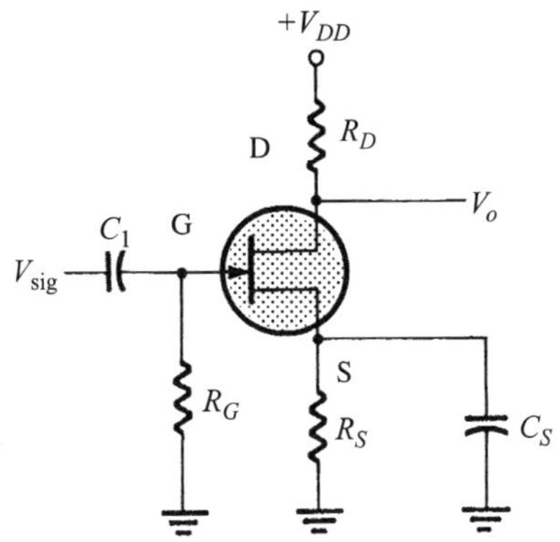

그림 20.1

실험순서

1 I_{DSS}와 V_P측정

특성 커브 트레이서가 있는 경우 이를 이용해 I_{DSS}와 V_P의 값을 구하라. 그렇지 않은 경우 다음 과정을 이용해 그 값을 구하라.

a. $V_{DD} = +20\ V, R_G = 1\ M\Omega$, $R_D = 510\ \Omega$, $R_S = 0\ \Omega$로 설정하고 그림 20.1의 회로를 구성하라. V_D 의 값을 측정하고 기록하라.

V_D (측정값) = ____________

드레인 전류 I_D의 값을 계산하라.

$$I_D = \frac{V_{DD} - V_D}{R_D}$$

I_D (계산값) = ____________

이 값은 $V_{GS} = 0\ V$일 때의 드레인 전류이므로 I_{DSS}와 같다.

$I_{DSS} = I_D$ = ____________

(방금 계산한 I_D값 이용)

b. 이제 $R_S = 1\ k\Omega$를 연결한다. 다음 값을 측정하고 기록한다.

V_{GS} (측정값) = ____________

V_D (측정값) = ____________

이 측정값을 이용해 V_P를 다음과 같이 계산한다.

먼저 $I_D = \dfrac{V_{DD} - V_D}{R_D}$

I_D (계산값) = ____________

다음으로 $V_P = \dfrac{V_{GS}}{1 - \sqrt{\dfrac{I_D}{I_{DSS}}}}$

V_P (계산값) = ____________

2 공통 소스 회로의 직류 바이어스

a. 1절에서 얻은 I_{DSS}와 V_P를 이용하여 그림 20.2 회로에서 예상되는 직류 바이어스를 계산한다.

다음 2개의 방정식의 그래프를 그려서 교점을 구한다.

$$I_D = I_{DSS}\left(1 - \frac{V_{GS}}{V_P}\right)^2 \text{ 그리고 } V_{GS} = -I_D R_S$$

또는 컴퓨터나 프로그래밍이 가능한 계산기를 이용해 연립방정식의 해를 얻는다.

계산한 직류 바이어스 값을 기록한다.

V_{GS} (계산값) = ____________

I_D (계산값) = ____________

다음 식을 이용해 V_D를 계산한다.

$$V_D = V_{DD} - I_D R_D$$

V_D (계산값) = ____________

b. $R_G = 1\ M\Omega$, $R_S = 510\ \Omega$, $R_D = 2.4\ \mathrm{k\Omega}$, $V_{DD} = +20\ V$로 설정하고 그림 20.2의 회로를 구성한다.

c. 직류 바이어스 전압을 측정한다.

V_G (측정값) = ____________

V_S (측정값) = ____________

V_D (측정값) = ____________

V_{GS} (측정값) = ____________

직류 바이어스 조건에서 I_D값을 계산한다.

$$I_D = \frac{V_{S(\text{측정값})}}{R_S}$$

I_D = ____________

2절(a)에서 계산한 직류 바이어스 값과 2절(c)에서 측정한 값을 비교한다.

3 공통 소스 증폭기의 교류 전압 이득

a. 그림 20.2에 주어진 공통 소스 증폭기의 전압 이득을 계산하라.

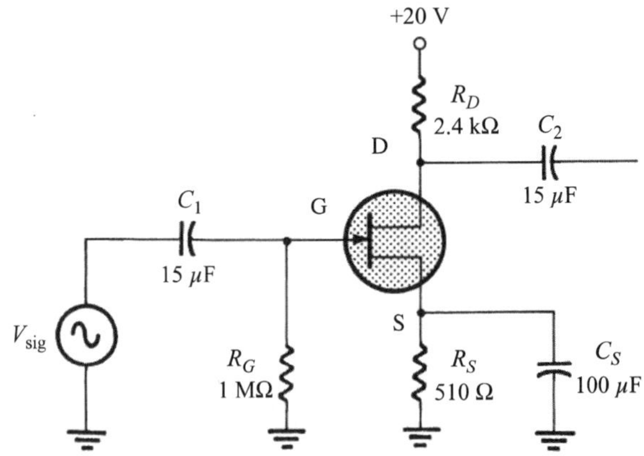

그림 20.2

$$A_v = -g_m R_D$$

여기서 $g_m = \left(\frac{2I_{DSS}}{|V_P|}\right)\left(1 - \frac{V_{GS}}{V_P}\right)$이며,

1절에서 얻은 V_P와 I_{DSS}, 2절에서 계산한 V_{GS}를 이용해 계산한다.

A_v (계산값) = ____________

b. 주파수 1 kHz인 $V_{sig} = 100\ mV$ 입력을 연결한다. DMM을 이용해 다음 값을 측정하고 기록한다.

V_o (측정값) = ____________

증폭기의 전압 이득을 계산한다.

$$A_v = \frac{V_{o(측정값)}}{V_{sig}}$$

A_v = ____________

4 입력과 출력 임피던스 측정

a. 입력 임피던스의 예상값은 다음과 같다.

$$Z_i = R_G$$

Z_i (예상값) = ____________

b. 출력 임피던스의 예상값은 다음과 같다.

$$Z_o = R_D$$

Z_o (예상값) = ____________

c. 1 $M\Omega$ 저항 R_x를 주파수 $f = 100\ Hz$에서 실효값 $V_{sig} = 100\ mV$를 갖는 입력 신호와 직렬로 연결한다. V_i를 측정한다.

V_i (측정값) = ____________

다음 식에서 입력 임피던스를 결정한다.

$$Z_i = \frac{V_i}{V_{sig} - V_i} R_x$$

Z_i (계산값) = ____________

저항 R_x를 제거한다.

d. V_o를 측정한다.

V_o (측정값) = ____________

부하 저항 $R_L = 10\ \mathrm{k}\Omega$를 연결하고 부하 양단의 전압 V_L을 측정한다.

V_L (측정값) = ____________

다음 식을 이용해 출력 임피던스를 구한다.

$$Z_o = \frac{V_o - V_L}{V_L} R_L$$

Z_o (계산값) = ____________

4절(a)에서 계산한 입력 임피던스를 4절(c)에서 전압 측정 데이터로부터 구한 입력 임피던스와 비교하라.

4절(b)에서 계산한 출력 임피던스를 4절(d)에서 전압 측정 데이터로부터 구한 출력 임피던스와 비교하라.

5 컴퓨터 실습

PSpice 모의실험 20-1

주어진 회로는 그림 20.2와 같다.

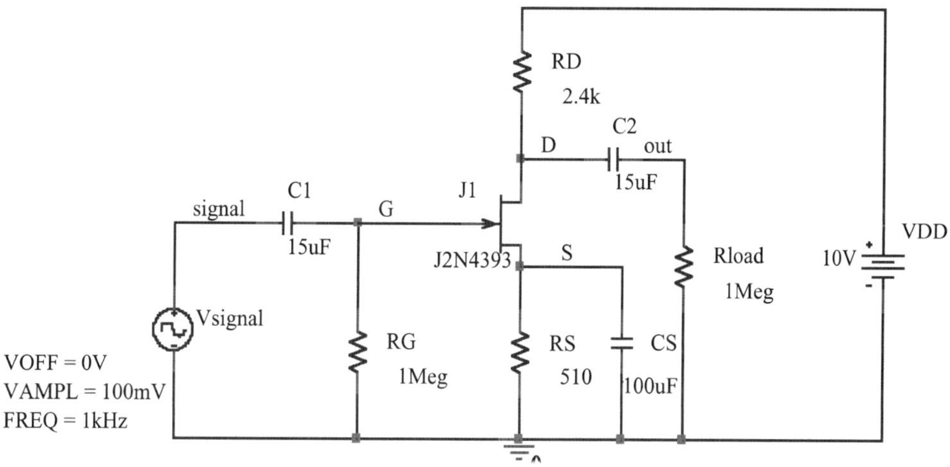

실험 12에서 J2N4393에 대해 I_{DSS}는 $15.86\ mA$, V_P의 절대값은 1.5 V였던것을 상기한다.

1. 이 증폭기의 해석을 시작하기 위해 바이어스 동작점 분석을 수행하고 이 회로의 직류 전압과 전류를 얻는다.

2. PSpice 분석 결과를 실험으로 얻은 값과 비교한다.

3. JFET의 트랜스 컨덕턴스 g_m을 계산한다.

4. 전압 이득의 이론값을 계산한다.

5. 20 ms 동안 시간 영역(과도상태) 해석을 수행한다.

6. RMS(V(OUT))/RMS(V(SIGNAL))의 비를 구한다. 이 비는 증폭기의 전압 이득과 같다.

7. 이 값을 위에서 계산한 이론값, 실험에서 얻은 측정값과 비교한다.

8. RMS(V(SIGNAL))/RMS(I(C1))의 비를 구한다. 이 비는 증폭기의 입력 임피던스와 같다.

9. 이 값을 위에서 계산한 이론값, 실험에서 얻은 측정값과 비교한다.

10. 출력 임피던스를 얻기 위해 회로를 다음과 같이 수정한다. Vtest는 PSpice에서 **VSIN** 전압 소스임을 주의한다.

PSpice 모의실험 20-1: 공통 소스 증폭기

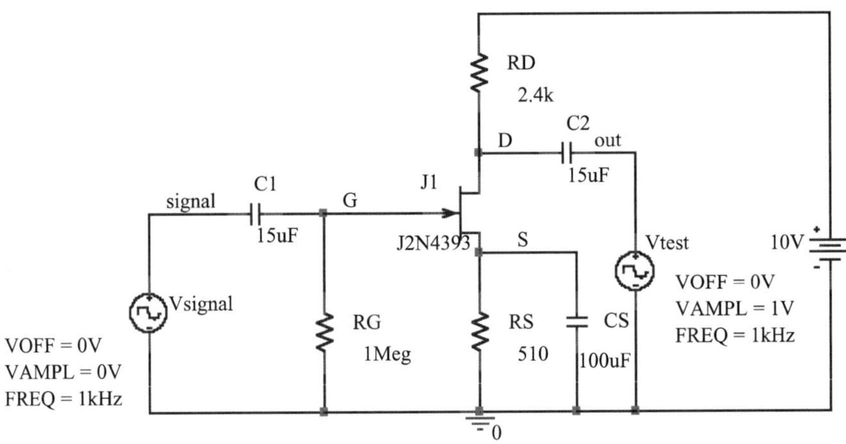

11. RMS(V(Vtest:+))/RMS(I(C2))의 비를 구한다. 이 비는 증폭기의 출력 임피던스와 같다.

12. 이 값을 위에서 계산한 이론값, 실험에서 얻은 측정값과 비교한다.

13. 전압 이득, 입력 임피던스, 출력 임피던스 세 가지 중에서 트랜스 컨덕턴스 값에 영향을 받는 것은 무엇인가?

14. 이 모의실험의 첫 번째 회로에서 저항 RD를 4 kΩ로 바꾸고 20 ms 동안 시간영역(과도상태) 해석을 수행하여 새로 전압 이득을 구한다.

15. 새로 얻은 전압이득과 이전 값에 차이가 나는 이유를 설명하라.

실험 21

다단 증폭기: RC 결합

목적

1. 다단 FET 증폭기의 직류와 교류 전압을 측정한다.
2. 전압 이득(A_v), 입력 임피던스(Z_i), 출력 임피던스(Z_o)를 측정한다.
3. 다단 공통 소스 증폭기의 직류 바이어스 전압, 각 증폭단의 교류 전압 이득, 전체 전압 이득, 그리고 입출력 임피던스를 얻기 위해 **바이어스 동작점**(Bias Point)과 **시간 영역(과도상태)** 해석을 이용해 PSpice 모의실험을 수행한다.

실험소요장비

계측기

오실로스코프

DMM

함수발생기

직류전원

부품

저항

(2) 510 Ω

(1) 1 kΩ

(2) 2.4 kΩ

(1) 10 kΩ

(1) 1 MΩ

커패시터

(2) 15 μF

(1) 100 μF

트랜지스터

(2) 2N3823 (또는 등가). 각각 Q_1, Q_2로 표시해 둔다.

사용 장비

항목	실험실 관리번호
직류 전원	
함수발생기	
오실로스코프	
DMM	

이론 개요

JFET의 직류 바이어스는 소자의 전달 특성(V_P와 I_{DSS})과 소자에 연결된 외부 회로에 의해 결정된다. 이 직류 바이어스 동작점에서 교류 전압 이득은 g_m이나 g_{fs}같은 소자의 파라미터와 회로의 드레인 저항에 의해 결정된다.

교류 전압 이득: 그림 21.1에 주어진 증폭단의 전압 이득은 다음 식으로 계산된다.

$$A_v = \frac{V_o}{V_i} = -g_m R_D = -g_m (R_D \|_L) \qquad (21.1)$$

여기서

$$g_m = g_m 0\left(1 - \frac{V_{GSQ}}{V_P}\right) \quad \text{with} \quad g_{m0} = \frac{2I_{DSS}}{|V_P|} \qquad (21.2)$$

교류 입력 임피던스: 교류 입력 임피던스는 다음과 같다.

$$Z_i = R_G \qquad (21.3)$$

교류 출력 임피던스: 교류 출력 임피던스는 다음과 같다.

$$Z_o = R_D \qquad (21.4)$$

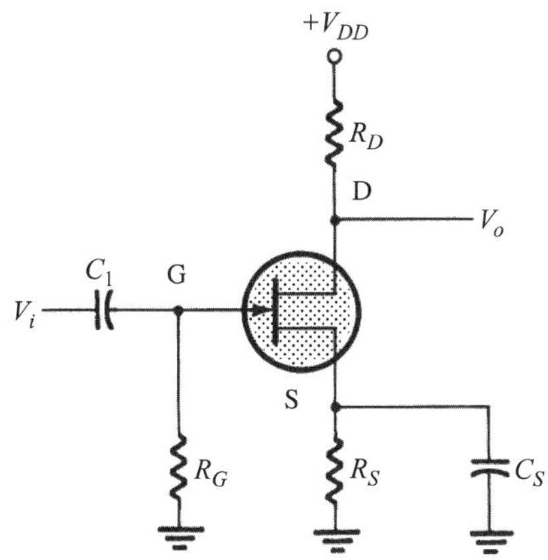

그림 21.1

실험순서

1 I_{DSS}와 V_P측정

두개의 트랜지스터 Q_1과 Q_2에 대해 모두 I_{DSS}와 V_P의 값을 얻어야 한다. 특성 커브 트레이서가 있는 경우 이를 이용해 I_{DSS}와 V_P의 값을 구하라. $V_{DS}=+10\ V$일 때의 값을 측정한다.

Q_1의 특성:

I_{DSS} = __________

V_P = __________

Q_2의 특성:

I_{DSS} = __________

V_P = __________

그 다음 2절부터 진행한다.

커브 트레이서가 없는 경우 다음 과정을 이용해 그 값을 구하라.

a. $R_D = 510\,\Omega$, $R_S = 0\,\Omega$로 설정하고 Q_1을 이용해 그림 21.2의 회로를 구성하라. V_D 의 값을 측정하고 기록하라.

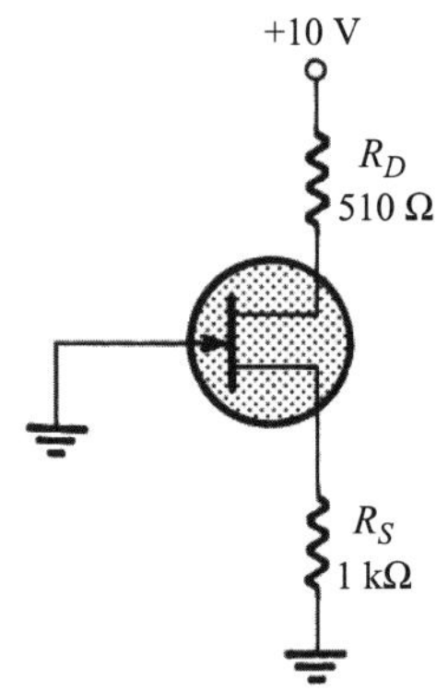

그림 21.2

V_D (측정값) = ____________

드레인 전류 I_D의 값을 계산하라.

$$I_D = \frac{V_{DD} - V_D}{R_D}$$

I_D (계산값) = ____________

이 값은 $V_{GS} = 0\ V$일 때의 드레인 전류이므로 I_{DSS}와 같다.

$I_{DSS}(Q_1) = I_D$ = ____________

(방금 계산한 I_D값 이용)

Q_1을 Q_2로 바꾸고 측정을 반복한다.

V_D (측정값) = ____________

드레인 전류 I_D의 값을 계산하라.

$$I_D = \frac{V_{DD} - V_D}{R_D}$$

I_D (계산값) = ____________

이 값은 $V_{GS} = 0\ V$일 때의 드레인 전류이므로 I_{DSS}와 같다.

$I_{DSS}(Q_2) = I_D =$ ____________

(방금 계산한 I_D값 이용)

b. 이제 $R_S = 1\ k\Omega$를 연결한다. 다음 값을 측정하고 기록한다.

V_{GS} (측정값) = ____________

V_D (측정값) = ____________

이 측정값을 이용해 V_P를 다음과 같이 계산한다.

먼저 $I_D = \dfrac{V_{DD} - V_D}{R_D}$

I_D (계산값) = ____________

다음으로 $V_P = \dfrac{V_{GS}}{1 - \sqrt{\dfrac{I_D}{I_{DSS}}}}$

$V_P(Q_2)$ (계산값) = ____________

Q_2를 Q_1으로 바꾸고 1절(b)의 측정을 반복한다.

V_{GS} (측정값) = ____________

V_D (측정값) = ____________

이 측정값을 이용해 V_P를 다음과 같이 계산한다.

먼저 $I_D = \dfrac{V_{DD} - V_D}{R_D}$

I_D (계산값) = ____________

다음으로 $V_P = \dfrac{V_{GS}}{1 - \sqrt{\dfrac{I_D}{I_{DSS}}}}$

$V_P(Q_1)$ (계산값) = ____________

2 공통 소스 회로의 직류 바이어스

a. 1절에서 얻은 각각의 트랜지스터의 I_{DSS}와 V_P를 이용하여 그림 21.3 회로에서 예상되는 직류 바이어스를 계산한다.

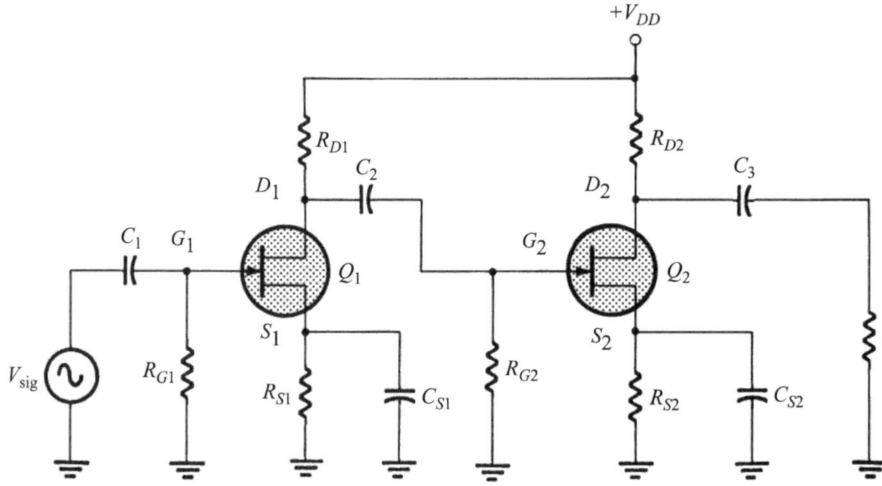

그림 21.3

다음 2개의 방정식의 그래프를 그려서 교점을 구한다.

$$I_D = I_{DSS}\left(1 - \frac{V_{GS}}{V_P}\right)^2 \text{ 그리고 } V_{GS} = -I_D R_S$$

또는 컴퓨터나 프로그래밍이 가능한 계산기를 이용해 연립방정식의 해를 얻는다.

첫 번째 단에 대해 계산한 직류 바이어스 값을 기록한다.

V_{GS1}(계산값) = ____________

I_{D_1}(계산값) = ____________

다음 식을 이용해 V_{D1}을 계산한다.

$$V_{D1} = V_{DD} - I_{D_1} R_{D_1}$$

V_{D_1}(계산값) = ____________

두 번째 단에 대해 계산한 직류 바이어스 값을 기록한다.

V_{GS_2}(계산값) = ____________

I_{D_2}(계산값) = ____________

다음 식을 이용해 V_{D_2}을 계산한다.

$$V_{D_2} = V_{DD} - I_{D_2} R_{D_2}$$

V_{D_2}(계산값) = ____________

b. $R_{G_1} = R_{G_2} = 1\ M\Omega$, $R_{S_1} = R_{S_2} = 510\ \Omega$, $R_{D_1} = R_{D_2} = 2.4\ \text{k}\Omega$, $R_L = 10\ k\Omega$, $V_{DD} = +20\ V$로 설정하고 그림 21.3의 회로를 구성한다.

c. 직류 바이어스 전압을 측정한다.

V_{G_1}(측정값) = ______________

V_{S_1}(측정값) = ______________

V_{D_1}(측정값) = ______________

V_{GS_1}(측정값) = ______________

직류 바이어스 조건에서 I_{D_1}값을 계산한다(표준저항값 이용).

$$I_{D_1} = \frac{V_{S_1}}{R_{S_1}}$$

I_{D_1} = ______________

V_{G_2}(측정값) = ______________

V_{S_2}(측정값) = ______________

V_{D_2}(측정값) = ______________

V_{GS_2}(측정값) = ______________

직류 바이어스 조건에서 I_{D_2}값을 계산한다.

$$I_{D_2} = \frac{V_{S_2}}{R_{S_2}}$$

I_{D_2} = ______________

2절(a)에서 계산한 직류 바이어스 값과 2절(c)에서 측정한 값을 비교한다.

3 증폭기의 교류 전압 이득

a. 그림 21.3에 주어진 공통 소스 증폭기의 전압 이득을 계산하라.

두 번째 단:

$$A_{v_2} = -g_m(R_{D_2} \| R_L)$$

여기서 $g_m(Q_2) = \left(\frac{2I_{DSS}(Q_2)}{|V_P(Q_2)|}\right)\left(1 - \frac{V_{GS_2}}{V_P(Q_2)}\right)$이다.

1절에서 얻은 $V_P(Q_2)$와 $I_{DSS}(Q_2)$, 2절에서 얻은 V_{GS_2}를 이용해 A_{v_2}를 계산한다.

A_{v_2} (계산값) = ____________

첫 번째 단:

$$A_{v_1} = -g_{m_1}(R_{D_1} \| Z_{i_2})$$

여기서 $g_m(Q_1) = \left(\frac{2I_{DSS}(Q_1)}{|V_P(Q_1)|}\right)\left(1 - \frac{V_{GS_1}}{V_P(Q_1)}\right)$ 이다.

1절에서 얻은 $V_P(Q_1)$과 $I_{DSS}(Q_1)$, 2절에서 얻은 V_{GS_1}을 이용해 A_{v_1}를 계산한다.

A_{v_1} (계산값) = ____________

증폭기의 전체 전압 이득을 계산한다.

$$A_v = A_{v_1} \times A_{v_2}$$

A_v (계산값) = ____________

b. 주파수 $f = 1\,\text{kHz}$에서 실효값이 $V_{sig} = 10\,mV$인 입력을 연결한다. 오실로스코프를 이용해 왜곡되지 않은 출력 전압을 측정한다. 필요할 경우 V_{sig}의 값을 조정한다. 측정값을 기록한다.

V_{sig} (측정값) = ____________

V_L (측정값) = ____________

증폭기의 전체 전압 이득을 계산한다.

$$A_v = \frac{V_L}{V_{sig}}$$

A_v = ____________

다음 값을 측정하고 기록한다.

V_{o_1} (측정값) = ____________

각 단의 이득을 계산한다.

$$A_{v_1} = \frac{V_{o_1}}{V_{sig}}$$

A_{v_1} (계산값) = ____________

$$A_{v_2} = \frac{V_L}{V_{o_1}}$$

A_{v_2} (계산값) = ____________

4 입력과 출력 임피던스 측정

a. 입력 임피던스의 예상값은 다음과 같다.

$$Z_i = R_{G_1}$$

Z_i = ____________

b. 출력 임피던스의 예상값은 다음과 같다.

$$Z_o = R_{D_2}$$

Z_o = ____________

c. 1 $M\Omega$ 저항 R_x를 주파수 $f = 100\ Hz$에서 실효값 $V_{sig} = 100\ mV$를 갖는 입력 신호와 직렬로 연결한다. V_{i_1}을 측정한다.

V_{i_1} (측정값) = ____________

다음 식에서 입력 임피던스를 계산한다.

$$Z_i = \frac{V_{i_1}}{V_{sig} - V_{i_1}} R_x$$

Z_i = ____________

측정용 저항 R_x를 제거한다.

d. V_L을 측정한다.

V_L (측정값) = ____________

부하 저항 $R_L = 10\ \mathrm{k\Omega}$를 제거하고 출력 전압 V_o를 측정한다.

V_o (측정값) = ____________

다음 식을 이용해 교류 출력 임피던스를 구한다.

$$Z_o = \frac{V_o - V_L}{V_L} R_L$$

Z_o = ____________

4절(a)에서 계산한 입력 임피던스를 4절(c)에서 전압 측정 데이터로부터 구한 입력 임피던스와 비교하라.

4절(b)에서 계산한 출력 임피던스를 4절(d)에서 전압 측정 데이터로부터 구한 출력 임피던스와 비교하라.

5 컴퓨터 실습

PSpice 모의실험 21-1

주어진 회로는 RC 결합 다단 증폭기로서 그림 21.3과 같다. 사용된 JFET는 앞 실험과 같다. 따라서 IDSS는 15.86 mA, V_P의 절대값은 1.5 V이다.

PSpice 모의실험 21-1: 다단 공통 소스 증폭기

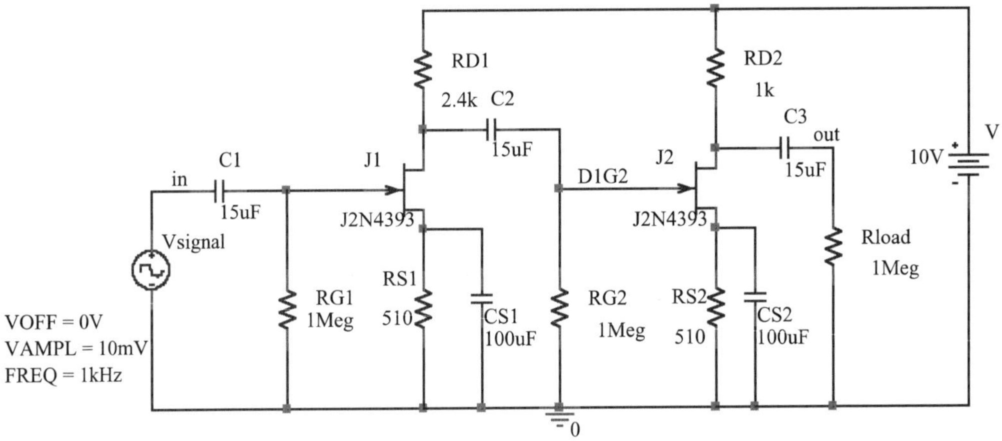

1. 바이어스 동작점 분석을 수행하고 두 단의 직류 전압과 전류를 얻는다.

2. PSpice 분석 결과를 실험으로 얻은 값과 비교한다.

3. 두 개의 JFET의 트랜스 컨덕턴스 g_m을 계산한다.

4. 각 단의 전압 이득의 이론값을 계산한다.

5. 20 ms 동안 시간 영역(과도상태) 해석을 수행한다.

6. 첫 번째 단의 전압 이득을 구한다. 이를 구하기 위한 식은 RMS(V(D1G2))/ RMS (V(IN))로 주어진다.

7. 두 번째 단의 전압 이득을 구한다. 이를 구하기 위한 식은 RMS(V(OUT))/ RMS(V(D1G2))로 주어진다.

8. 두 단의 전압 이득을 비교한다.

9. 두 값이 차이가 나는 이유는 무엇인가?

10. 두 값의 곱은 얼마인가?

11. 두 단 전체의 전압 이득을 구한다. 이를 구하기 위한 식은 RMS(V(OUT))/ RMS (V(IN))이다.

12. 이 값을 10 단계에서 계산한 값과 비교한다.

13. 1단과 2단의 전압 이득, 전체 전압 이득을 실험에서 얻은 측정값과 비교한다.

14. 오차가 10% 이내인가?

15. 그렇지 않을 경우 큰 오차가 발생할 수 있는 이유에 대해 설명하라.

16. 두 단이 독립적으로 바이어스 되었다는 것을 증명할 수 있는 방법은 무엇인가?

17. RMS(V(IN))/RMS(I(C1))의 비를 구한다. 이 비는 증폭기의 입력 임피던스와 같다.

18. 이 값을 위에서 계산한 이론값, 실험에서 얻은 측정값과 비교한다.

19. 다음, 출력 임피던스를 얻기 위해 회로를 다음과 같이 수정한다.

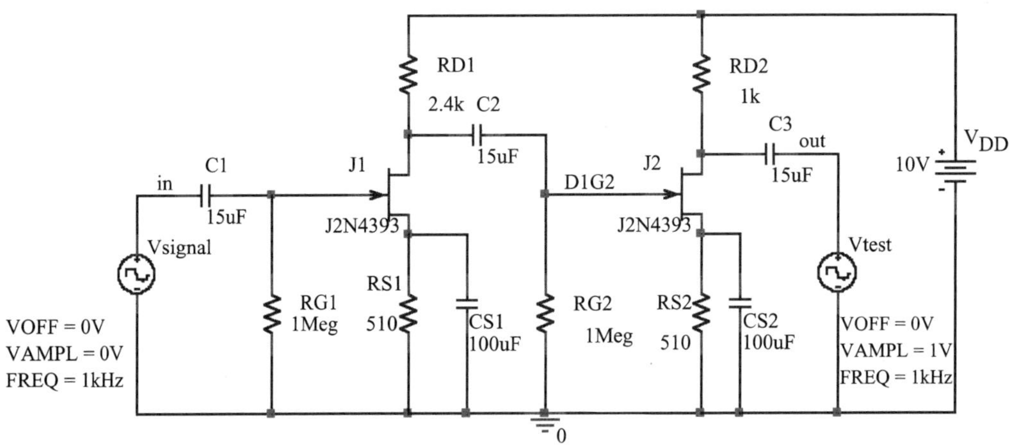

20. RMS(V(OUT))/RMS(I(C3))의 비를 구한다. 이 비는 증폭기의 출력 임피던스와 같다.

21. 이 값을 위에서 계산한 이론값, 실험에서 얻은 측정값과 비교한다.

22. 오차가 있을 경우 그 이유에 대해 설명하라.

실험 22

CMOS 회로

목적

1. CMOS 회로의 직류와 교류 동작을 측정한다.
2. **CMOS OR 게이트**의 논리 출력과 전압 레벨 응답을 얻기 위해 **시간영역(과도상태)** 해석을 이용해 PSpice 모의실험을 수행한다.

실험소요장비

계측기

오실로스코프

DMM

함수발생기

직류전원

부품

IC

(1) 74HC02 또는 14002 CMOS 게이트

(1) 74HC04 또는 14004 CMOS 인버터

사용 장비

항목	실험실 관리번호
직류 전원	
함수발생기	
오실로스코프	
DMM	

이론 개요

CMOS 회로는 그림 22.1에 나와 있는 것처럼 반대 특성을 가지는 두개의 MOSFET 소자를 이용해 구성할 수 있다. 디지털 입력은 0 V 또는 5 V로 주어진다. 입력이 0 V인 경우 그림 22.2a에 나온 것처럼 n형 증가형 MOSFET(nMOS) 소자는 꺼지고, p형 증가형 MOSFET (pMOS) 소자는 켜진다. 입력이 5 V인 경우 그림 22.2b에 나온 것처럼 pMOS 소자는 꺼지고, nMOS 소자는 켜져서 출력은 0 V에 가까운 값으로 나온다.

두개의 입력을 가진 CMOS 게이트가 그림 22.3에 나와있다. 각각의 입력은 한 쌍의 pMOS와 nMOS 트랜지스터에 연결되어 있다. 0 V와 5 V의 다양한 입력에 대한 동작이 그림 22.3에 요약되어 있다. 두개의 입력이 모두 0 V일 경우 두개의 pMOS소자는 모두 켜지고, nMOS 소자는 모두 꺼지게 되어 출력은 5 V이다. 두 입력이 모두 5 V일 경우, 또는 하나의 입력이 5 V일 경우 적어도 하나의 nMOS 소자는 켜지고 하나의 pMOS 소자는 꺼지게 되어 출력은 0 V에 가깝게 된다.

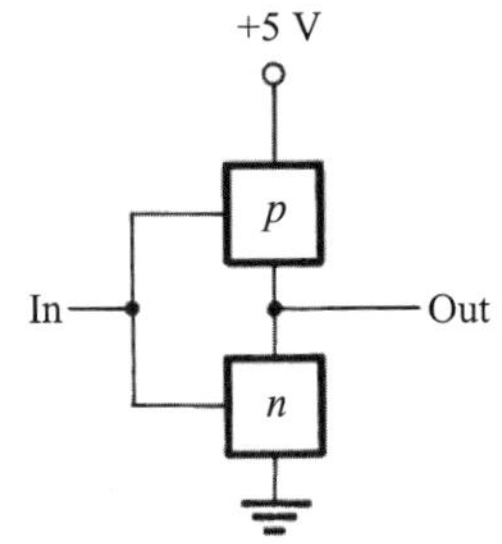

그림 22.1

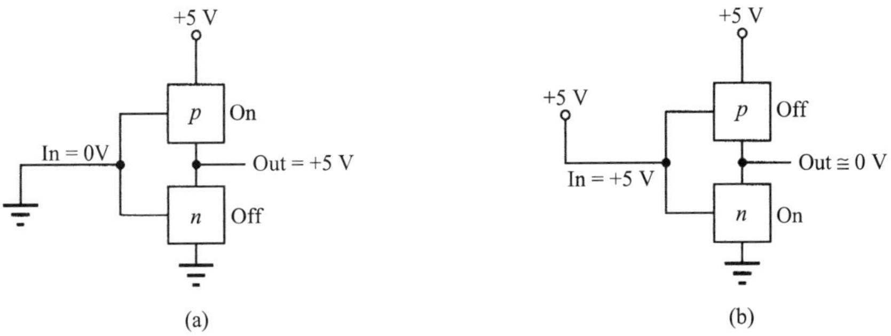

그림 22.2

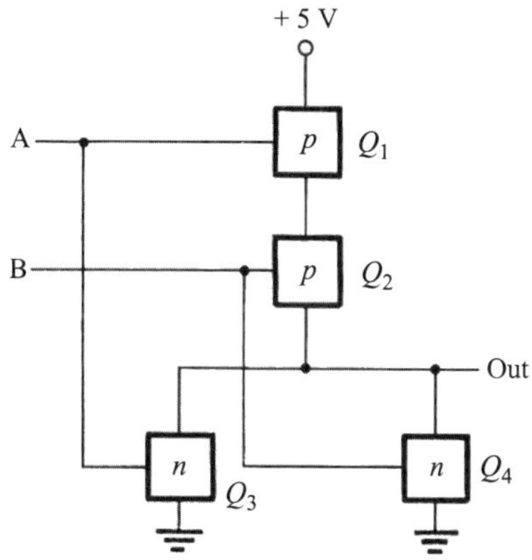

A	B	Q_1	Q_2	Q_3	Q_4	Out
0 V	0 V	On	On	Off	Off	+5 V
0 V	+5 V	On	Off	Off	On	0 V
+5 V	0 V	Off	On	On	Off	0 V
+5 V	+5 V	Off	Off	On	On	0 V

그림 22.3

실험순서

1 CMOS 인버터 회로

a. 그림 22.1의 CMOS 인버터 회로를 고려한다.

b. 그림 22.1의 CMOS 인버터 회로에 대해 입력 0 V와 5 V에 대해 출력 전압을 구하고 표 22.1에 기록한다.

표 22.1

입력	출력
0 V	
5 V	

c. 74HC04 또는 14004 같은 인버터 IC에 5 V를 연결하라. 입력 0 V와 5 V를 인가하고 출력을 표 22.2에 기록한다.

표 22.2

입력	출력
0 V	
5 V	

d. Clock 신호(주파수 $f = 10$ kHz)를 입력으로 인가하고 오실로스코프로 관찰한 입력과 출력 파형을 그림 22.4에 기록한다.

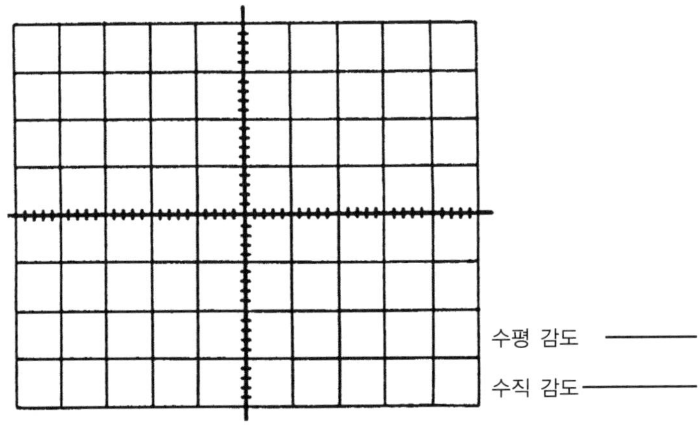

그림 22.4

2 CMOS 게이트

a. 그림 22.5에 나온 74HC02나 14002 같은 CMOS IC에 전원을 연결한다. 0 V와 5 V의 입력을 인가하고 출력을 표 22.3에 기록한다.

그림 22.5

표 22.3

A	*B*	출력
0 V	0 V	
0 V	5 V	
5 V	0 V	
5 V	5 V	

b. 0 V를 한쪽 입력에 연결하고, 다른 한쪽 입력에는 디지털 clock 신호를 인가한다. 출력 파형을 관찰하고 그림 22.6a에 기록한다.

c. 5 V를 한쪽 입력에 연결하고, 다른 한쪽 입력에는 디지털 clock 신호를 인가한다. 출력 파형을 관찰하고 그림 22.6b에 기록한다.

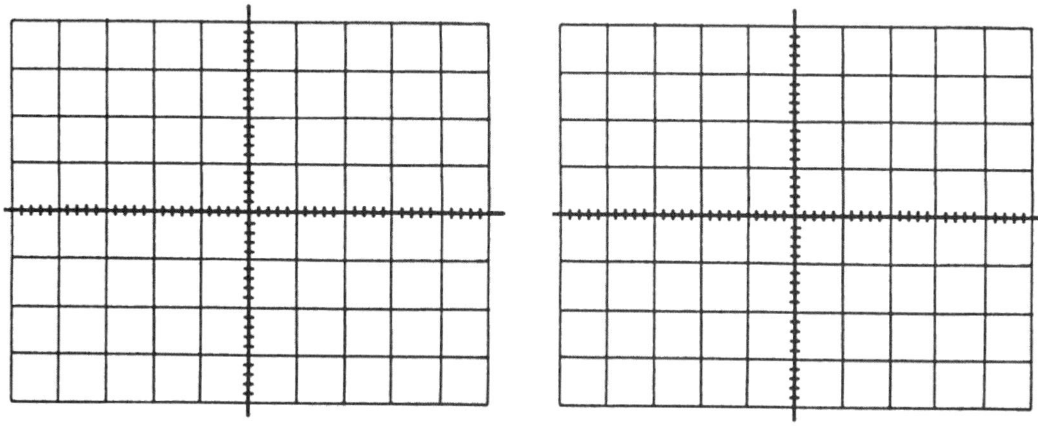

(a) (b)

그림 22.6

3 CMOS의 입출력 특성

a. 그림 22.7과 같이 가변 입력과 CMOS 인버터 회로(74HC040)를 이용하여 표 22.4를 완성하라.

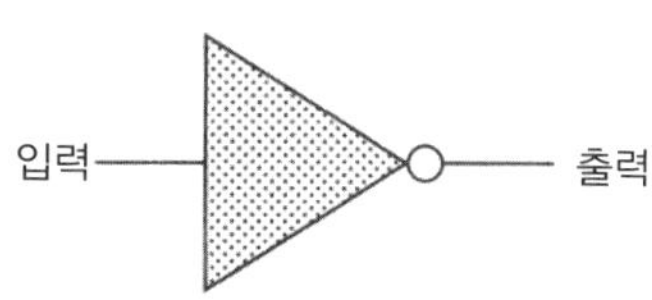

그림 22.7

표 22.4

입력	0.0	0.2	0.4	0.6	0.8	1.0	1.2	1.4	1.6	1.8	2.0	2.2
출력												

입력	2.4	2.6	2.8	3.0	3.2	3.4	3.6	3.8	4.0	4.2	4.4	4.6	4.8	5.0
출력														

b. 표 22.4의 데이터를 그림 22.8에 그려라.

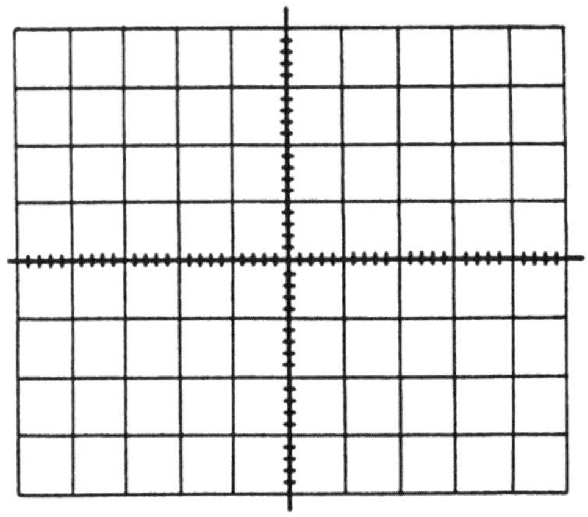

수평 감도 ________

수직 감도 ________

그림 22.8

4 컴퓨터 실습

PSpice 모의실험 22-1

아래 그림에 주어진 회로는 그림 22.5의 게이트와 같은 모양을 갖고 있다. 따라서 두 회로의 논리 함수는 OR 게이트로 서로 같다. 1번과 2번 단자는 입력, 3번 단자는 출력이다. **7432 CMOS OR** 게이트는 **SOURCE** 라이브러리, **DigClocks**는 **EVAL** 라이브러리에서 찾을 수 있다.

PSpice 모의실험 22-1: CMOS 논리 게이트

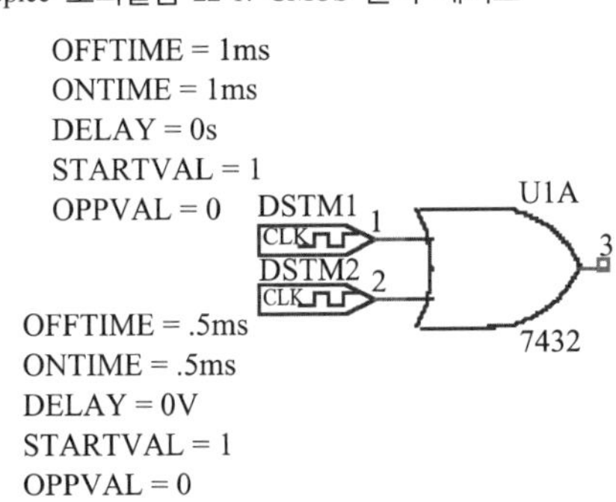

DSTM1과 DSTM2는 게이트의 입력 단자에 연결된 clock이며, 그 파라미터는 그림과 같이 주어진다. Clock 신호에 의해 주어지는 논리 상태(logic states)는 표 22.3의 A단자와 B단자에 대해 나열된 상태에 대응한다. 출력 OUTPUT을 얻기 위해 10 ms 동안 시간영역(과도상태) 해석을 수행한다. 프로브 플롯에서 두 입력 단자와 출력단자의 궤적

(traces)을 얻는다. 커서 하나를 시간축을 따라 이동시킨다. 현재 커서의 위치하는 시간에 대응하는 세 단자의 논리 상태가 플롯의 왼쪽 여백에 나타난다.

1. 이 모의실험을 통해 얻은 결과를 실험 결과와 비교한다.

2. 이 게이트의 논리 분석을 할 때 7432 게이트의 내부 구조를 아는 것이 중요한가?

각 단자의 논리 상태 대신 실제 전압을 얻기 위해 앞의 회로에 다음 그림과 같이 VPLOT1 소자를 추가한다. 입력단의 5 V, 또는 출력단의 3.5 V가 논리 상태 1에 대응한다. 각 단자의 0 V는 논리 상태 0에 대응한다. **VPLOT** 소자는 **SPECIAL** 라이브러리에서 찾을 수 있다.

PSpice 모의실험 22-1: CMOS 논리 게이트

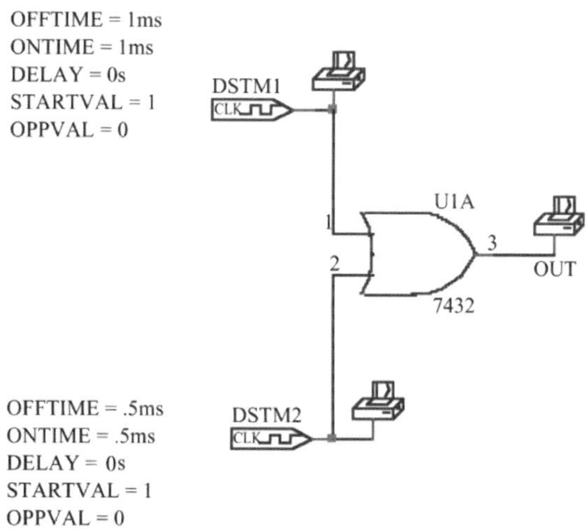

세 단자의 전압에 대한 세 개의 프로브 플롯을 이용해 결과를 명확하게 파악한다.

- 모의 실험(Run)이 끝나면 **Plot**를 클릭한다.
- **Add Plot** to Window를 클릭한다.
- 위의 절차를 두 번 더 반복한다. 이제 스크린에는 세 개의 **프로브 플롯**이 있다.
- 제일 위에 있는 **플롯**이 활성화된 플롯이며 그 **Y 축**에는 >> 기호가 붙어 있다.
- 이 플롯에 첫 번째 궤적(trace)을 플롯한다.
- 가운데 있는 Y 축을 클릭하면 그 축에 >> 기호가 표시되고 활성화된다.
- 두 번째 궤적(trace)을 플롯한다.
- 위의 과정을 반복해 세 번째 궤적을 플롯한다.

• 주의 회로도에서 1, 2, 3번 단자는 프로브 플롯에서 다음과 같이 표시된다.

회로도	프로브 플롯
Terminal 1	궤적 U1A:A
Terminal 2	궤적 U1A:B
Terminal 3	궤적 U1A:Y

얻은 결과로부터 다음 순서대로 진행한다.

1. 프로브 플롯 데이터로부터 이 논리 게이트의 종류를 구분하라.

2. PSpice 해석 결과와 실험에서 사용한 CMOS 게이트의 논리 연산을 비교하라.

3. PSpice 해석 결과 얻은 각 단자의 전압이 실험 결과와 일치하는가?

4. 출력단의 전압이 한쪽 입력단자의 전압보다 낮은 이유는 무엇인가?

실험 23

달링턴 및 캐스코드 증폭기 회로

목적

1. 달링턴 및 캐스코드 연결 회로의 직류와 교류 전압을 계산하고 측정한다.
2. PSpice 프로그램을 이용해 달링턴 및 캐스코드 증폭기의 **바이어스 동작점**(Bias Point) 해석과 **시간영역(과도상태)** 해석을 진행한다.

실험소요장비

계측기

오실로스코프

DMM

함수발생기

직류전원

부품

저항

(1) 100 Ω

(1) 51 Ω, 1 W

(1) 1 kΩ

(1) 1.8 kΩ

(1) 4.7 kΩ

(1) 5.6 kΩ

(1) 6.8 kΩ

(1) 50 kΩ 전위차계

(1) 100 kΩ

커패시터

(1) 0.001 μF

(4) 10 μF

트랜지스터

(2) 2N3904 (또는 등가의 범용 npn 트랜지스터)

(1) TIP120 (npn 달링턴)

사용 장비

항목	실험실 관리번호
직류 전원	
함수발생기	
오실로스코프	
DMM	

이론 개요

달링턴 회로: 그림 23.1에 나온 달링턴 회로는 두개의 BJT 트랜지스터를 하나의 IC 패키지 내에 제공한다. 달링턴 회로 β의 실효값(β_D)은 각 트랜지스터 β값의 곱과 같다.

$$\beta_D = \beta_1 \beta_2 \tag{23.1}$$

달링턴 이미터 폴로어는 일반 이미터 폴로어에 비해 높은 입력 임피던스를 갖고 있다. 달링턴 이미터 폴로어의 입력 임피던스는 다음 식으로 주어진다.

$$Z_i = R_B \| (\beta_D R_E) \tag{23.2}$$

달링턴 이미터 폴로어의 출력 임피던스는 다음과 같다.

$$Z_o = r_e \tag{23.3}$$

달링턴 이미터 폴로어의 전압 이득은 다음과 같다.

$$A_v = \frac{R_E}{(R_E + r_e)} \tag{23.4}$$

캐스코드 회로: 그림 23.2에 주어진 캐스코드 회로는 Q_1을 이용한 공통 이미터 증폭기가 Q_2를 이용한 공통 베이스 증폭기에 직접 연결되어 있다. Q_1단의 전압이득은 약 1이며, 출력 전압 V_{o1}의 극성은 V_i와 반대이다.

$$A_{v_1} = -1 \tag{23.5}$$

Q_2단의 전압 이득은 양의 부호를 가지며, 크기는 다음과 같다.

$$A_{v_2} = \frac{R_C}{r_{e_2}} \tag{23.6}$$

전체 전압 이득은 다음 식과 같다.

$$A_v = A_{v_1} A_{v_2} = -\frac{R_C}{r_{e_2}} \tag{23.7}$$

실험순서

1 달링턴 이미터 폴로어 회로

a. 그림 23.1 회로의 직류 바이어스 전압과 전류를 계산하라. 계산값을 아래에 기록하라.

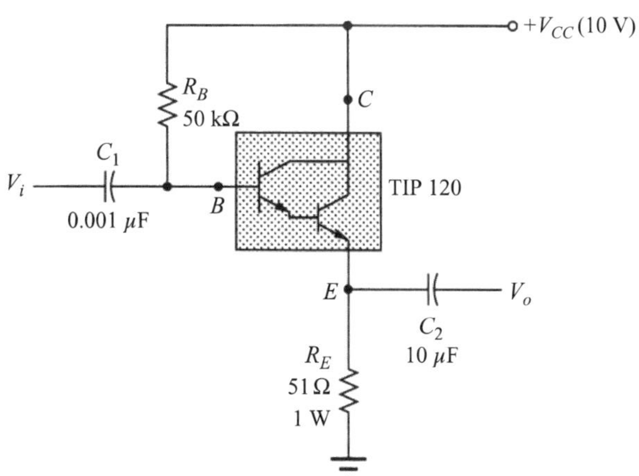

그림 23.1

V_B (계산값) = ____________

V_E (계산값) = ____________

전압 이득과 입출력 임피던스의 이론값을 계산하라.

A_v (계산값) = ____________

Z_i (계산값) = ____________

Z_o (계산값) = ____________

b. 그림 23.1의 달링턴 회로를 연결하라. 50 kΩ 전위차계(R_B)를 조정하여 이미터 전압이 $V_E = 5\ V$가 되도록 한다. DMM을 사용하여 직류 바이어스 전압을 측정하고 기록한다.

V_B (측정값) = ____________

V_E (측정값) = ____________

베이스와 이미터의 직류 전류를 구한다.

I_B (계산값) = ____________

I_E (계산값) = ____________

이 Q점에서 트랜지스터의 β값을 계산한다.

β_D (계산값) = ____________

c. 주파수 10 kHz에서 최대값 $V_{sig} = 1\ V$를 갖는 교류 입력신호를 인가한다. 오실로스코프를 이용하여 출력 전압파형이 잘리거나 왜곡되지 않는 것을 확인하고 기록한다(필요하면 입력 신호의 크기를 줄인다).

V_i (측정값) = ____________

V_o (측정값) = ____________

교류 전압이득을 계산하고 기록한다.

$A_v = V_o / V_i$ = ____________

2 달링턴 회로 입출력 임피던스

a. 입력 임피던스를 계산하라.

Z_i (계산값) = ____________

출력 임피던스를 계산하라.

Z_o (계산값) = ____________

b. 측정저항 $R_x = 100\ \text{k}\Omega$을 V_{sig}와 직렬로 연결한다. 입력 전압 V_i를 측정하고 기록한다.

V_i (측정값) = ____________

다음 식을 이용해 회로의 입력 임피던스 Z_i를 구하라.

$$Z_i = \frac{V_i}{(V_{sig} - V_i)} R_x$$

Z_i (계산값) = ____________

저항 R_x를 제거하라.

c. 무부하 상태에서 출력 전압 V_o를 측정한다.

V_o (측정값) = ____________

부하 저항 $R_L = 100\ \Omega$을 연결한다. 이때 나타나는 출력 전압을 측정하고 기록한다.

V_o (측정값) = V_L = ____________

다음 식을 이용해 출력 임피던스를 계산한다.

$$Z_o = \frac{V_o - V_L}{V_L} R_L$$

Z_o (계산값) = ____________

Z_i와 Z_o의 계산값과 측정값을 비교한다.

3 캐스코드 증폭기

a. 그림 23.2에 주어진 캐스코드 증폭기의 직류 바이어스 전압과 전류를 계산한다(베이스 전류가 전압 분배기 전류보다 매우 작다고 가정한다).

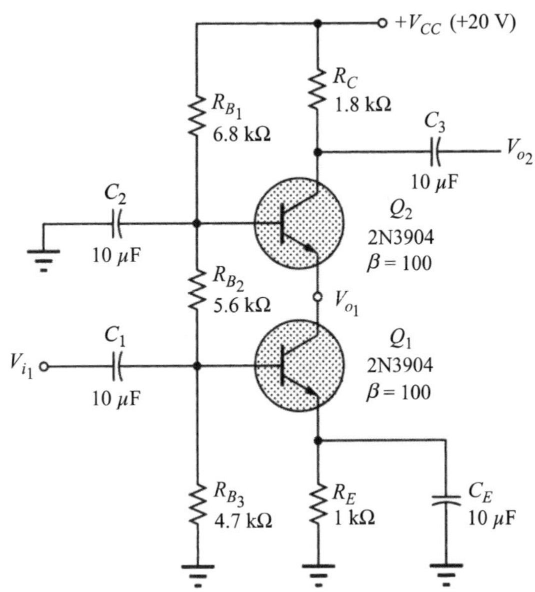

그림 23.2

V_{B_1}(계산값) = ____________

V_{E_1}(계산값) = ____________

V_{C_1}(계산값) = ____________

V_{B_2}(계산값) = ____________

V_{E_2}(계산값) = ____________

V_{C_2}(계산값) = ____________

직류 바이어스 이미터 전류를 계산한다.

I_{E_1}(계산값) = ____________

I_{E_2}(계산값) = ____________

트랜지스터의 동적 저항을 계산한다.

r_{e_1}(계산값) = ____________

r_{e_2}(계산값) = ____________

b. 그림 23.2의 캐스코드 회로를 연결한다. 직류 바이어스 전압을 측정하고 기록한다.

V_{B_1}(측정값) = ____________

V_{E_1}(측정값) = ____________

V_{C_1}(측정값) = ____________

V_{B_2}(측정값) = ____________

V_{E_2}(측정값) = ____________

V_{C_2}(측정값) = ____________

이미터의 전류를 계산한다.

I_{E_1} = ____________

I_{E_2} = ____________

동적 저항값을 계산한다.

r_{e_1} = ____________

r_{e_2} = ____________

c. 식 23.5와 23.6을 이용해 각 트랜지스터 증폭단의 교류 전압 이득을 계산한다.

A_{v_1}(계산값) = ____________

A_{v_2}(계산값) = ____________

d. 주파수 10 kHz 에서 최대값 $V_{sig} = 10\, mV$를 갖는 입력신호를 인가한다. 오실로스코프를 이용하여 출력 전압 V_o의 파형을 관찰하고 신호가 왜곡되지 않는 것을 확인한다. 출력이 잘리거나 왜곡되면 왜곡이 없어질 때까지 입력 신호의 크기를 줄인다.

DMM을 이용해 교류 신호를 측정하고 기록한다.

V_i(측정값) = ____________

V_{o_1}(측정값) = ____________

V_{o_2}(측정값) = ____________

측정값으로부터 교류 전압 이득을 계산한다.

$A_{v_1} = V_{o_1}/V_i$ = ____________

$A_{v_2} = V_{o_2}/V_{o_1}$ = ____________

$A_v = V_{o_2}/V_i$ = ____________

측정값으로부터 얻은 전압 이득을 3절(c)와 3절(d)에서 얻은 계산값과 비교한다.

e. 오실로스코프를 이용해 입력 신호 V_i, 첫 번째 단의 출력 V_{o_1}, 두 번째 단의 출력 V_{o_2}의 파형을 관찰하고 기록한다. 파형의 크기와 위상 관계를 명확히 표시하라.

4 컴퓨터 실습

PSpice 모의실험 23-1

아래의 달링턴 이미터 폴로어 회로는 그림 23.1에 주어진 것과 같다.

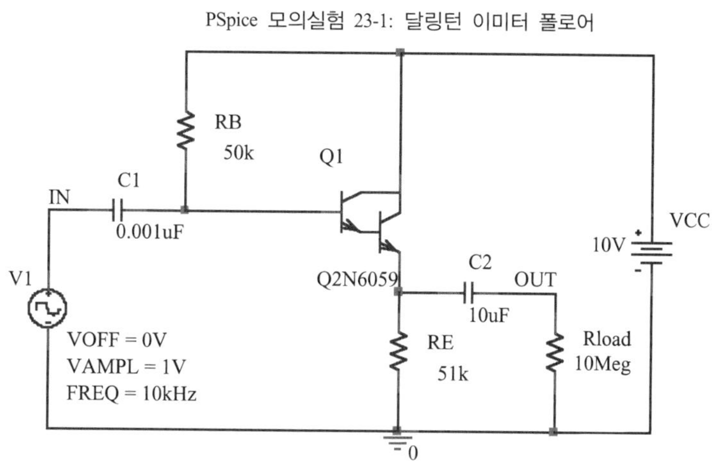

1. 바이어스 동작점 해석을 수행하고 회로의 모든 직류 전류와 전압을 구한다.

2. 이 데이터로부터 달링턴의 동적 저항을 계산한다.

3. 시간 영역(과도상태) 해석을 200 μs(microseconds) 동안 수행한다.

4. 이 데이터로부터 입력 전압 V(IN) 대 출력 전압 V(OUT)의 프로브 플롯을 얻는다.

5. 이 두 전압간의 위상 관계는 어떻게 되는가?

6. 이 증폭기의 전압 이득을 구한다. 전압 이득의 식은 비율 **RMS(V(OUT))/ RMS (V(IN))**으로 표현된다. 이 프로브 궤적(**Probe Trace**)을 일정하게 얻기 위해 **시간영역(과도상태)** 해석을 1 ms로 연장한다.

7. 전압 이득을 식 23.4로부터 계산한 이론값과 비교한다.

8. 이 값이 이미터 폴로어의 전압 이득과 일치하는가?

9. 앞의 PSpice 모의실험에서 사용한 방법을 써서 입력 임피던스와 출력 임피던스를 얻는다.

10. 이 값을 실험에서 얻은 값과 비교한다.

PSpice 모의실험 23-2

다음 모의실험 회로는 그림 23.2에 주어진 캐스코드 증폭기이다.

PSpice 모의실험 23-2: 캐스코드 증폭기

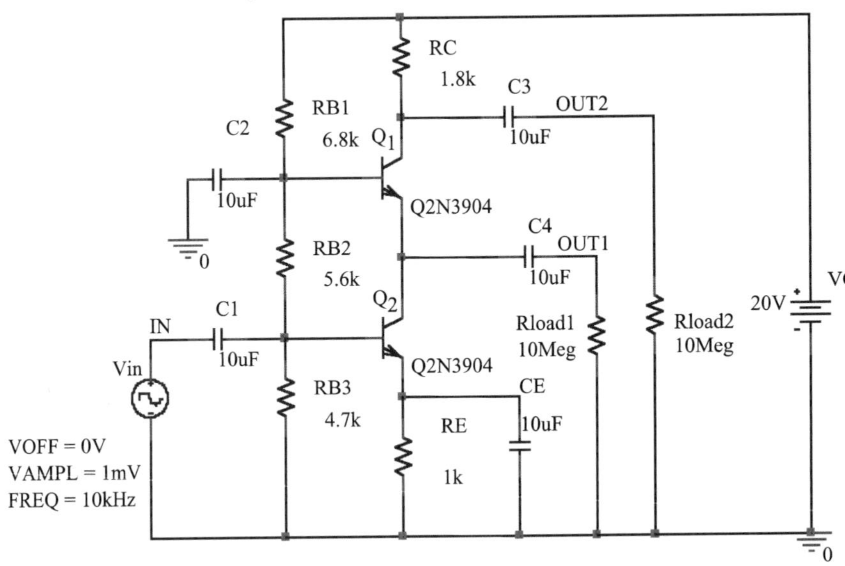

1. 바이어스 동작점 해석을 수행하고 모든 직류 전류와 전압을 구한다.

2. 이 데이터로부터 양 단의 동적 저항값들을 계산한다.

3. 이 값을 실험에서 얻은 값과 비교한다.

4. 시간 영역(과도상태) 해석을 200 μs(microseconds) 동안 수행한다.

5. 입력 전압 V(IN)과 출력 전압 V(OUT1), V(OUT2)의 프로브 플롯을 얻는다. **V(IN)**과 **V(OUT1)**을 첫 번째 **Y 축**에, **V(OUT2)**를 두 번째 **Y 축**에 플롯한다.

6. 이 전압간의 상대적인 크기와 위상 관계를 비교한다.

7. 첫 번째 단과 두 번째 단의 전압 이득, 그리고 전체 전압 이득의 프로브 플롯을 얻는다. **시간영역(과도상태)** 해석을 2 ms동안 진행한다. **Q1** 단의 전압 이득을 첫 번째 **Y 축**에, **Q2** 단의 전압 이득을 두 번째 **Y 축**에 플롯한다. 전체 전압 이득을 얻기 위해 **함수 또는 매크로**(Functions or Macro) 드롭다운 메뉴에서 곱셈 연산자(* 기호)를 클릭해 선택한다. 전체 전압 이득은 다음 식으로 표현된다: **RMS(V(OUT1))/ RMS(V(IN))*RMS(V(OUT2))/RMS(V(IN)).**

8. 첫 번째 단과 두 번째 단의 전압 이득에 큰 차이가 나는 이유는 무엇인가?

9. 이 세 가지 전압 이득을 실험에서 얻은 값과 비교한다.

실험
24

전류원과 전류 미러 회로

목적

1. 전류원과 전류미러 회로에서 DC전압을 계산하고 측정한다.
2. PSpice를 사용하여 부하저항을 바꿔가면서 전류미러 회로의 동작점(바이어스 점) 해석을 수행한다.

실험소요장비

계측기

오실로스코프
DMM
함수발생기
직류전원 공급기

부품

저항

(1) 20 Ω
(1) 51 Ω
(1) 82 Ω
(1) 100 Ω
(1) 150 Ω
(1) 1.2 kΩ
(1) 3.6 kΩ

(1) 4.3 kΩ

(1) 5.1 kΩ

(1) 7.5 kΩ

(1) 10 kΩ

트랜지스터

(3) 2N3904 또는 등가 npn 트랜지스터

(1) 2N3823 또는 등가 n-채널 JFET

사용 장비

항목	실험실 관리번호
직류전원 공급기	
함수발생기	
오실로스코프	
DMM	

이론 개요

전류원과 전류미러 회로는 대다수 선형 집적회로의 구성요소이다. 이 실험에서는 몇 종의 전류원과 전류 미러회로를 구성하여 시험해 보고자 한다.

전류원: 그림 24.1은 드레인-소스 포화전류에서 동작하도록 바이어스된 JFET을 사용한 전류원을 보인 것이다. 부하 R_L에 흐르는 전류는 (실제적인 한계 내에서) 부하 R_L에 무관하며, JFET소자에 의해 다음과 같이 결정된다.

$$I_L = I_{DSS} \tag{24.1}$$

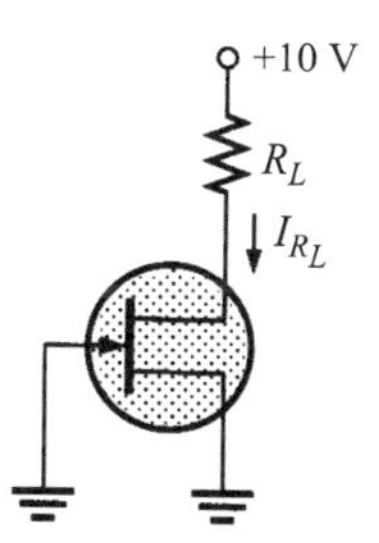

그림 24.1

그림 24.2에 보인 회로는 BJT을 사용한 전류원이다. 베이스 전압은 근사적으로 다음과 같이 계산된다.

$$V_B = \frac{R_1}{R_1 + R_2}(-V_{EE})$$

따라서 에미터 전압은

$$V_E = V_B - 0.7\text{V}$$

이고, 에미터 전류는 다음과 같다.

$$I_{R_E} = \frac{V_E - V_{EE}}{R_E} = I_{R_L} \tag{24.2}$$

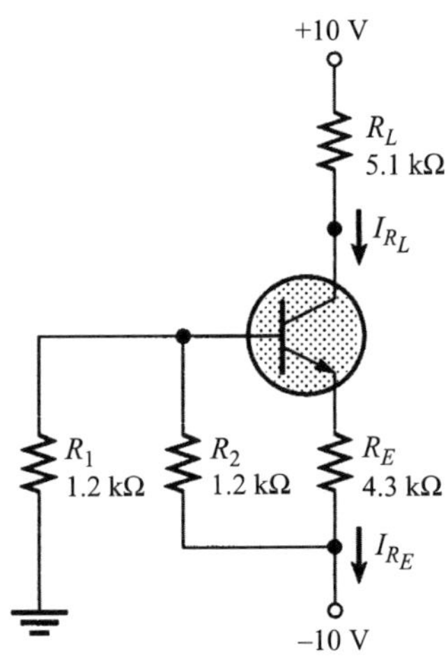

그림 24.2

전류 미러: 그림 24.3의 회로는 저항 R_x에 의해 설정된 전류가 마치 거울에 반사된 것처럼 똑같은 크기로 부하에도 흐르는 전류미러이다.

$$I_x = \frac{V_{CC} - V_{EE}}{R_x} = I_{R_L} \tag{24.3}$$

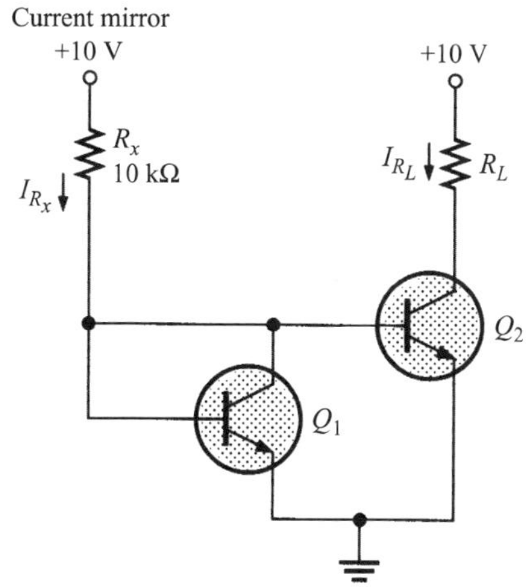

그림 24.3

그림 24.4의 회로는 전류미러 하나로 다수의 부하에 동일한 크기의 전류를 공급하는 방법을 보이고 있다. 저항 R_x에 의해 설정된 전류와 2개의 부하에 투영된 전류는 다음과 같다.

$$I_{R_x} = \frac{V_{CC} - V_{EE}}{R_X} = I_{R_2} = I_{R_3} \tag{24.4}$$

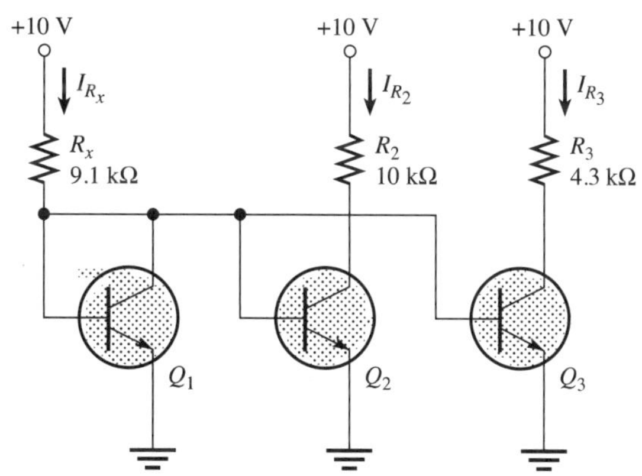

그림 24.4

실험순서

1 JFET 전류원

a. 그림 24.1의 회로를 결선하라. R_L=51 Ω을 사용하라. 드레인-소스간 전압을 측정하여 기록하라.

V_{DS}(측정값) = ____________

b. 1(a)에서 측정한 전압을 사용하여 부하전류를 계산하라.

$$I_{R_L} = \frac{V_{DD} - V_{EE}}{R_L}$$

I_{R_L} = ____________

c. R_L의 값을 표 24.1에 열거된 값으로 바꾸어가며 1(a)와 1(b)의 실험을 반복하라.

표 24.1

R_L	20 Ω	51 Ω	82 Ω	100 Ω	150 Ω
V_{DS}					
I_{R_L}					

2 BJT 전류원

a. 그림 24.2의 회로에서 부하에 흐르는 전류 I_{R_L}을 계산하라.

I_{R_L}(계산값) = ____________

b. 그림 24.2의 회로를 결선하고, 다음 전압을 측정하여 기록하라

V_E(측정값) = ____________

V_C (측정값) = ____________

c. 에미터 전류와 부하에 흐르는 전류를 계산하라.

I_{R_E} = ____________

I_{R_L} = ____________

d. R_L을 표 24.2에 열거된 저항으로 바꾸어 가며, 2(a)에서 2(c)까지의 실험을 반복하라.

표 24.2

R_L	3.6 kΩ	4.3 kΩ	5.1 kΩ	7.5 kΩ
V_E				
V_C				
I_{R_E}				
I_{R_L}				

3 전류 미러

a. 그림 24.3의 회로에서 미러전류를 계산하라.

I_x(계산값) = ______

b. 그림 24.3의 회로를 결선하고, 다음 값을 측정하라.

V_{B_1}(측정값) = ______

V_{C_2}(측정값) = ______

I_x = ______

I_{R_L} = ______

c. R_L을 3.6 kΩ으로 바꾸어 3(a)와 3(b)를 반복하라.

I_x(계산값) = ______

V_{B_1}(측정값) = ______

V_{C_2}(측정값) = ______

I_x = ______

I_{R_L} = ______

4 복수의 전류미러

a. 그림 24.4의 회로에서 미러전류를 계산하라.

I_{R_x}(계산값) = ____________

b. 그림 24.4의 회로를 결선하고, 다음 값을 측정하라.

V_{B_1}(측정값) = ____________

V_{C_2}(측정값) = ____________

V_{C_3}(측정값) = ____________

I_{R_x} = ____________

I_{R_2} = ____________

I_{R_3} = ____________

c. R_L을 3.6 kΩ으로 바꾸어 4(a)와 4(b)를 반복하라.

I_{R_x}(계산값) = ____________

V_{B_1}(측정값) = ____________

V_{C_2}(측정값) = ____________

V_{C_3}(측정값) = ____________

I_{R_x} = ____________

I_{R_2} = ____________

I_{R_3} = ____________

5 컴퓨터 실습

PSpice 모의실험 24-1

아래에 보인 전류미러는 그림 24.3과 같다. 이 회로의 특성은 RL의 저항값이 제한된 범위내인 경우 RL에 일정한 크기의 전류를 흘릴 수 있다는 것이다.

PSpice 모의실험 24-1: 전류 미러

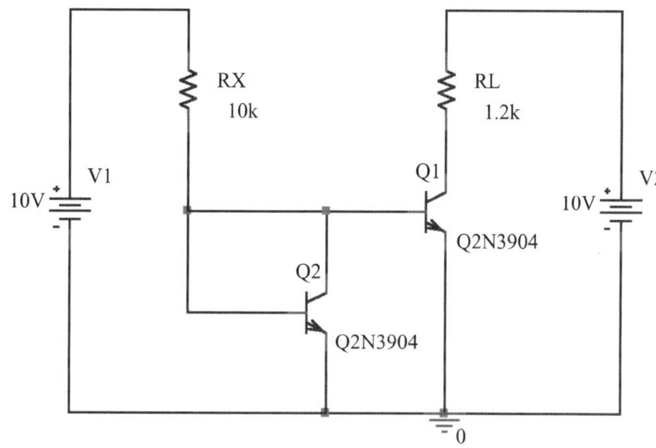

1. 저항 RL을 1.2 kΩ으로 두고 동작점 해석을 행하라.

2. RX와 RL에 흐르는 전류를 기록하라.

3. 이들 크기가 근사적으로 같은가?

4. 저항 RL을 3.6 kΩ으로 두고 동작점 해석을 행하라.

5. RX와 RL에 흐르는 전류를 기록하라.

6. 이들이 근사적으로 같은 값인가?

7. 두 해석의 결과(전류)를 비교하라.

RLoad	I_{R_x}	I_{R_L}
1.2 kΩ		
3.6 kΩ		

8. 이들 크기가 근사적으로 같은가?

9. 측정 결과를 식 24.3을 이용하여 계산한 전류값과 비교하였을 때 일치하는가?

10. 측정 데이터로부터 회로가 전류미러로 동작한다고 할 수 있는가?

11. RL이 바뀔 때 Q1의 VCE 전압이 변하는가?

12. 이 회로를 사실상 전류원이라고 할 수 있는가?

실험 25

공통 이미터 증폭기의 주파수 응답

목적

1. 공통 이미터 증폭기 회로의 주파수 응답을 계산하고 측정한다.
2. PSpice 프로그램을 중간주파 이득값을 수치와 로그값으로 구한다. 그리고 **AC Sweep 해석**을 이용하여 공통 이미터 증폭기의 대역폭을 구한다.

실험소요장비

계측기

오실로스코프

DMM

함수발생기

직류전원 공급기

부품

저항

(2) 2.2 kΩ

(1) 3.9 kΩ

(1) 10 kΩ

(1) 39 kΩ

트랜지스터

(1) 2N3904(또는 등가 범용 npn 트랜지스터)

커패시터

(1) 1 μF
(1) 10 μF
(1) 20 μF

사용 장비

항목	실험실 관리번호
직류전원 공급기	
함수발생기	
오실로스코프	
DMM	

이론 개요

증폭기의 주파수 응답을 3개의 주파수 영역, 즉 저주파, 중간주파, 고주파 영역으로 나누어 해석할 수 있다. 저주파 영역에서는 DC 차단(AC결합)과 바이패스 동작을 위해 사용된 커패시터가 하위 차단(하위 3dB) 주파수에 영향을 미친다. 중간주파수 영역에서는 저항성분만 이득에 영향을 미치므로 이득은 주파수에 무관하게 일정하게 유지된다. 고주파 영역에서는 표유 결선(stray wiring) 커패시턴스와 소자의 단자간 커패시턴스가 상위 차단주파수를 결정한다.

하위 차단 (하위 3dB) 주파수: 사용된 커패시터마다 1개씩의 차단주파수를 발생시키는데 이들 하위 차단주파수 중에서 가장 큰 값이 회로의 차단 주파수가 된다. 그림 25.1의 회로에서 하위 차단 주파수는 다음과 같다.

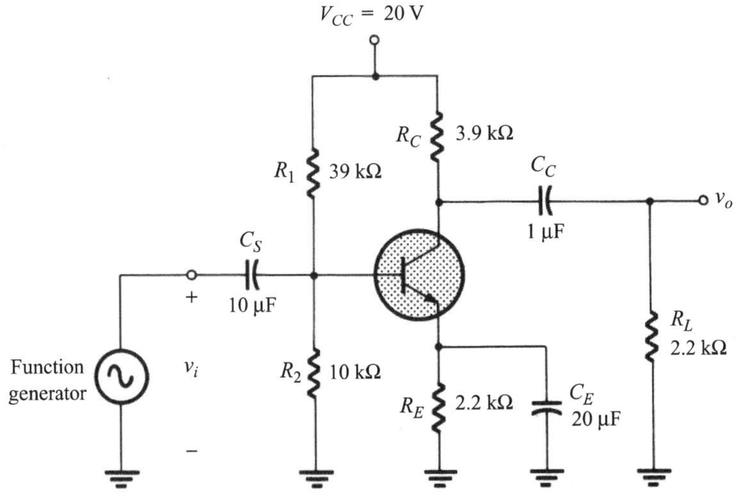

그림 25.1

C_S: 입력 결합 커패시터에 의한 차단주파수는

$$f_{C_S} = \frac{1}{2\pi R_i C_S}\text{Hz} \qquad \text{with } R_i = R_1 \| R_2 \| \beta r_e \tag{25.1}$$

C_C: 출력 결합 커패시터에 의한 차단주파수는

$$f_{C_C} = \frac{1}{2\pi (R_C + R_L) C_C}\text{Hz} \tag{25.2}$$

C_E: 이미터 바이패스 커패시터에 의한 차단주파수는

$$f_{C_E} = \frac{1}{2\pi R_e C_E}\text{Hz} \qquad \text{with } R_e = R_E \| r_e \tag{25.3}$$

상위차단 (상위 3 dB) 주파수: 고주파 영역에서 증폭기의 이득은 다음과 같이 트랜지스터의 기생 커패시턴스의 영향을 받는다.
회로의 입력 접속부에서는

$$F_{H_i} = \frac{1}{2\pi R_{Th_i} C_i}\text{Hz} \tag{25.4}$$

여기서

$$R_{Th_i} = R_1 \| R_2 \| \beta r_e$$

그리고 C_i는

$$C_i = C_{w,j} + C_{be} + (1 + |A_v|) C_{bc}$$

$C_{w,i}$ = 입력결선 커패시턴스
A_v = 중간대역 주파수에서 증폭기의 전압이득
C_{be} = 트랜지스터의 베이스-이미터 단자간 커패시턴스
C_{bc} = 트랜지스터의 베이스-콜렉터 단자간 커패시턴스

회로의 출력 접속부에서는

$$f_{H_o} = \frac{1}{2\pi R_{Th_o} C_o}\text{Hz}$$

여기서

$$R_{Th_o} = R_C \| R_L$$

그리고

$$C_o = C_{w,o} + C_{ce}$$

$C_{w,o}$ = 출력결선 커패시턴스

C_{ce} = 트랜지스터의 콜렉터-이미터 단자간 커패시턴스

(우리는 트랜지스터의 상위 차단주파수는 무시하는데 이는 이 주파수가 결선과 단자간 커패시턴스에 의한 차단주파수보다 훨씬 높기 때문이다)

3dB 차단주파수가 중간대역 이득의 70.7% 또는 0.707$A_{v,mid}$로 정의됨을 명심하라. 즉, 일단 중간대역이득이 측정되면 상위 차단주파수와 하위 차단주파수는 이득이 중간대역 이득의 0.707로 떨어지는 지점의 주파수로 측정한다.

실험순서

1 저주파 응답 계산

a. 트랜지스터 특성 데이터를 사용하여 다음 값들을 기록하라.

C_{be}(사양값) = ____________

C_{bc}(사양값) = ____________

C_{ce}(사양값) = ____________

결선 커패시턴스의 대표값을 써 넣어라.

$C_{w,i}$(근사값) = ____________

$C_{w,o}$(근사값) = ____________

b. 베타(beta)를 측정하는 계기인 커브 트레이서(curve tracer)를 사용하여 트랜지스터의 베타값을 구하거나 이전의 실험에서 측정한 베타값으로 빈칸을 채워라.

β(측정값) = ____________

c. 그림 25.1의 회로에 대한 직류 바이어스 전압과 전류를 계산하라.

V_B(계산값) = ____________

V_E(계산값) = ____________

V_C(계산값) = ____________

I_E(계산값) = ____________

I_E의 값을 사용하여 트랜지스터의 다이내믹 저항을 계산하라.

r_e (계산값) = ____________

d. (부하가 연결된 상태에서) 증폭기의 중간대역 이득의 크기를 계산하라.

$$A_{v,\,\mathrm{mid}} = \frac{Rc \| R_L}{r_e}$$

e. 결합 커패시터에 의한 하위 차단 주파수와 바이패스 커패시터에 의한 하위 차단 주파수를 계산하라.

f_{C_S}(계산값) = ____________

f_{C_C} (계산값) = ____________

f_{C_E} (계산값) = ____________

2 저주파 응답 측정

a. 그림 25.1의 회로를 구성하라. 필요한 경우 그림 25.1의 여백에 저항의 실제값을 기록하라. V_{CC}=20 V로 조정하라. 주파수가 5 kHz이고 진폭이 V_{sig}=20 mV인 AC 신호를 입력에 인가하라. 오실로스코프를 이용하여 출력전압을 관찰하라. V_o가 왜곡을 보이는 경우에는 출력이 왜곡되지 않을 때까지 V_{sig}를 줄여라.

b. 왜곡없이 동작할 때의 신호를 측정하여 기록하라.

V_{sig} (측정값) = ____________

V_o (측정값) = ____________

회로의 중간대역 전압이득을 계산하라.

$A_{v,\,mid}$ = ____________

입력전압을 위에서 설정된 값으로 고정시킨 상태에서 표 15.1을 채울 수 있도록 주파수를 바꾸어 가면서 V_o를 측정하여 기록하라.

표 25.1

f	50-Hz	100-Hz	200-Hz	400-Hz	600-Hz	800-Hz	1-kHz	2-kHz
V_o								

f	3-kHz	5-kHz	10-kHz
V_o			

각 주파수에서 증폭기의 전압이득을 계산하여 표 25.2를 채워라.

표 25.2

f	50-Hz	100-Hz	200-Hz	400-Hz	600-Hz	800-Hz	1-kHz	2-kHz
A_V								

f	3-kHz	5-kHz	10-kHz
A_V			

3 고주파 응답 계산

a. 이론개요 부분에서 제시된 수식을 사용하여 상위 차단 주파수를 계산하여 아래에 기록하라.

f_{H_i} (계산값) = ____________

f_{H_o} (계산값) = ____________

b. 출력이 왜곡되지 않도록 입력전압을 줄인 다음 입력신호의 진폭을 측정하여 기록하고, 표 25.3의 각 주파수에서 출력전압을 측정하여 기록하라.

V_i (측정값) = ____________

표 25.3

f	*10-kHz*	*50-kHz*	*100-kHz*	*300-kHz*	*500-kHz*	*600-kHz*	*700-kHz*
V_o							

f	*900-kHz*	*1-MHz*	*2-MHz*
V_o			

증폭기의 전압이득을(dB 단위로) 계산하여 표 25.4를 채워라.

표 25.4

f	*10-kHz*	*50-kHz*	*100-kHz*	*300-kHz*	*500-kHz*	*600-kHz*	*700-kHz*
A_v							

f	*900-kHz*	*1-MHz*	*2-MHz*
A_v			

4 주파수 대 이득

a. 그림 25.2의 세미-로그 그래프를 사용하여 전 주파수 대역에서의 주파수 대 이득 곡선을 그려라. 실제 데이터 값을 점으로 나타낸 다음, 점을 선으로 연결하여 실제 그래프를 그려라. 직선 근사 커브를 사용하여 Bode 선도를 구하라.

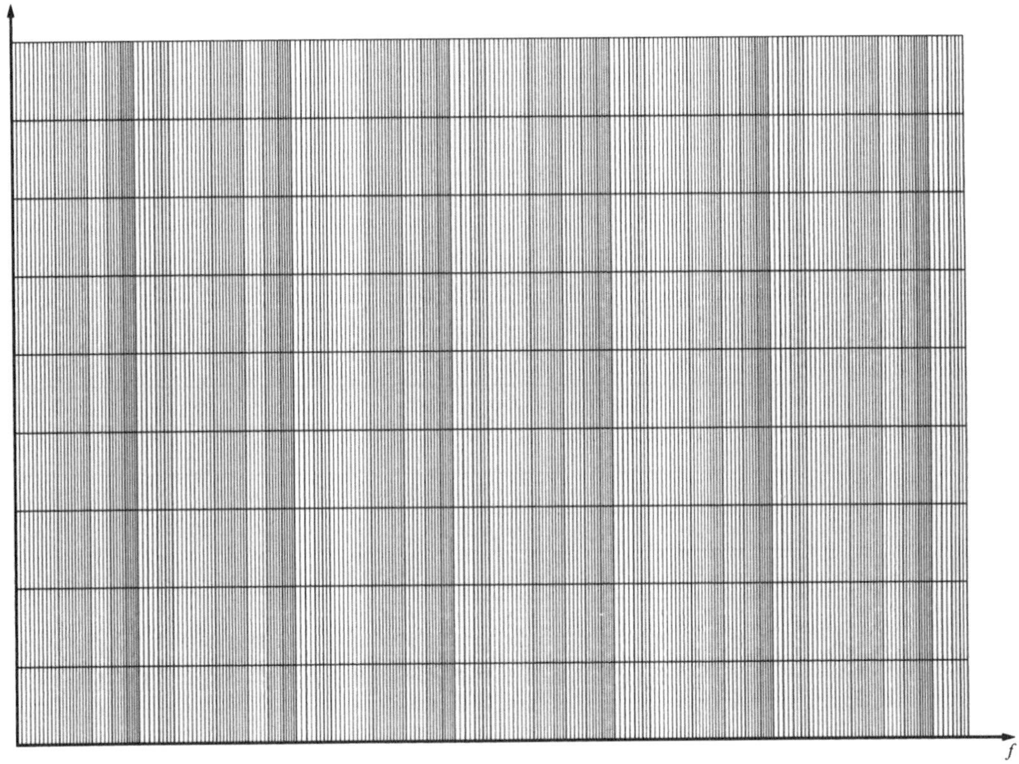

그림 25.2

b. Bode 선도로부터 하위 3 dB 주파수와 상위 3 dB 주파수를 구하여 아래의 빈칸에 써넣어라.

f_{-3dB}(측정값) = ______________

f_{+3dB}(측정값) = ______________

측정값을 실험 1과 3에서의 계산값과 비교하라.

5 컴퓨터 실습

PSpice 모의실험 25-1

모의실험에서 사용할 PSpice 회로는 그림 25.1이며, 우리는 이 증폭기의 주파수 응답을 구하려고 한다. 부하가 연결된 상태에서의 중간대역 이득, 하위 및 상위 차단주파수, 그리고 대역폭에 특별한 관심이 있다. 실험실에서의 실습을 수행하기 전에 이러한 모의실험을 먼저 수행할 것을 강력히 추천하는데 그 이유는 모의실험으로 구한 결과가 실험에서 얻게 될 데이터를 비교평가하는 기준으로 사용될 수 있기 때문이다.

PSpice 모의실험 25-1: 공통 이미터 증폭기의 주파수 응답

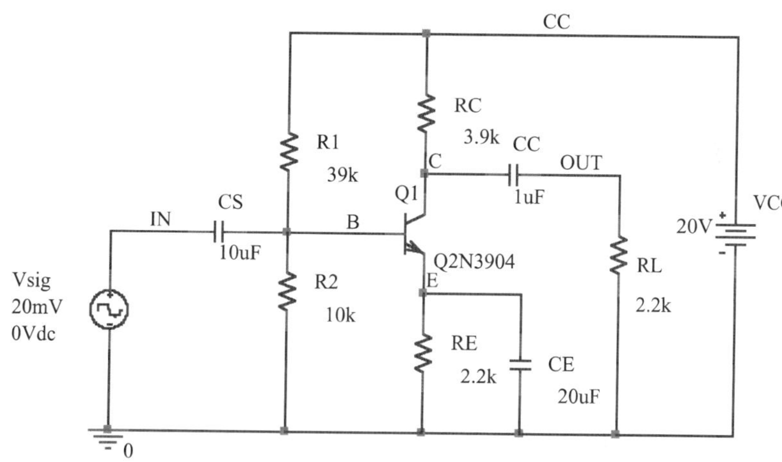

V_{sig}는 이 회로의 AC sweep 해석, 즉 주파수 해석용 AC 전압원이다.
다음에서 언급한 단계별 해석을 수행하고, 질문에 답하여라. V_{sig} 전압원은 PSpice **SOURCE** 라이브러리에서 **VAC**로 리스트 되어있다.

1. 동작점(bias point) 해석을 수행하라.

2. 동작점 해석 데이터를 이용하여 다이내믹 저항을 계산하고, 부하를 연결한 상태에서 증폭기의 중간대역 이득을 계산하라.

3. AC sweep 해석을 수행하라. AC sweep type을 Logarithmic으로 설정하고, Decade를 선택하라. Start Frequency를 10 Hz, End Frequency를 1 GHz로 설정하고, 10 Points/Decade를 선택하라.

4. 이득 V(OUT)/V(IN)의 그림을 그려라.

5. 위의 단계 2에서 계산된 값과 중간대역이득을 비교하라. 일치하는가?

6. PSpice에서 커서(cursor) 2개를 사용하여 구한 이득값으로부터 증폭기의 대역폭을 구하라. 두 번째 커서를 활성화하려면 Shift 키를 누른 상태에서 오른쪽 화살표 버턴을 눌러라.

7. 로그이득 DB(V(OUT)/V(IN))의 그림을 그려라.

8. 로그 중간대역이득이 중간대역이득과 같은가?

9. 모의실험 데이터를 실험데이터와 비교하라. 두 데이터 간에 차이가 있는 경우 그 차이를 설명하라.

실험 26

A급 및 B급 전력 증폭기

목적

1. A급 및 B급 전력증폭기의 DC 전압, AC 전압, 입력전력과 출력전력을 계산하고 측정한다.
2. PSpice 프로그램을 사용하여 A급 및 B급 전력증폭기의 DC 전력과 신호전력을 구한다.

실험소요장비

계측기

오실로스코프
DMM
함수발생기
직류전원 공급기

부품

저항

(1) 20 Ω
(1) 120 Ω, 0.5 W
(1) 180 Ω
(2) 1 kΩ, 0.5 W
(1) 10 kΩ

커패시터

(3) 10 μF

(1) 100 μF

트랜지스터

(1) 15 W의 중터전력 npn 트랜지스터(2N4300 또는 등가품)

(1) 15 W의 중전력 pnp 트랜지스터(2N5333 또는 등가품)

(2) 실리콘 다이오드

사용 장비

항목	실험실 관리번호
직류전원 공급기	
함수발생기	
오실로스코프	
DMM	

이론 개요

A급 증폭기는 인가된 신호와 무관하게 전압원으로부터 동일한 전력을 끌어 쓴다. 입력전력은 다음 식으로부터 계산된다.

$$P_i(\mathrm{DC}) = V_{CC}I_{DC} = V_{CC}I_{CQ} \tag{26.1}$$

증폭기가 공급하는 신호전력은 다음 식으로 계산할 수 있으며,

$$P_o(\mathrm{AC}) = \frac{V_C^2(\mathrm{rms})}{R_C} = \frac{V_C^2(\mathrm{peak})}{2R_C} = \frac{V_C^2(\mathrm{p-p})}{8R_C} \tag{26.2}$$

증폭기의 효율은 다음과 같다.

$$\%\eta = 100 \times \frac{P_o(\mathrm{AC})}{P_i(\mathrm{DC})}\% \tag{26.3}$$

B급 증폭기는 입력신호를 인가하지 않았을 때에는 전원에서 전력을 끌어 쓰지 않는다. 입력신호가 커질 때 전원에서 끌어오는 전력의 양과 부하로 전달하는 전력량 모두 증가한다.

B급 증폭기의 입력 전력은

$$P_i(\mathrm{DC}) = V_{CC}I_{DC} = \frac{2V_{CC}V_C(p)}{\pi R_L} \tag{26.4}$$

이고, 증폭기가 부하에 공급한 전력은 다음 식으로 계산할 수 있다.

$$P_o(\mathrm{AC}) = \frac{V_C^2(\mathrm{rms})}{R_L} = \frac{V_C^2(\mathrm{p})}{2R_L} = \frac{V_C^2(\mathrm{p-p})}{8R_L} \tag{26.5}$$

증폭기의 효율은 식 26.3으로 계산된다.

실험순서

1 A급 증폭기: DC 바이어스

a. 그림 26.1의 회로에 대한 DC 바이어스 값을 계산하라.

R_1 = = __________

R_2 = = __________

R_C = = __________

R_E = = __________

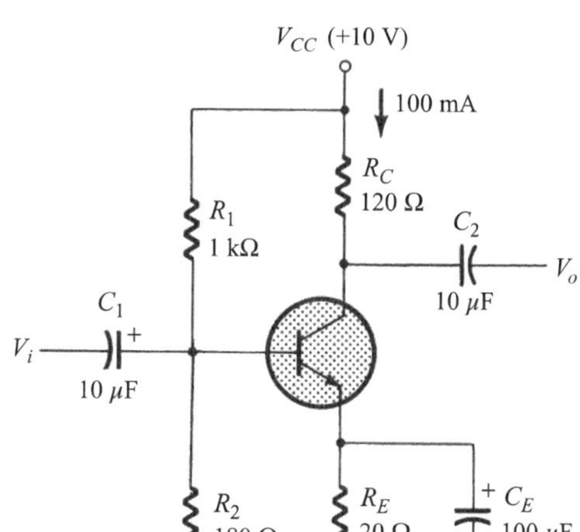

그림 26.1

V_B(계산값) = __________

V_E(계산값) = __________

I_E(계산값) = I_C = ____________

V_C(계산값) = ____________

b. 그림 26.1의 회로를 구성하라. 필요하면 그림 26.1의 빈 공간에 실제 저항값을 측정하여 기록하라. 전원을 V_{CC} = 10 V로 조정하고, DC 바이어스 전압을 측정하여 기록하라.

V_B (측정값) = ____________

V_E (측정값) = ____________

V_C (측정값) = ____________

DC 바이어스 전류를 계산하라.

$I_E = I_C = V_E / R_E$ = ____________

2 A급 증폭기: AC 동작

a. 1에서 계산한 DC 바이어스값과 이론개요 부분에서 제시된 식을 사용하여 그림 26.1의 A급 증폭기에서 신호의 크기가 최대일 때의 전력과 효율을 계산하라.

P_i(계산값) = ____________

1에서 설정한 DC 바이어스 조건에서 신호의 크기를 최대로 하였을 때 다음을 계산하라.

V_o(계산값) = ____________

P_o(계산값) = ____________

$\%\eta$ (계산값) = ____________

b. 오실로스코프를 사용하여 출력이 왜곡되지 않는 범위내에서 크기가 최대가 되도록 입력신호(f=10 kHz)를 조정하라. 이때의 입력전압과 출력전압을 측정하여 기록하라.

V_i(측정값) = ____________

V_o(측정값) = ____________

c. 측정값을 사용하여 그림 26.1의 A급 증폭기의 전력과 효율을 계산하라.

P_i = ____________

P_o = ____________

$\%\eta$ = ____________

2(b)와 2(c)에서 구한 전력과 효율의 계산값과 측정값을 비교하라.

d. 입력신호를 2(b)에서 설정한 크기의 반으로 줄여라. 입력과 출력전압을 측정하여 기록하라.

V_i (측정값) = ____________

V_o (측정값) = ____________

e. 2(a)에서 사용한 입력전압 크기의 반으로 줄였을 때 입력전력, 출력전력, 그리고 효율을 계산하라.

P_i (계산값) = ____________

P_o (계산값) = ____________

$\%\eta$ (계산값) = ____________

f. 측정값을 사용하여 그림 26.1의 A급 증폭기에 대한 전력과 효율을 계산하라.

P_i = ____________

P_o = ____________

$\%\eta$ = ____________

2(e)와 2(f)에서 구한 전력과 효율의 계산값과 측정값을 비교하라.

3 B급 증폭기 동작

a. V_o의 피크전압이 1 V와 2 V일 때 그림 26.2 B급 증폭기에 대한 다음 전력을 계산하라.

V_o의 피크전압이 1 V일 때:

P_i(계산값) = ______

P_o(계산값) = ______

$\%\eta$ (계산값) = ______

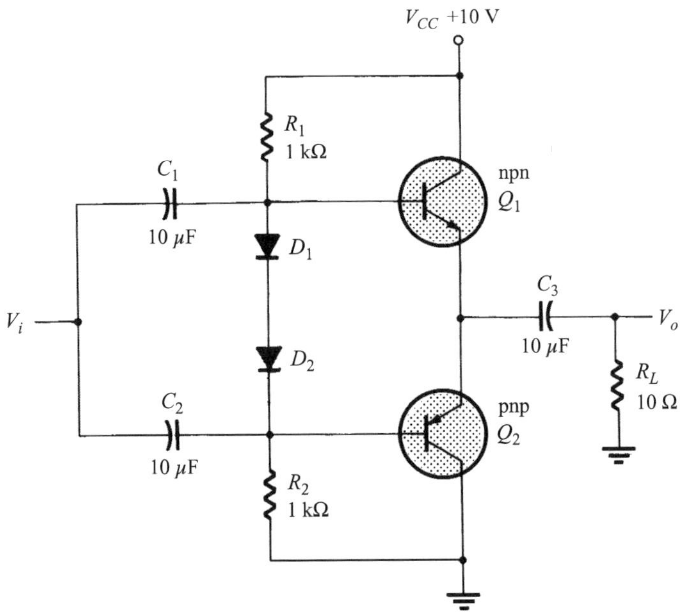

그림 26.2

V_o의 피크전압이 2 V일 때:

P_i(계산값) = ______

P_o(계산값) = ______

$\%\eta$ (계산값) = ______

b. 그림 26.2의 회로를 구성하고, V_{CC}=10 V로 조정하라. 필요하면 그림 26.2의 여백에 저항의 실제값을 측정하여 기록하라. V_o의 피크값이 1 V가 되도록 입력을 조정한 다음 AC 전압을 측정하여 기록하라.

V_i (측정값) = ____________

V_o (측정값) = ____________

측정값을 사용하여 입력전력, 출력전력, 그리고 회로의 효율을 계산하라.

P_i = ____________

P_o = ____________

$\%\eta$ = ____________

3(a)에서의 계산값을 3(b)에서의 측정값과 비교하라.

c. V_o의 피크값이 2 V가 되도록 입력을 조정한 다음 AC 전압을 측정하여 기록하라.

V_i (측정값) = ____________

V_o (측정값) = ____________

V_{CC}로부터 공급되는 평균(DC)전류를 측정하라.

I_{DC} (측정값) = ____________

측정값을 이용하여 입력전력, 출력전력, 그리고 회로의 효율을 계산하라.

P_i = ____________

P_o = ____________

$\%\eta$ = ____________

3(a)에서의 계산값과 3(c)에서의 측정값을 비교하라.

4 컴퓨터 실습

PSpice 모의실험 26-1

아래 회로는 그림 26.1의 A급 증폭기이다. 이 회로에 대해 요구하는 데이터를 구하고 모든 질문에 답하라.

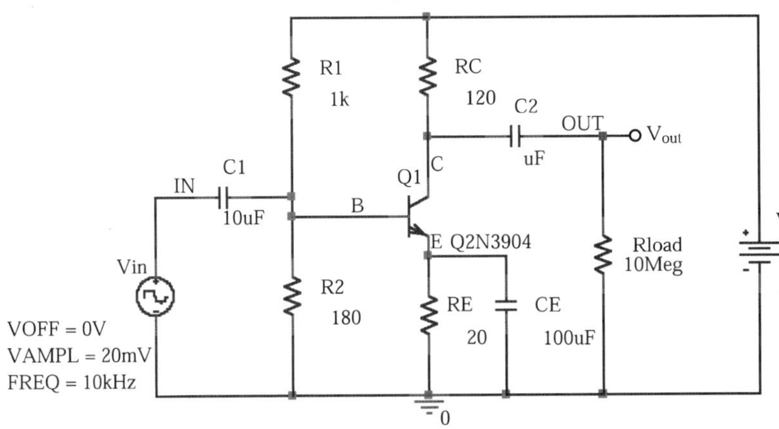

1. DC 바이어스 해석을 수행하라.
2. 위에서 구한 데이터를 볼 때 Q점이 부하선의 중간부근에 위치하는가?
3. *VCE*전압이 *VCC*의 약 1/2인가?
4. *VCC*가 회로에 공급한 DC전력은 얼마인가? 이 DC 전력을 구하려면 taskbar에서 "W"를 클릭하라. 주: PSpice에서 소자로 공급한 전력은 양(+)로 계산하는데 반해 소자로부터의 전력은 음(−)의 값으로 계산한다.
5. 입력신호를 인가하지 않았을 때, 즉 정지상태에서 어느 회로소자가 가장 많은 DC전력을 소비하는가?
6. Vin을 주파수 10 kHz, 피크간 전압 20 mV로 설정하라.
7. 200 μs 동안 Time Domain (transient) 해석을 행하라.
8. 해석결과에 입력전압 VIN 의 1주기에 대한 출력전압 VOUT이 나타나 있는가? Y 축 2개를 사용하여 V(IN)과 V(OUT)를 그려라.
9. 출력전압이 왜곡되어 있는가?
10. VIN과 VOUT의 위상관계는?
11. 식 26.2를 이용하여 증폭기가 공급한 AC 전력을 계산하라. 1 ms 동안 **Time Domain (transient)** 해석을 수행하라. 다음의 Probe 표현: RMS(V(OUT)*V(OUT))/120을 사용하여 증폭기의 AC 전력을 구하라. 이렇게 구한 답과 질문 11에서 계산한 값을 비교하라. 주: *기호는 곱셈기호이다.

12. 이 계산과 위에서 구한 V_{CC}의 DC 공급 전력으로부터 동작점에서 이 증폭기의 효율을 계산하라.

13. Vin의 진폭을 10 mV로 줄인 다음 해석을 반복하라. 특히 어느 것이 변하고, 또 어느 것은 그대로 인지 관찰하라.

PSpice 모의실험 26.2

아래 회로는 그림 26.2의 B급 증폭기이다. Q2(Q2N3906)의 방향을 그림과 같이 하려면

- EVAL 라이브러리에서 2N3906을 선택하여 배치하라.
- 키보드에서 "V" 키를 누른다. 이 동작은 Q2를 수직방향으로 뒤집는다.
- 필요하면 위치를 조정한다.
- 해당 위치에 배치하려면 마우스 왼쪽 버튼을 클릭한다.
- 해당 모드를 마치려면 마우스 오른쪽 버튼을 클릭하거나 Esc 버튼을 누른다.

다이오드 D1N914는 EVAL 라이브러리에서 찾을 수 있다.

PSpice 모의실험 26-2: B급 증폭기

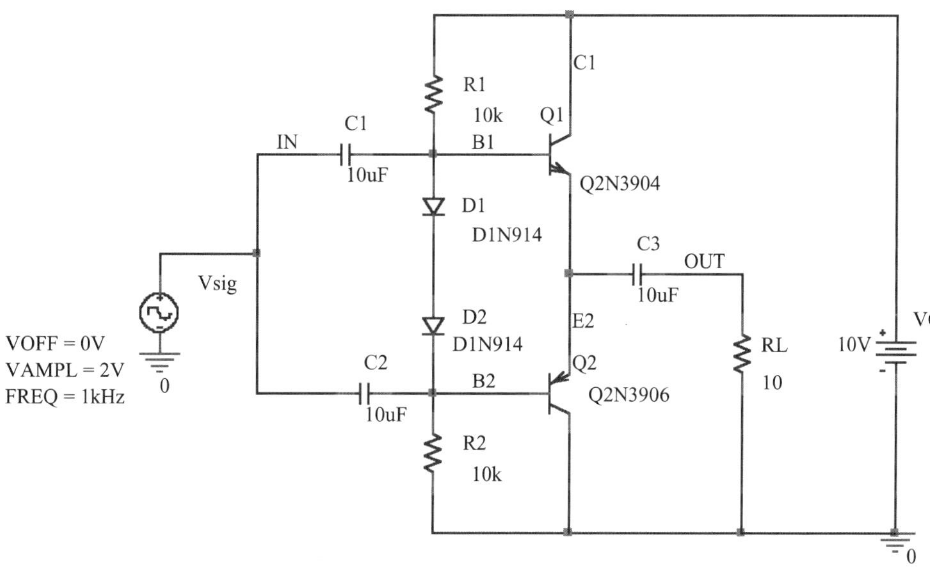

이 모의실험에서는 먼저 바이어스 점 해석을 시작하라. 이 결과로부터 다음 질문에 답하라. 질문 1부터 5까지 답하려면 동작점(Bias Point) 해석을 행한 후 Task bar에서 "V", "I", 그리고 "W" 버튼을 클릭하면 된다.

1. 전원 V_{CC}가 공급한 DC 입력전력은 얼마인가?

2. 어느 회로소자가 DC전력을 가장 많이 소모하는가?

3. 2개의 트랜지스터가 각각의 차단점 또는 그 부근에 바이어스되어 있는가? 그렇지 않다면 왜 아닌가?

4. 노드 E2에서의 DC 전압이 V_{CC}전압의 1/2인가?

5. 두 트랜지스터의 베이스-이미터간 전압은 각각 얼마인가?

6. 회로에 사용된 두 다이오드의 용도는 무엇인가?

7. 각 다이오드에서의 전압강하량은?

8. V_{sig}를 주파수 1 kHz, 진폭 4 V(피크간 전압 8V)로 설정하라. 피크간 전압(V_{p-p})을 8V로 하려면 V_{sig}에서 **VAMPL=4V**로 입력하라. PSpice에서 V_{sig}은 **V(SIN)** 전압원임을 기억하라.

9. 4 ms 동안 Time Domain (transient) 해석을 행하라.

10. 출력 VOUT의 피크간 전압은 얼마인가?

11. 동작점에서 이 회로의 효율을 계산하라.

12. V_{sig}의 주파수는 그대로 두고, 진폭만 2 V로 줄여라.

13. Time Domain (transient) 해석을 반복하라.

14. 회로의 현재 효율을 계산하고, 이를 앞에서 구한 값과 비교하라.

15. 모의실험 데이터를 실험데이터와 비교해보라.

실험

27

차동 증폭기 회로

목적

1. 차동 증폭기 회로에서 DC전압과 AC전압을 계산하고 측정한다.
2. 이들 증폭기의 차동이득과 공통모드 이득을 계산한다.
3. PSpice 프로그램을 사용하여 전압원과 전류원을 가진 BJT 차동 증폭기의 DC 전력과 신호전력을 구한다.

실험소요장비

계측기

오실로스코프

DMM

함수발생기

직류전원 공급기

부품

저항

(1) 4.3 kΩ

(4) 10 kΩ

(2) 20 kΩ

트랜지스터

(3) 2N3823 또는 등가 트랜지스터

사용 장비

항목	실험실 관리번호
직류전원 공급기	
함수발생기	
오실로스코프	
DMM	

이론 개요

BJT 차동증폭기

차동 증폭기는 플러스(+)와 마이너스(-) 입력단자를 가진 회로이다. 두 입력에 인가된 신호에서 위상이 반대인 신호성분은 크게 증폭되지만 동상(in phase)인 신호성분은 출력에서 상쇄된다. 그림 27.1은 단순 BJT 차동증폭기 회로로서 V_i^+는 (+)입력, V_i^-는 (-)입력이고, 그리고 출력 V_{o1}과 V_{o2}는 위상이 서로 반대이다. 대개의 경우 커패시터를 필요치 않으며, 입력신호는 DC결합으로 연결되고, 양의 전원 (V_{CC})와 음의 전원(V_{EE})가 DC 바이어스를 제공한다. 이 실험에서 두 트랜지스터의 r_e값이 같다고 가정할 때 차동 전압이득의 크기는

$$A_v = \frac{R_C}{2r_e} \tag{27.1}$$

과 같고, 두 입력에 공통인 신호에 대한 이득(공통모드 이득)의 크기는 다음이 계산된다.

$$A_v = \frac{R_C}{2R_E} \tag{27.2}$$

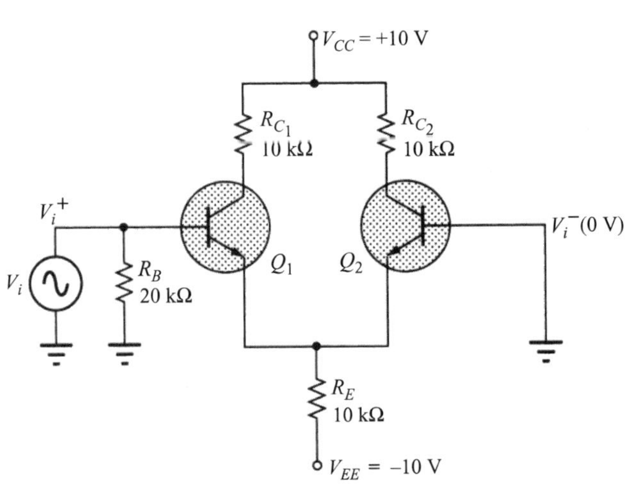

그림 27.1

FET 차동증폭기

FET 차동 증폭기에 대한 차동 전압이득의 크기는 다음과 같이 계산된다.

$$A_v = \frac{g_m R_D}{2} \tag{27.3}$$

실험순서

1 BJT 차동 증폭기의 DC 바이어스

a. 그림 27.1 회로의 어느 한 트랜지스터에 대해 DC 바이어스 전압과 전류를 계산하라.

V_B(계산값) = ____________

V_E(계산값) = ____________

V_C(계산값) = ____________

I_E(계산값) = ____________

r_e(계산값) = ____________

b. 그림 27.1의 회로를 구성하라. (그림 27.1에 있는 모든 저항의 측정값을 기록하라.) V_{CC} = 10 V, V_{EE} = −10 V로 설정하고, 각 트랜지스터의 DC 바이어스 전압을 측정하여 기록하라.

	Q_1		Q_2
V_B(측정값) =	____________	V_B =	____________
V_E(측정값) =	____________	V_E =	____________
V_C(측정값) =	____________	V_C =	____________

측정값을 사용하여 다음을 계산하라.

I_E =	____________	I_E =	____________
r_e =	____________	r_e =	____________

각 트랜지스터에 대한 값을 비교하여 두 트랜지스터가 잘 매칭되었는지 판정하라. 1(a)에서 계산된 값과 1(b)에서의 측정값을 비교하라.

2 BJT 차동 증폭기의 AC 동작

a. 식 27.1과 식 27.2를 사용하여 그림 27.1 회로의 차동이득과 공통모드 이득을 계산하라.

A_{v_d}(계산값) = ____________

A_{v_c}(계산값) = ____________

b. 그림 27.1의 (+)단자에는 주파수가 10 kHz이고 실효전압이 20 mV인 V_i를, (−)단자에는 0 V를 인가하라. DMM을 사용하여 출력전압을 측정하여 기록하라.

V_{o_1} (측정값) = ____________

V_{o_2} (측정값) = ____________

V_{od}의 평균값을 계산하라.

$$V_{o_d} = \frac{V_{o_1} + V_{o_2}}{2}$$

V_{o_d} = ____________

차동전압이득을 계산하라.

$$A_{v_d} = \frac{V_{o_d}}{V_i}$$

A_{v_d}(계산값) = ____________

c. 그림 27.1의 양 입력단자에 공통으로 주파수가 10 kHz이고, 실효전압이 1 V인 V_i를 인가하라. 회로의 어느 한쪽 출력을 측정하여 기록하라.

V_{o_c}(측정값) = ____________

공통모드 전압이득을 계산하라.

$$A_{v_c} = \frac{V_{o_c}}{V_i}$$

A_{v_c}(측정값) = ____________

2(a)에서 계산한 전압이득을 2(b)와 2(c)에서 측정한 전압이득과 비교하라.

3 전류원을 가진 BJT 차동 증폭기의 DC 바이어스

a. 그림 27.2의 증폭기에서 DC 바이어스전압과 전류를 계산하라

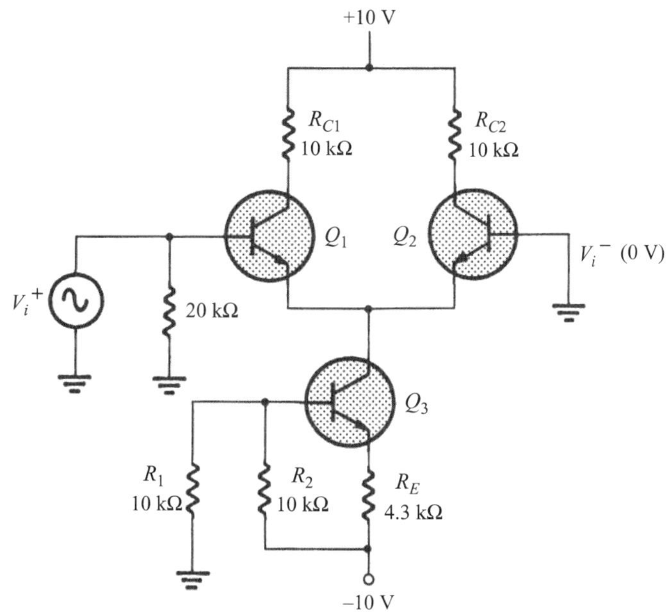

그림 27.2

Q_1 또는 Q_2 둘 중 하나에 대하여:

V_B(계산값) = ____________

V_E(계산값) = ____________

V_C(계산값) = ____________

I_E(계산값) = ____________

r_e(계산값) = ____________

Q_3에 대하여:

V_B(계산값) = ____________
V_E(계산값) = ____________
V_C(계산값) = ____________
I_E(계산값) = ____________
r_e(계산값) = ____________

b. DC 전원을 off 한 후 그림 27.2의 회로를 구성하라(또는 2의 회로를 수정하라). (그림 27.2에 사용된 저항의 값을 측정하여 기록하라.) DC 전원(10 V와 −10 V)을 복원한 다음 DC 바이어스 전압을 측정하라.

트랜지스터 Q_1과 Q_2에 대하여:

	Q_1		Q_2
V_B(측정값) =	____________	V_B =	____________
V_E(측정값) =	____________	V_E =	____________
V_C(측정값) =	____________	V_C =	____________

측정값을 사용하여 다음을 계산하라.

	Q_1		Q_2
I_E =	____________	I_E =	____________
r_e =	____________	r_e =	____________

두 트랜지스터에 대한 값을 비교하여 트랜지스터가 잘 매칭되있는지 판정하라.

트랜지스터 Q_3에 대하여:

V_B(측정값) = ____________
V_E(측정값) = ____________
V_C(측정값) = ____________

측정값을 사용하여 다음을 계산하라.

$I_E =$ ____________

$r_e =$ ____________

3(a)의 계산값을 3(b)의 측정값과 비교하라.

4 트랜지스터 전류원을 가진 차동증폭기의 AC동작

a. 식 27.1을 사용하여 다음을 계산하라.

A_{v_d}(계산값) = ____________

b. 주파수가 10 kHz, 실효전압이 10 mV인 입력을 V_i^+에 인가한 후 AC전압을 측정하여 기록하라.

V_{o_d}(측정값) = ____________

$$A_{v_d} = \frac{V_{o_d}}{V_i}$$

A_{v_d}(측정값) = ____________

c. 그림 27.2 회로의 두 입력단자에 공통으로 주파수가 10 kHz이고, 실효전압이 1 V인 공통입력 V_i를 인가하라. 회로의 어느 한쪽 출력을 측정하여 기록하라.

V_{o_c}(측정값) = ____________

공통전압이득을 계산하라.

$$A_{v_c} = \frac{V_{o_c}}{V_i}$$

A_{v_c}(측정값) = ____________

d. 오실로스코프의 AC결합 입력을 사용하여 회로의 공통 이미터 지점과 각 출력 지점에서의 파형을 측정하여 기록하라. 위상관계가 적절히 보이도록 그림 27.3에서의 파형을 그려라.

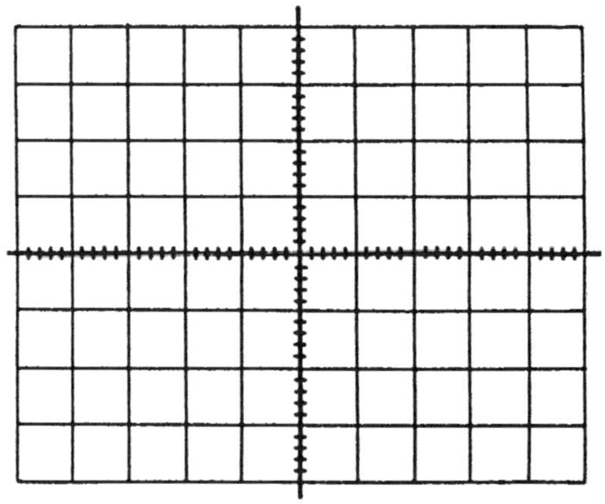

그림 27.3

수직감도 = ____________

수평감도 = ____________

5 JFET 차동 증폭기

a. 실험 12 또는 실험 13에 보인 실험 절차에 따라 그림 27.4의 회로에 사용된 각 트랜지스터의 I_{DSS}와 V_P값을 구하고, 아래의 빈칸에 값을 기록하라.

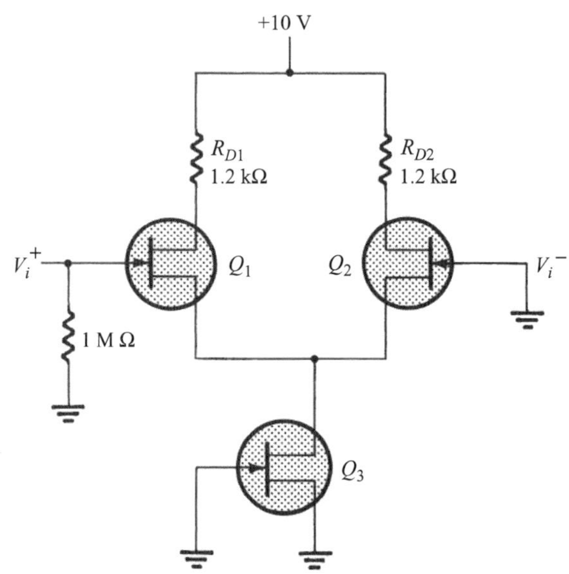

그림 27.4

Q_1의 경우:

I_{DSS} = ____________

V_P = ____________

Q_2의 경우:

I_{DSS} = ____________

V_P = ____________

Q_3의 경우:

I_{DSS} = ____________

V_P = ____________

b. 5(a)에서 구한 값을 사용하여 그림 27.4 회로에 대한 DC 바이어스 전압과 전류를 계산하라.

V_{D_1} (계산값) = ____________

V_{D_2} (계산값) = ____________

V_{S_1} (계산값) = =____________

c. 그림 27.4의 회로를 구성하라. (그림 27.4에 저항의 측정값을 기록하라.) DC 전압을 측정하여 기록하라.

V_{G_1} (측정값) = ____________

V_{D_1} (측정값) = ____________

V_{D_2} (측정값) = ____________

V_{D_3} (측정값) = ____________

d. 회로의 차동전압이득을 계산하라.

A_{v_d} (계산값)= ____________

e. 주파수 f = 10 kHz, 실효전압 50 mV인 입력을 AC결합으로 V_i^+에 인가한 후 DMM으로 출력전압을 측정하여 기록하라.

V_{o_1} (측정값) = ____________

V_{o_2} (측정값) = ____________

AC 차동 전압이득을 결정하라 (V_{o_1}과 V_{o_2}를 이용하라)

$A_{v_1}(d)$ (계산값) = ____________

$A_{v_2}(d)$ (계산값) = ____________

5(e)에서 측정한 차동 전압이득과 5(d)에서 계산한 차동 전압이득을 비교하라.

f. 진폭 50 mV의 입력을 V_i^+에 인가한 후 회로에 사용된 모든 트랜지스터(3개)의 드레인 단자에서의 파형을 관측하고, 적절한 위상관계가 보이도록 그림 27.5에 파형을 그려라.

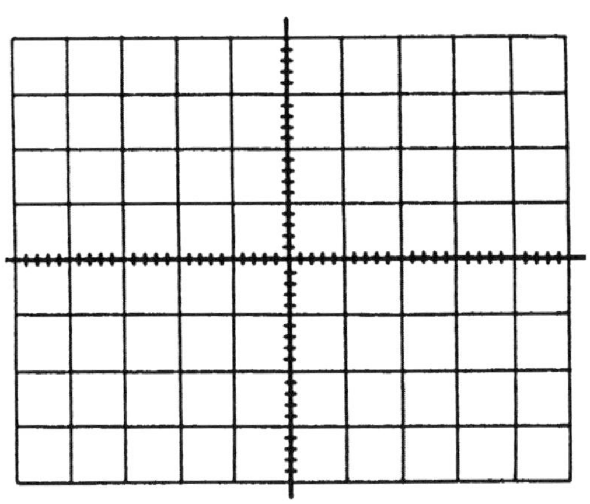

그림 27.5

수직감도 = ____________

수평감도 = ____________

A_{v_c} ____________

6 컴퓨터 실습

PSpice 모의실험 27-1

아래에 보인 BJT 차동 증폭기는 그림 27.1과 같다. 키 "H"를 눌러서 Q2를 수평방향으로 뒤집어라. 이 후 PSpice 모의실험 26-2의 절차를 따르라. "VOUT1"과 같이 도선(Wire)에 이름을 부여하고자 하면 Place/Net Alias를 선택하거나 이에 상응하는 아이콘을 클릭하여 원하는 이름인 VOUT1을 쓰고, "OK" 버튼을 누른 다음 원하는 부위에서 클릭하면 된다. 단,이 동작 후 해당 wire를 클릭하여 해당 wire와 이름이 동시에 분홍색으로 바뀌는 것을 확인할 것을 추천한다.

PSpice 모의실험 27-1: 차동 증폭기

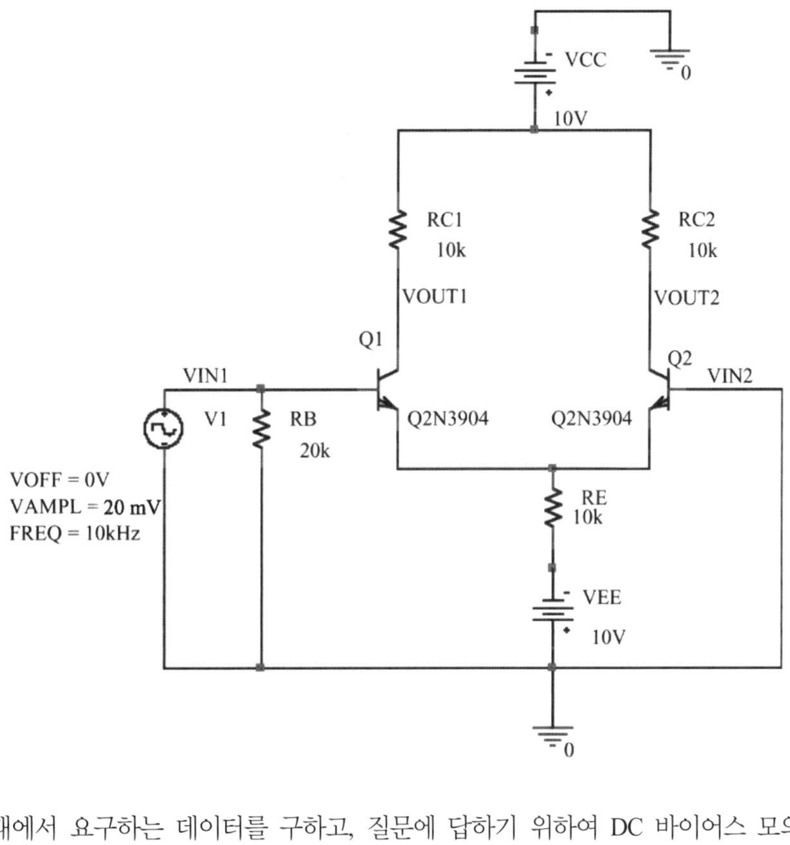

아래에서 요구하는 데이터를 구하고, 질문에 답하기 위하여 DC 바이어스 모의실험부터 시작하라.

1. 전원 VCC와 VEE가 회로에 공급한 총 DC 전력은 얼마인가?

2. 두 전원이 공급한 전력의 크기가 같은가?

3. Q1과 Q2의 콜렉터 전압과 이미터 전압을 구하라.

4. 이들의 값이 같은가?

5. Q1과 Q2의 콜렉터 전류를 구하라.

6. 이들 값이 같은가?

7. 신호원 V1의 주파수와 전압을 각각 10 kHz와 20 mV로 설정하라.

8. 200 μs 동안 Time Domain (transient) 해석을 행하라.

9. V(OUT1)과 V(OUT2)의 Probe plot을 구하라.

10. 이들의 크기와 상대적인 위상차는 어떤가?

11. 단일출력 모드(single-ended mode)에서 증폭기의 이득은 얼마인가?
    RMS(V(VOUT1))/RMS(V(VIN1)) 비율을 이득의 정의로 사용하라.
    Time Domain(Transient) 해석의 실행시간을 2 ms로 설정하라. **Y-axis**의 눈금을 **Auto Range**에서 **User Range**로 바꾼 다음 0부터 500 범위로 선택하라.
    V(OUT)의 **Probe plot**을 구하려면 다음 표현을 사용하라:
    RMS(V(VOUT1)-RMS(V(VOUT2)). 이 파형을 가장 잘 보려면 **Y-axis**를 -1부터 1의 범위로 설정하라. VOUT의 Probe plot을 구하고, 데이터로부터 전압이득을 계산하라.
    주의 VOUT = VOUT1 − VOUT2.

PSpice 모의실험 27-1: 차동 증폭기

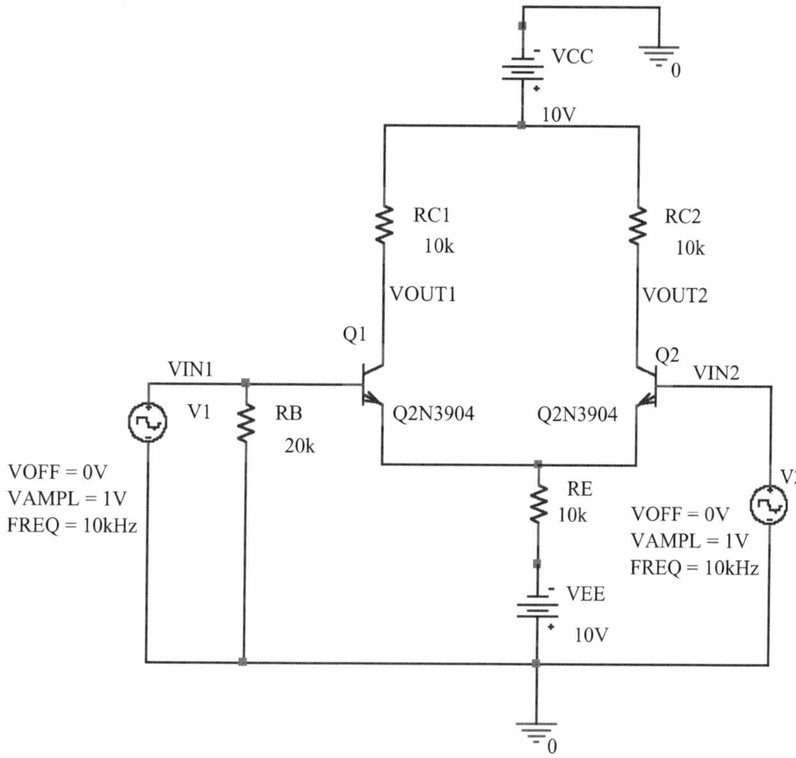

12. 신호원 V2를 추가하고, 두 신호원의 주파수와 전압을 각각 10 kHz와 1 V로 설정하여 위에 보인 것처럼 회로를 공통모드(common-mode) 동작으로 변경하라.

13. Time Domain (transient) 해석을 반복하라.

14. V(OUT1)과 V(OUT2)의 Probe plot을 구하라.

15. 이들의 크기와 위상차를 구하라.

16. 공통모드에서 증폭기의 이득은 얼마인가? 단계 11에서 정의한 것과 똑 같은 전압비를 이득의 정의로 사용하라.
   이득의 Probe plot을 구하기 위해 **Time Domain(Transient)** 해석을 2 ms동안 실행하라. **Y-axis**의 범위를 0부터 10으로 설정하라.

PSpice 모의실험 27-2

다음의 회로는 그림 27.2의 전류원을 가진 BJT 차동 증폭기를 보인 것이다.

Q2의 방향을 적절히 바꾸려면 키 "**H**"를 눌러라. 이렇게 하면 Q2가 수평방향으로 뒤집힐 것이다. 회로 배치를 마친 후 PSpice 모의실험 26-2에서 B급 증폭기에 대해 설명한 단계를 따르라.

PSpice 모의실험 27-2: 전류원을 가진 차동 증폭기

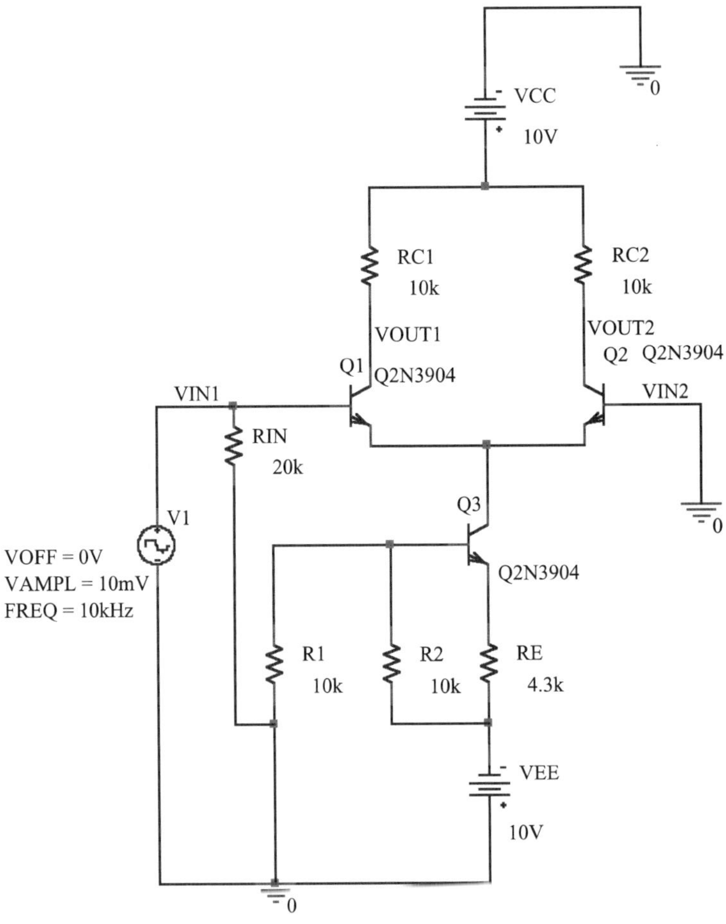

DC 바이어스 모의실험부터 시작하여 다음에 요구하는 데이터를 구하고, 질문에 답하라.

1. 전압원 VCC와 VEE가 공급한 총 DC 전력은 얼마인가?

2. Q1과 Q2의 콜렉터 전압은 얼마이며, 크기는 같은가?

3. Q1, Q2, Q3의 콜렉터 전류를 구하라.

4. 이들의 상대적인 크기는 어떤가?

5. 신호원 V1의 주파수와 AC전압을 각각 10 kHz와 10 mV로 설정하라.

6. 200 μs 동안 Time Domain (transient) 해석을 행하라.

7. V(OUT1)과 V(OUT2)의 Probe plot을 구하라.

8. 이들의 크기와 상대적인 위상차는 어떤가?

PSpice 모의실험 27-2: 전류원을 가진 차동 증폭기

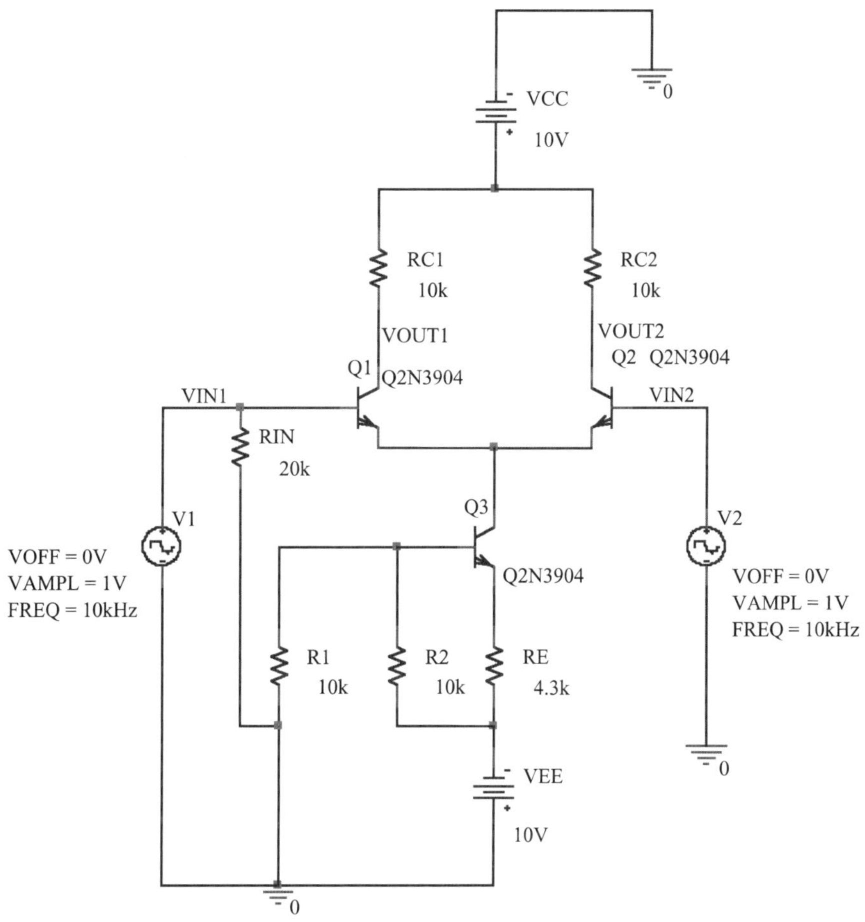

9. 단일출력 모드(single-ended mode)에서 증폭기의 이득을 구하라.
   PSpice 모의실험 27-1, 단계 11에서와 같은 비율을 정의로 사용하라. **Time Domain (Transient)** 해석을 1 ms까지로 확대하고, **Y-axis**를 **User Defined**로 바꾼 다음 0부터 1000까지로 설정하라.

10. 공통모드 동작을 위해 그림과 같이 회로를 변경하라.

11. Time Domain (transient) 해석을 반복하라. **Time Domain(transient)** 해석을 리세트 하고, **Run to time**을 200 μs로 설정하라.

12. V(OUT1)과 V(OUT2)의 Probe plot을 구하라. 매끈한 파형그림을 얻으려면 "Maximum print step"을 0.01 μs로 하라.

13. 이들의 크기와 상대적인 위상차를 구하라.

14. 증폭기의 공통모드이득은 얼마인가? 단계 9에서 정의한 것과 같은 전압비율을 정의로 사용하라. **Time Domain(transient)** 해석을 리세트 하고, **Run to time**을 1 ms로 설정하라. **Y-axis**를 0부터 10까지의 범위로 설정하라.

실험 28

연산 증폭기(Op-Amp)의 특성

연산 증폭기의 슬루율(slew rate)와 공통 모드 제거비(common mode rejection ratio)

목적

1. μA741 연산 증폭기의 슬루율을 측정하고, 공통모드 제거비(CMR)을 계산한다.
2. PSpice해석을 통하여 μA741 연산 증폭기의 슬루율과 CMR을 구한다.
3. 이들 PSpice 해석 결과를 실험결과와 비교한다.
4. 우리의 실험데이터를 출판된 값, 즉 데이터 시트상의 값과 비교한다.

실험소요장비

계측기

오실로스코프 (dual trace)

신호발생기

직류전원

DMM

부품

저항

(2) 100 Ω

(2) 10 kΩ

(2) 100 kΩ

IC

(1) μA741 (또는 등가) 연산 증폭기

사용 장비

항목	실험실 관리번호
오실로스코프(dual trace)	
신호 발생기	
직류전원	
DMM	

이론 개요

슬루율(slew rate) 결정

입력에 계단파형 전압이 인가되었을 때 출력전압의 최대변화율을 연산 증폭기의 슬루율로 정의한다. 슬루율은 V/μs 단위로 나타내며, 연산증폭기 내부 각 단의 주파수 응답에 따라 크기가 다르다. 슬루율이 클수록 연산 증폭기의 주파수 대역폭도 넓다.

슬루율은 다음과 같이 계산된다: $\mathrm{SR} = \Delta V_{\mathrm{out}}/\Delta t =$ ________ $V/\mu s$

여기서 $\Delta V_{out} = +V_{\max} - (-V_{\max})$이고, Δt는 V_{out}의 양의 극한값과 음의 극한값 사이구간의 시간간격으로 정의된다.

공통모드 제거비 결정

연산증폭기의 두 입력단자에 인가된 전압이 다른 경우 연산증폭기는 차동모드로 동작하며, 출력단자에는 증폭된 전압이 관측된다. 연산 증폭기의 두 입력단자에 똑 같은 신호가 인가되는 경우 연산증폭기는 공통모드로 동작하며, 이상적인 조건에서는 이 경우의 출력전압이 0이 된다. 그러나 실제 소자의 이상적이지 못한(non-ideal) 특성 때문에 공통모드 동작에서도 약간의 출력전압이 나타나게 된다. 차동전압이득, $A(dif)$와 공통모드 이득, $A(cm)$의 비를 공통모드 제거비, CMR로 정의한다. 이 비율은 dB 단위로 표현되며, 다음과 같이 계산한다.

$$\mathrm{CMR}(\mathrm{dB}) = 20\log\left[\frac{A(dif)}{A(cm)}\right]$$

이 식에서 $A(dif) = R_1/R_2$(그림 28.2 참조)

$A(cm) = V(out)/V(\mathrm{in})$(그림 28.2 참조)

실험순서

1 슬루율 결정

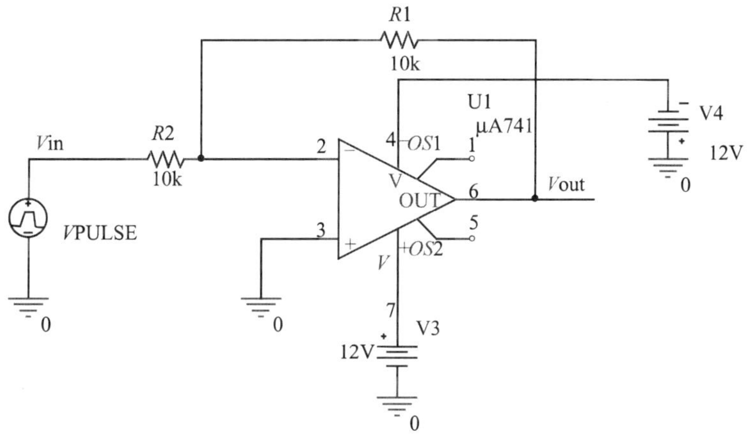

그림 28.1

a. 그림 28.1의 회로를 결선하라.

b. 연산 증폭기의 4번 단자와 7번 단자에 각각 −12 V와 +12 V의 DC 전원을 연결하라.

c. 오실로스코프의 채널 1에 Vin을 연결하고, 수직감도를 2 V/DIV로 설정하라. 채널 2에는 Vout을 연결하고, 수직감도를 1 V/DIV로 두라. 수평감도 (time base)는 10 μs/DIV로 하고, AC 결합을 사용하라.

d. 사각파 입력 VPULSE를 5 V_{p-p}, 주파수 10 kHz로 설정하고, 전원을 인가하라.

e. 오실로스코프 상에서 Vin과 Vout 파형을 관측하라.

힌트 Vin은 상승시간과 하강시간이 0인 사각파로 보이는데 반해 Vout은 상승시간과 하강시간이 유한한 사다리꼴 파형으로 보일 것이다.

f. Vout의 피크간 전압을 측정하라. 이 값을 ΔV로 정의하라.

g. Vout이 하한에서 상한으로(또는 그의 반대로) 변하기까지의 시간간격을 측정하고, 이를 Δt로 정의하라.

h. 슬루율을 계산하여 기록하라.

$$SR = \Delta V / \Delta t \text{ volt/microseconds} = \underline{\qquad\qquad} \text{ V}/\mu s$$

i. 이 값을 μA741 데이터시트에 제시된 값과 비교하라.

2 공통모드 제거비의 결정

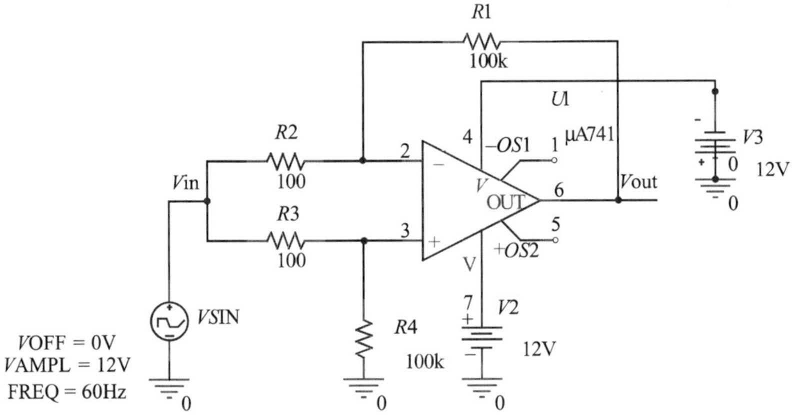

그림 28.2

a. 그림 28.2의 회로를 결선하라.
b. 연산증폭기의 4번과 7번 단자에 각각 전원 공급기의 −12 V 단자와 +12 V 단자를 연결하라.
c. 오실로스코프의 채널 1에 Vin을 연결하고, 수직감도를 2 V/DIV로 설정하라. 채널 2에는 Vout을 연결하고, 이 채널의 수지감도를 0.02 V/DIV로 설징하라.
d. 두 채널의 연결방식을 AC결합으로 하라.
e. Time base를 5 ms/DIV로 설정하라.
f. VSIN을 주파수 60 Hz, 피크간 전압 12 V_{p-p}로 설정하고, 전원을 인가하라.
g. DMM을 사용하여 Vin과 Vout의 RMS 전압을 측정하라.
h. 공통모드 전압이득, $A(\text{cm})$을 계산하라.

$$A(\text{cm}) = \frac{V(out)}{V(in)} = \underline{\qquad\qquad}$$

i. 차동 전압이득, $A(dif)$를 계산하라.

$$A(dif) = \frac{R1}{R2} = \underline{\hspace{4cm}}$$

j. 공통모드 제거비를 계산하라.

$$\text{CMB(dB)} = 20\log\left[\frac{A(dif)}{A(cm)}\right] = \underline{\hspace{4cm}}\ \text{dB}$$

k. 이 값을 μA741 연산 증폭기의 데이터시트에 제시된 값과 비교하라.

3 컴퓨터 실습

PSpice 모의실험: 슬루율 결정

a. 그림 28.1의 회로를 그림과 같이 고쳐라. 연산증폭기의 4번 단자와 7번 단자의 전압을 그림 28.1에서와 같은 값으로 유지하라. PSpice 전원 VPULSE를 그림과 같이 연결한 다음 파라메타를 그림에 표시된 것과 같게 설정하라. 0.2 ms까지 Time Domain (Transient) 해석을 수행하라.

VPULSE 전압원은 **SOURCE** 라이브러리에서 찾을 수 있다. 연산증폭기를 그림에서 보이는 것처럼 배치하려면 연산증폭기가 선택되어 있는 동안(즉, 연산증폭기가 빨간색으로 보이는 동안) "V" 키를 한번 눌러라.

PSpice 모의실험 28-1: 연산증폭기: 슬루율 결정

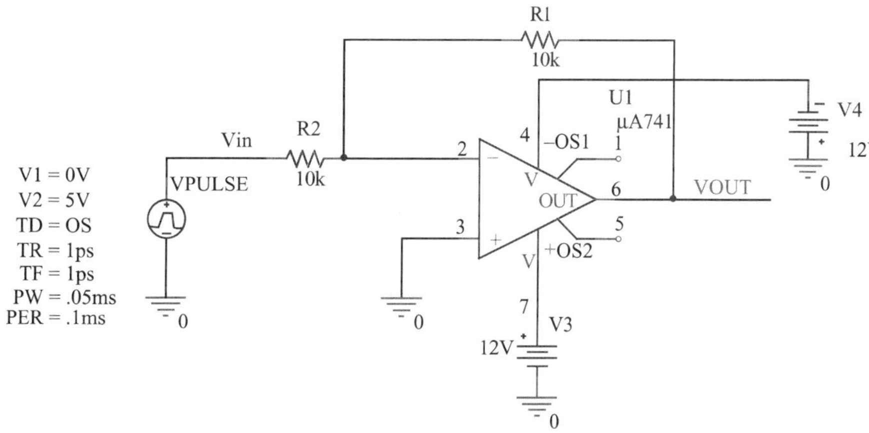

그림 28.3

b. Probe plot의 시간축을 200 μs까지로 설정하라. Probe plot에서 $V(Vout)$ 파형을 나타내라. 커서 A1과 A2를 각각 V(Vout)의 최대전압과 최소전압에 위치시켜라.

$V(Vout)_{max}$ = ____________ volts

$V(Vout)_{min}$ = ____________ volts

c. V(Vout)의 첫 번째 상승부의 끝 지점에 첫째 커서를 두고, V(Vout)의 첫 번째 상승부가 시작되는 지점에는 두 번째 커서를 두라. 시간간격 Δt는 두 커서간 수평방향으로의 차이를 μs 단위로 측정한 것이다. 이 값은 대략 12.5 μs이어야 한다.

시간간격 Δt = ____________ μs

d. V(Vout)의 최대값과 최소값, 그리고 시간간격을 이용하여 다음 비율로 슬루율의 값을 계산하라.

SR = $[V(Vout)max - V(Vout)min]\Delta t$ = ____________ μs

e. 이 값을 실험으로 구한 값, 그리고 μA741 연산 증폭기의 데이터시트에 표시된 값과 비교하라.

PSpice 모의실험: 공통모드 제거비 결정

a. 그림 28.4의 회로는 그림 28.2의 모의실험용 회로이다. 연산증폭기의 4번 단자와 7번 단자의 전원 전압은 그림 28.2에서와 같은 값으로 유지하라. 실험실 실험에 사용하였던 신호발생기를 VSIN이라는 전압원으로 모델링하였다. VSIN의 파라메타는 그림과 같다. 34 ms 동안의 Time Domain (Transient) 해석을 설정하고, 해석을 수행하라.

PSpice 모의실험 28-2: 연산증폭기: 공통모드 제거비 결정

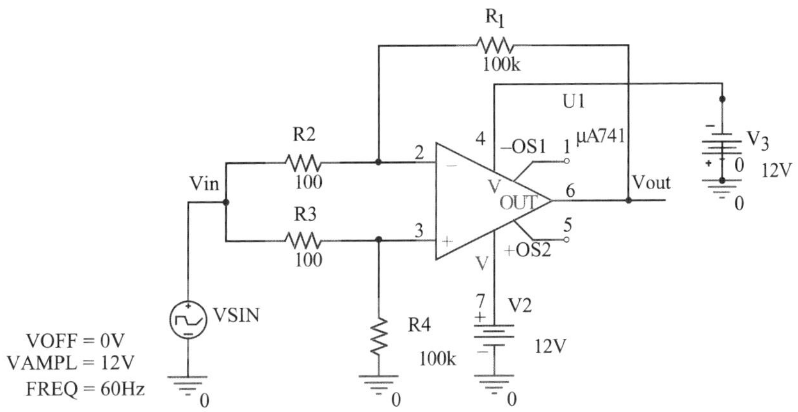

그림 28.4

b. Probe plot에서 RMS(V(VOUT))/RMS(V(VIN))를 구하라. 이 비율이 공통모드 전압이득, A(cm)이다. 이 값을 아래 빈칸에 기록하라.

$$A(\mathrm{cm}) = \frac{V(out)}{V(in)} = \underline{\qquad\qquad}$$

c. 차동 전압이득, $A(dif)$를 계산하라.

$$A(dif) = \frac{R1}{R2} = \underline{\qquad\qquad}$$

d. 공통모드 제거비, CMR(dB)를 계산하라.

$$\mathrm{CMB}(\mathrm{dB}) = \left[\frac{A(dif)}{A(cm)}\right] = \underline{\qquad\qquad}$$

e. 이 값을 실험에 의한 값, 그리고 μA741 데이터시트 상의 값과 비교하라.

실험 29

선형 연산 증폭기 회로

목적

1. 선형 연산 증폭기 회로에서 DC 전압과 AC 전압을 측정한다.
2. 연산증폭기로 만든 다양한 증폭기의 전압이득을 계산한다.
3. PSpice 프로그램을 사용하여 반전 및 비반전 연산증폭기 회로에서의 출력전압, 입력전압과의 위상차, 그리고 전압이득을 구한다.

실험소요장비

계측기

오실로스코프

DMM

함수발생기

직류전원

부품

저항

(1) 20 kΩ

(3) 100 kΩ

ICs

(1) μA741 연산 증폭기

사용 장비

항목	실험실 관리번호
직류전원	
함수발생기	
오실로스코프	
DMM	

이론 개요

연산 증폭기는 반전 입력단자와 비반전 입력단자를 가진 이득이 매우 큰 증폭기이다. 이 증폭기는 외부에 저항을 추가하여 연산증폭기 자체의 이득보다는 훨씬 작지만 외부 저항 만에 의해 결정되는 이득이 정확한 증폭기를 만들 수 있다. 또, 하나이상의 입력에 대하여 각 입력신호마다 원하는 크기의 전압이득을 갖도록 하면서 이들을 합하는 회로를 만들 수도 있다.

반전증폭기를 원하는 경우 그림 29.1에 보인 것처럼 저항을 반전입력 단자에 연결하며, 이때 출력전압은 다음과 같다.

$$V_o = -\frac{R_o}{R_i} V_i \tag{29.1}$$

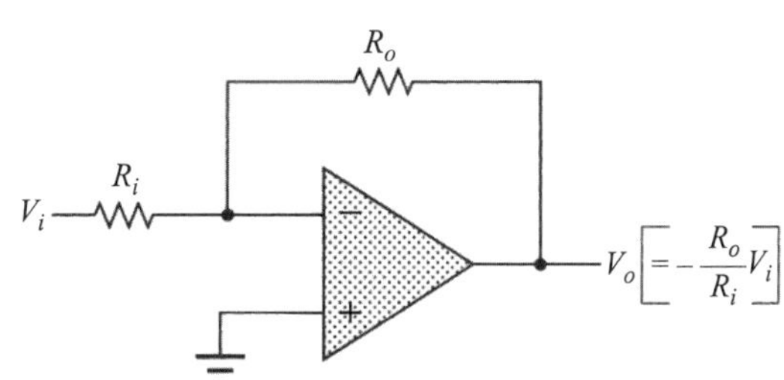

그림 29.1

그림 29.2는 비반전 증폭기 회로를 보인 것으로 출력전압은 다음과 같다.

$$V_o = \left(1 + \frac{R_o}{R_i}\right) V_i \tag{29.2}$$

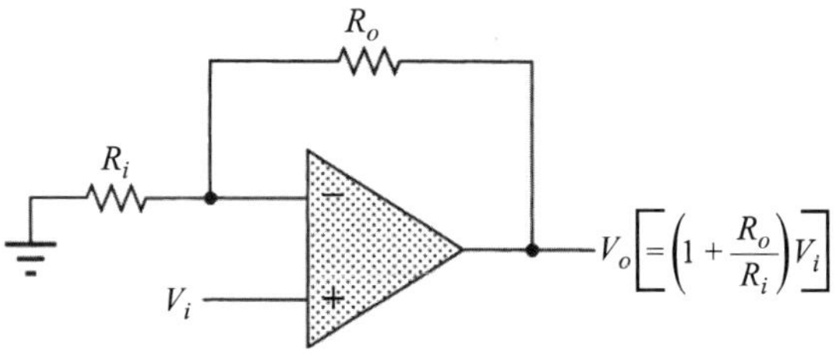

그림 29.2

그림 29.3처럼 출력을 반전입력에 연결하면 이득이 정확히 1이 된다.

$$V_o = V_i \tag{29.3}$$

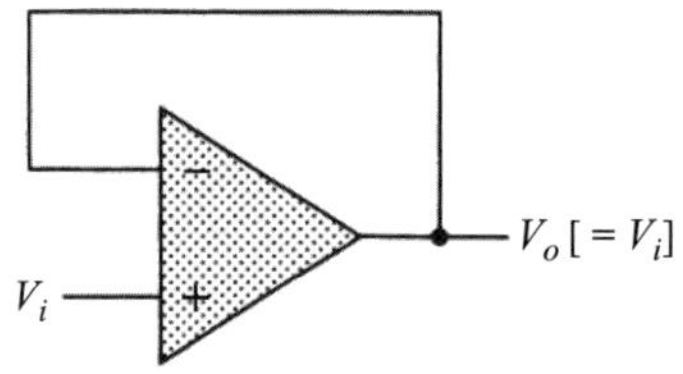

그림 29.3

그림 29.4와 같이 입력마다 별도의 저항을 사용하여 복수의 입력을 연결하였을 때 출력전압은 다음과 같이 계산된다.

$$V_o = -\left(\frac{R_o}{R_1} V_1 + \frac{R_o}{R_2} V_2\right) \tag{29.4}$$

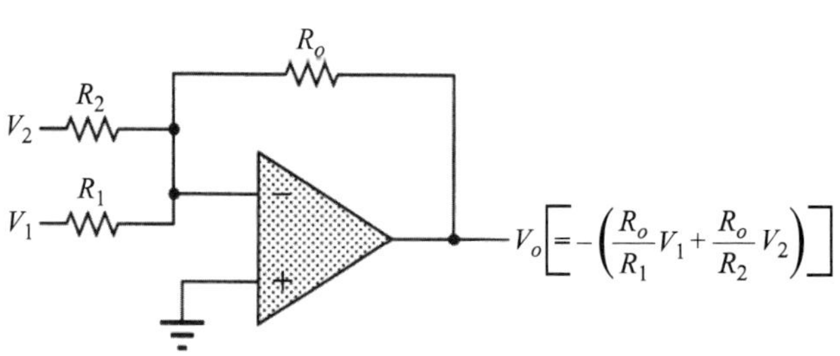

그림 29.4

실험순서

1 반전 증폭기

a. 그림 29.5의 증폭기 회로에 대한 전압이득을 계산하라.

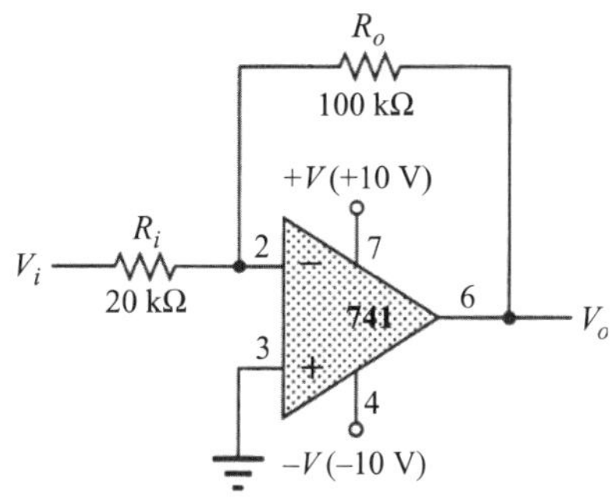

그림 29.5

V_o/V_i (계산값) = ____________

b. 그림 29.5의 회로를 구성하라(그림 29.5에 저항값을 측정하여 기록하라). 입력 V_i에 실효전압 1 V (f=10 kHz)를 인가하라. DMM을 사용하여 출력전압을 측정하여 기록하라.

V_o (측정값) = ____________

측정값을 이용하여 전압이득을 계산하라.

A_v = ____________

1(a)에서 계산한 이득과 1(b)에서의 측정값을 비교하라.

c. R_i를 100 kΩ으로 바꾼 다음 V_o/V_i를 계산하라.

V_o/V_i (계산값) = ____________

입력 V_i가 실효전압 1V일 때 V_o를 측정하여 기록하라.

V_o (측정값) = ____________

A_v를 계산하라.

A_v = ____________

전압이득의 계산값과 측정값을 비교하라.

d. 오실로스코프를 사용하여 입력파형과 출력파형을 관측하고, 이를 그림 29.6에 스케치 하라.

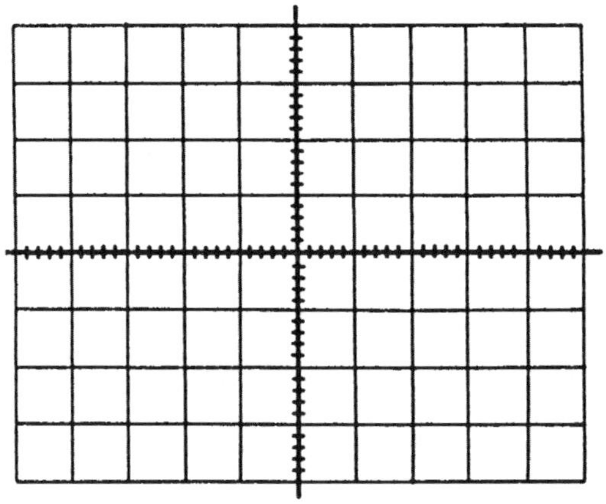

그림 29.6

수지감도 = ____________

수평감도 = ____________

2 비반전 증폭기

a. 그림 29.7에 보인 비반전 증폭기의 전압이득을 계산하라.

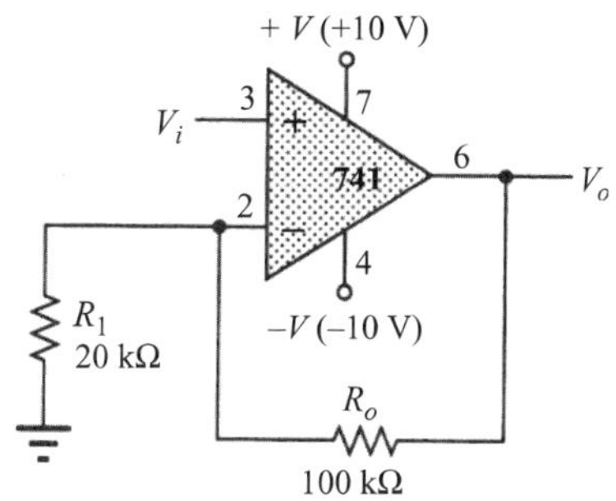

그림 29.7

A_v (계산값) = ____________

b. 그림 29.7의 회로를 구성하고, 입력 V_i에 실효전압 1 V (f=10 kHz)를 인가하라. DMM을 사용하여 출력전압을 측정하여 기록하라.

V_o (측정값) = ____________

측정 전압을 이용하여 회로의 전압이득을 계산하라.

V_o/V_i = ____________

2(a)에서 계산한 전압이득과 2(b)에서 측정한 전압이득을 비교하라.

c. R_i를 100 kΩ으로 바꾼 다음 실험 2(a)와 2(b)를 반복하라.

A_v (계산값) = ____________

V_o (측정값) = ____________

V_o/V_i = ____________

전압이득의 계산값을 측정값과 비교하라.

d. 오실로스코프를 사용하여 입력파형과 출력파형을 관측하고, 이를 그림 29.8에 스케치 하라.

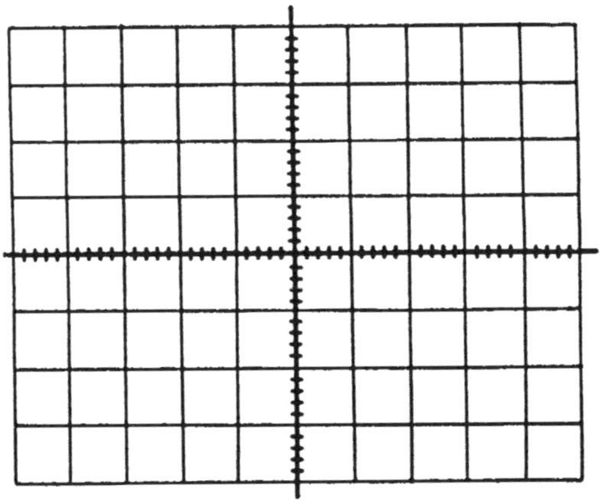

그림 29.8

수직감도 = ____________

수평감도 = ____________

3 단위이득 폴로워(unity-gain follower)

a. 그림 29.9의 회로를 구성하고, 입력 V_i에 실효전압 2 V (f=10 kHz)를 인가하라. DMM으로 출력전압을 측정하여 기록하라.

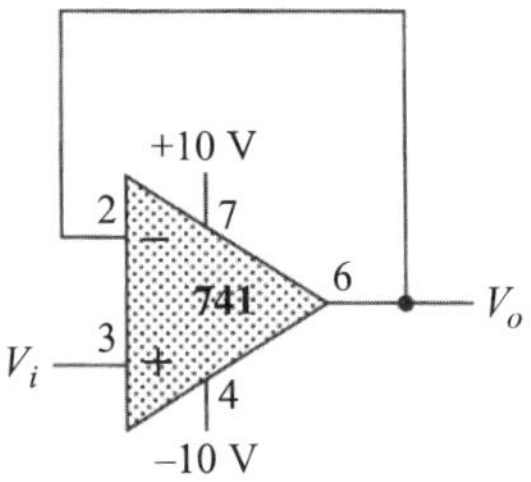

그림 29.9

V_i (측정값) = ____________

V_o (측정값) = ____________

회로의 전압이득, V_o / V_i를 이론에 의한 값인 이득, 1과 비교하라. 다시 말해 회로의 전압이득이 정확히 1인가?

4 가산 증폭기(summing amplifier)

a. 입력이 $V_1 = V_2$=1 V (실효전압)일 때 그림 29.10의 회로에 대한 출력전압을 계산하라(그림 29.4 참조)

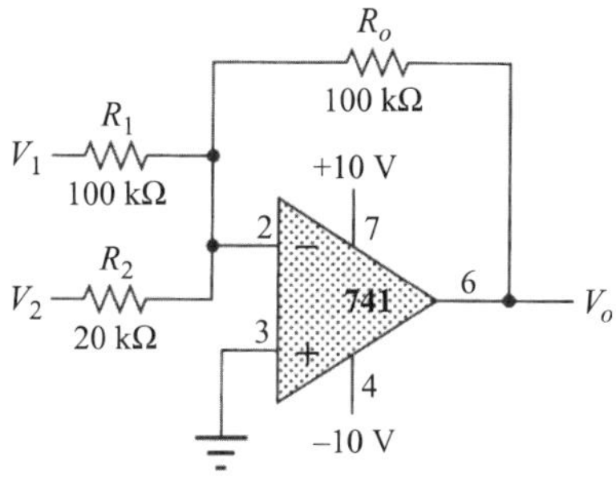

그림 29.10

V_o (계산값) = ____________

b. 그림 29.10의 회로를 구성하고, 입력에 $V_1 = V_2$=1 V (실효전압, f=10 kHz)를 인가하라. 출력전압을 측정하여 기록하라.

V_o (측정값) = ____________

4(a)에서 계산한 출력전압과 4(b)에서 측정한 값을 비교하라.

c. R_2를 100 kΩ으로 바꾼 다음 4(a)와 4(b)를 반복하라.

V_o (계산값) = ____________

V_o (측정값) = ____________

출력전압의 계산값을 측정값과 비교하라.

5 컴퓨터 실습

PSpice 모의실험 29.1

여기에 보인 반전 증폭기는 그림 29.5의 회로와 같다. 연산증폭기 **LM 324**는 **EVAL** 라이브러리에서 찾을 수 있다.

PSpice 모의실험 29.1: 반전 증폭기

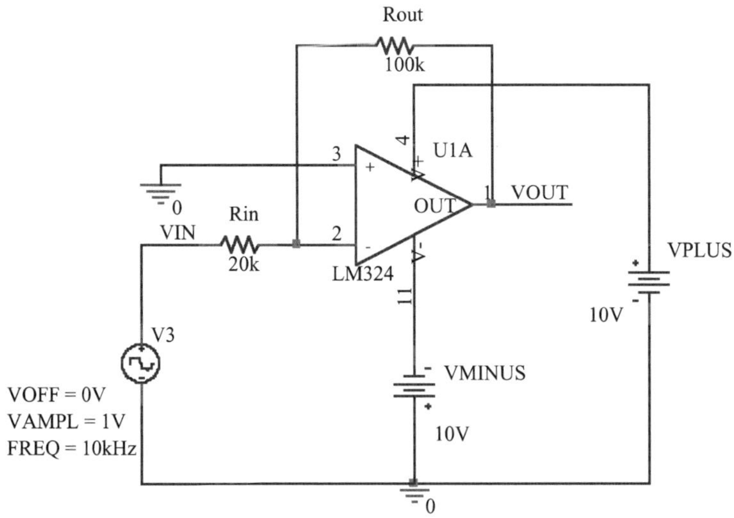

200 μs 동안 Time Domain(transient) 해석을 행하라. 다음에서 요구하는 데이터를 구하고, 모든 질문에 답하라.

1. 입력 VIN과 출력 VOUT의 Probe plot을 구하라.

2. 이들 신호의 진폭은 각각 얼마인가?

3. 식 29.1을 사용하여 증폭기의 이론에 의한 이득을 계산하라.

4. Probe plot으로부터 VIN의 피크전압과 VOUT의 피크전압의 비율로서 이 증폭기의 이득을 계산하라.

5. 이 결과를 위에서 계산한 이득의 이론값과 비교하라. 이들 결과가 서로 일치하는가?

6. VOUT과 VIN의 위상차는 얼마인가?

7. 위상차로 보아 반전증폭기라고 할 수 있는가?

PSpice 모의실험 29.2

여기에 보인 비반전 증폭기는 그림 29.7의 것이다.

PSpice 모의실험 29.2: 비반전 증폭기

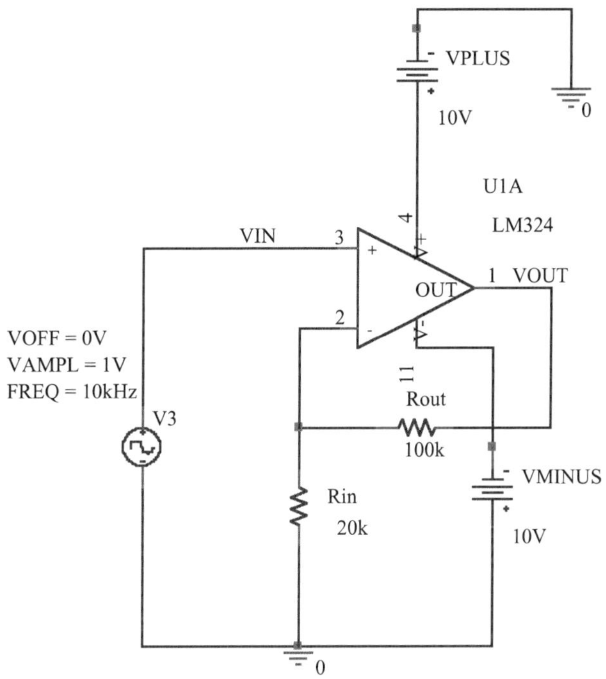

200 μs 동안 Time Domain (transient) 해석을 행하라. 아래에서 요구하는 데이터를 구하고, 모든 질문에 답하라.

1. 입력 VIN과 출력 VOUT의 Probe plot을 구하라.

2. 이들 신호의 진폭은 각각 얼마인가?

3. 식 29.2을 사용하여 이 증폭기의 이론 이득을 계산하라.
4. Probe plot으로부터 VIN의 피크전압과 VOUT의 피크전압의 비율로서 이 증폭기의 이득을 계산하라.

5. 이 결과를 위에서 계산한 이론 이득과 비교하라. 이들 결과가 서로 일치하는가?

6. VOUT과 VIN의 위상차는 얼마인가?

7. 위상차로 보아 비반전 증폭기라고 할 수 있는가?

실험 30

능동 필터 회로

목적

1. 다양한 형태의 능동필터회로에 대해 주파수의 함수로 AC 전압을 측정한다. 또한 필터회로의 차단 주파수를 계산하고 측정한다.
2. PSpice AC Sweep 해석을 이용하여 능동 저역차단 필터와 대역통과 필터의 주파수 응답을 구한다.

실험소요장비

계측기

오실로스코프
DMM
함수발생기
직류전원

부품

저항

(5) 10 kΩ
(1) 100 kΩ

커패시터

(2) 0.001 μF

트랜지스터와 ICs

(1) 301 IC 또는 등가

사용 장비

항목	실험실 관리번호
직류전원	
함수발생기	
오실로스코프	
DMM	

이론 개요

연산 증폭기를 사용하여 저역통과, 고역통과 또는 대역통과 필터로 동작하는 능동필터 회로를 제작할 수 있다. 저역통과 필터는 DC부터 차단주파수까지의 낮은 주파수 성분을 통과시키며, 차단주파수는 필터의 출력이 최대값의 0.707 또는 −3 dB로 떨어지는 주파수를 말한다. 고역통과 필터는 필터의 출력이 최대값의 0.707 또는 −3 dB에 도달하는 주파수, 즉 차단주파수 보다 높은 주파수 성분을 통과시킨다. 대역통과 필터는 중간 주파수 영역에서 출력전압이 최대인 필터로서 동작 주파수가 하위 또는 상위 차단주파수에 근접할 때 대역통과 필터의 출력아 0.707 또는 −3 dB만큼 줄어든다. 진폭의 감쇄율은 octave(옥타브. 주파수가 2배 또는 1/2)당 6 dB로 이는 decade(주파수가 10배 크거나 작아지는 것을 말한다)당 20 dB와 같다.

저역통과 필터

저역통과 필터는 필터의 차단주파수보다 낮은 주파수 성분을 통과시킨다. 그림 30.1의 회로는 연산증폭기를 사용한 저역통과 필터의 한 례를 보인 것으로 저역차단 주파수는 다음 식으로 결정된다.

$$f_L = \frac{1}{2\pi R_1 C_1}\ \mathrm{Hz} \tag{30.1}$$

차단주파수보다 높은 주파수에서 출력 V_o는 6 dB/octave 또는 20 dB/decade의 비율로 줄어든다.

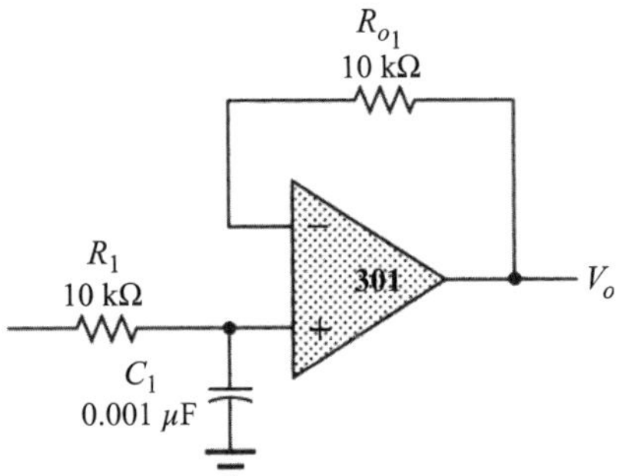

그림 30.1

고역통과 필터

그림 30.2와 같은 고역통과 필터는 다음 식으로 결정되는 고역차단 주파수보다 높은 주파수에서는 출력의 진폭이 유지된다.

$$f_H = \frac{1}{2\pi R_2 C_2}\ \mathrm{Hz} \tag{30.2}$$

차단 주파수보다 낮은 주파수에서 출력 V_o는 6 dB/octave 또는 20 dB/decade의 비율로 줄어든다.

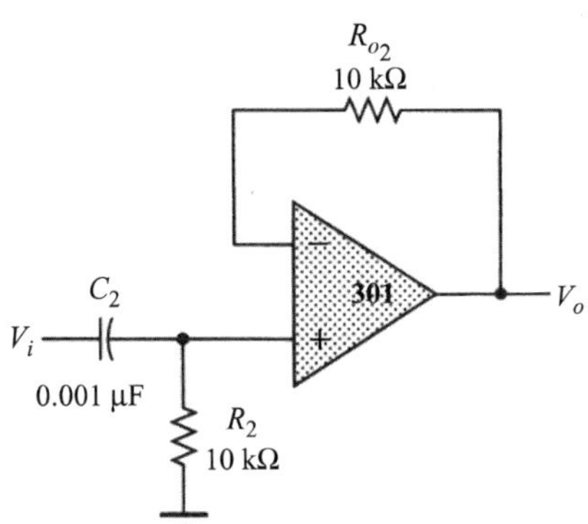

그림 30.2

대역통과 필터

그림 30.3의 대역통과 필터는 특정 주파수 대역 내 주파수 성분의 입력신호만 통과시킨다. 여기 보인 회로는 저역통과 필터와 고역통과 필터를 직렬로 연결한 것으로 대역통과 필터의 저역차단 주파수와 고역차단 주파수는 각각 식 30.1과 식 30.2를 사용하여 계산할 수 있다.

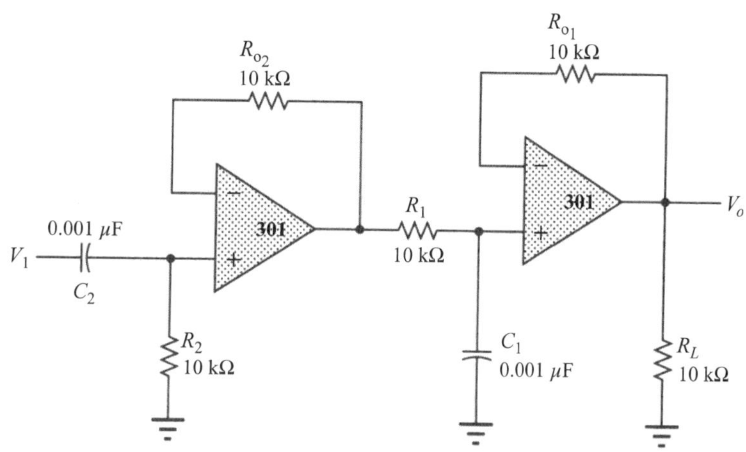

그림 30.3

실험순서

1 저역통과 필터

a. 식 30.1을 사용하여 그림 30.1 회로의 저역차단 주파수를 계산하라.

f_L (계산값) = ____________

b. 그림 30.1의 회로를 구성하라. 실효전압 1 V를 입력에 인가하고, 신호의 주파수를 100 Hz 부터 50 kHz까지 변화시키면서 출력전압을 측정하여 표 30.1에 기록하라.

표 30.1
저역통과 필터

f	100-Hz	500-Hz	1-kHz	2-kHz	5-kHz	10-kHz	15-kHz	20-kHz	50-kHz
V_o									

c. 그림 30.4에 주파수 대 이득 그래프를 그려라.

d. 그림 30.4에 그려진 데이터로부터 저역차단 주파수를 구하라.

f_L (측정값) = ____________

1(a)에서 계산한 저역차단 주파수와 1(d)에서 구한 값을 비교하라.

2 고역통과 필터

a. 식 30.2을 사용하여 그림 30.2 회로의 고역차단 주파수를 계산하라.

f_H (계산값) = ____________

b. 그림 30.2의 회로를 구성하라. 실효전압 1 V를 입력에 인가하고, 신호 주파수를 1 kHz부터 300 kHz까지 변화시키면서 출력전압을 측정하여 표 30.2에 기록하라.

표 30.2
고역통과 필터

f	1-kHz	2-kHz	5-kHz	10-kHz	20-kHz	30-kHz	50-kHz	100-kHz	300-kHz
V_o									

c. 표 30.2의 데이터로 그림 30.5에 그래프를 그려라.

d. 그림 30.5의 그림으로부터 고역차단 주파수를 구하라.

f_H (측정값) = ____________

2(a)에서 계산한 고역차단 주파수와 2(d)에서 측정된 값을 비교하라.

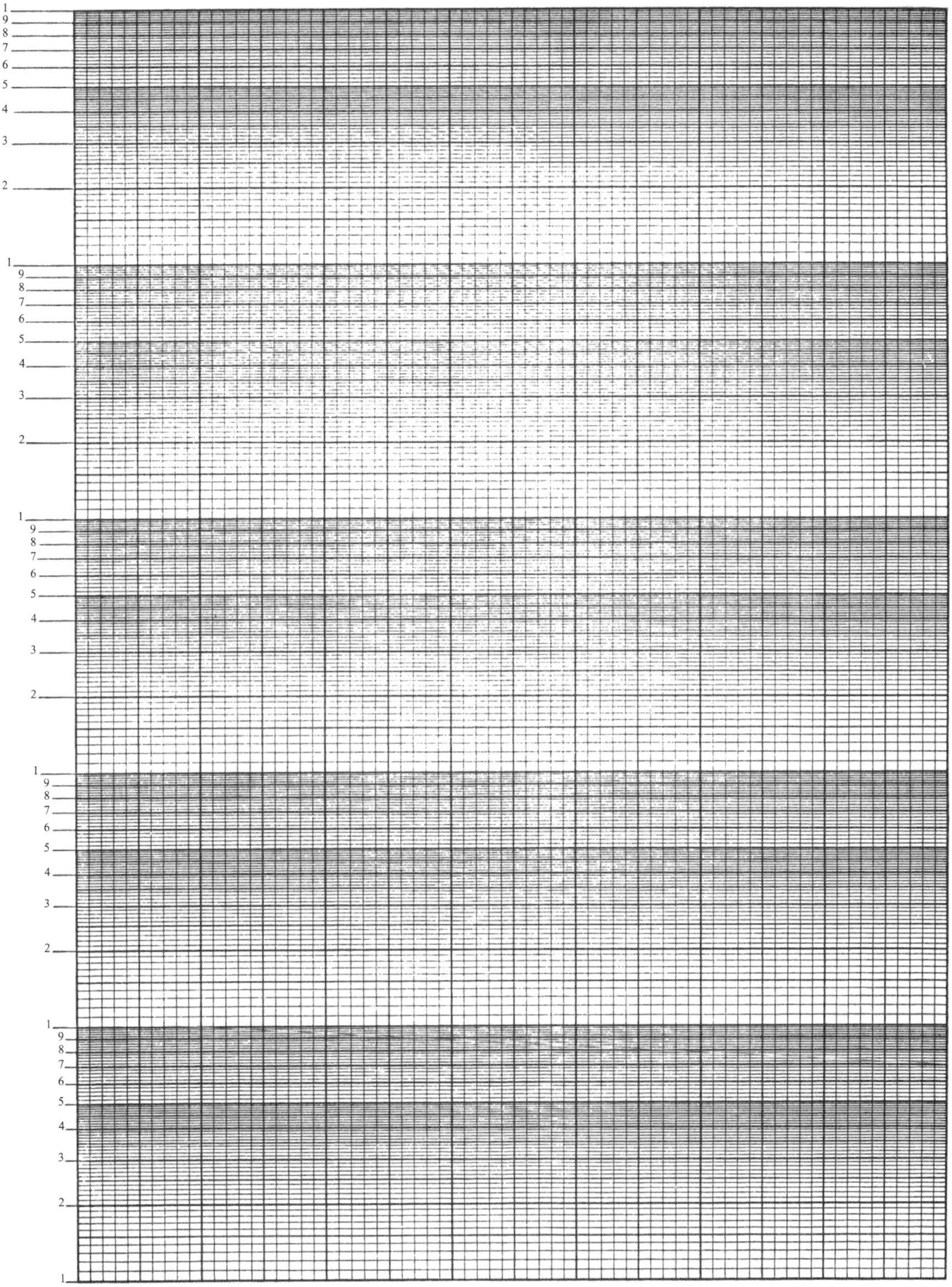

그림 30.4

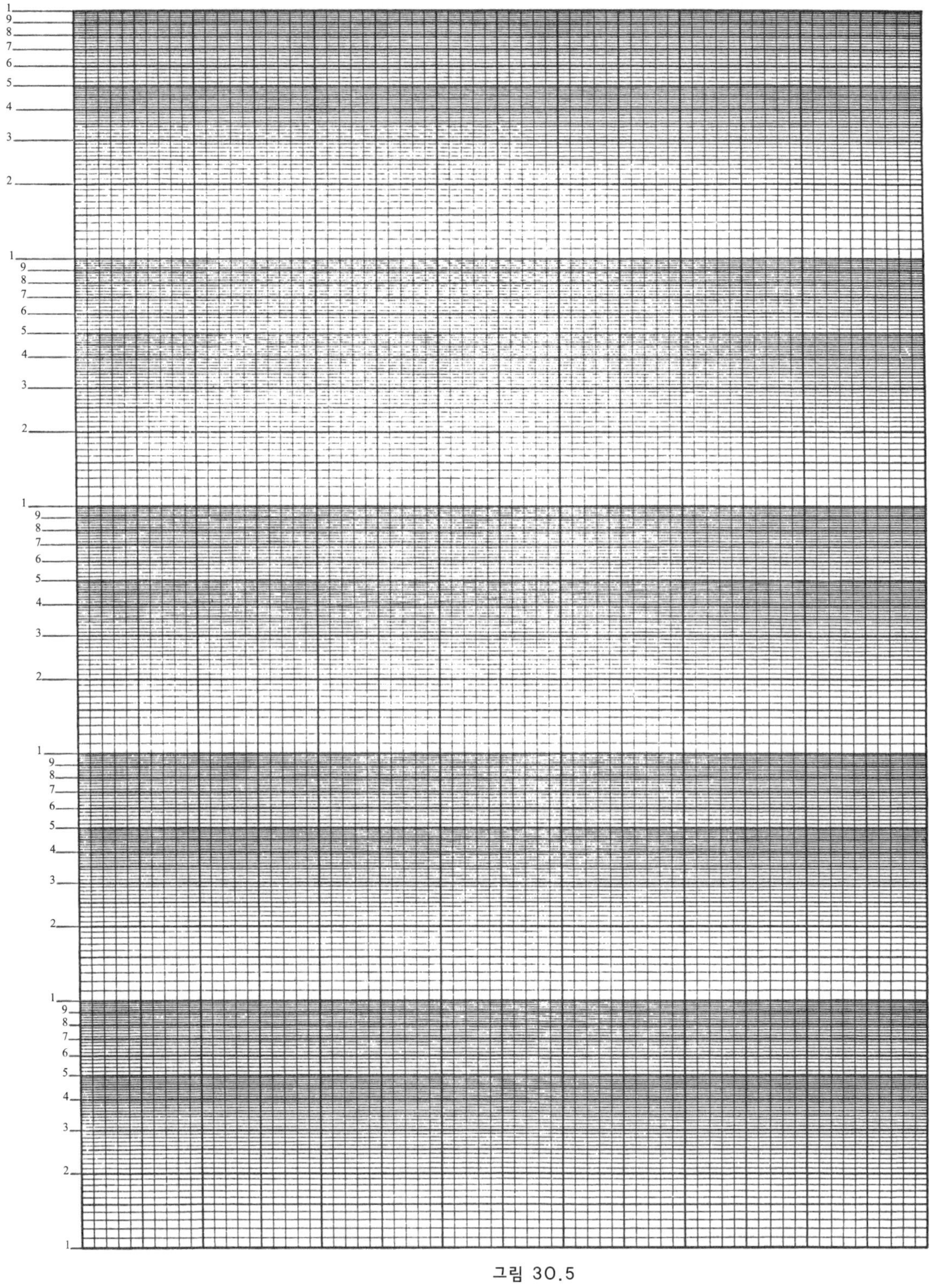

그림 30.5

3 대역통과 능동필터

a. 식 30.1과 식 30.2을 사용하여 대역통과 주파수를 계산하라.

b. 그림 30.3의 회로를 구성하라.

c. 실효전압 1 V를 입력에 인가하고, 신호 주파수를 100 Hz 부터 300 kHz까지 변화시키면서 출력전압을 표 30.3에 기록하여라.

표 30.3
대역통과 필터

f	100-Hz	500-Hz	1-kHz	2-kHz	5-kHz	10-kHz	15-kHz	20-kHz	30-kHz
V_o									

f	50-kHz	100-kHz	200-kHz	300-kHz
V_o				

d. 표 30.3의 데이터로 그림 30.6에 그래프를 그려라. 이 그림으로부터 대역통과 필터의 저역차단 주파수와 고역차단 주파수를 구하라.

3(a)에서 계산한 주파수와 3(d)에서 측정한 값을 비교하라.

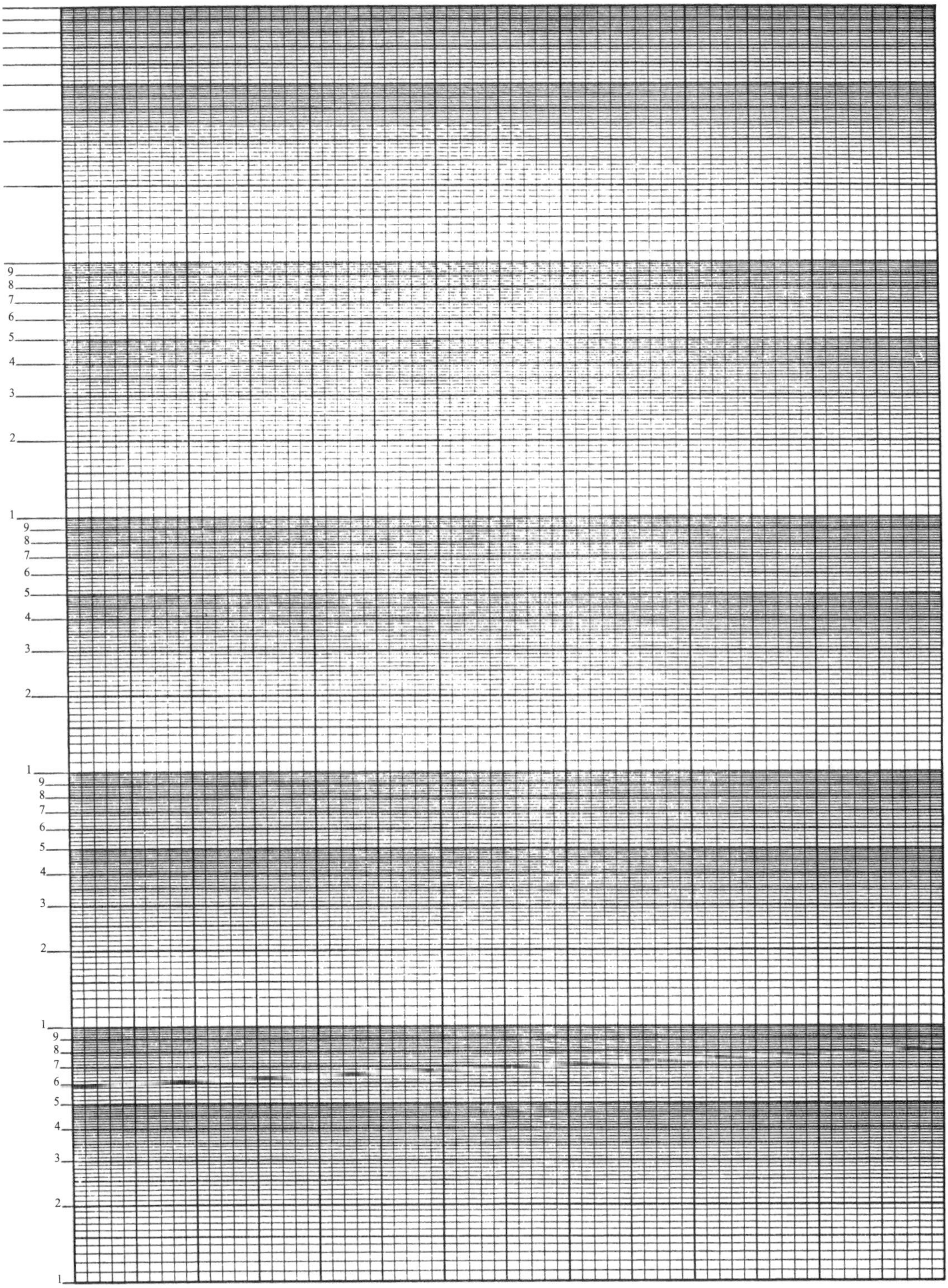

그림 30.6

4 컴퓨터 실습

PSpice 모의실험 30-1

여기에 보인 회로는 그림 30.1의 저역통과 필터이다.

PSpice 모의실험 30.1: 저역통과 능동필터

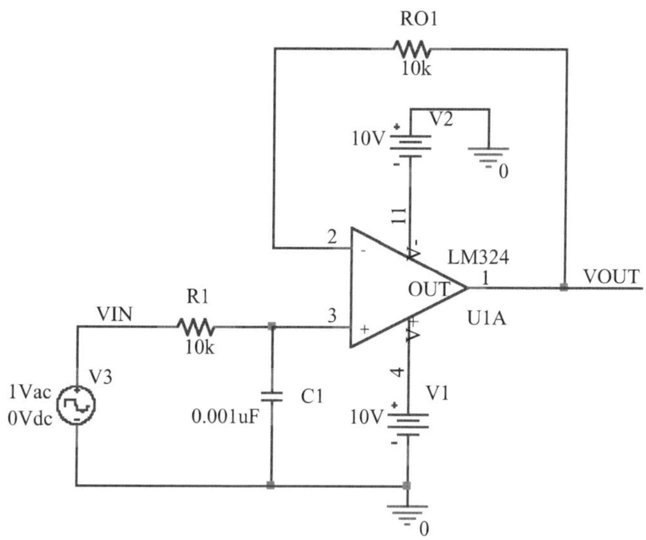

이 회로에 대한 AC sweep (주파수) 해석을 수행하라. Sweep 변수인 주파수의 범위를 1 Hz에서 100 kHz로 설정하고, sweep 모드는 Logarithmic으로, 그리고 10 Points/Decade로 지정하라. 다음에서 요구하는 데이터를 구하고, 모든 질문에 답하라.

1. 전압 V(VOUT)의 Probe plot을 구하라. 시뮬레이션이 완료되어 Plot screen이 Popup 되면 Plot/Add Plot to Window를 선택하여 Probe 스크린에 Plot을 추가하라. 아래의 plot을 활성화한 다음 V(VOUT) trace를 그려라.

2. 커서를 활성화하고, 이를 0.707 V로 이동한 다음 이점에 해당하는 주파수를 기록하라. 이것이 이 필터의 차단주파수이다.

3. 위 plot의 Y축을 클릭하여 Y-axis를 활성화하라. 활성화 되면 >> 심볼이 나타날 것이다.

4. 여기에 DB(V(VOUT))의 trace를 그려라. 커서를 활성화 하고, 이를 −3 dB 지점까지 이동시킨 다음 해당주파수를 읽어라. 이값이 이 필터의 차단주파수이다.

5. 2개의 차단 주파수를 비교하라.

6. 앞에서 구한 결과를 식 30.1로 계산한 저역차단 주파수와 비교하라.

PSpice 모의실험 30-2

아래 회로는 그림 30.3의 대역통과 필터회로이다.

PSpice 모의실험 30.2: 대역통과 능동필터

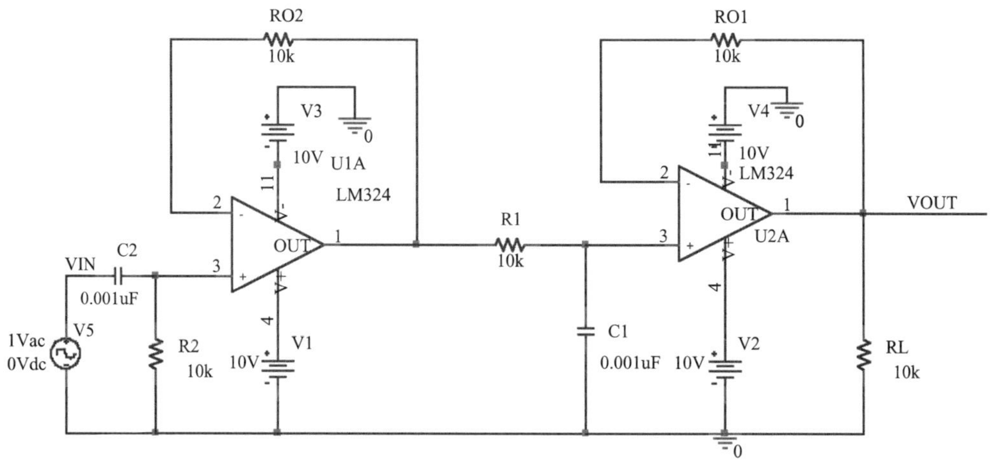

이 회로에 대하여 AC sweep (주파수 sweep) 해석을 수행하라. Sweep 변수인 주파수 범위를 100 Hz에서 1.0 MHz로 설정하고, sweep 모드는 Logarithmic, 그리고 10 Points/Decade로 지정하라. 다음에서 요구하는 데이터를 구하고, 모든 질문에 답하라. 1 MHz를 설정하려면 1 MEG 또는 1000 k를 입력하면 된다.

1. 전압 V(VOUT)의 Probe 그림을 구하라.

2. 커서를 이용하여 이 필터의 중심주파수를 구하라.

3. 이 주파수를 저역통과 필터와 고역통과 필터의 차단 주파수와 비교하라.

4. PSpice 커서 2개를 사용하여 저역차단 주파수와 고역차단 주파수를 결정하라.

5. 이 데이터로부터 필터의 대역폭을 결정하라.

6. DB(V(VOUT))의 Probe 그림을 구하라. Plot/Add Plot to Window를 선택하여 Probe 스크린에 Plot을 추가하라. 위쪽 plot을 활성화 하고, 여기에 DB(V(VOUT))의 trace를 plot하라.

7. 커서를 이용하여 Probe 그림에서 하위 −3 dB 주파수와 상위 −3 dB 주파수를 결정하라. 이 필터의 최대전압은 중간 주파 영역에서의 500 mV이고, 이것은 −6 dB에 해당한다. 위쪽 Probe plot의 DB(V(VOUT)) plot을 사용하여 저역 및 고역 −3 dB 주파수를 결정하라. −6 dB에서부터 떨어지기 시작하므로 차단주파수는 −9 dB인 지점이다.

8. 이 데이터로부터 필터의 대역폭을 결정하라.

9. 단계 4에서의 결과를 단계 7에서의 결과와 비교하라.

10. 단계 5의 결과와 단계 8의 결과를 비교하라.

실험 31

비교기 회로의 동작

목적

1. 비교기 IC 회로의 DC 동작과 AC 동작을 측정한다.
2. PSpice 프로그램을 이용하여 비교기 IC 회로에 대해 **Bias Point** 해석과 **Time Domain(Transient)** 해석을 행한다.

실험소요장비

계측기

오실로스코프
DMM
함수발생기
직류전원

부품

저항

(1) 1 kΩ
(1) 3.3 kΩ
(3) 10 kΩ
(1) 20 kΩ
(3) 100 kΩ
(1) 50 kΩ 전위차계

커패시터

(2) 15 μF

(1) 100 μF

트랜지스터와 ICs

(1) 2N3904

(1) 연산증폭기 μA741 또는 등가

(1) 비교기 IC 339 또는 등가

(1) LED (20 mA)

사용 장비

항목	실험실 관리번호
직류전원	
함수발생기	
오실로스코프	
DMM	

이론 개요

비교기 회로는 본질적으로 이득이 대단히 큰 연산증폭기로서 플러스(+) 입력과 마이너스(−) 입력단자를 하나씩 갖고 있다. 비교기는 (+)입력전압이 (−) 입력보다 크거나 또는 그 반대의 경우임을 알려주는 논리레벨을 출력한다. 연산증폭기도 이러한 목적으로 사용될 수도 있지만 이러한 동작에 훨씬 적합한 것이 비교기 IC이다.

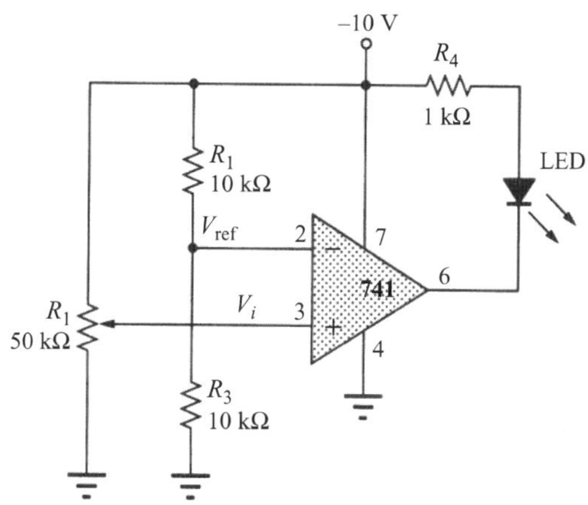

그림 31.1

그림 31.1은 741 연산증폭기를 레벨 검출기로 사용한 예를 보인 것으로 기준전압 V_{ref}는 +5 V로 설정되어 있다. 표시기인 LED는 입력 V_i가 V_{ref}보다 작아질 때 켜지고, V_i가 V_{ref}보다 클 때는 꺼진다. 그림 31.2는 339 비교기 IC를 사용한 것으로 위와 비슷하게 동작한다.

그림 31.3은 2개의 비교기를 사용하여 구성한 윈도우 검출기(window detector) 회로를 보인 것으로 여기서 윈도우 검출기란 입력전압이 특정 전압범위 내로 진입하였는가를 나타내는 회로를 말한다.

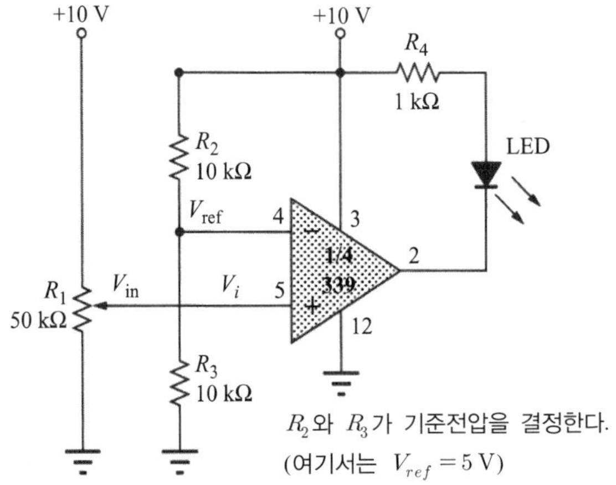

그림 31.2

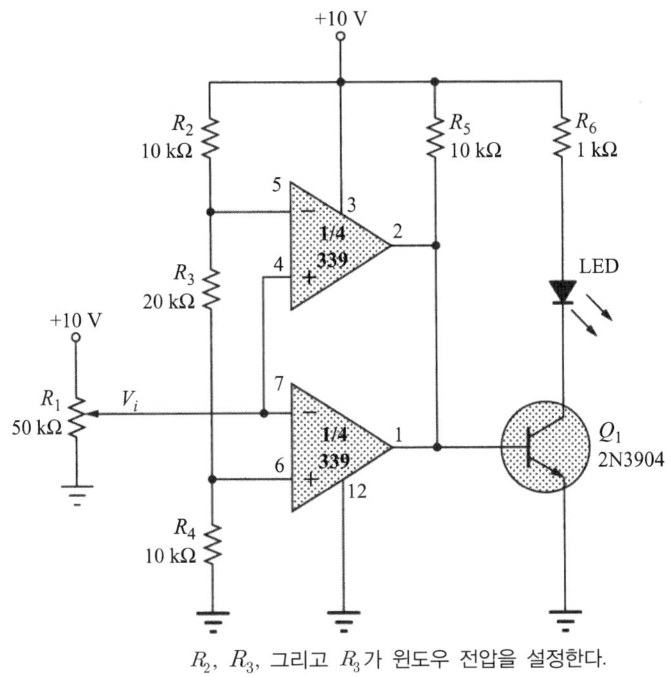

그림 31.3

실험순서

1 741 IC를 레벨 검출기로 사용하는 비교기

a. 그림 31.1 회로에서 V_{ref}를 계산하라.

V_{ref}(계산값) = ____________ ($R_3 = 10\ \text{k}\Omega$)

V_{ref}(계산값) = ____________ ($R_3 = 20\ \text{k}\Omega$)

b. 그림 31.1의 회로를 구성하라(저항값을 측정하여 그림 31.1에 기록하라).

c. DMM을 사용하여 기준전압 V_{ref}를 측정하라.

V_{ref}(측정값) = ____________

d. 전위차계 R_1을 조정하여 LED가 켜지는 순간 멈추었다가, 다시 조정하여 꺼지는 순간 멈춰라.[3] 각 조건에서의 전압 V_i를 기록하라.

V_i(측정값) (LED가 켜지는 순간) = ____________

V_i(측정값) (LED가 꺼지는 순간) = ____________

e. R_3를 20 kΩ 저항으로 바꾸어 1(b)와 1(c)를 반복하라.

V_{ref}(측정값) = ____________

V_i(측정값) (LED가 켜지는 순간) = ____________

V_i(측정값) (LED가 꺼지는 순간) = ____________

1(a)에서 계산한 V_{ref}의 값과 1(c)와 1(e)에서 측정된 값을 비교하라.

3) 전위차계로 V_i 입력을 만드는 대신 주파수 100 Hz의 삼각파를 V_i 입력으로 사용해도 된다. 이때는 오실로스코프를 사용하여 V_i 신호와 비교기의 출력 V_o를 동시에 관측하면 된다.

2 1/4 339 IC를 레벨 검출기로 사용한 비교기

a. 그림 31.2의 회로에서 V_{ref}를 계산하라.

V_{ref}(계산값) = ____________ (R_3 = 10 kΩ)

R_3 = 20 kΩ에 대해 계산을 반복하라.

V_{ref}(계산값) = ____________ (R_3 = 20 kΩ)

b. 그림 31.2의 회로를 구성하라. (저항값을 측정하여 그림 31.2에 기록하라.)

c. DMM을 사용하여 기준전압을 측정하라.

V_{ref}(측정값) = ____________ (R_3 = 10 kΩ)

d. 전위차계 R_1을 조정하여 LED가 켜지는 순간 멈추었다가 다시 조정하여 꺼지는 순간 멈춰라. 각 조건에서의 입력전압을 측정하라.

V_i(측정값) (LED가 켜지는 순간) = ____________

V_i(측정값) (LED가 꺼지는 순간) = ____________

e. R_3를 20 kΩ으로 바꾸고, 단계 c와 단계 d를 반복하라.

V_{ref}(측정값) (R_3=20 kΩ) = ____________

V_i(측정값) (LED가 켜지는 순간) = ____________

V_i(측정값) (LED가 꺼지는 순간) = ____________

f. 4번 핀과 5번 핀의 연결을 서로 바꾸어 V_i는 (−) 입력단자로, V_{ref}는 (+) 입력단자로 연결하라. 이 상태에서 2(d)를 반복하라.

V_i(측정값) (LED가 켜지는 순간) = ____________

V_i(측정값) (LED가 꺼지는 순간) = ____________

2(c)부터 2(f)까지의 계산값과 측정전압을 2(a)에서의 계산값과 비교하라.

3 윈도우 비교기

a. 그림 31.3의 회로에서 V^+(pin 5)와 V^-(pin 6)를 계산하라.

V^+(pin 5) (계산값) = ____________

V^-(pin 6) (계산값) = ____________

b. 그림 31.3의 회로를 구성하라. (저항값을 측정하여 그림 31.3에 기록하라.)

c. DMM을 사용하여 pin 1, 5, 그리고 6의 전압을 측정하라.

V_i(pin 1) (측정값) = ____________

V^+(pin 5) (측정값) = ____________

V^-(pin 6) (측정값) = ____________

d. V_i를 0 V부터 +10 V까지 조정하라.[4] LED가 켜지고, 꺼지는 전압을 측정하라.

V_i(측정값) (LED가 켜지는 순간) = ____________

V_i(측정값) (LED가 꺼지는 순간) = ____________

e. V_i를 +10 V부터 0 V까지 조정하라. LED가 켜지고, 꺼지는 전압을 측정하라.

V_i(측정값) (LED가 켜지는 순간) = ____________

V_i(측정값) (LED가 꺼지는 순간) = ____________

---

4) 페이지 404의 주석을 보라.

f. R_3와 R_4를 맞바꾼 다음 3(d)를 반복하라.

V_i(측정값) (LED가 켜지는 순간) = ____________

V_i(측정값) (LED가 꺼지는 순간) = ____________

3(a)에서의 계산값을 3(c)에서의 측정값과 비교하라.

4 컴퓨터 실습

PSpice 모의실험 31-1

다음 회로는 그림 31.1의 회로와 거의 같다.

PSpice 모의실험 31.1: 비교기 회로

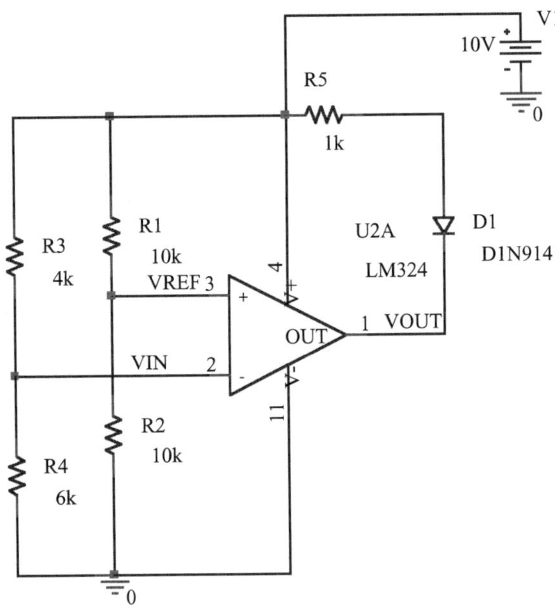

이 회로에서 R3와 R4의 저항값은 VIN이 VREF보다 커도록 선택하였다. Bias Point 해석을 통하여 아래에서 요구하는 데이터를 구하고, 질문에도 답하라.

1. 모든 전압과 회로전류를 구하라.

2. VIN이 VREF보다 크다는 것을 보여라.

3. 다이오드 D1을 불 밝히는데 8 mA가 필요하다고 가정할 때 현재 동작조건에서 다이오드에 불이 켜질까?

4. R3는 6 kΩ, R4는 4 kΩ으로 바꿔라.

5. Bias Point 해석을 다시 하라.

6. 한번 더 모든 전압과 회로전류를 구하라.

7. 이들 값을 이전의 해석결과와 비교해보라.

8. VIN이 VREF보다 작다는 것을 보여라.

9. 현재 동작조건에서 다이오드에 불이 켜질까?

여러분은 이 회로에서 VREF는 +입력에, VIN은 -입력에 연결되어 있다는 것을 알아차렸을 것이다. 이것이 그림 31.1과 다른 점이다. 이 회로의 동작을 그림 31.1의 동작과 비교해보라.

PSpice 모의실험 31-2

위 회로를 다음과 같이 변경하였다.

PSpice 모의실험 31.2: 전압펄스가 인가된 비교기 회로

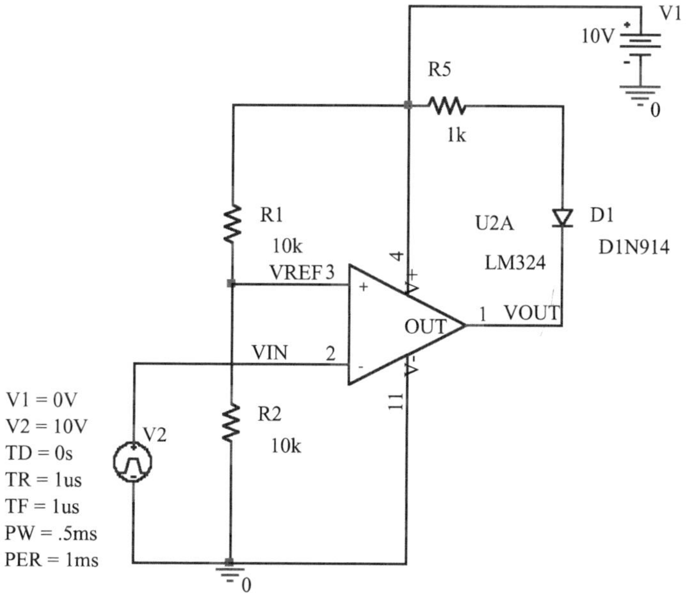

파라미터가 그림에서와 같은 전압펄스, V2를 이 회로에 인가하였다. VIN이 VREF보다 클 때 다이오드에 전류가 흐른다는 것을 보이려고 한다. 물론 VIN이 VREF보다 작을 때에는 다이오드 전류가 거의 0으로 줄어든다.

1. 2 ms동안 Time Domain(transient) 해석을 수행하라.

2. y축 하나에 V(VIN)과 V(REF)를 그려라. 두 번째 y축에는 I(D1)을 그려라. y축 2개를 사용하는 것은 I(D1)의 진폭이 V(VIN)과 V(REF)의 진폭보다 작기 때문이다.

3. 여러분이 찾은 것을 설명해보라. 목표했던 것을 얻었는가?

실험 32

발진기 회로: 위상편이 발진기

목적

1. 위상편이 발진기에 사용된 증폭기의 개회로 이득, 그리고 Vout의 진폭과 주파수를 측정한다.[5)]
2. 이들의 실험 결과와 이론값을 비교한다.
3. 이들 두 데이터가 10% 이상 차이가 나는 경우 실험결과를 편차 이내로 줄일 수 있도록 회로를 수정하는 방법을 제안하고 시험평가한다.
4. 이 회로의 PSpice 해석을 통하여 Vout의 진폭과 주파수, 그리고 피드백 회로부에서의 위상편이를 구한다. 전원 V2와 V3의 전압이 Vout에 미치는 영향을 관찰하고, PSpice 데이터와 실험 데이터를 비교한다.

실험소요장비

계측기

오실로스코프 (dual trace)

직류전원

부품

커패시터

(3) 0.1 μF

---

5) 역자주: 원서에서 연산증폭기의 개회로 이득으로 기술하고 있지만 사실은 연산증폭기를 사용하여 만든 반전 증폭기의 이득으로 연산증폭기의 개회로 이득과는 다르다. 따라서 "연산증폭기의 개회로 이득"을 "증폭기의 개회로 이득"으로 수정합니다.

저항

(3) 1 kΩ

(1) 27 kΩ

(1) 1 MΩ

(1) 0-5 kΩ 전위차계

IC

(1) μA 741 (또는 등가) 연산증폭기

사용 장비

항목	실험실 관리번호
오실로스코프(dual trace)	
직류전원	

이론 개요

실험에서 사용된 회로는 외부에서 입력을 인가하지 않은 상태에서 발진주파수라고 부르는 특정 주파수에서 정현파로 발진하게 될 것이다. 발진이 실제로 일어나려면 다음의 두 조건이 만족되어야 한다.

첫째는 증폭기의 이득과 피드백 회로부 이득의 곱으로 계산한 폐회로 이득의 크기가 1이어야 한다는 것이다.

발진주파수에서 피드백 회로의 이득이 1/29이므로 폐루프 이득이 1이 되려면 증폭기의 이득은 29보다 크거나 같아야 한다.[6] 따라서 발진에 필요한 증폭기의 이득은 다음 식으로 계산된다.

$$\frac{(Rpot + Rf)}{Rin} \geq 29$$

발진의 두 번째 조건은 증폭기와 3쌍의 RC로 구성된 피드백 회로로 이루어진 폐루프를 따라 위상편이량이 0°가 되어야 한다는 것이다. 증폭기에서의 위상편이량이 -180°이므로 발진

6) 역주: 계산상으로는 이득(소신호 이득)이 정확히 29일 때 발진할 수 있다. 그러나 실제의 경우 이득이 29보다 커야 발진이 일어나는데, 이는 신호가 폐루프로 진행을 반복할 때마다 진폭이 커지고, 이를 통해 신호의 크기가 충분히 큰 대신호가 되었을 때 (회로의 대신호 이득은 일반적으로 소신호 이득에 비해 작다) 폐루프 이득이 정확히 1이 된 상태로 바뀌어 발진을 유지하게 된다. 이에 반해 이득이 정확히 29인 경우 폐루프를 반복해도 신호의 크기가 작은 그대로 유지되어 원하는 크기의 진폭을 가진 출력을 얻을 수 없을 뿐만 아니라, 회로의 특성이 조금만 변해도 발진조건이 깨져 버린다.

주파수에서 피드백 회로에서의 총 위상편이량이 180°가 되어야 한다. 따라서 발진주파수는 다음과 같이 계산된다.

$$f = \frac{1}{(2\pi RC\sqrt{6})}\ Hz$$

실험순서

1 Vout 측정

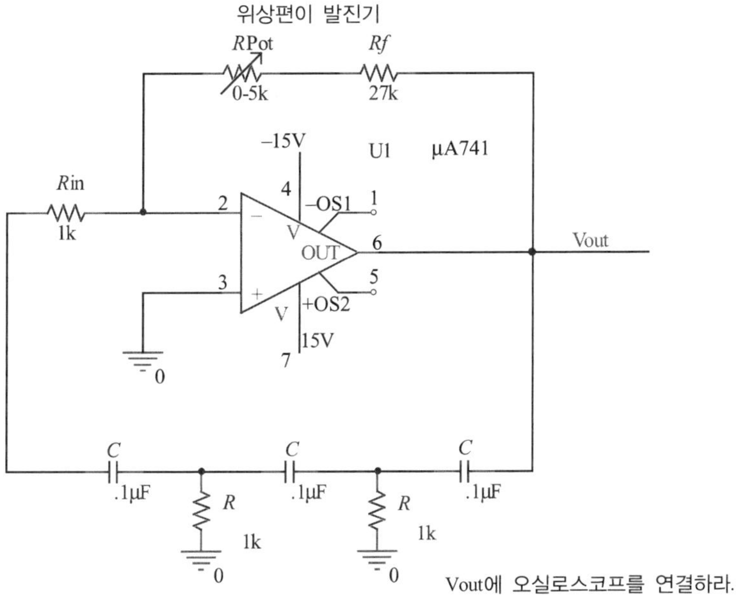

a. 그림 32.1 회로를 결선하라.

b. 연산증폭기의 7번 단자를 전원공급기의 플러스 단자에 연결하고, 전압을 15 V로 설정하라. 연산증폭기의 4번 핀은 전원공급기의 마이너스 단자에 연결하고, 전압은 –15 V로 설정하라.

c. 위상편이 발진기의 Vout 지점에 오실로스코프를 연결하라.

d. R의 값과 C 값, 그리고 앞 페이지에 주어진 식을 이용하여 이론적인 발진주파수를 계산하라.

f (이론값) = ____________ Hz

e. 오실로스코프 상에 Vout이 5~6주기 나오도록 오실로스코프의 수평눈금 스케일(time base)을 조정하라. 수직눈금은 5 V/Div로 설정하고, AC결합을 선택하라.

f. 발진이 일으키기 위해 필요한 저항값을 가늠하여 RPot을 대강 조정해보라. 물론 발진이 일어나려면 증폭기의 이득은 이론값인 29보다는 약간 큰 32 정도가 되어야 함을 명심하라.

RPot 설정의 추정값 = ____________ kΩ

g. 발진이 일어나도록 RPot의 저항을 섬세하게 조정하라.

주의 RPot의 저항값을 지나치게 키우면 발진기는 클리핑(clipping. 짤린)된 정현파를 출력하게 된다. 발진기가 발진을 유지할 때까지만 RPot의 저항값을 조정하라. Vout의 피크간 전압을 기록하라.

Vout(피크간 전압) = ____________ V

h. 수평눈금 스케일을 바꾸어 Vout이 2주기 정도 보이도록 한 다음 출력의 주기를 측정하라.

주기 = ____________ ms

i. Vout의 주기(측정값)를 이용하여 주파수(실험값)를 계산하라.

f (실험값) = ____________ Hz

j. 주파수의 이론값을 비교기준으로 사용하여 주파수의 이론값과 실험값의 %편차를 구하라.

$$\% \text{ 편차} = \frac{f(\text{이론값}) - f(\text{실험값})}{f(\text{이론값})} \cdot 100$$

%편차 (계산값) = ____________

k. 회로에서 RPot과 Rf를 떼낸 다음 DMM으로 이들 조합의 저항값을 측정하라.

RPot + Rf = ____________ Ω

l. 위에서 측정한 저항값을 사용하고, 또 Rin이 1 kΩ이라고 가정하여 증폭기의 이득을 계산하라.

증폭기의 이득 (실험값) = ____________

m. 이득의 이론값인 29와 실험으로 구한 증폭기의 이득간의 %편차를 구하라.

%편차(계산값) = ____________

n. 실험으로 구한 발진 주파수와 증폭기의 이득이 각각의 이론값과 10% 이상 차이가 발생하는 경우 이들 편차를 10%이하로 줄이려면 어떠한 설계변경이 가능한지 제안해보라.

2 컴퓨터 실습

PSpice 모의실험

a. 그림 32.1의 회로를 그림 32.2와 같이 고쳐라. 연산증폭기의 4번과 7번 단자는 그림 32.1에서와 동일하게 유지하라. PSpice에서는 회로상의 모든 저항과 커패시터가 부품고유의 이름을 가져야 한다. 발진동작의 시초가 되는 실제 회로에서의 열잡음[7]을 전압원 VSRC로 모델링하여 회로의 Time Domain (Transient) 해석이 가능하도록 하였다. 이 해석으로부터 Vout의 진폭과 주파수를 확인할 수 있다. VSRC 사용하면 AC Sweep/Noise (frequency) 해석도 가능하며, 이 해석으로부터 Vout과 Vfeedback사이의 위상각 확인이 가능하다.

---

7) 역주1: 열잡음은 백색잡음으로 모든 주파수 성분이 포함되어 있다. 발진기는 백색잡음 중에서 발진조건을 만족하는 주파수 성분이 폐루프를 거치면서 커져 출력되는 회로이다. 여기서는 발진 주파수가 650 Hz로 계산되므로 이 주파수만 입력된 것으로 지정하여 simulation하고 있다. 원하는 경우 주파수가 서로 다른 복수의 전원을 직렬로 연결한 전원으로 백색잡음을 모델링하여도 좋다. 또, AC Sweep 해석을 통하여 발진주파수를 확인한 다음 이 주파수를 VSRC의 주파수로 지정하면 더 정확한 모의실험이 될 수 있다.
역주2: VSRC는 주로 AC Sweep 해석용 전압원으로 사용되며, 이때 TRAN 설정은 무시된다. TRAN = SIN(0 V 10 mV 650 Hz)는 오프셋 0 V, 진폭 10 mV, 주파수 650 Hz인 정현파로 설정하겠다는 의미이며, 이때 AC = 10 mV는 무시된다. 이 목적으로는 VSRC 보다는 VSIN이 더 자주 사용된다.

PSpice 모의실험 32-1: 위상편이 발진기

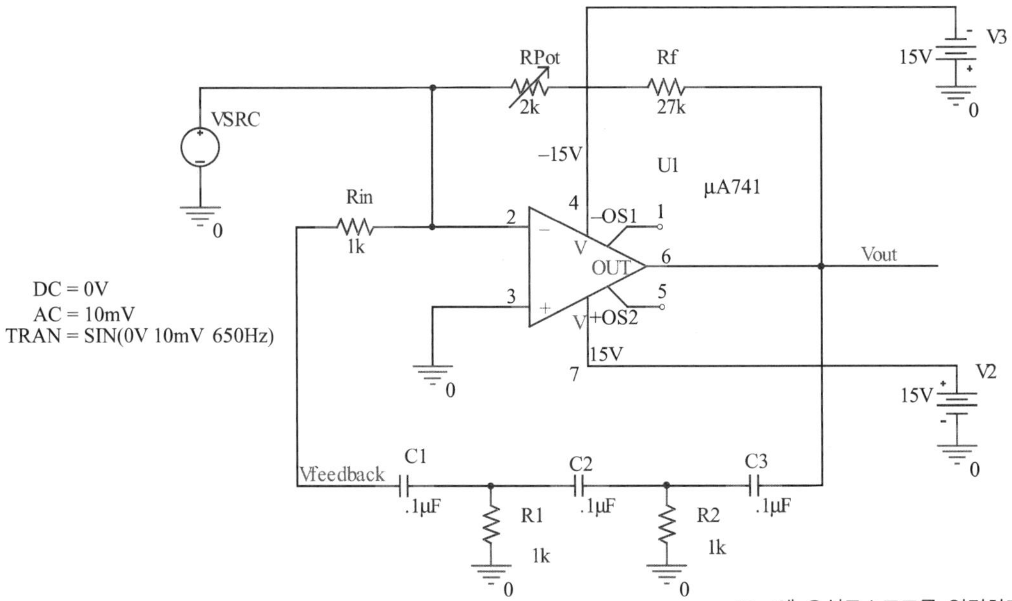

Vout에 오실로스코프를 연결하라.

그림 32.2

b. 이 회로의 Time Domain (transient)해석을 수행하라. “Simulation Setting box”에서 Run time을 5 ms로 설정하라. Vout의 Probe plot(도면)을 얻고, Vout의 피크간 전압을 기록하라.

Vout (피크간 전압) = ______________ V

c. Probe plot에서 커서 2개를 사용하여 Vout의 주기를 측정하라.

Vout (주기) = ______________ ms

d. 직전 데이터로부터 Vout의 주파수를 계산하라.

Vout (주파수) = ______________ Hz

e. 전원 V2와 V3를 각각 10 V와 -10 V로 줄인 다음 Time Domain 해석을 반복하라. Vout의 피크간 전압을 기록하라. Vout에 어떤 변화가 있는가?

Vout (피크간 전압) = ______________ V

f. Probe 출력으로부터 Vout의 주기를 측정하고, 이로부터 주파수를 계산하라. 이 값을 위의 (d)에서 구한 값과 비교하라. 비교결과를 토대로 결론을 도출하라.

Vout (주파수) = ____________ Hz

g. PSpice 데이터를 실험 데이터와 비교해보라. 일치하는가? 그렇지 않을 경우 불일치를 설명할 수 있겠는가?

h. 회로에 대한 AC Sweep/Noise (frequency) 해석을 행하라. Start frequency는 1 Hz, End frequency는 2000 Hz, 그리고 10 points/decade로 Logarithmic sweep을 설정하라.

i. Probe plot에 P(V(Vfeedback))과 P(V(Vout))의 파형을 보여라. Macro 또는 Function box에서 위상을 나타내는 P를 선택하면 되는데 이것으로 위의 두 전압의 위상을 그림으로 보일 수 있다.

- 커서 버튼을 클릭하라.
- P(V(VOUT)의 tic 마크를 클릭하여 선택하라. 이제 테두리가 보일 것이다.
- 우측화살표 키(▷)를 사용하여 커서 A1을 최대한 650 Hz에 가까이 옮겨라.
- Shift ↑ 키를 눌러 커서 A2를 활성화하라.
- Shift 키를 누른 상태에서 우측화살표 키(▷)를 사용하여 커서 A2를 650 Hz로 옮겨라.
- Probe cursor box에서 두 파형의 절대 위상과 상대 위상을 읽어라.

j. 이들 두 전압간 위상차는 얼마인가? 구한 데이터가 예측과 일치하는가?

실험 33

발진기 회로2

목적

1. 다양한 종류의 발진기 회로에서의 전압파형을 측정한다.
2. PSpice 프로그램을 사용하여 555 타이머 IC의 **Time Domain(Transient)** 해석과 **AC Sweep(frequency)** 해석을 수행한다.

실험소요장비

계측기

오실로스코프

DMM

함수발생기

직류전원

부품

저항

(3) 10 kΩ

(1) 51 kΩ

(1) 100 kΩ

(1) 220 kΩ

(1) 500 kΩ 전위차계

커패시터

(3) 0.001 μF

(3) 0.01 μF

(1) 15 μF

IC

(1) 7414 Schmitt 트리거 IC

(1) 741 (또는 등가) 연산증폭기

(1) 555 타이머 IC

사용 장비

항목	실험실 관리번호
직류전원	
함수발생기	
오실로스코프	
DMM	

이론 개요

윈-브리지(Wien-Bridge) 발진기

그림 33.1과 같이 브리지 회로를 사용하여 발진기를 만드는 것도 가능하다. 페루프 이득이 1이고, (+)입력단자로의 피드백 신호와 출력신호 V_o의 위상차가 0°인 주파수에서 이 회로는 발진하게 된다. 따라서 회로의 발진주파수는 다음과 같이 계산된다.

$$f = \frac{1}{2\pi\sqrt{R_1 C_1 R_2 C_2}} \tag{33.1}$$

$R_1 = R_2 = R$이고, $C_1 = C_2 = C$이면

$$f = \frac{1}{2\pi RC} \tag{33.2}$$

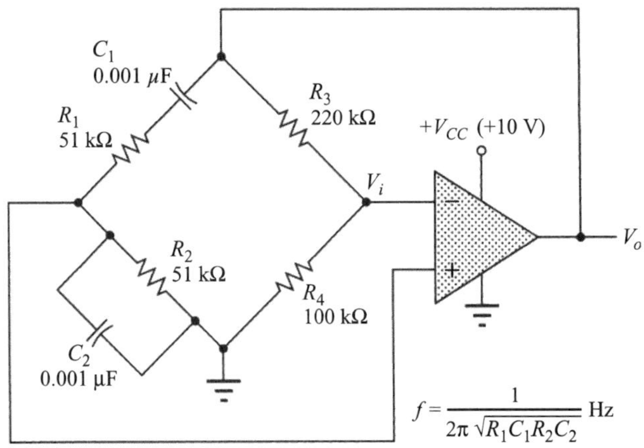

그림 33.1

구형파(Square-Wave) 발진기

555 타이머 IC는 쓰임새가 많은 IC 중 하나로 그림 33.2와 같이 구성하여 발진기로 사용할 수 있다. 이 회로의 출력파형은 펄스이며, 발진 주파수는 다음과 같다.

$$f = \frac{1.44}{(R_A + 2R_B)C}\ \text{Hz} \tag{33.3}$$

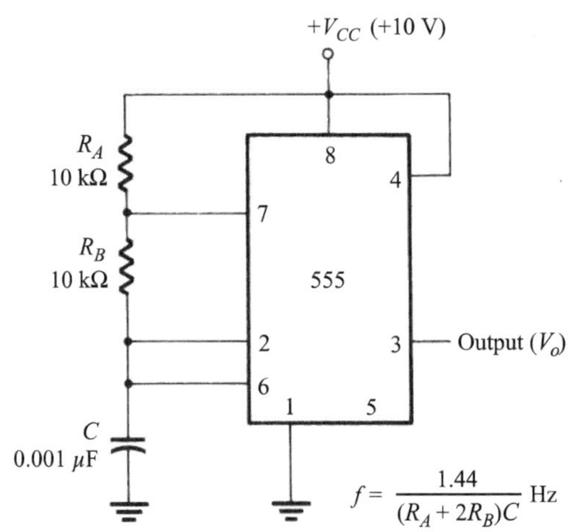

그림 33.2

슈미트 트리거(Schmitt-trigger) 발진기

슈미트 트리거 IC 1개, 그리고 저항과 커패시터를 사용하여 그림 33.3의 펄스형 발진기 회로를 만들 수 있으며, 발진 주파수는 다음 식으로 계산된다.

$$f = \frac{k}{RC}\,\mathrm{Hz} \tag{33.4}$$

여기서 k는 통상 0.3~0.7인데, 슈미트 트리거 IC 내의 트리거 레벨에 따라 값이 다르다.

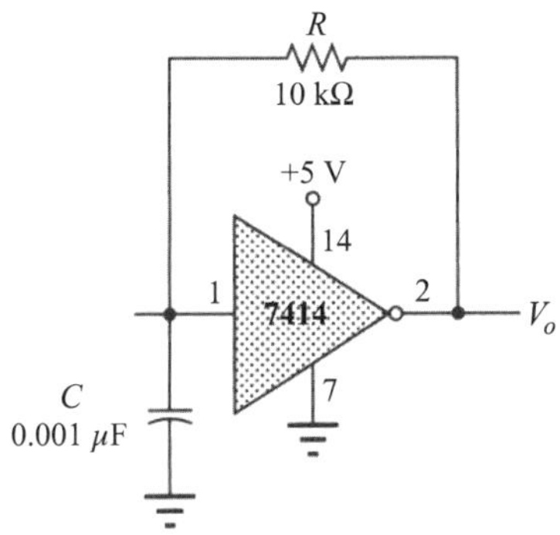

그림 33.3

실험순서

1 윈-브릿지 발진기

a. 그림 33.1의 회로를 구성하라. (그림 33.1에 저항값을 측정하여 기록하라.)

b. 오실로스코프를 사용하여 출력파형을 관측하여 그림 33.4에 기록하라

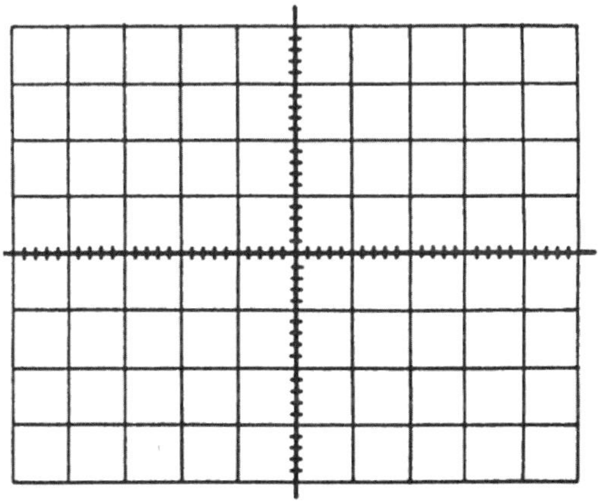

그림 33.4

c. 한 싸이클에 해당하는 시간을 측정하라.

T (측정값) = ____________

d. 신호의 주파수를 계산하라.

$f = 1/T =$ ____________

e. 커패시터를 둘다 $C = 0.01\ \mu F$로 바꾸고, 2(c)와 2(d)를 반복하라.

T (측정값) = ____________
$f = 1/T =$ ____________

f. 각 커패시터값에 대해 발진 주파수의 이론값을 계산하라.

$f(C = 0.001\ \mu F)$ (계산값) = ____________
$f(C = 0.01\ \mu F)$ (계산값) = ____________

위의 두 커패시터 값에 대한 발진 주파수의 계산값을 측정값과 비교하라.

2 555 타이머 발진기

a. 그림 33.2의 발진기 회로를 구성하라. (그림 33.2에 저항값을 측정하여 기록하라.)

b. 3번과 4번 단자의 출력파형을 관측하여 그림 33.5에 기록하라.

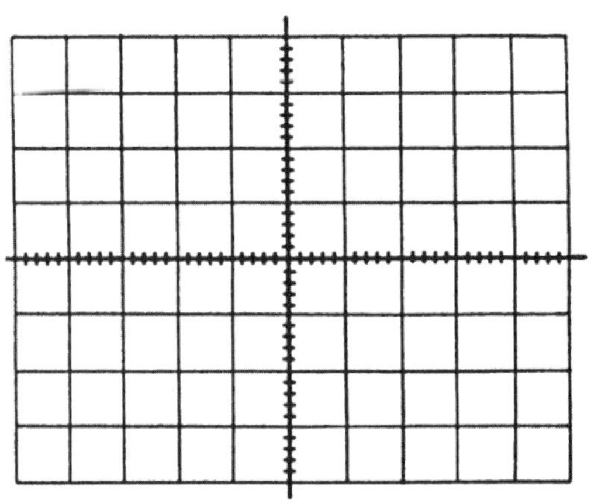

그림 33.5

c. 출력 파형의 주기를 측정하라.

T (측정값) = ____________

d. 신호의 주파수를 계산하라.

$f = 1/T$ = ____________

e. 커패시터를 $C = 0.01\ \mu F$로 바꾸고, 3(c)와 3(d)를 반복하라.

T (측정값) = ____________
$f = 1/T$ = ____________

3 슈미트-트리거 발진기

a. 그림 33.3의 발진기 회로를 구성하라. (그림 33.3에 저항값을 측정하여 기록하라.)
b. 1번과 2번 단자의 출력파형을 관측하여 그림 33.6에 기록하라.

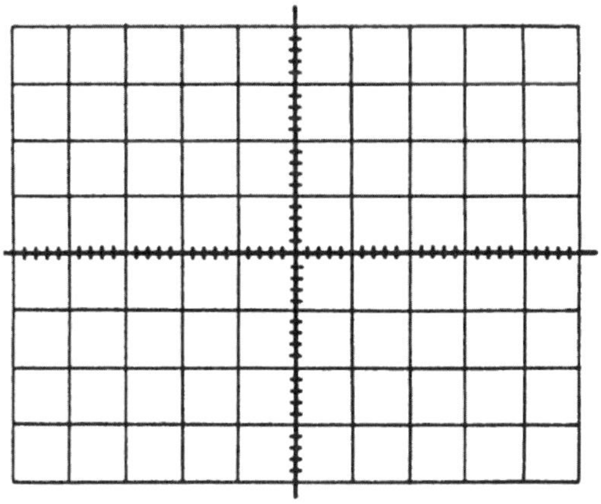

그림 33.6

c. 출력 파형의 주기를 측정하라.

T (측정값) = ____________

d. 신호의 주파수를 계산하라.

$f = 1/T$ = ____________

e. 커패시터를 $C = 0.01\ \mu F$로 바꾼 다음 4(c)와 4(d)를 반복하라.

T (측정값) = ____________

$f = 1/T$ = ____________

f. 식 33.4를 사용하여 발진 주파수의 이론값을 계산하라.

$f(C = 0.001\ \mu F)$ (계산값) = ____________

$f(C = 0.01\ \mu F)$ (계산값) = ____________

위의 두 커패시터 값에 대한 발진 주파수의 계산값과 측정값을 비교하라.

4 컴퓨터 실습

PSpice 모의실험 33-1

여기에 보인 회로는 그림 33.2의 회로와 거의 같다. 아래에 보인 회로에서 555 타이머의 5번 단자가 저항 R1과 R2로 이루어진 전압분배기에 연결되어 있는 점이 다를 뿐이다.

PSpice 모의실험 33-1: 구형파 발진기

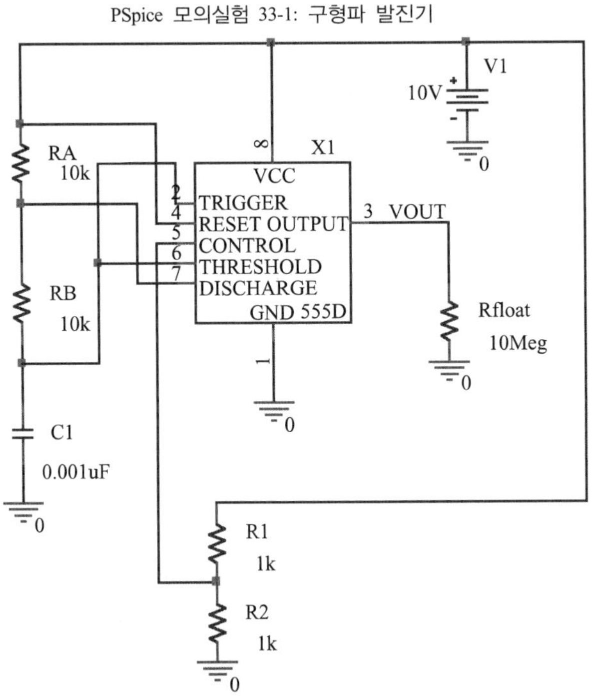

555 timer IC는 EVAL 라이브러리에서 찾으면 된다.

이 회로에 대해 100 μs 동안 Time Domain (Transient) 해석을 수행하라. 다음에 요구하는 데이터를 구하고, 질문에도 답하라.

1. R1과 R2의 값을 모두 1 kΩ으로 하였을 때 VOUT의 최소진폭과 최대진폭은 각각 얼마인가?

2. VOUT이 구형파인가?

3. VOUT의 주기는 얼마인가?

4. VOUT의 펄스폭은?

5. VOUT의 기본 주파수는?

6. R2를 5 kΩ으로 바꾸어 transient(과도)해석을 반복하라.

7. VOUT이 여전히 구형파인가?
8. 진폭이 이전 해석에서와 다른가?

9. VOUT의 주기는 얼마로 바뀌었나?

10. VOUT의 펄스폭은 얼마로 바뀌었나?

11. VOUT의 기본 주파수는 얼마로 바뀌었나?

12. 제어단자를 그림에서와 같이 연결한 회로를 전압제어 발진기(VCO)라고 정의하는데 당신이 얻은 데이터가 이를 뒷받침 하는가?

실험

34

전압조정 - 전원 공급기

목적

1. 직렬 조정기 회로와 병렬 조정기 회로에서 DC전압과 리플전압을 측정한다.
2. PSpice 프로그램을 사용하여 직렬 조정기 회로와 병렬 조정기 회로에 대해 DC Sweep 해석을 수행한다.

실험소요장비

계측기

오실로스코프

DMM

함수발생기

직류전원 공급기

부품

저항

(1) 390 Ω, 2 W

(2) 1 kΩ

(1) 2 kΩ

(1) 20 kΩ

트랜지스터와 IC

(1) 전력용 npn 트랜지스터

(1) 연산증폭기(741 또는 등가)

사용 장비

항목	실험실 관리번호
직류전원 공급기	
함수발생기	
오실로스코프	
DMM	

이론 개요

전압조정기는 DC 출력전압을 일정하게 유지하는 장치로서 부하에 공급되는 직렬 전류를 제어하는 직렬 조정형과 병렬로 연결된 회로로 전류의 일부를 우회시키는 방법으로 부하에 공급되는 전류를 조정하는 병렬 조정형이 있다.

직렬 전압조정기

그림 34.1의 회로는 초보적인 직렬 조정기 회로를 보인 것으로 여기서 제너(Zener) 다이오드가 기준전압을 제공하며, 이에 의해 설정된 출력전압은 다음과 같다.

$$V_L = V_Z - V_{BE} \tag{34.1}$$

출력전압이 낮아지면 직렬로 연결된 트랜지스터는 부하에 더 많은 전류를 공급하여 출력전압을 일정하게 유지시킨다.

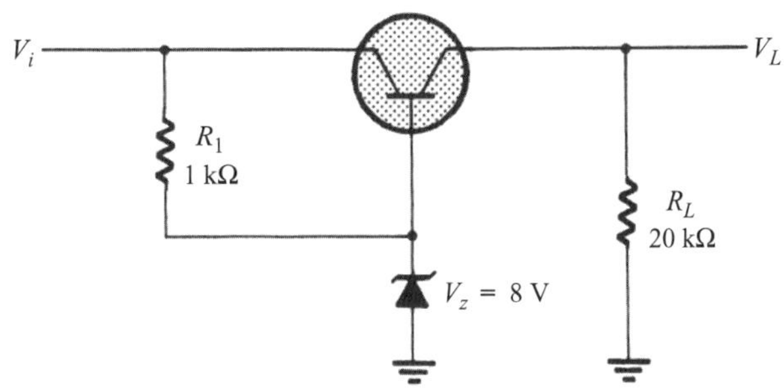

그림 34.1

개량형 직렬 전압조정기

그림 34.2의 회로는 연산증폭기를 추가하여 전압조정 기능을 개선한 것이다. 출력전압은 제너 다이오드와 R_1과 R_2로 이루어진 피드백 회로에 의해 설정되는데 비반전 증폭기로 구성된 연산 증폭기의 전압이득은

$$A = 1 + \frac{R_2}{R_1} \tag{34.2}$$

그리고 출력전압은

$$V_L = A\,V_Z \tag{34.3}$$

출력전압이 커지면 R_1과 R_2로 이루어진 분압기에 의해 감지된 피드백 전압이 증가한다. 이에 의해 연산증폭기의 차동입력이 감소되어 직렬통과 트랜지스터의 구동전류과 부하전류는 작아지고, 따라서 출력전압은 일정하게 유지된다.

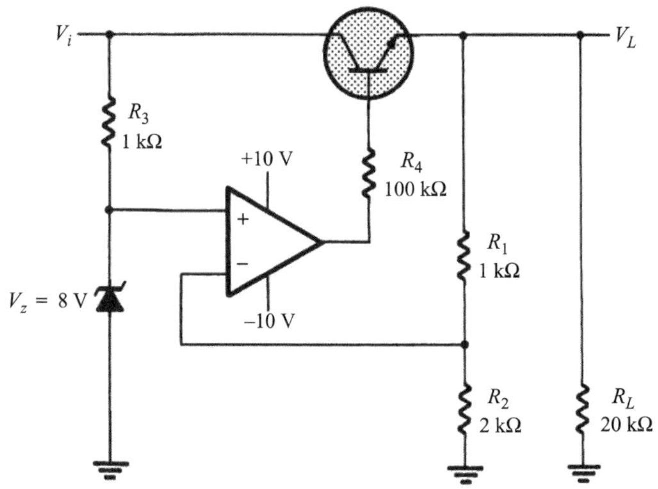

그림 34.2

병렬 전압조정기

그림 34.3의 회로에는 트랜지스터 1개가 출력과 병렬로 연결되어 있다. 이 트랜지스터는 부하에 흐르는 전류를 증가시키거나 줄이는 역할을 수행하며, 이를 통하여 출력전압을 일정하게 유지시킨다. R_1과 R_2로 이루어진 분압기로 이루어진 감지회로가 연산증폭기의 입력을 제어하며, 이것이 다시 병렬로 연결된 트랜지스터의 도통상태를 제어한다. 조정된 출력전압은 다음과 같이 계산된다.

$$V_L = \frac{R_1 + R_2}{R_1} V_Z \tag{34.4}$$

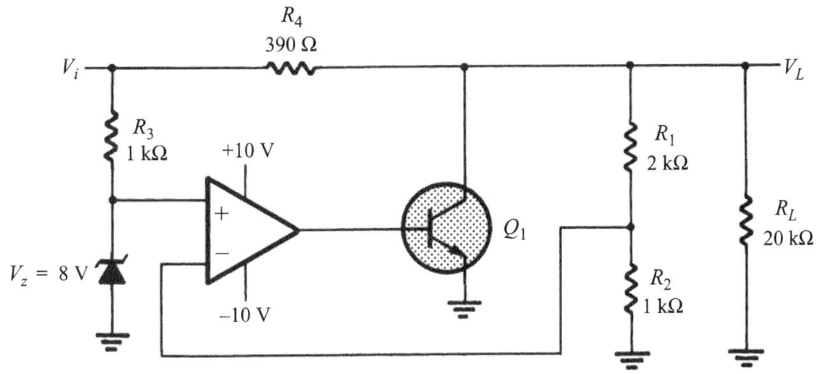

그림 34.3

실험순서

1 직렬형 전압조정기

a. 그림 34.1 회로의 조정 전압을 계산하라.

b. 그림 34.1의 회로를 구성하라. (그림 34.1에 저항값을 측정하여 기록하라.) DC 입력 전압, V_i를 10 V부터 16 V까지 변화시키면서 부하전압을 측정하여 표 34.1에 기록하라. 조정된 출력전압을 측정하여 기록하라.

V_L (측정값) = ____________

표 34.1
직렬형 전압조정기

V_i 10-V	11-V	12-V	13-V	14-V	15-V	16-V
V_2						

1(b)에서 구한 조정전압을 1(a)에서의 계산값과 비교하라.

2 개량형 직렬 조정기

a. 그림 34.2 회로의 조정 출력전압을 계산하라.

V_L (계산값) = ____________

b. 그림 34.2의 회로를 구성하라. (그림 34.2에 저항값을 측정하여 기록하라.) DC 입력전압, V_i를 10 V 부터 24 V 까지 2 V씩 변화시키면서 부하전압, V_L을 측정하여 표 34.2에 기록하라. 조정된 출력전압을 측정하여 기록하라.

V_L (측정값) = ____________

표 34.2
직렬형 전압조정기

V_i 10-V	12-V	14-V	16-V	18-V	20-V	22-V	24-V
V_L							

2(b)에서 구한 조정전압을 2(a)에서의 계산값과 비교하라.

3 병렬형 전압조정기

a. 그림 34.3 회로의 조정 전압을 계산하라.

V_L (계산값) = ____________

b. 그림 34.3의 회로를 구성하라. (그림 34.3에 저항값을 측정하여 기록하라.) 입력전압, V_i를 24 V부터 36 V까지 2 V 간격으로 변화시키면서 부하전압을 측정하여 표 34.3에 기록하라. 조정 출력전압을 측정하여 기록하라.

V_L (측정값) = ____________

표 34.3
병렬형 전압조정기

V_i 24-V	26-V	28-V	30-V	32-V	34-V	36-V
V_L						

3(b)에서 구한 조정전압을 3(a)에서의 계산값과 비교하라.

4 컴퓨터 실습

PSpice 모의실험 34-1

여기에 보인 회로는 그림 34.1의 직렬형 전압조정기 회로와 거의 같다. 여기서는 제너 전압 VZ가 4.68 V인 점이 다를 뿐이다. 전압원 V1을 2 V에서 8 V까지 0.5 V간격으로 변화시키는 DC sweep 해석을 행하라.

PSpice 모의실험 34-1: 직렬형 전압조정기

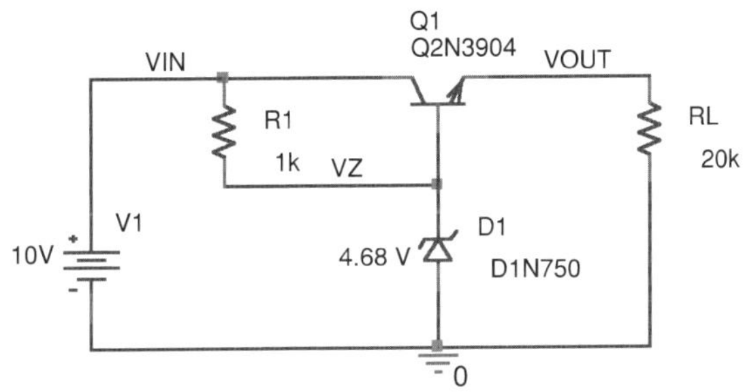

다이오드 **D1N750**은 **EVAL** 라이브러리에서 찾으면 된다.

다음에서 요구하는 데이터를 구하고, 모든 질문에 답하라.

1. V(VIN), V(VZ), 그리고 V(VOUT)의 Probe plot을 구하라.

2. V(VIN)의 파형을 설명하라.

3. V(VIN)이 8 V일 때 V(VZ)와 V(VOUT)의 전압은 얼마인가?

4. V(VIN)이 몇 V일 때 V(VZ)와 V(VOUT)이 각각의 정상상태(steady-state)값에 도달하는가?

5. V(VZ)와 V(VOUT)의 전압차는 얼마인가?

6. V(VZ)와 V(VOUT)의 전압차가 Q1의 베이스-에미터간 전압과 같은가?

7. 앞에서 구한 데이터로부터 식 34.1을 검증하라.

PSpice 모의실험 34-2

아래 그림은 그림 34.3의 병렬형 전압조정기 회로를 다시 그린 것이다. 제너전압은 앞에서와 마찬가지로 4.68 V이다. 전압원 V3을 6 V에서 16 V까지 0.5 V간격으로 변화시키는 DC sweep 해석을 행하라.

PSpice 모의실험 34-2: 병렬 전압조정

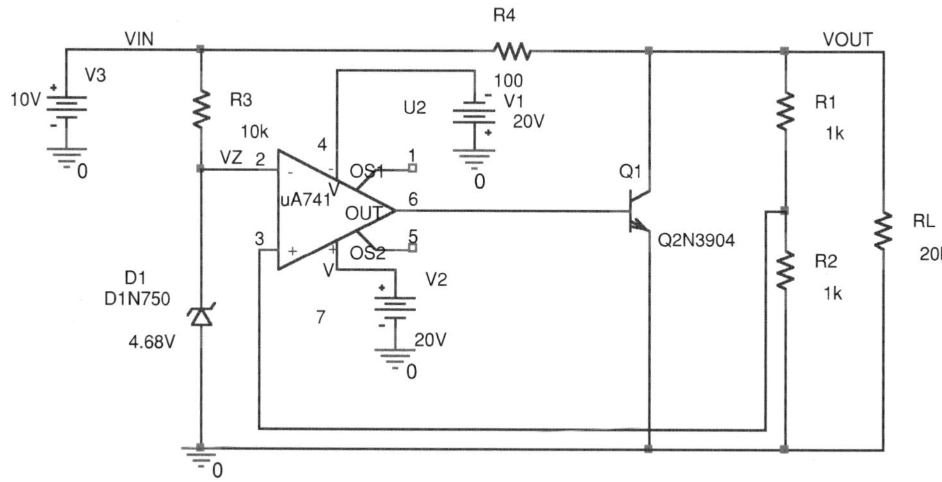

다음에 요구하는 데이터를 구하고, 동시에 모든 질문에 답하라.

1. V(VIN), V(VZ), 그리고 V(VOUT)의 Probe plot을 구하라.

2. V(VIN) 파형의 모양을 설명하라.

3. 식 34.4를 이용하여 V(VOUT)의 이론값을 계산하라.

4. 이 값을 Probe 데이터로부터 구한 값과 비교하라.

5. V(VIN)이 16 V일 때 V(VZ)와 V(VOUT)의 전압은 얼마인가?

실험 35

AND, NAND, 인버터 논리 게이트 해석

목적

1. PSpice 프로그램을 이용하여 논리 기본요소를 해석한다.
2. 논리 기본요소를 이용하여 실험회로를 구성한다.
3. 실험에서 얻은 결과와 모의실험에서 얻은 결과를 비교한다.
4. 필요한 경우 회로를 수정한다.

실험소요장비

계측기

OrCAD PSpice 9.1 이후 버전을 실행할 수 있는 컴퓨터

Cadet 논리 연습기(또는 등가)

Tektronix 2236 오실로스코프(또는 등가)

10:1 스코프 프로브

DMM

7400, 7404, 7408 게이트

사용 장비

항목	실험실 관리번호
논리 연습기	
오실로스코프	
스코프 프로브	

이론 개요

모든 디지털 동작은 3가지 기본 논리 동작에 달려 있다: AND, OR, NOT-AND. 복잡성에 관계없이 모든 디지털 동작은 3가지 기본 기능으로 함축될 수 있다. 이 실험에서는 이러한 기능들을 수행하는 디지털 소자인 게이트(gate)를 공부할 것이다. 가장 단순한 형태의 소자들로 역시 논리 기본요소로도 불린다. 공부할 첫 번째 논리 기본요소는 AND 게이트이다.

실험순서

이번과 다음 논리회로 실험에서는 공학적 수련에 따라서 실제 하드웨어 실험을 수행하기 전에 PSpice 프로그램을 이용하여 모의실험을 먼저 한다. 가급적이면 실험 1주일 전에 실험 조교와 모의실험 결과에 대해서 상의하면 좋다.
완성된 모의실험 결과가 실험 설계에 고려되어야 한다. 학생들은 모의실험으로부터 획득한 결과를 실제 회로를 구성하여 측정한 결과와 반드시 비교해야 한다. 이렇게 함으로써 결과 사이의 차이가 분명해질 수 있다.
저자는 학생들에게 사용가능한 실험 장비를 모르기 때문에 일반적인 실험 절차를 언급할 것이다. 그러므로 특정 실험실에 적합한 실험 순서는 설명한 것과 다소 다를 수 있다.

1 AND 게이트: 컴퓨터 모의실험

그림 35.1은 두 개의 입력을 갖는 AND 게이트를 나타낸다. AND 게이트는 PSpice 프로그램의 eval.slb 라이브러리에 위치한다. 모양이 논리 기능을 말하며, 회로는 7408 논리 게이트로 구성된다. 디지털 클록 신호 발생기인 DSTM1과 DSTM2는 Source 라이브러리에 DigClock로 주어지며, 아래 그림 35.1에 보여주듯이 7408 AND 게이트의 입력 단자 1과 2에 연결된다. 단자 3은 출력 단자이다. 이러한 신호 발생기는 PSpice 프로그램의 Source 라이브러리에 있으며 이 실험 끝까지 사용된다.

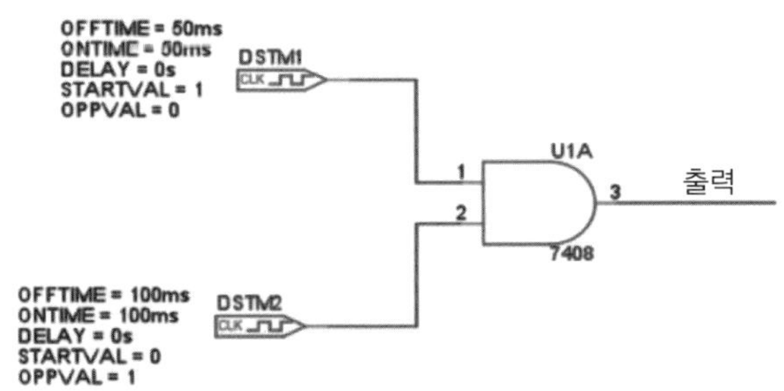

그림 35.1

우리의 목적은 AND 게이트의 논리 기능을 파악하는 것이다. 각 신호 발생기는 두 가지 상태를 가정할 수 있다. 논리적으로 1 즉 ON, 또는 0 즉 OFF이다. 그러므로 입력 단자에는

4가지 논리 상태가 있다. AND 게이트는 각각의 상태에 반응할 것이다. 입력 단자에 규정되는 조건은 전압과 같은 전기적인 양이 아니라 논리 상태이다. 표 35.1을 만들어서 가능한 논리 상태를 파악하고자 한다. 이 표에 입력 단자들의 모든 가능한 논리 상태가 나타나 있다.

표 35.1

입력 단자 1	입력 단자 2	출력 단자 3
1	1	
0	1	
1	0	
0	0	

다음에 출력 단자 3의 논리 상태를 파악하기 위해서 500 ms 시간 영역(과도) 해석을 수행하라. 그림 35.1에 보여준 DigClock DSTM1과 DSTM2의 동작 변수들을 입력하라. 실험 끝까지 모든 모의실험에 대해서 이러한 변수들을 사용하여 해석을 수행하라.

U1A:A, U1A:B, U1A:Y의 파형을 얻기 위해서 Probe 기능을 사용하라. 앞 2개는 DigClock으로부터의 입력 파형이고, 세 번째는 게이트의 출력 파형이다.

모의실험에서 얻은 데이터로부터 다음에 답하라.

a. 표 35.1에서 출력 단자 3의 논리 상태를 완성하라.

b. 입력 단자와 출력 단자 사이에 어떤 논리적인 관계가 존재하는가?

c. 출력 단자 3에서 가장 많이 발생하는 논리 상태는 무엇인가?

d. 25 ms, 125 ms, 375 ms에서 7408 게이트의 논리 상태는?

힌트 지정된 시간에 Probe 커서를 이동하면, Probe 그림의 왼쪽 가장자리에 각 단자의 논리 상태가 표시된다.

2 AND 게이트: 실험을 통한 논리 상태 측정

이 실험은 E & L Instruments 사의 Cadet 연습기(또는 등가)와 Tektronix 2236 오실로스코프를 사용하여 수행된다.

순서는 다음과 같다.

1. Cadet 연습기의 프로토 보드(protoboard)에 7408 게이트를 꽂아라.
2. 14번 핀을 +5 V에, 7번 핀을 접지(0 V)에 연결하라.
3. 연습기의 TTL 클록을 1번 입력 단자에 연결하라. 이것으로 일련의 펄스가 발생하며, 펄스파의 기본 주파수를 설정할 수 있다.
4. TTL 클록의 기본 주파수를 10 Hz로 설정하라.
5. 게이트의 2번 입력 단자를 연습기의 HI/LO 논리 스위치에 연결하라.
6. 게이트의 3번 출력 단자를 논리 모니터 또는 논리 프로브에 연결하라. 또한 논리 연습기의 LED에 연결하면 AND 게이트의 ON 또는 OFF 상태를 직접 눈으로 확인할 수 있다.
7. TTL 클록을 모니터하기 위하여 스코프의 채널 1에 연결하라.
8. 3번 출력 단자를 모니터하기 위하여 스코프의 채널 2에 연결하라.
9. 연습기의 전원을 켜라.
10. 게이트의 논리 상태를 파악하기 위해서 HI/LO 논리 스위치를 켰다 껐다 하라.

주의 TTL 클록 입력과 HI/LO 스위치가 둘 다 high이면, 출력 단자 3은 high이다. 어느 하나 또는 둘 다 low이면, 출력은 나타나지 않는다. 게이트의 논리 상태를 파악하기 위해서 HI/LO 스위치를 토글하라. 이러한 저주파수에서는 스코프 트리거를 alternate가 아니라 chop으로 설정하는 것이 가장 좋다.

실험에서 얻은 데이터로부터 다음 질문에 답하라.

a. 일련의 TTL 펄스로부터 펄스 주기와 U1A:A의 Probe 파형으로부터 주기를 비교하라.

b. TTL 펄스의 주파수와 Probe 파형의 주파수는 각각 얼마인가?

c. 25 ms, 125 ms, 375 ms에서 컴퓨터 모의실험과 실험에서 측정한 7408 게이트의 논리 상태가 동일한가?

d. TTL 펄스의 전압 크기와 출력 단자 3의 전압 크기는 얼마인가?

e. 전압 크기에서 차이가 존재한다면 어떻게 설명할 수 있는가?

3 전압 레벨에 대한 논리 상태

PSpice Probe 파형은 7408 게이트의 3개 단자에서 논리 상태의 파형을 제공한다. 실험 데이터는 단자들에서 논리 상태에 대응하는 두 가지 뚜렷한 전압 레벨을 제공한다. 7408 게이트의 high 전압은 Probe 파형에서 논리 1 즉 ON에 대응하고, low 전압은 논리 0 즉 OFF에 대응한다. 실험적인 전압 레벨을 PSpice 프로그램을 이용하여 모의실험 할 수 있다.

먼저 그림 35.1의 논리회로를 그림 35.2와 같이 수정하라.

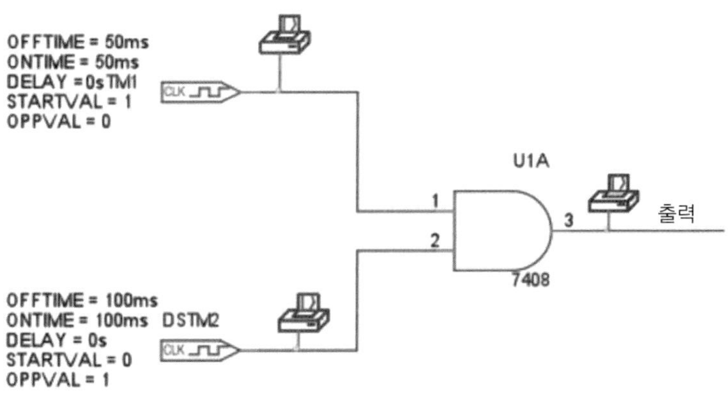

그림 35.2

각 단자에 VPLOT1 장치를 연결한다. 이 장치는 PSpice 프로그램의 Special 라이브러리에서 찾을 수 있다. 500 ms 동안 시간 영역(과도) 모의실험을 수행하라.

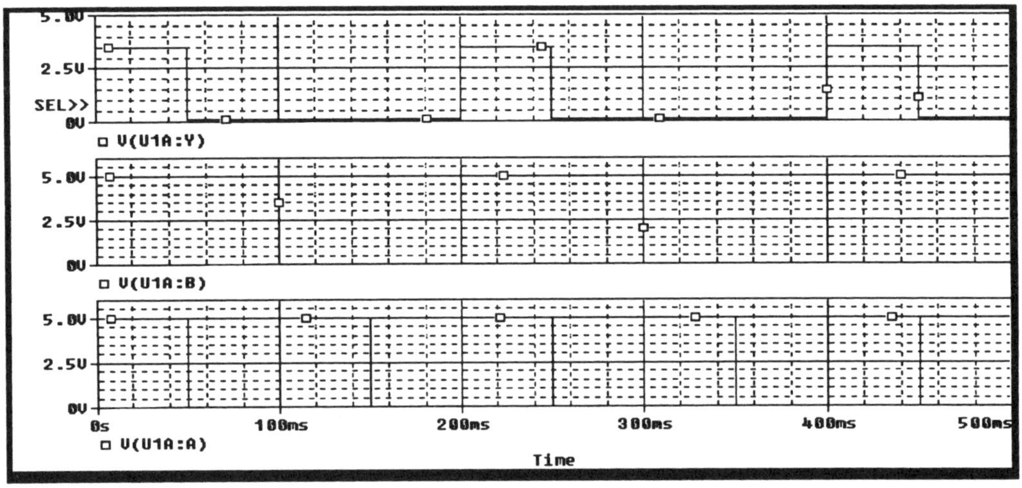

그림 35.3

그림 35.3의 Probe 그림으로 결과가 나타나 있다. 두 입력 전압은 최대 5 V로, 출력 전압은 최대 3.5 V로 나타나 있다. 글자 V(전압을 의미)가 파형에 표시되어 있고, 단자 명칭으로 A, B, Y를 사용하고 있다.

a. Probe 그림에서 파형 V(V1A:Y)로 나타난 모의실험 출력 전압과 실험적으로 얻어진 출력 전압 VY 사이의 % 편차를 다음 공식으로 계산하라.

$$\% \text{편차} = \frac{V(V1A:Y) - VY}{V(V1A:Y)} \times 100\%$$

% 편차 = ____________

계산에서 V(V1A:Y)는 비교의 기준이 되는 값이다.

b. 모의실험 전압 V(V1A:Y)와 실험 전압 VY 사이에 10% 편차가 용인된다면, 계산된 % 편차는 허용하는 범위 이내에 있는가?

4 전파 지연

게이트의 전파 지연(propagation delay)은 입력 펄스의 앞 가장자리와 출력 펄스의 앞 가장자리 사이의 시간 간격으로 정의된다. 최댓값의 50%에 도달하는 위치가 두 펄스의 가장자리이다. 역시 입력 펄스의 뒤 가장자리와 출력 펄스의 뒤 가장자리 사이의 시간으로도 정의될 수 있다. 이때 가장자리는 최댓값의 50%로 감소하는 위치이다. 전파 지연은 게이트의 동작 속도에 심각한 한계를 끼칠 수 있다.

249.99988 ms에서 시작하여 250.00008 ms까지 그림 35.1 회로의 시간 영역(과도) 해석을 수행하라. Cursor를 사용하여 V(U1A:Y)와 V(U1A:A)가 둘 다 최댓값의 50%에 도달할 때 전파 지연을 결정하라.

a. 실험 절차에 따라서 두 전압의 앞 가장자리와 뒤 가장자리 두 경우에 대해서 전파 지연들을 결정하라. 10 X 배율기를 사용하여 스코프의 시간 축을 확대할 필요가 있을 수도 있다.

b. 이전의 % 편차 공식을 활용하여 앞 가장자리 차이에 대해서 PSpice 모의실험 결과와 실험 데이터로부터 얻은 결과를 비교하라. PSpice로 측정한 전파 지연을 비교할 때 기준으로 사용하라.

% 편차 = ____________

5 NOT-AND 논리

컴퓨터 모의실험

그림 35.4에 보여준 회로는 AND 게이트와 더불어 “7404”로 표시된 INVERTER 게이트로 구성되어 있다. 컴퓨터 모의실험과 실험 데이터로부터 INVERTER의 출력이 AND 게이트의 논리적이고 물리적인 ON 상태를 논리적이고 물리적인 OFF 상태로 변경시키고, AND 게이트의 OFF 상태를 ON 상태로 변경시키는 것을 입증할 것이다. INVERTER 게이트의 출력 단자에는 방울 모양으로 표시되어 있다.

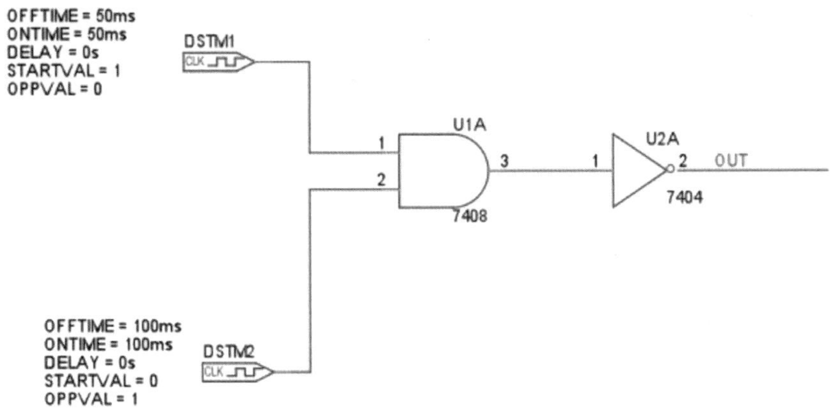

그림 35.4

1절 AND 게이트에서 했듯이 이 시스템의 입력 단자에 동일한 논리 상태를 적용한다. 목적은 AND 게이트의 입력 단자와 INVERTER 게이트의 출력 단자 사이의 논리적인 관계를 얻는 것이다. 표 35.2를 완성하라. INVERTER 입력이 역시 AND 게이트의 출력임을 명심하라.

표 35.2

입력 1 (7408)	입력 2 (7408)	입력 1 (7404)	출력 (7404)
1	1	1	
0	1	0	
1	0	0	
0	0	0	

500 ms 시간 영역(과도) 해석을 수행하여, 다음 파형에 대해서 Probe 그림을 구하라.

- U1A:A (U1A 게이트의 입력 1)
- U1A:B (U1A 게이트의 입력 2)
- U2A:A (U2A 게이트의 입력)
- U2A:Y (U2A 게이트의 출력)

a. 표 35.2에서 7404 게이트의 출력 단자에 대한 논리 상태를 구하라.

b. AND 게이트의 입력 단자와 INVERTER 게이트의 출력 단자 사이에 어떤 논리적인 관계가 존재하는가?

c. 7404 게이트의 출력 단자에서 가장 많이 발생하는 논리 상태는 무엇인가?

d. 25 ms, 125 ms, 375 ms에서 게이트들의 논리 상태는?

힌트 지정된 시간에 Probe 커서를 이동하면, Probe 그림의 왼쪽 가장자리에 각 게이트의 논리 상태가 표시된다.

실험을 통한 논리 상태 측정

순서는 다음과 같다.

1. Cadet 연습기의 프로토 보드에 7408과 7404 게이트를 꽂고, 그림처럼 게이트를 연결하라.
2. 14번 핀을 +5 V에, 7번 핀을 접지(0 V)에 연결하라.
3. 연습기의 TTL 클록을 1번 입력 단자에 연결하라. 이것으로 일련의 펄스가 발생하며, 펄스파의 기본 주파수를 설정할 수 있다.
4. TTL 클록의 기본 주파수를 10 Hz로 설정하라.
5. 7408 게이트의 2번 입력 단자를 연습기의 HI/LO 논리 스위치에 연결하라.
6. 7404 게이트의 출력 단자를 논리 모니터 또는 논리 프로브에 연결하라. 또한 논리 연습기의 LED에 연결하면 AND 게이트의 ON 또는 OFF 상태를 직접 눈으로 확인할 수 있다.
7. TTL 클록을 모니터하기 위하여 스코프의 채널 1에 연결하라.
8. 7404 게이트의 출력 단자를 모니터하기 위하여 스코프의 채널 2에 연결하라.
9. 연습기의 전원을 켜고, 데이터를 획득하라.

실험에서 얻은 데이터로부터 다음 질문에 답하라.

a. 실험적으로 얻은 게이트의 논리 상태들이 모의실험으로부터 얻은 것과 동일한가?

b. 7408 게이트의 출력 단자와 7404 게이트의 입력 단자 사이에 어떤 논리적인 관계가 성립하는가?

c. 7408 게이트의 출력 단자와 7404 게이트의 출력 단자 사이에 어떤 논리적인 관계가 성립하는가?

d. 모의실험 데이터로부터 얻은 이전의 질문 결과와 동일한가?

6 7400 NAND 게이트

컴퓨터 모의실험

그림 35.5에 보여준 7400 NAND 게이트는 7408과 7404의 조합 게이트와 동일한 논리 기능을 수행한다. PSpice 모의실험과 실험적인 측정으로 논리 상태를 결정하여 이것을 증명하라.

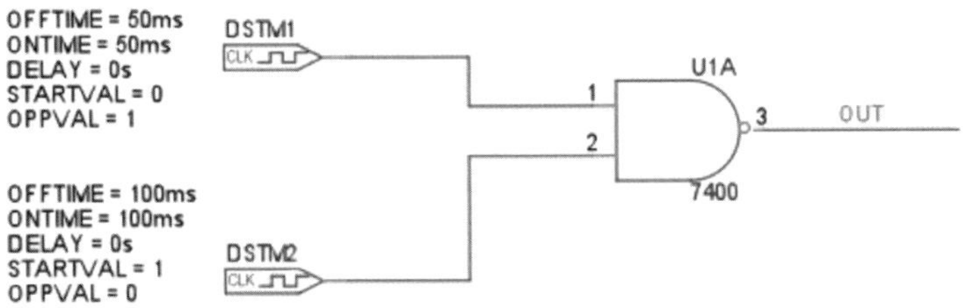

그림 35.5

7400 게이트의 입력과 출력 단자의 논리 상태들을 파악하기 위해서 500 ms 시간 영역(과도) 모의실험을 수행하라. 입력인 두 DigClock의 U1A:A(입력 단자 1)과 U1A:B(입력 단자 2) 그리고 출력인 7400 게이트의 U1A:Y(출력 단자 3)의 파형에 대해서 Probe 그림을 구하라.

a. 이러한 모의실험으로부터 표 35.3에 데이터 입력을 완성하라.

표 35.3

입력 단자 1	입력 단자 2	출력 단자 3
1	1	
0	1	
1	0	
0	0	

b. Probe 그림으로부터 출력 단자의 논리 상태를 그림 35.6에 스케치하라.

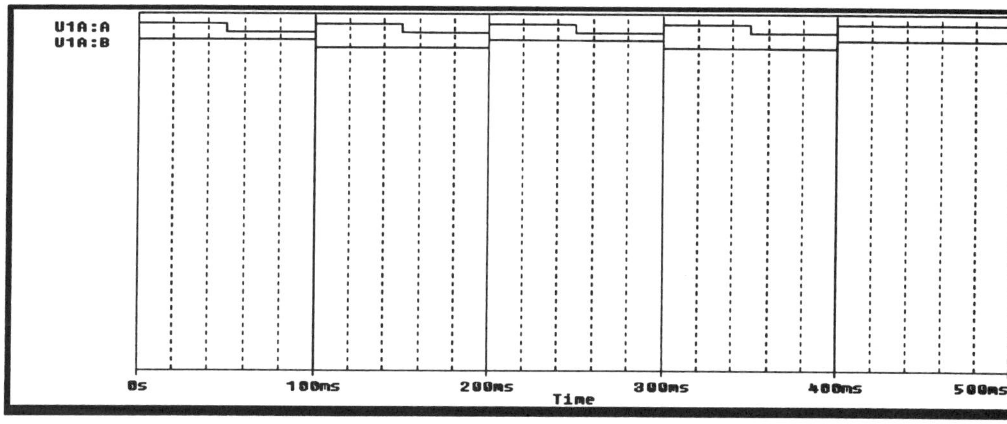

그림 35.6

실험적으로 논리 상태 결정

a. 프로토 보드에서 그림 35.4의 7408과 7404 게이트 조합 부품을 그림 35.5의 7400 게이트로 대치하고, 실험 순서 5를 진행하라. 실험을 마친 후, 표 35.4에 출력 단자의 논리 상태를 기입하라.

표 35.4

입력 단자 1	입력 단자 2	출력 단자 3
1	1	
0	1	
1	0	
0	0	

b. 표 35.4에서 출력 단자 3의 논리 상태를 표 35.3에서 출력 단자 3의 것과 비교하라. 논리 상태들이 동일한가?

실험 36

OR, NOR 및 XOR 논리 게이트 해석

목적

1. PSpice 프로그램을 이용하여 기본 논리 게이트를 해석한다.
2. 실험실에서 기본 논리 게이트를 이용하여 회로를 구성한다.
3. 실험실에서 얻은 결과를 PSpice 모의실험 결과와 비교한다.
4. 필요한 경우 회로를 수정한다.

실험소요장비

계측기

OrCad PSpice 9.1 이후 버전을 실행할 수 있는 컴퓨터
Cadet 논리 연습기(또는 등가)
Tektronix 2236 오실로스코프(또는 등가)
10:1 스코프 프로브
DMM
7402, 7408, 7432, 7486 게이트

사용 장비

항목	실험실 관리번호
논리 연습기	
오실로스코프	
스코프 프로브	

이론 개요

OR, NOR, XOR 게이트의 논리 연산에 대해 알아본다. 또한 앞에서 공부한 AND 게이트와 OR 게이트를 조합하여 전체 논리 게이트의 동작에 대해 알아본다.

실험순서

이 실험은 실험 35와 같은 순서로 진행하며, 독자의 편의를 위해 여기에서 순서를 다시 한 번 설명한다. 학생은 공학적 절차에 따라 실제 실험실에서 실험을 진행하기 전에 모든 논리 회로를 PSpice 프로그램을 이용해 설계하고 모의실험 해야 한다. 그리고 가급적이면 실제 실험을 진행하기 전 주에 실험 조교와 모의실험의 결과에 대해 토의해야 한다.

모의실험이 끝나면 실제 실험실에서 설계를 진행한다. 실제 회로를 구성하고 측정이 끝나면 학생은 실험실에서 얻은 결과와 모의실험 결과를 계속 비교해야 한다. 이렇게 하면 두 결과 사이에 차이가 있을 때 그 이유를 확실하게 알 수 있다.

1 OR 게이트: 컴퓨터 모의실험

그림 36.1에 두 개의 입력을 갖는 OR 게이트가 나와 있다. 이 OR 게이트는 PSpice 프로그램의 **eval.slb** 라이브러리에서 찾을 수 있다. 이 게이트의 모양을 보면 그 논리 기능을 알 수 있다. 그림 36.1에 나와 있는 것처럼 두 개의 DigClocks 입력 신호가 **7432 OR 게이트**의 입력 단자에 연결된다. 그림에 두 개의 입력 신호와 관련된 동작 파라미터도 나와 있다. 두 개의 신호 발생기는 모두 PSpice 프로그램의 Source 라이브러리에 있다. 7432 게이트의 3번 단자는 출력 단자이다.

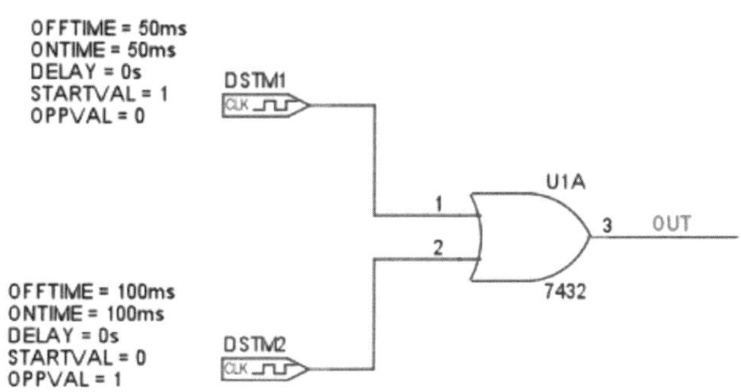

그림 36.1

실험 목표는 OR 게이트의 논리 기능을 정의하는 것이다.

앞의 실험과 같이 각각의 신호 발생기는 다음 둘 중 하나의 상태를 갖는다. 논리회로에서 그 상태는 각각 1(On) 또는 0(Off)이다. 따라서 입력 단에는 4 종류의 논리 상태가 존재하며 OR 게이트는 그 각각에 대해 반응한다. 입력단에 지정되는 조건은 논리 상태이며 전압과 같은 전기적인 물리량이 아니다. 가능한 논리 상태를 정리하기 위해 표 36.1을 이용한다.

표 36.1

입력 단자 1	입력 단자 2	출력 단자 3
1	1	
0	1	
1	0	
0	0	

이 표에는 입력 단자에서 가능한 모든 논리 상태의 조합이 나와 있다.

다음으로 **PSpice**의 시간 영역 (과도상태) 모의실험을 500 ms 동안 실행하여 출력단자 3의 논리 상태를 얻는다.

입력 단자의 논리 상태를 그림 36.2의 **PROBE** 플롯과 같이 지정한다. 입력단자 1의 궤적이 **U1A:A**, 입력단자 2의 궤적이 **U1A:B**로 나와 있다.

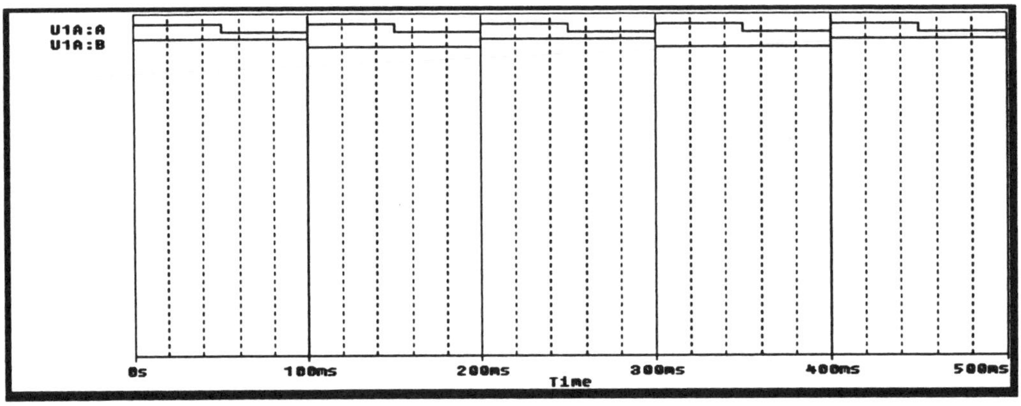

그림 36.2

PROBE 플롯을 보면 입력 단자의 논리 상태가 표 36.1에 나온 것과 같음을 알 수 있다. 입력 단자의 논리 상태를 지정했으면 그림 36.1의 회로에 대해 모의실험을 수행한다. 모의실험을 수행하면 **PROBE** 플롯에 있는 두 개의 궤적과 함께 출력 단자 3의 논리 상태도 얻을 수 있으며 그 궤적은 **U1A:Y** 플롯으로 표시된다. 궤적을 표시할 때 **A**와 **B**는 항상 입력 단자, **Y**는 출력 단자를 의미한다.

모의실험 결과를 보고 다음 물음에 답하라.

a. 그림 36.1의 논리 상태를 얻기 위해 다음과 같이 진행한다. **프로브 커서**를 차례대로 25 ms, 75 ms, 125 ms, 175 ms 으로 옮기며 각각의 시간에 대해 **프로브 스크린**의 왼쪽 경계에 있는 clock과 **OR 게이트**의 논리 상태를 기록한다. 각각의 시간에 대해 입력 단자 1과 2의 논리 상태가 표 36.1과 같은지 확인한다. 그리고 출력 단자 3의 논리 상태를 기록한다(출력 단자의 프로브 궤적은 **U1A:Y**이다).

b. 입력 단자와 출력 단자 사이에 어떤 논리적 관계가 존재하는가?

c. 출력 단자 3에 가장 자주 발생하는 논리 상태는 무엇인가? 이를 7408 **AND** 게이트에서 가장 자주 발생하는 논리 상태와 비교하라.

2 OR 게이트: 실험을 통한 논리 상태 측정

이 실험은 E & L Instruments 사의 Cadet 연습기(또는 등가)와 Tektronix 2236 오실로스코프를 이용해 진행한다.

다음과 같이 진행한다.

1. 7432 게이트를 연습기 보드의 기판에 꽂아라.
2. 14번 핀을 +5 V, 7번 핀을 접지 (0 V)에 연결하라.
3. 연습기 보드의 **TTL** clock을 1번 입력 단자에 연결하라. 이렇게 하면 연속된 펄스가 발생하며 펄스파의 기본 주파수도 조정할 수 있다.
4. **TTL** clock의 기본 주파수를 10 Hz로 조정하라.
5. 연습기 보드의 **HI/LO** 논리 스위치를 2번 입력 단자에 연결하라.
6. 게이트의 3번 출력 단자를 논리 프로브, 또는 논리 모니터에 연결한다. 또, 출력을 연습기 보드의 LED에 연결하라 **OR** 게이트의 **ON/OFF** 상태를 직접 눈으로 확인할 수 있다.
7. 스코프의 1번 채널을 **TTL** clock에 연결하라.
8. 스코프의 2번 채널을 3번 출력 단자에 연결하라.
9. 연습기 보드의 전원을 켜라.
10. 게이트의 논리 상태를 얻기 위해 **HI/LO** 논리 스위치를 켰다 껐다 반복하라.

실험 결과를 보고 다음 물음에 답하라.

a. 연습 보드의 **TTL** 연속 펄스의 주기와 모의실험에서 **U1A:A PROBE** 궤적의 주기를 비교하면 어떤 차이가 있는가?

b. 모의실험 궤적의 주파수와 연습 보드의 **TTL** 펄스 주파수는 각각 얼마인가?

c. 25 ms, 125 ms, 그리고 375 ms에서 각각 컴퓨터 모의실험과 실험으로 얻은 7432 게이트의 논리 상태는 같은가?

d. **TTL** 펄스와 3번 출력 단자의 전압 크기는 얼마인가?

e. 두 전압의 크기가 다르다면 그 이유는 무엇인가?

3 논리 상태와 전압 레벨

PSpice의 **PROBE** 플롯은 7432 게이트의 세 단자에서 논리 상태를 표시한다. 그리고 실제 실험 결과는 각 단자의 논리 상태에 해당하는 두 개의 고유한 전압 레벨을 보여준다. 7432 게이트의 고출력 전압은 **PROBE** 플롯의 논리 1, 또는 **ON**에 해당하고, 게이트의 저출력 전압은 **PROBE** 플롯의 논리 0, 또는 **OFF**에 해당한다. 실험에서 측정한 전압 레벨 값을 **PSpice** 프로그램을 이용해 모의실험 할 수 있다.

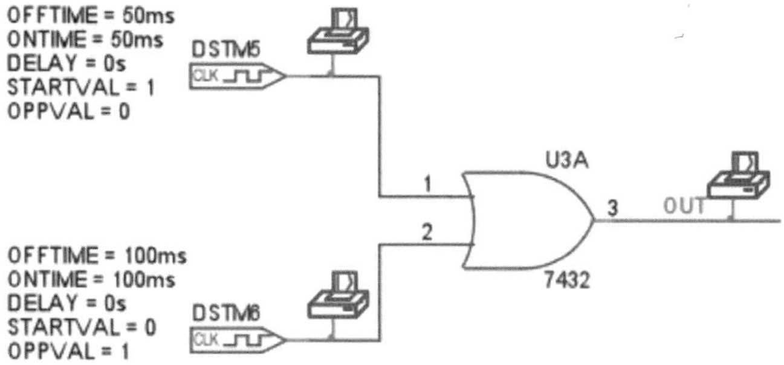

그림 36.3

각각의 단자에 대해 **VPrint1** 장치가 연결되며 이는 **PSpice** 프로그램의 **Special** 라이브러리에서 찾을 수 있다. 이렇게 하면 7432 **OR** 게이트의 전압을 프린트할 수 있다. 모의실험을 실행한다.

500 ms 동안 **시간 영역(과도상태)** 해석을 실행한다. **7432 OR 게이트**의 두 개의 입력 전압과 출력 전압에 대한 **PROBE** 궤적을 얻는다.

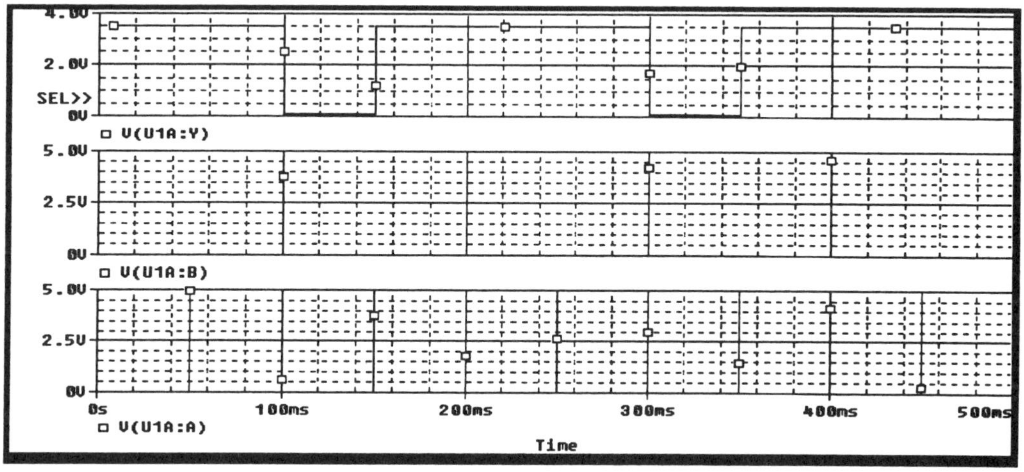

그림 36.4

모의실험 결과가 그림 36.4의 PROBE 플롯에 나와 있다. 두 입력 전압의 최대값은 5 V, 출력 전압의 최대값은 3.5 V이다. 이제 각각의 궤적은 7408 게이트의 경우와 같이 전압을 의미하는 **V**가 붙어 표시된다. **A**, **B**, 그리고 **Y** 단자의 지정도 7408 게이트와 같이 유지된다.

a. 실험으로 얻은 출력 전압 VY와 모의실험으로 얻은 **PROBE** 플롯의 V(V1A:Y) 궤적에 표시된 출력 전압의 오차를 퍼센트로 계산하라. 다음 공식을 이용하라.

$$\%\ 오차 = \frac{V(V1A:Y) - VY}{V(V1A:Y)} \times 100\%$$

% 오차 = ____________

이 계산에서는 V(V1A:Y)이 비교 기준이다.

b. 만약 모의실험 전압 V(V1A:Y)와 실험에서 측정한 전압 VY 사이에 10% 오차가 허용된다고 했을 때, 계산된 퍼센트 오차가 허용 범위에 들어오는가?

c. 7408 게이트의 경우와 비교하여 이 퍼센트 오차는 큰 편인가, 작은 편인가?

4 AND와 OR 논리 게이트의 조합

컴퓨터 모의실험

그림 36.5에 표시된 회로는 두 개의 AND 게이트 U1A, U2A와 그에 연결된 OR 게이트 U3A로 구성된다.

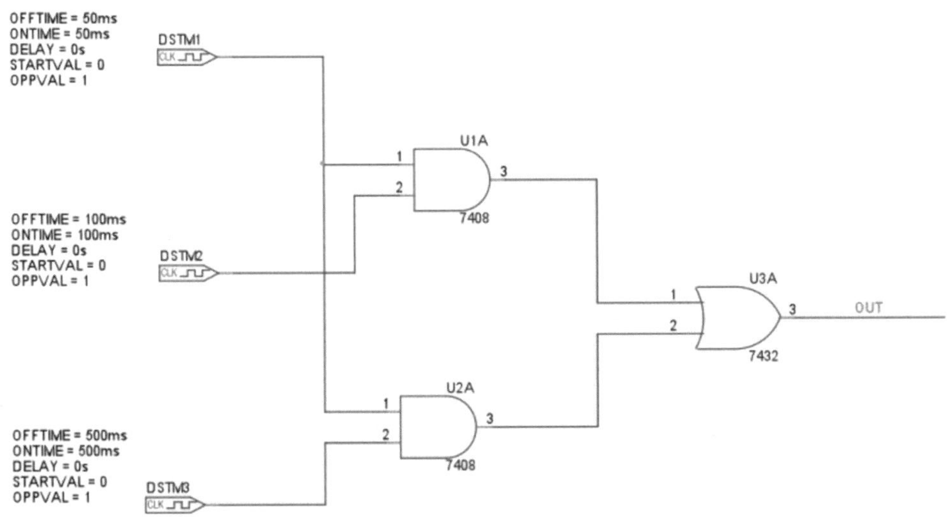

그림 36.5

두 개의 AND 게이트의 입력 단자는 그림 36.5와 같이 세 개의 DigClocks에 연결되어 있다. 입력 신호와 관련된 동작 파라미터는 그림과 같이 설정한다. 두 개의 AND 게이트의 출력 단자는 OR 게이트의 두 개의 입력 단자에 연결된다. OR 게이트의 출력은 그림 36.5와 같이 OUT으로 표시한다.

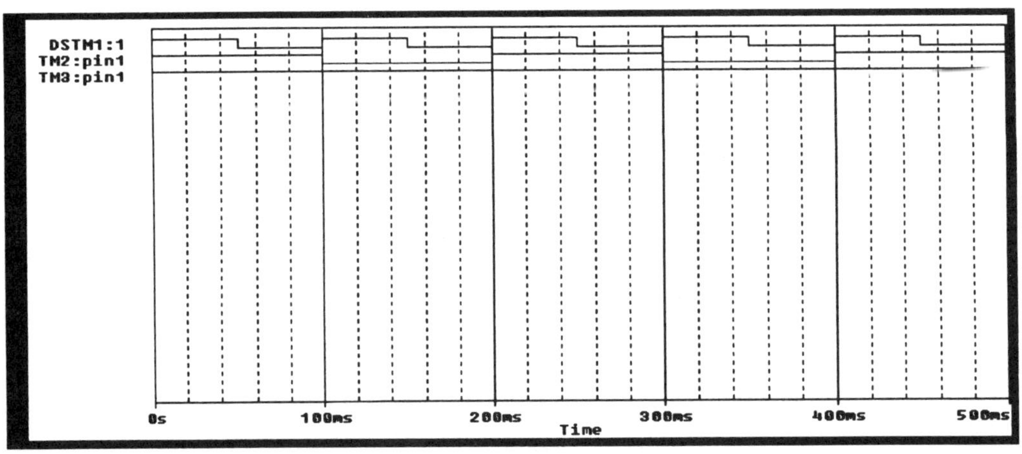

그림 36.6

500 ms 동안 **시간 영역(과도상태)** 해석을 실행한다. 세 개의 **DigClocks**, 두 개의 **AND** 게이트의 네 개의 입력, **OR** 게이트의 두 개의 입력, 그리고 **OR** 게이트의 출력 **OUT**에 대한 **PROBE** 궤적을 얻는다. 그림 36.1에서 게이트의 논리 상태를 얻은 것과 같은 방법을 이용해 표 36.2에 데이터를 입력한다.

표 36.2

U1A:A	*U1A:B*	*U1A:Y*	*U2A:A*	*U2A:B*	*U2A:Y*	*U3A:A*	*U3A:B*	*U3A:Y*
1	1		1	1				
0	1		0	1				
1	0		1	1				
0	0		0	1				

a. 25 ms, 125 ms, 그리고 375 ms에서 **U3A:Y** 단자의 논리 상태는 무엇인가?

b. 500 ms 모의실험 시간 영역에서 **U3A:Y** 게이트는 주로 **ON** 상태에 있는가, **OFF** 상태에 있는가?

실험을 통한 논리 상태 측정

다음과 같이 진행한다.

1. 그림 36.5를 참고하여 7408, 7432 게이트를 연습 보드의 기판에 꽂아라. 게이트의 핀을 그림과 같이 연결하라.
2. 14번 핀을 +5 V, 7번 핀을 접지 (0 V)에 연결하라.
3. 연습 보드의 **TTL** clock을 두 개의 7408 **AND** 게이트의 1번 입력 단자에 연결하라. 이렇게 하면 연속된 펄스가 발생하며 펄스파의 기본 주파수도 조정할 수 있다.
4. **TTL** clock의 기본 주파수를 10 Hz로 조정하라.
5. **U1A AND** 게이트의 2번 입력 단자를 연습 보드의 **HI/LO** 논리 스위치에 연결하라.
6. **U2A AND** 게이트의 2번 입력 단자를 연습 보드의 고정 5 V 전원에 연결하라.
7. 7432 **OR** 게이트의 3번 출력 단자를 논리 프로브, 또는 논리 모니터에 연결하라. 또, 출력을 연습 보드의 **LED**에 연결하면 **OR** 게이트의 **ON/OFF** 상태를 직접 눈으로 확인할 수 있다.
8. 스코프의 1번 채널을 TTL clock에 연결하라.
9. 스코프의 2번 채널을 7432 게이트의 출력 단자에 연결하라.
10. 연습 보드의 전원을 켜라.
11. 7432 **OR** 게이트 3번 출력 단자의 논리 상태를 얻기 위해 **HI/LO** 논리 스위치를 켰다 껐다 반복하라.

실험 결과를 보고 다음 물음에 답하라.

a. 실험으로 얻은 게이트의 논리 상태가 모의실험과 같은가?

b. 7432 **OR** 게이트의 출력 단자와 **TTL** clock 사이의 논리 관계는 무엇인가?

c. **AND** 게이트의 출력 단자와 **OR** 게이트의 출력 단자 사이의 논리 관계는 무엇인가?

5 NOR과 XOR 논리 게이트의 조합

컴퓨터 모의실험

본 절에서는 **NOR** 게이트와 **XOR** 게이트를 소개한다. **NOR**은 **NOT-OR**의 줄임말이고 **XOR**은 **EXCLUSIVE-OR**의 줄임말이다. 그림 36.7에 이러한 논리 기능을 수행하는 두 개의 게이트가 나와 있다. **NOR** 게이트 **U1A**는 출력 단자의 동그라미 표시를 보면 알 수 있고 **XOR** 게이트 **U2A**는 입력 단자에 추가된 선으로 알 수 있다. 두 개의 **DigClocks**의 파라미터들을 그림 36.7과 같이 입력한다. **시간 영역(과도상태)** 해석을 500 ms 동안 실행한다. Clock 궤적, 두 개의 논리 게이트에 대한 입력 궤적, 그리고 **U1A:Y**와 **U2A:Y** 두 개의 출력 궤적에 대한 **PROBE** 플롯을 얻는다. 그림 36.1에서 게이트의 논리 상태를 얻은 것과 같은 절차를 이용해서 **PROBE** 데이터를 표 36.3에 입력한다.

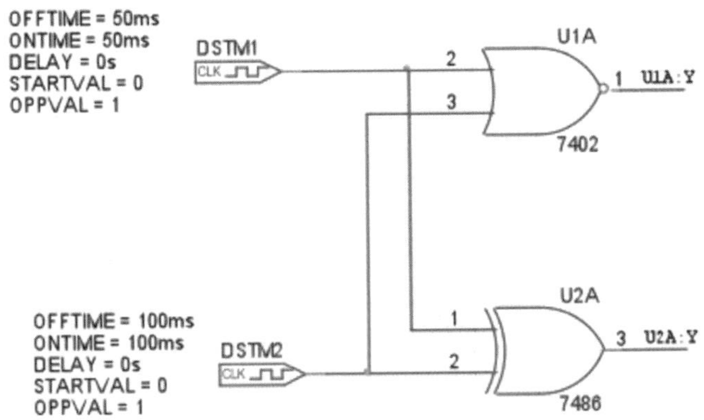

그림 36.7

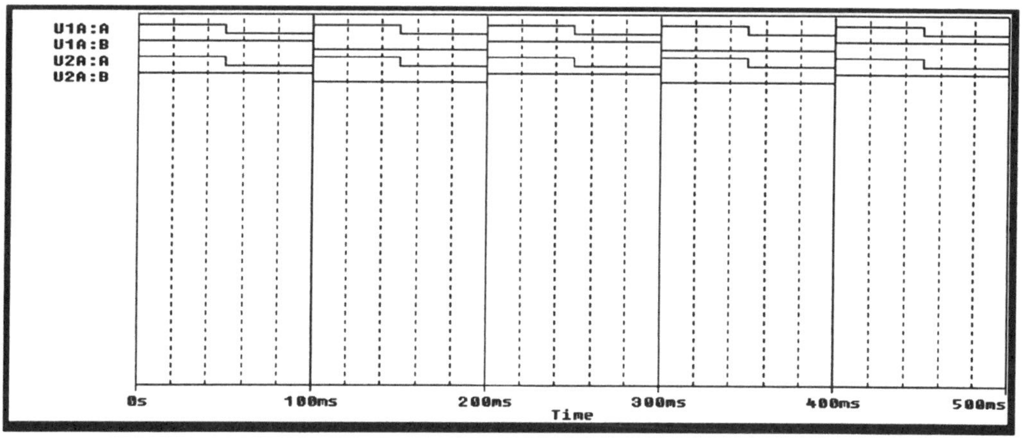

그림 36.8

단자 U1A:A와 U2A:A의 입력은 같은 clock에 연결되어 있으며 동일하다. 단자 U1A:B와 U2A:B의 입력도 같은 clock에 연결되어 있으며 동일하다.

a. 표 36.3의 빈 칸에 모두 데이터를 채운다.

표 36.3

U1A:A	*U1A:B*	*U1A:Y*	*U2A:A*	*U2A:B*	*U2A:Y*
1	1		1	1	
0	1		0	1	
1	0		1	0	
0	0		0	0	

b. 표 36.3의 데이터를 보았을 때 NOR 게이트의 논리는 어떻게 설명할 수 있는가?

c. NOR 게이트의 결과를 OR 게이트와 비교하면 어떤 관계가 있는가?

d. 표 36.3의 데이터를 보았을 때 XOR 게이트의 논리는 어떻게 설명할 수 있는가?

e. XOR 게이트의 결과를 OR 게이트와 비교하면 어떤 관계가 있는가?

실험을 통한 논리 상태 측정

다음과 같이 진행한다.

1. 7402, 7486 게이트를 연습 보드의 기판에 꽂아라. 게이트의 핀을 그림 36.7과 같이 연결하라.

2. 14번 핀을 +5 V, 7번 핀을 접지 (0 V)에 연결하라.

3. 연습 보드의 **TTL** clock을 7402 **NOR** 게이트의 2번 입력 단자와 7486 **XOR** 게이트의 1번 입력 단자에 연결하라.

4. **TTL** clock의 기본 주파수를 10 Hz로 조정하라.

5. 7402 **NOR** 게이트의 3번 입력 단자와 **XOR** 게이트의 2번 입력 단자를 연습 보드의 **HI/LO** 논리 스위치에 연결하라.

6. 7402 **NOR** 게이트의 출력 단자를 논리 프로브, 또는 논리 모니터에 연결하라. 또, 출력을 연습 보드의 **LED**에 연결하면 **NOR** 게이트의 **ON/OFF** 상태를 직접 눈으로 확인할 수 있다.

7. 6번 단계를 7486 **XOR** 게이트의 출력 단자에 대해 반복하라. 이렇게 하면 **XOR** 게이트의 **ON/OFF** 상태를 직접 눈으로 확인할 수 있다.

8. 스코프의 1번 채널을 **TTL** clock에 연결하라.

9. 스코프의 2번 채널을 두 게이트의 출력 단자 중 하나에 연결하라.

10. 연습 보드의 전원을 켜라.

11. 두 게이트의 출력 단자의 논리 상태를 얻기 위해 **HI/LO** 논리 스위치를 켰다 껐다 반복하라.

실험 결과를 보고 다음 물음에 답하라.

a. 실험으로 얻은 게이트의 논리 상태가 모의실험 결과와 같은가? 실험 결과를 표 36.3의 데이터와 비교하라.

b. 7402 **NOR** 게이트의 출력 단자와 **TTL** clock 사이의 논리 관계는 무엇인가?

c. 7402 **NOR** 게이트의 출력 단자와 입력 단자 사이의 관계는 무엇인가? 그 답변을 표 36.3의 데이터와 비교하라.

d. 7486 **XOR** 게이트의 출력 단자와 **TTL** clock 사이의 논리 관계는 무엇인가?

e. 7486 **XOR** 게이트의 출력 단자와 입력 단자 사이의 관계는 무엇인가? 그 답변을 표 36.3의 데이터와 비교하라.

f. **OR** 게이트의 논리는 **XOR** 게이트와 어떻게 다른가?

g. 배타적 논리합(**EXCLUSIVE-OR**)이라는 용어에 대해 정의하라.

실험

37

집적회로(IC)의 해석

목적

1. PSpice 프로그램을 사용하여 다양한 종류의 IC 또는 칩을 분석한다
2. 칩을 사용하여 실험실에서 회로를 구성한다.
3. 실험에서 구한 결과와 모의실험으로 구한 결과를 비교한다.
4. 필요하면 회로를 고친다.

실험소요장비

계측기

OrCad PSpice 9.1 이후 버전을 실행할 수 있는 컴퓨터

Cadet 논리 연습기(또는 등가)

10:1 오실로스코프 프로브

로직 프로브

DMM

7493A, 7474, 74107 ICs

사용 장비

항목	실험실 관리번호
논리 연습기	
오실로스코프	
스코프 프로브	

이론 개요

이 실험에서는 직전 2번의 실험에서 살펴본 기본 게이트를 다수 포함하는 시스템을 살펴보고자 한다. 이들 시스템의 부품을 전기적으로 조합하여 회로로 모은 것을 우리는 집적회로(IC) 또는 칩이라고 한다. IC의 기능은 IC 내부에 있는 각 부품이 힘을 합쳐 이룬 것이다. 기본적으로 부품의 기능을 다음 2가지 범주로 나눌 수 있다: 의사결정 논리 회로와 기억 회로. 전자는 게이트, 후자는 플립플롭이라고 한다. 우리가 해석할 때는 거시적 접근을 따라, 즉 개개 부품의 동작을 해석하지는 않고 단자에서 표출되는 동작에만 집중할 것이다.
오늘날 혼란스러울 정도로 많은 수의 IC가 존재하며, 또 새로운 기능을 갖춘 새로운 부품이 계속 설계되고 있다. 이 실험에서는 이들 소자를 소개하려고 한다.

실험순서

1 정-에지 트리거 D 플립플롭

컴퓨터 모의실험

그림 37.1은 7474 정-에지(positive-edge) 트리거 D 플립플롭이라는 IC를 보이고 있다. "정-에지 트리거되었다"는 말은 "CLK 입력단자에 연결된 클록 입력 **DSTM1**이 0에서 1로 바뀌었다"는 것을 의미하며, 트리거 될 때 D 입력이 논리 **HIGH**인 경우 플립플롭은 **SET**된다. 다시말해 플립플롭이 논리적으로 **ON**이 된다. 트리거 때 D 입력이 논리 **LOW**인 경우 플립플롭은 **RESET**되며, 플립플롭은 논리적으로 **OFF** 된다.

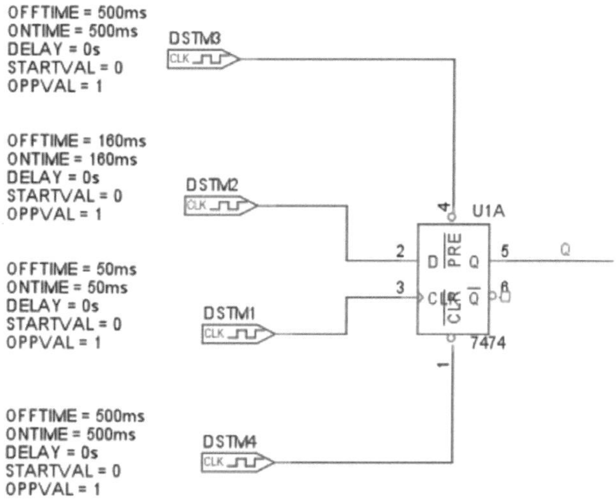

그림 37.1

7474 플립플롭은 입력단자가 4개인데 앞에서와 같은 출력을 얻으려면 **PRE**와 **CLR**이 논리 **ON**이어야 한다. 따라서 **DSTM3**과 **DSTM4**는 실험 내내 논리 **ON**을 유지해야 한다. 그림에서 각 파라미터가 이와 같이 설정된 것을 확인할 수 있다.[8] DSTM2는 D 입력에 연결되어 있으며, 이들 모두의 신호 파형을 그림 37.2의 Probe plot에서 확인할 수 있다.

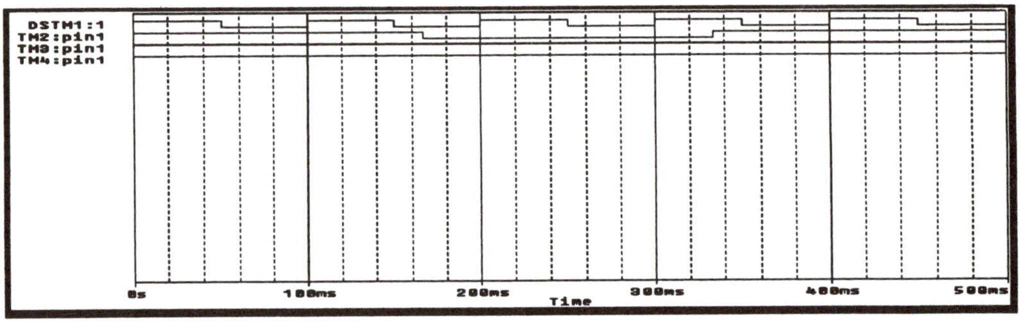

그림 37.2

플립플롭의 초기 상태

모의실험 시작시점에서의 플립플롭의 논리상태로는 다음의 3가지가 가능하다. 현재에 이르기까지의 이력에 따라 플립플롭은 **RESET**(또는 **OFF**), **SET**(또는 **ON**), 또는 PSpice 프로그램에서 X로 표기하는 미결정(indeterminate) 상태에 있을 수 있다. 플립플롭의 초기상태를 원하는 값으로 설정하는 방법은 다음과 같다.

500 ms 동안 **Time Domain(Transient)** 해석을 하라. **DigClock** 파라미터는 그림과 같이 설정한다. **Time Domain** 해석을 위한 시간 설정을 마친 후:

1. **Simulation Setting box**에서 **Option tab**을 클릭하라.
2. **Category box**에서 "**Gate-level Simulation**"을 클릭하라.
3. "**Initialize all flip-flops to:**" 오른쪽의 선택박스를 클릭하여
4. "1"을 선택하라. 이렇게 하면 플립플롭의 초기상태가 "ON"으로 설정된다.
5. 해석을 실행하라.
6. 4개의 **DigClocks**의 Probe 파형과 출력단자 **Q**의 Probe 파형을 그려라.

---

8) 역주: 그림 37.1에서는 디지털 신호원으로 SOURCE 라이브러리에 있는 부품인 DigClock을 사용하고 있다. 이 부품에 대한 설정 피라미터는 ONTIME(주기 중 High 상태의 기간), OFFTIME(주기 중 Low 상태의 기간), STARTVAL (시작값인 클록의 Low 상태. 디폴트값 = 0), OPPVAL (클록의 High 상태. 디폴트값 = 1), DELAY (클록의 첫 번째 천이까지의 소요시간)이다. 이에따라 그림 37.1의 DSTM3과 DSTM4는 t = 0에서 시작과 동시에 HIGH가 되고(DELAY = 0이므로), 이 값이 500 ms 동안 유지되는 디지털 신호를 생성한다(그림 37.2 참조).

본 예제에서, 7474 플립플롭의 초기상태를 **ON** 또는 **SET**으로 설정하라.
모의실험 데이터로부터 다음 질문에 답하라.

a. 플립플롭의 초기상태가 **SET** 또는 **ON** 상태인가?

b. 플립플롭의 초기상태가 언제 변하는가? 왜?

c. **Q** 출력이 low일 때 **D** 입력은 무엇인가? 다시 말해 **Q** 출력을 low로 하기 위한 **D** 입력의 조건은?

d. 언제 플립플롭이 **SET** 상태로 복귀하는가? 왜?

e. 플립플롭 출력의 논리상태와 입력단자의 논리상태의 관계를 설명하라.

f. e에 대한 당신의 답변을 이 Part의 첫 번째 단락의 내용과 관련지어 설명하라.

g. 당신이 구한 모의실험에 대한 답변으로부터 정-에지 트리거 D 플립플롭을 정의해 보라.

h. 그림 37.1의 입력과 출력단자에 **VPLOT1(Special** 라이브러리에 있다)을 추가하여 구한 전압레벨을 기록하라. (실험 데이터에 대한 기준으로 사용하려 한다.)

i. 플립플롭이 기억소자로 어떻게 동작하는가?

실험을 통한 논리 상태 측정

다음과 같이 진행하라.

1. 7474 플립플롭을 Cadet 연습기의 브레드 보드에 꽂아라.

2. 14번 핀은 +5 V에, 7번 핀은 접지(0 V)에 연결하라.

3. 연습기의 **TTL** 클록을 3번 **CLK** 입력단자에 연결하라.

4. **TTL** 클록의 주파수를 10 Hz로 설정하라.

5. PRE와 CLR 입력단자를 5 V 전원에 연결하여 논리 HIGH로 유지하라.

6. 플립플롭의 2번 D 입력단자를 연습기의 HI/LO 논리 스위치에 연결하라.

7. 스코프의 1번 채널을 TTL 클록을 모니터할 수 있도록 연결하라.

8. 스코프의 2번 채널을 Q로 표기되어있는 5번 출력단자에 연결하라.

9. 5번 출력단자를 로직 프로브에 연결하라. 논리 연습기의 LED에 연결해도 좋다.

10. 연습기의 전원을 켜라.

11. HI/LO 논리 스위치를 켰다 껐다 하면서 플립플롭의 논리상태를 구하라.

구한 실험 데이터로부터 다음 질문에 답하라.

a. 실험을 진행하는 동안 PRE와 CLR 단자가 HIGH인 5 V로 유지되고 있나?

b. 단자 D의 입력 펄스와 TTL 펄스의 전압은 얼마인가?

c. 단자 Q에서의 출력전압은 얼마인가?

d. 입력전압과 출력전압 간 진폭의 차이를 설명하라.

e. 실험 데이터로부터 확인한 Q 출력의 논리상태가 변하는 시점을 모의실험 결과와 비교하라. 동시에 발생하는가?

2 주파수 분할

컴퓨터 모의실험

그림 37.3의 회로에는 부-에지(negative edge) 트리거 플립플롭이 2개 있다. 각 단자 Q에는 CLK 입력 주파수의 반이 되는 펄스가 출력될 것이다. 따라서 단자 U2A:Q의 주파수는 입력단자 U1A:CLK 주파수의 1/4이 될 것이다.

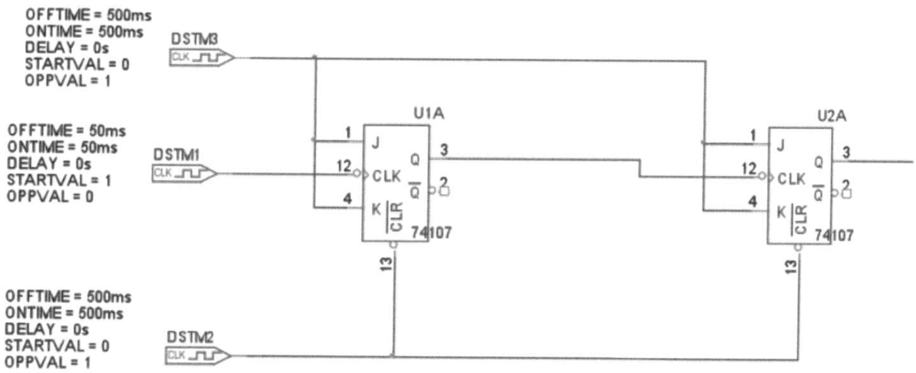

그림 37.3

클록 입력, DSTM1은 그림속의 파라미터로 설정되었으며, DSTM2와 DSTM3는 논리 HIGH에 연결되어 있다. 앞에서 설명한 방법을 따라 플립플롭의 초기상태를 0 또는 RESET으로 설정하라. 이들 입력조건을 그림 37.4의 PROBE plot에 보였다.

500ms 동안 Time Domain(Transient) 해석을 하라. 3개의 DigClock에 대한 파라미터 설정은 그림과 같게 하라. 플립플롭의 초기상태를 0 또는 RESET으로 설정하라. 그림 37.1에서와 같은 절차를 사용하라.

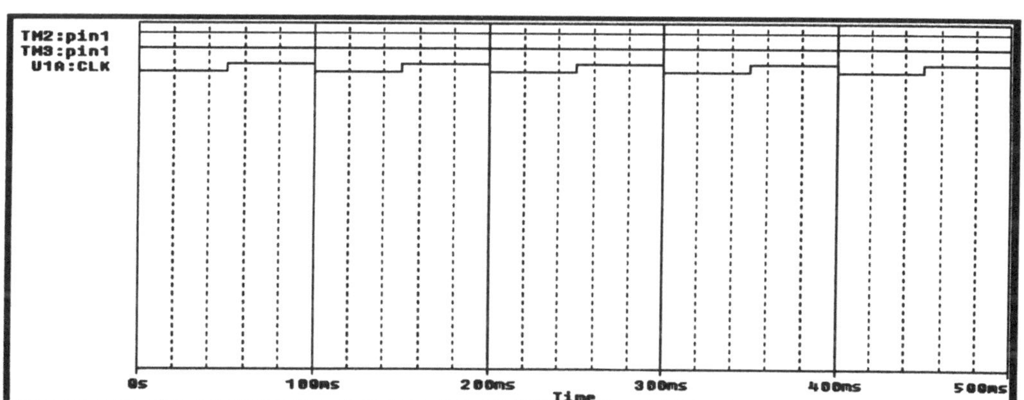

그림 37.4

Time Domain(Transient) 해석으로부터 다음의 Probe 파형을 구하라: **DSTM1, DSTM2, DSTM3, U1A:CLK, U1A:Q, U2A:CLK, U2A:Q.**

모의실험 데이터로부터 다음 질문에 답하라.

a. 단자 **U1A:Q**에서의 출력펄스의 주파수는 얼마인가?

b. 이 주파수를 입력펄스 **U1A:CLK**의 주파수와 비교하라.

c. 단자 **U2A:Q**에서의 출력펄스의 주파수는 얼마인가?

d. 이 주파수를 입력펄스 **U2A:CLK**의 주파수와 비교하라.

e. 입력펄스 **U2A:CLK**에서 출력펄스 **U2A:Q**까지의 총 주파수 감소 정도를 비교하라.

f. 각 74107 플립플롭에서 주파수를 어느 정도 감소시키는가?

g. 단자 **U1A:CLK**와 마지막 플립플롭의 출력단자 **Q** 사이에서 주파수를 1/10로 줄이려면 74107 플립플롭 몇 개가 필요한가?

실험을 통한 논리 상태 측정

다음과 같이 진행하라.

1. 74107 플립플롭 2개를 Cadet 연습기의 브레드 보드에 꽂고, 그림과 같이 결선하라.

2. 14번 핀은 +5 V에, 7번 핀은 접지(0 V)에 연결하라.

3. 연습기의 **TTL** 클록을 입력단자 **U1A:CLK**에 연결하라.

4. **TTL** 클록의 주파수를 10 Hz로 설정하라.

5. 입력단자 **U1A:J**와 **U2A:J**를 함께 5 V 전원에 연결하여 논리 HIGH로 하라.

6. 입력단자 **U1A:CLR**와 **U2A:CLR**를 함께 5 V 전원에 연결하여 논리 HIGH로 하라.

7. 스코프의 1번 채널을 TTL 클록을 모니터할 수 있도록 연결하라.

8. 스코프의 2번 채널을 U2A:Q를 모니터할 수 있도록 연결하라.

9. 또, 출력단자 U2A:Q를 로직 프로브에 연결하라. 논리 연습기의 LED에 연결해도 좋다.

10. 연습기의 전원을 켜고, 데이터를 구하라.

구한 실험 데이터로부터 다음 질문에 답하라.

a. 실험을 진행하는 동안 플립플롭 2개의 J와 CLR 단자가 HIGH인 5 V로 유지되고 있는가?

b. U1A:CLK, U2A:CLK, 그리고 U2A:Q의 전압레벨은? 차이가 있는 경우 그 이유를 설명하라.

c. U1A:CLK, U2A:CLK, 그리고 U2A:Q 펄스의 주기를 비교하라.

d. 이 데이터로부터 이들 펄스의 주파수를 계산하라.

e. 실험 데이터를 컴퓨터 모의실험 결과와 비교하라.

3 비동기 카운터: 7493A IC

컴퓨터 모의실험

7493A 내에는 JK 플립플롭 4개와 1개의 AND 게이트가 있다. 이 IC는 카운터 내 모든 펄스 천이가 클록펄스와 동기되지 않아 비동기식 카운터로 정의된다. 이는 펄스가 플립플롭을 지나는 동안 고유의 펄스지연이 있기 때문이다. 그림 37.5에 보인 회로는 MOD-10 카운터로 결선되어 있다.

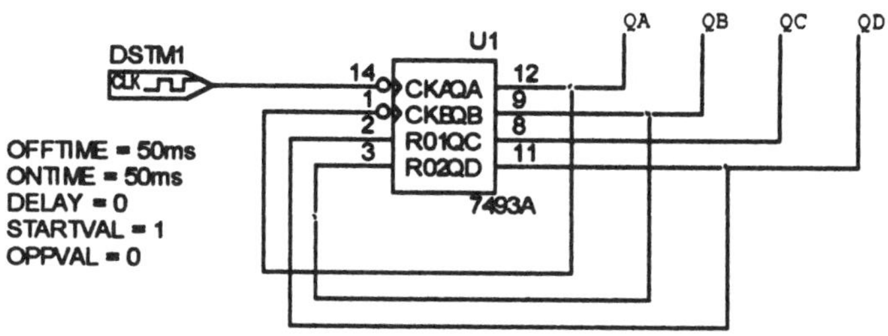

그림 37.5

클록 펄스 DSTM1의 파라미터는 그림과 같고, 7493A의 초기상태는 0 V로 설정되어 있다.

a. 2초간 PSpice 해석을 행하라.

b. QA, QB, QC, QD의 파형과 클록펄스 DSTM1의 PROBE plot을 구하라.

c. 20 ms 지점으로 커서를 이동하여 소자의 초기상태를 확인하라.

d. 175 ms 지점으로 커서를 옮겨라. 커서의 왼쪽에 있는 클록펄스의 개수를 Q단자에서의 논리상태로 표시된 2진수와 비교하라. 같은가?

e. 커서를 375 ms 위치로 옮겨라. 커서의 왼쪽에 있는 클록펄스의 개수를 Q단자에서의 논리상태로 표시된 2진수와 비교하라. 같은가?

f. 커서를 575 ms 위치로 옮겨라. 커서의 왼쪽에 있는 클록펄스의 개수를 Q단자에서의 논리상태로 표시된 2진수와 비교하라. 같은가?

g. 커서를 1.075s 위치로 옮겨라. 커서의 왼쪽에 있는 클록펄스의 개수를 Q단자에서의 논리상태로 표시된 2진수와 비교하라. 같은가?

h. 1.075s 위치에서 단자의 논리상태가 카운트 시작 때의 상태와 같은가?

i. 앞의 질문을 통하여 당신이 알게 된 사실에 기초하여 **MOD-10** 카운터를 정의해 보라.

j. Q 단자 중에서 어느 것이 가장 중요한 디지트(자리)인가? 또 어느 것이 중요도가 가장 떨어지는 (least significant) 디지트인가?

k. DSTM1의 클록펄스와 출력단자 QA에서의 펄스 간의 전파지연 시간을 측정하라.

힌트 PROBE plot의 시간축을 적절한 눈금으로 바꿔라.

실험을 통한 논리 상태 측정

다음과 순서로 진행하라.

1. 7493A 카운터를 Cadet 연습기의 브레드 보드에 꽂고, 그림과 같이 결선하라.

2. 14번 핀은 +5 V에, 7번 핀은 접지(0 V)에 연결하라.

3. 연습기의 **TTL** 클록을 입력단자 **U1:CKA**에 연결하라.

4. **TTL** 클록의 주파수를 10 Hz로 설정하라.

5. 단자 **CKB**를 **QA** 출력단자에 연결하라.

6. 단자 **RO1**을 **QD** 출력단자에 연결하라.

7. 단자 **RO2**을 **QB** 출력단자에 연결하라.

8. **QC** 출력단자에 8번 핀에 연결하라.

9. TTL 클록을 모니터할 수 있도록 스코프의 채널1에 연결하고, TTL 펄스가 최소 10 주기 보이도록 스코프의 시간축을 설정하라.

10. 스코프의 채널2를 출력단자 QA, QB, QC, 그리고 QD를 모니터 하도록 연결하라. (한번에 하나씩 순서대로)

11. 출력단자를 로직 프로브에 연결하라. 논리 연습기의 LED에 연결해도 좋다.

12. 연습기의 전원을 켜고, 데이터를 구하라.

구한 실험 데이터로부터 다음 질문에 답하라.

a. 첫 번째 TTL 펄스 후 출력단자의 논리 상태를 5 번째 후의 것, 그리고 10 번째 펄스 후의 것과 비교하라.

b. 이 데이터를 PSpice 모의실험 결과와 비교하라.

c. TTL 펄스와 QA단자의 파형간 전파지연을 측정하라. 시간축을 적절히 확대해야 함을 잊지마라.

d. 전파지연의 실험 측정값이 컴퓨터 모의실험 데이터와 일치하는가?